UNTERNEHMEN
MARS

ROBERT ZUBRIN & RICHARD WAGNER

UNTERNEHMEN MARS

Das ›Mars Direct‹-Projekt

Der Plan,
den Roten Planeten zu besiedeln

Mit einem Vorwort von Arthur C. Clarke

Aus dem Amerikanischen von Elisabeth Parada
und Bernhard Liesen

WILHELM HEYNE VERLAG
MÜNCHEN

Titel der amerikanischen Originalausgabe:
The Case for Mars. The Plan to settle the Red Planet and why we must.
Die Originalausgabe erschien im Verlag The Free Press,
A Division of Simon & Schuster Inc., New York, 1996

Umwelthinweis:
Dieses Buch wurde auf chlor- und säurefreiem Papier gedruckt.

ISBN 3-453-12608-4

»Dereinst werde ich meine Flügel voller
    Vertrauen gen Himmel spreizen
Ich fürchte keine Barrieren aus Kristall oder Glas;
Ich schwebe durch den Himmel und treibe dem
    Unendlichen entgegen.
Und während ich von meinem Heimatplaneten zu
    anderen aufsteige
Und den ewigen Raum immer weiter durchdringe,
Lasse ich das weit hinter mir, was andere aus
    der Ferne sahen.«

GIORDANO BRUNO

Vom Unendlichen, dem All und den Welten, 1584

Inhalt

Vorwort von Arthur C. Clarke

Die entscheidenden Ereignisse des nächsten Jahrhunderts werden auf dem Mars stattfinden. Der Mars ist der einzige Planet in unserem Sonnensystem, auf dem sich mit großer Wahrscheinlichkeit Spuren vergangenen Lebens finden lassen* – und vielleicht sogar Spuren gegenwärtigen Lebens. Außerdem können wir den Mars von der Erde aus erreichen und auf ihm überleben – mit Technologien, die uns bereits zur Verfügung stehen oder in naher Zukunft entwickelt werden können.

Dr. Robert Zubrins Buch ist überaus unterhaltend und enthält Passagen, mit denen er sich bei der NASA nicht gerade beliebt machen wird. Darüber hinaus stellt es die umfassendste Studie über Vergangenheit und Zukunft des Planeten Mars dar, die ich je gelesen habe. Es erklärt, weshalb und wie wir den Mars erforschen sollten und – vielleicht am wichtigsten – wie wir dort leben werden, wenn wir gelandet sind.

Mich persönlich erfüllt der Gedanke mit Genugtuung, daß die erste Marsexpedition – wenn Dr. Zubrins überzeugende Argumentation Akzeptanz findet – kurz vor meinem 90. Geburtstag starten wird. In der Zwischenzeit wird die erste russische Marsfähre – wenn alles gutgeht – etwa an meinem 78. Geburtstag abheben. Sie wird eine Botschaft transportieren, die ich per Video für die Kolonisten des nächsten Jahrhunderts aufgezeichnet habe.

---

* Dies ist inzwischen mit an Sicherheit grenzender Wahrscheinlichkeit bewiesen. Siehe den Nachtrag – Die Marsmeteoriten von 1996 – in diesem Buch. – *Anm. d. Redakteurs*

Botschaft an den Mars

»Ich heiße Arthur Clarke und wende mich an Sie von der Insel Sri Lanka, die einst unter dem Namen Ceylon bekannt war. Sie liegt im Indischen Ozean, auf dem Planeten Erde. Wir befinden uns im Vorfrühling des Jahres 1993, doch diese Botschaft ist für die Zukunft bestimmt. Ich wende mich an jene Männer und Frauen – von denen einige vielleicht bereits geboren sind –, die meine Worte *auf dem Mars* hören werden, ihrer Heimat.

Während wir uns hier unten dem nächsten Jahrtausend nähern, besteht ein großes Interesse am Mars, der vielleicht das erste Zuhause der Menschheit außerhalb von Mutter Erde sein wird. Im Laufe meines Lebens hatte ich das Glück, Zeuge einer wichtigen Entwicklung zu sein: Unser Wissen über den Mars reifte von fast völliger Ahnungslosigkeit – schlimmer: irreführenden Phantasien – zu einer fundierten Kenntnis von Geographie und Klima dieses Planeten. Natürlich wissen wir bezüglich vieler Bereiche noch sehr wenig; uns fehlen Kenntnisse, die für Sie längst selbstverständlich sind. Aber wir verfügen inzwischen über detaillierte Karten Ihrer wunderbaren Welt und haben eine Vorstellung davon, wie wir sie der Erde angleichen und den Wünschen des menschlichen Herzens entsprechend gestalten können. Vielleicht arbeiten Sie bereits an dieser Entwicklung, die Jahrhunderte in Anspruch nehmen wird.

Es gibt ein Verbindungsglied zwischen dem Mars und meinem gegenwärtigen Zuhause, das ich in meinem wahrscheinlich letzten Roman – *The Hammer of God* – thematisiert habe. Zu Beginn des Jahrhunderts lebte auf Ceylon ein Amateurastronom namens Percy Molesworth. Er hat viel Zeit damit verbracht, den Mars zu beobachten. In der südlichen Hemisphäre Ihres Planeten gibt es einen riesigen Krater mit einem Durchmesser von 175 km, der nach ihm benannt worden ist. Ich habe mir in meinem Buch vorgestellt, wie ein Astronom unter den neuen Marsbewohnern vielleicht eines Tages auf seinen Mutterplaneten hinunterblickt und versucht, die kleine Insel auszumachen, von der Molesworth und ich so oft zu Ihrem Planeten hinaufgeschaut haben.

Kurz nach der ersten Mondlandung im Jahre 1969 hegten wir eine Zeit lang die optimistische Hoffnung, daß die ersten Menschen vielleicht schon in den 90er Jahren dieses Jahrhunderts auf dem Mars landen würden. In einem anderen Roman beschrieb ich einen Überlebenden dieser unglücklichen ersten Expedition, der beobachtete, wie die Erde am 11. Mai 1984 (!) vor der Sonne vorbeizog. Damals befand sich natürlich niemand auf dem Mars, der dieses Ereignis hätte sehen können, aber am 10. November 2084 wird es soweit sein. Ich hoffe, daß sich dann viele Augen auf die Erde richten, die langsam über die Sonnenscheibe wandert, als wäre sie ein kleiner, vollkommen kreisförmiger Sonnenfleck, der sich bewegt. Ich habe vorgeschlagen, daß man Ihnen dann mit leistungsstarken Laserstrahlen ein Signal sendet, so daß Sie einen Stern sehen, der Sie aus dem Antlitz der Sonne grüßt.

Auch ich grüße Sie über die Tiefen des Raums hinweg und sende Ihnen aus dem letzten Jahrzehnt jenes Jahrhunderts, in dem sich die Menschheit anschickte, den Weltraum zu erobern, meine besten Wünsche. Sie wird diese Mission fortsetzen, solange das Universum existiert.«*

Die technologischen Fortschritte der Zukunft werden Dr. Zubrins Buch sicher in vielen Details überholen, wie es auch meinem Buch zur Bevölkerung des Mars – *The Snows of Olympus* – ergangen ist. Aber es demonstriert zweifellos, daß die erste unabhängige, menschliche Kolonie jenseits von Mutter Erde für die Generation unserer Kinder keine Utopie mehr ist.

Werden sie ihre Chance nutzen? Es ist nun fast 50 Jahre her, seit ich mein erstes Buch – *Interplanetary Flight* – mit folgenden Worten beschloß:

---

* Leider hat diese Botschaft den Mars nicht erreicht, sondern ruht auf dem Grund des Pazifischen Ozeans zwischen den Osterinseln und der chilenischen Küste, wo die russische Sonde *Mars 96* kurz nach dem Start ins Meer stürzte, weil die Zündung der vierten Antriebsstufe versagte. – *Anm. d. Redakteurs*

»Unsere Chance, hat Wells einst gesagt, ist das Universum – eine andere haben wir nicht… Die Herausforderung, die die riesigen Räume zwischen den Welten darstellen, ist immens, aber wenn wir sie nicht bewältigen, wird sich die Geschichte unserer Spezies dem Ende zuneigen. Die Menschheit würde dann den unberührten Höhen den Rücken zukehren und den langen Hang hinabsteigen, der sich über 1000 Millionen Jahre bis zu den Stränden des uranfänglichen Meeres erstreckt.«

Arthur C. Clarke, 1. März 1996

Einleitung

»Wir haben uns dazu entschlossen, zum Mond aufzubrechen!
Wir haben uns dazu entschlossen, in diesem Jahrzehnt zum
Mond aufzubrechen und all die anderen Aufgaben zu erledigen, und zwar nicht etwa, weil sie einfach, sondern gerade
weil sie schwierig sind… Dieses Ziel ermöglicht es uns, unsere
herausragenden Energien und Fähigkeiten zu mobilisieren
und zu messen, weil wir bereit sind, diese Herausforderung
anzunehmen und sie nicht aufschieben wollen. Wir haben
vor, sie zu bestehen… Ein Unternehmen der Hoffnung und
der Vision, denn wir wissen nicht, was uns erwartet.«

John F. Kennedy, 1962

Es ist an der Zeit, daß sich Amerika in der Weltraumfahrt wieder
ein kühnes Ziel setzt. Die Gedenkfeiern anläßlich des 25. Jahres-
tages der *Apollo*-Mondlandung, die kürzlich stattfanden, haben
uns daran erinnert, was unsere Nation einst erreicht hat, und uns
mit mehreren Fragen konfrontiert: Sind wir Amerikaner noch
immer eine Nation von Pionieren? Entschließen wir uns dazu, die
Anstrengungen zu wagen, die erforderlich sind, wenn wir die Vorreiter des menschlichen Fortschritts bleiben wollen, ein Volk der
Zukunft? Oder ziehen wir es vor, ein Volk der Vergangenheit zu
sein, dessen Errungenschaften nur noch in Museen gewürdigt werden? Werden unsere Nachkommen den 50. Jahrestag der *Apollo*-
Mondlandung als Prüfstein einer Tradition von Grenzüberschrei-
tungen sehen, die sie fortsetzen werden? Oder werden sie mit
Erstaunen registrieren, was ihre Vorfahren einst geleistet haben,
ähnlich wie ein Römer des siebten nachchristlichen Jahrhunderts
beim Betrachten der Aquädukte und der anderen prächtigen Bau-

13

werke der klassischen Architektur, die zwischen den Ruinen noch sichtbar waren?

Ohne ein Ziel kann es keinen Fortschritt geben. Das amerikanische Raumfahrtprogramm, das mit *Apollo* und verwandten Projekten einen so brillanten Start hatte, mühte sich während des größten Teils der folgenden 20 Jahre orientierungslos ab. Wir brauchen eine klar definierte, kompromißlose Zielsetzung, um unser Raumfahrtprogramm voranzutreiben. In diesem Augenblick der Geschichte kann das nur die Erforschung und Besiedlung des Mars sein.

Der Mars ist der vierte Planet des Sonnensystems und etwa um die Hälfte weiter von der Sonne entfernt als die Erde. Aus diesem Grund ist es dort kälter als auf unserem Heimatplaneten. Während die Tagestemperaturen auf dem Mars bisweilen auf 17 °C ansteigen, fällt das Thermometer nachts auf bis zu minus 90 °C. Weil die Durchschnittstemperatur unter dem Gefrierpunkt liegt, gibt es kein flüssiges Wasser auf der Oberfläche. Aber das war nicht immer so. Fotos von ausgetrockneten Flußbetten auf der Marsoberfläche, die von Raumsonden aufgenommen wurden, zeigen, daß es dort in ferner Vergangenheit sehr viel wärmer und feuchter gewesen sein muß als zum gegenwärtigen Zeitpunkt. Dies macht den Mars bezüglich der Suche nach vergangenem und gegenwärtigem extraterrestrischem Leben innerhalb unseres Sonnensystems für uns zum interessanten Ziel.

Ein Marstag ist einem Tag auf der Erde sehr ähnlich – er dauert 24 Stunden und 37 Minuten; außerdem rotiert der Planet um eine Achse mit einer Neigung von 24°, die mit der Neigung der Erdachse praktisch identisch ist. Deshalb gibt es vier Jahreszeiten von vergleichbarer Art wie bei uns. Weil das Jahr auf dem Mars aber 669 Tage dauert (was 686 Erdtagen entspricht), dauert jede dieser Jahreszeiten annähernd doppelt so lange wie auf der Erde.

Auf dem Mars ist viel Platz. Obwohl sein Durchmesser nur halb so groß ist wie der der Erde, entspricht die Oberfläche des roten Planeten der Fläche aller Kontinente auf der Erde zusammen, weil es auf dem Mars keine Ozeane gibt. Er nähert sich unserer Welt bis auf 60 Millionen Kilometer; wenn er am weitesten von ihr entfernt ist, beträgt der Abstand ungefähr 400 Millionen Kilometer. Legt man die heutigen Raumschifftriebwerke zugrunde, dauerte die

Reise zum Mars ungefähr sechs Monate. Das ist zwar sehr viel länger als jene drei Tage, die die *Apollo*-Raumschiffe zum Mond benötigten, aber nicht jenseits menschlicher Erfahrungen. Im 19. Jahrhundert brauchten europäische Auswanderer in der Regel die gleiche Zeit, um Australien mit dem Segelschiff zu erreichen. Wir werden noch sehen, daß die Technologie, die für eine solche Expedition erforderlich ist, sehr wohl im Bereich unserer Möglichkeiten liegt.

Warum der Mars?

Bei der Überlegung, den Mars als nächstes interplanetarisches Ziel auszuwählen, spielen nicht nur technologische Aspekte eine Rolle. Es geht auch um den Pioniercharakter unserer Gesellschaft.

Der Mars verfügt – und das ist im Vergleich zu den anderen Planeten unseres Sonnensystems einzigartig – über alle Ressourcen, die nicht nur das Überleben menschlicher Kolonisten ermöglichen, sondern auch für die Entwicklung einer technischen Zivilisation notwendig sind. Im Gegensatz zu der des Mars erscheint die Oberfläche des Mondes beinahe wie eine Wüste. Auf dem Roten Planeten finden wir im Permafrost gefrorene Ozeane, außerdem riesige Mengen an Kohlenstoff, Stickstoff, Wasserstoff und Sauerstoff. Sie kommen alle in Formen vor, die wir nutzen können, wenn wir innovativ genug denken. Diese vier Elemente bilden nicht nur die Grundlage für Nahrung und Wasser, sondern auch für Kunststoffe, Holz, Papier, Textilien und – was zunächst am wichtigsten ist – für Raketentreibstoff.

Dazu kommt, daß auf dem Mars dieselben vulkanischen und hydrologischen Prozesse stattfanden, die auf der Erde eine Vielzahl von Mineralerzen hervorbrachten. Man weiß, daß praktisch jeder Stoff, der für die Industrie von signifikantem Interesse ist, auch auf dem Roten Planeten existiert. Zwar gibt es auf der Oberfläche kein fließendes Wasser, aber es ist eine ganz andere Frage, wie es darunter aussieht. Wie haben allen Grund zu der Annahme, daß geothermische Hitzequellen unter der Marsoberfläche heiße Wasserreservoire bereithalten. Solche hydrothermischen Reservoire könnten sich als Zufluchtsstätten herausstellen, in denen

Mikroben einer uralten Lebensform überdauert haben. Gleichzeitig sind sie Oasen, die wegen ihrer reichhaltigen Wasservorkommen und ihrer geothermischen Energie künftigen menschlichen Pionieren nützlich sein können.

Der Mars ist neben der Erde der einzige Planet, auf dem in großem Umfang Gewächshäuser errichtet werden können, die von natürlichem Sonnenlicht erhellt werden. Dafür sorgen sein 24stündiger Tag-und-Nacht-Zyklus und seine Atmosphäre, die dicht genug ist, um die Oberfläche gegen Sonnenwinde abzuschirmen. Selbst in diesem frühen Stadium der Marsforschung weiß man bereits, daß es auf dem Roten Planeten einen lebenswichtigen Rohstoff gibt, der eines Tages kommerziell exportiert werden könnte: Deuterium. Dieses schwere Isotop des Wasserstoffs – es besitzt dessen doppeltes Atomgewicht – kostet gegenwärtig 10 000 Dollar pro Kilogramm und kommt auf dem Mars fünfmal so häufig vor wie auf der Erde.

Der Mars kann besiedelt werden. Für unsere Generation und viele folgende repräsentiert er die Neue Welt.

Wie ein Einheimischer denken: der schnelle Weg zum Mars

In der Geschichte der Menschheit hatten grundsätzlich immer jene Erforscher und Siedler Erfolg, die sich der Mühe eines genauen Studiums und Beobachtens unterzogen und sich die Überlebens- und Reisemethoden der Eingeborenen zu eigen machten; andere scheiterten zumeist. Der Fremde erblickt dort eine Wildnis, wo der Einheimische sein Zuhause sieht. Es ist nicht weiter überraschend, daß Einheimische über das beste Wissen verfügen, wie man die Ressourcen einer rauhen Umwelt am besten erkennt und nutzt.

Dem Blick des Großstädters präsentiert sich die arktische Landschaft als trostlos, rohstoffarm und unpassierbar, während der Eskimo ihren Reichtum kennt. Die britische Marine entsandte im 19. Jahrhundert unter großem finanziellen Aufwand mit Dampf betriebene Kriegsschiffe, um die kanadische Arktis zu erforschen und die Nordwest-Passage zu finden. Die Schiffe waren mit Kohle und Material überfrachtet. Mehrere Jahre lang kämpften diese Expeditionen gegen das Packeis an, bis Versorgungsengpässe eine abrupte Umkehr erzwangen oder ganze Mannschaften dahinrafften. Zur selben Zeit reisten kleine Forscherteams, die für die Pelzindustrie arbeiteten, mit Hundeschlitten durch die Arktis. Sie eigneten sich die Methoden der Einheimischen an und ernährten sich und ihre Hunde wie sie. Ihre Reisen verliefen weitgehend unbehindert, und sie erreichten mit finanziell unbedeutendem Aufwand wesentlich mehr als die englischen Schiffsflotten. Für die Erforschung des Weltraums können wir daraus einiges lernen. Noch gibt es zwar keine Marsbewohner, aber wenn es sie einst geben wird, sollten wir uns Fragen wie die folgenden stellen: Wie werden sie reisen? Werden sie ihren Raketentreibstoff von der Erde importieren? Wie sieht es mit dem Sauerstoff aus? Woher werden sie ihr Wasser und ihre Nahrung beziehen? Wie werden sie überleben? Für uns kann es nur eines geben: *Wenn man auf dem Mars leben will, muß man sich so verhalten, wie es die künftigen Marsbewohner tun werden.*

Mit dem Hundeschlitten zum Mars

Für bemannte Marsmissionen sind zahlreiche Konzepte entwickelt worden, die Analogien zu den oben beschriebenen, schwerfälligen Arktis-Expeditionen der Royal Navy aufweisen. Diesen Plänen zufolge wären riesige Raumschiffe erforderlich, damit Material und Treibstoff für die gesamte Mission zum Mars transportiert werden könnten. Weil solche Raumschiffe aber zu groß sind, um in einem Stück gestartet zu werden, braucht man entsprechende Konstruktionen im Erdorbit; außerdem müssen Möglichkeiten geschaffen werden, wo superkalter (kryogener) Treibstoff langfristig gelagert werden kann. Beides ist nur mit Hilfe umfassender orbitaler Einrichtungen zu realisieren. Die Kosten eines solchen Projekts sind schnell nicht mehr zu überschauen.

Einer dieser Pläne – unter dem Namen »90-Tage-Report« bekannt – wurde entwickelt, nachdem Präsident George Bush 1989 eine Weltraumerforschungsinitiative gefordert hatte. Darin wurden die Kosten auf ungefähr 450 Milliarden Dollar geschätzt. Der Schock, den diese Summe im Kongreß auslöste, war das Todesurteil für Bushs Programm. Seitdem traut sich kaum noch jemand, eine bemannte Marsmission ernsthaft in Erwägung zu ziehen.

Dabei gibt es wie bei der Erforschung der Arktis einen anderen, einfacheren Weg, sich der Eroberung des Mars anzunähern – sozusagen mit dem Hundeschlitten. Macht man sich die vorhandenen Ressourcen jener Umgebung, die es zu erforschen gilt, auf intelligente Art zu eigen, lassen sich die logistischen Erfordernisse für eine solche Mission so reduzieren, daß das Unternehmen realisierbar ist.

Dies ist der Kernaspekt des ›Mars Direct‹-Projekts, einer neuen Methode der Marserforschung, die ich 1990 vorgestellt habe. Ich war damals Chefingenieur bei der Firma Martin Marietta Astronautics und arbeitete an der Entwicklung fortgeschrittener Konzepte für interplanetarische Missionen. Dieses neue Konzept erfordert keine riesigen interplanetarischen Raumschiffe und folglich auch keine orbitalen Raumstationen oder große Lagerkapazitäten in der Erdumlaufbahn. Statt dessen werden die Crew und ihr Reisemodul, das Habitat, von derselben oberen Stufe des Raketenantriebs, die sie in den Orbit trägt, direkt zum Mars transportiert. Dies geschieht nach exakt derselben Methode, die bei den *Apollo*-Missionen und allen bis jetzt gestarteten unbemannten interplanetarischen Raumsonden angewendet wurde. So werden die Anforderungen an die notwendige Hardware und deren Umfang radikal gesenkt, und man entgeht dem Zwang, Jahrzehnte in die Forschung und viele Milliarden Dollar in die Errichtung einer orbitalen Infrastruktur investieren zu müssen.

Der Schlüssel zu diesem Plan liegt in der Fähigkeit der Crew, die auf dem Mars existierenden Ressourcen in den Treibstoff für die Rückreise umzuwandeln und jene Rohstoffe zu nutzen, die auf der Oberfläche des Planeten selbst vorkommen. Sein Reichtum macht den Mars nicht nur zu einem erstrebenswerten Ziel, sondern auch zu einem, das erreicht werden kann.

Bei einer bemannten Marsmission geht es nicht darum, gigantische Raumschiffe zu bauen. Wir müssen einfach ein weltraumtüchtiges Vehikel in Bewegung setzen, das in der Lage ist, eine

18

kleine Crew von Astronauten samt Ausrüstung von der Erde zum Mars zu transportieren, und sie dann mit demselben oder einem ähnlichen Gefährt zur Erde zurückbringen. Gesetzt den Fall, daß wir die Vorteile, welche die vor Ort vorhandenen Ressourcen bieten, ausnutzen, um die Logistik der Mission auf ein handhabbares Niveau zu reduzieren, liegt ein solches Ziel keineswegs jenseits unserer technischen oder finanziellen Möglichkeiten. Mit leichtem Gepäck reisen und von den Rohstoffen des Planeten leben – das ist die Fahrkarte zum Mars.

Die Entstehung einer neuen Idee

Dieses Buch beschreibt den ›Mars Direct‹-Plan. Es erläutert seine Entwicklung und Planung, die benötigte Hardware und Architektur, die Schlüsseloperationen und logistischen Erfordernisse sowie Absicherungen und Optionen für den Fall des Scheiterns und nicht zuletzt sein evolutionäres Potential. 1990, als mein maßgeblicher Mitarbeiter bei der Ausarbeitung des Projekts, David Baker, und ich das Projekt erstmals vorstellten, beurteilten viele NASA-Angehörige es als zu »radikal«, um es ernsthaft in Betracht zu ziehen. Andere ließen sich davon nicht abschrecken, und so ergaben sich im Lauf der Zeit immer mehr Gelegenheiten für uns, unser Projekt zu erläutern und die Schwächen der Alternativen darzulegen. Schließlich war es uns gelungen, ein beträchtliches Maß an Unterstützung zu erhalten. Viele Menschen engagierten sich für mein Konzept, und mit ihrer Hilfe gelang es, das Projekt auf den Prioritätslisten der Entscheidungsträger voranzubringen.

Im Jahr 1992 bat man mich, es dem damaligen stellvertretenden Leiter der Forschungsabteilung der NASA, Dr. Mike Griffin, vorzustellen, der sich spontan entschloß, den Plan ebenfalls zu unterstützen. Griffin selbst unterrichtete den NASA-Leiter Dan Goldin, der auch ein Befürworter des Projekts wurde. Er ging sogar so weit, den Plan auf verschiedenen öffentlichen Veranstaltungen diskutieren zu lassen, die die NASA als Teil ihrer Public-Relations-Arbeit in den Jahren 1992 und 1993 veranstaltete. Die Unterstützung von

Griffin und Goldin ermöglichte es mir, die Arbeitsgruppe des der NASA angegliederten Johnson Space Center (JSC), die für die Entwicklung bemannter Marsmissionen verantwortlich war, davon zu überzeugen, sich das Konzept einmal genau anzusehen. Die JSC-Wissenschaftler erstellten eine detaillierte Studie, die auf dem Mars Direct-Konzept basierte, aber fast doppelt so umfangreich war. Dann erarbeiteten sie eine Kalkulation für ein Programm zur Erforschung des Planeten, die auf ihrer erweiterten Version von Mars Direct beruhte. Ihre Schätzung belief sich auf 50 Milliarden Dollar für die erforderliche Hardware und die Durchführung dreier kompletter Marsmissionen. Dieselbe Arbeitsgruppe hatte den Betrag für eine traditionelle, schwerfällige, bemannte Marsmission – wie im 90-Tage-Report der NASA beschrieben – mit 450 Milliarden Dollar veranschlagt. Meiner Meinung nach hätten die Kosten noch einmal um die Hälfte reduziert und auf ungefähr 20 bis 30 Milliarden Dollar gesenkt werden können, wenn man sich am JSC ein wenig in Selbstdisziplin geübt und auf überflüssige Hardware und Crewmitglieder verzichtet hätte.

Das Johnson Space Center stellte Martin Marietta Astronautics einen kleinen Betrag von exakt 47 000 Dollar zur Verfügung. Damit sollten wir meine Behauptung beweisen, daß sich durch eine einfache chemische Technik die Atmosphäre des Mars in Raketentreibstoff transformieren lasse. Wir stellten uns der Herausforderung natürlich und konstruierten im Verlauf von drei Monaten ein voll funktionsfähiges Versuchsmodell, das mit einem Wirkungsgrad von 94 Prozent arbeitete. Die Demonstration überzeugte vor allem auch deshalb, weil weder ich selbst – der leitende Ingenieur des Projekts – noch irgend jemand sonst in meinem Team gelernter Chemiker war. Wenn wir eine solche Maschine bauen konnten, dann konnte es so schwer wohl nicht sein.

Wir können es schaffen

Der Betrag von 20 oder 30 Milliarden Dollar ist nicht wenig. Andererseits bekommen Sie dafür nur ein einziges modernes militärisches Waffensystem; und eben eine solche Summe vergab die

Regierung der Vereinigten Staaten an einem einzigen Nachmittag im Sommer 1995 an Mexiko. Verteilt man sie auf 20 Jahre – die ersten zehn Jahre sind zur Entwicklung der Hardware, die zweiten zehn zur Realisierung der Marsmissionen veranschlagt –, würden sich die Kosten auf zwischen 8 und 12 % des derzeitigen NASA-Budgets belaufen. Wenn man bedenkt, daß damit der menschlichen Zivilisation eine neue Welt eröffnet wird, sollten die USA diese Summe aufbringen können.

Die Erforschung des Mars erfordert keine Wundertechnologien, keine Hafenanlagen in der Umlaufbahn, keine Antimaterie-Triebwerke oder gigantische, interplanetarische Raumschiffe. Unseren ersten Vorposten auf dem Mars können wir innerhalb von zehn Jahren errichten, indem wir auf die erfolgreichen, grundlegenden Techniken des Ingenieurwesens zurückgreifen. Der gesunde Menschenverstand unserer Pioniervorfahren unterstützt uns dabei.

Wie wir das schaffen können und weshalb wir es machen sollten, ist das Thema des Buches, das Sie in der Hand halten.

Über dieses Buch

Dieses Buch faßt auf für Laien verständliche Art die Erfahrungen vieler Jahre technischer Bemühungen zusammen, die der Entwicklung von praktikablen Plänen zur Erforschung des Mars durch den Menschen gewidmet waren. Man kann sich vorstellen, daß die Details einer Marsmission naturgemäß technisch kompliziert sind. Doch bei den zentralen Aspekten, die die grundsätzliche Durchführbarkeit eines solchen Unternehmens betreffen, ist das nicht der Fall. Hier geht es eher um Fragen der Strategie, die von jedem, der zu logischem Denken bereit und mit einem einigermaßen fundierten Allgemeinwissen ausgestattet ist, problemlos nachvollzogen werden können.

Unglücklicherweise waren diese grundlegenden Informationen für die Öffentlichkeit bis heute nur schwer zugänglich. Die populäre wissenschaftliche Literatur über bemannte Marsmissionen gibt sich meistens ziemlich nebulös oder naiv. Dagegen sind

Fachtexte oft verworren und obskur, manchmal auch durch die Voreingenommenheit eines Unternehmens belastet, das sich das Medium zu eigen macht, um im eigenen Interesse zu argumentieren. Für den gebildeten Laien hat es zu diesem Thema bisher tatsächlich kein befriedigendes Werk gegeben. Auch aus diesem Grund ist das vorliegende entstanden.

Ich habe darin versucht, auf dem schmalen Grat zwischen technischen Details und verständlicher Beschreibung zu balancieren. Es wäre allzu simpel, das Konzept einer Mission gegenüber einer anderen einfach für überlegen zu erklären, und auch ein wenig hinterlistig, weil die stärksten Argumente, die für oder gegen ein Konzept oder eine Technologie sprechen, auf den technischen Details beruhen. In einigen Kapiteln liegt deshalb der Schwerpunkt mehr auf dem technischen Aspekt (etwa in Kapitel 4, das das ›Mars Direct‹-Projekt detailliert beschreibt, und in Kapitel 5, das sich mit den Mythen und dem Aberglauben bezüglich des Planeten Mars beschäftigt), aber alle Kapitel sind sowohl für den Laien als auch für den Experten gleichermaßen verständlich. Wenn Sie – aus welchen Gründen auch immer – dazu neigen, vor allzu genauen Zahlenangaben zu erbleichen, lesen Sie einfach darüber hinweg. Sie werden es trotzdem verstehen.

Ich bin Raumfahrttechniker, war aber in einem früheren Stadium meiner beruflichen Laufbahn auch in der wissenschaftlichen Lehre tätig. Deshalb habe ich das Anliegen, klar und prägnant zu schreiben und technische Fragen präzise zu erklären. Im Gegensatz zu manchen Wissenschaftskollegen, die eine Vorliebe für Nonchalance haben, ist für mich eine fundamentale Maxime, daß Klarheit nicht der Wahrheit Feind, sondern ihr wichtigster Verbündeter ist. Außerdem sollte etwas so Aufregendes und für die menschliche Zukunft Wichtiges wie die zentralen Fragen, die mit der Erschließung eines neuen Planeten zusammenhängen, nicht das Privileg einer technischen Elite sein, sondern jedermann Zugang bieten.

Deshalb habe ich meinen langjährigen Freund Richard Wagner als Co-Autor hinzugezogen. Als früherer Herausgeber des populärwissenschaftlichen Magazins *Ad Astra*, das sich der Erforschung des Weltraums widmet und von der National Space Society publiziert wird, verfügt er über langjährige Erfahrung darin, wissenschaftliche Argumente einer breiteren Öffentlichkeit zu vermitteln.

Ich glaube, daß es mir mit seiner Hilfe und der Unterstützung von Mitch Horowitz, dem fähigen Herausgeber des Verlags Free Press, gelungen ist, die zentralen Themen einer bemannten Marsmission für den Laien verständlich darzustellen.

Denn letztlich wird dessen Verständnis der Materie uns zum Mars befördern.

1
Mars Direct

Auf dem Planeten Mars finden wir eine atemberaubende Szenerie: Es gibt spektakuläre Berge, die dreimal so hoch sind wie der Mount Everest, Felsschluchten, die dreimal so tief und fünfmal so lang sind wie der Grand Canyon, riesige Eiswüsten und mysteriöse ausgetrocknete Flußbetten, die sich über Tausende von Kilometern erstrecken. Die noch nicht erforschte Oberfläche des Planeten könnte unvorstellbare Reichtümer und Ressourcen für die zukünftige Menschheit bergen, desgleichen auch Antworten auf einige der grundlegenden philosophischen Fragen, über die die Menschen seit Jahrtausenden nachdenken. Außerdem könnte der Mars eines Tages die Heimstatt für einen dynamischen neuen Zweig der menschlichen Zivilisation repräsentieren, gleichsam als neue *frontier*, jene legendäre, imaginäre Grenze zwischen dem amerikanischen Osten und dem »Wilden Westen«. Besiedlung und Wachstum wären für die gesamte Menschheit über Generationen hinweg ein Motor des Fortschritts. Aber alle Reichtümer des Mars liegen für immer außerhalb unserer Reichweite, wenn es nicht Männer und Frauen gibt, die bereit sind, seine zerklüfteten Landschaften zu betreten.

Einige Leute haben behauptet, daß eine bemannte Marsmission ein Wagnis für die ferne Zukunft sei, eine Aufgabe »der nächsten Generation«. Doch wir verfügen bereits jetzt über die Technologie, die erforderlich ist, um innerhalb eines Jahrzehnts ein engagiertes, kontinuierliches Programm zur Erforschung des Mars auf die Beine zu stellen. Wir können den Roten Planeten mit einem relativ kleinen Raumschiff erreichen. Die Startrakete, die es direkt zum

Mars befördert, gleicht jener, die die Astronauten vor über einem Viertaljahrhundert zum Mond gebracht hat.

Wie ist das möglich?

Ganz gleich, welchen Plan für eine bemannte Marsmission wir betrachten – ob er nun aus den 50er oder den 90er Jahren stammt –, wir sehen riesige Raumschiffe, die das gesamte für die Mission notwendige Material und den Treibstoff zum Mars befördern sollen.

Die Größe dieser Raumschiffe macht es erforderlich, die einzelnen Teile in einer Erdumlaufbahn zusammenzubauen – sie sind einfach zu groß, um von der Erdoberfläche komplett gestartet werden zu können. Das aber setzt voraus, daß in einer Erdumlaufbahn praktisch ein »paralleles Universum« errichtet werden muß, das aus gigantischen Docks, Hangars, Treibstoffdepots, Kontrollstationen und Wohnstätten für die Montagemannschaften bestehen müßte. Nur so wäre der Zusammenbau der Raumschiffe und die Lagerung der riesigen Treibstoffmengen möglich. Auf der Basis solcher Konzepte hat man immer wieder die Behauptung wiederholt, daß eine Marsmission hunderte Milliarden Dollar kosten und Technologien erfordern würde, die in den nächsten 30 Jahren nicht zur Verfügung stünden.

Und doch erfordert die Landung von Menschen auf dem Mars weder wundersame neue Technologien noch unbezahlbare Geldsummen. Wir müssen keine futuristischen Raumschiffe bauen, die an Filme wie *Kampfstern Galactica* erinnern, um den Mars zu erreichen. Besser wäre es, wenn wir einfach unseren gesunden Menschenverstand einsetzten und die bereits zur Verfügung stehenden Technologien nutzten, um mit leichtem Gepäck zu reisen und von den natürlichen Ressourcen zu leben, wie es auch bei fast jeder erfolgreichen Unternehmung zur Erforschung der Erde der Fall war. Vom Reichtum des Landes leben und die lokalen Ressourcen auf intelligente Weise nutzen – so wurde nicht nur der Wilde Westen erschlossen, sondern die ganze Erde, und so kann auch der Mars erschlossen werden.

Die konventionellen Konzepte von Marsmissionen sind so überdimensioniert und teuer, weil sie davon ausgehen, daß das gesamte notwendige Material für eine zwei- oder dreijährige Hin- und Rückreise von der Erde mittransportiert werden muß. Wenn die Gebrauchsgüter statt dessen aber auf dem Mars produziert werden, sieht die Sache völlig anders aus.

Seit dem Frühling 1990 leitete ich beim Unternehmen Martin Marietta Astronautics in Denver ein Team von Ingenieuren und Forschern, das nach dieser Methode das Konzept einer Marsmission entwickeln sollte – Mars Direct. Es steht für den schnellsten, sichersten, praktischsten und kostengünstigsten Weg zur Erforschung und Besiedlung des Mars.

Der Name ist Programm. Unser Plan vermeidet unnötige, teure und zeitaufwendige Umwege: Der Zusammenbau der Raumschiffe in einer niedrigen Erdumlaufbahn wird überflüssig, desgleichen das Auftanken im Weltraum; man benötigt keine Raumschiffhangars an einer weitläufigen Raumstation und keine langwierige Entwicklung von Mondbasen als Vorspiel zur Marserforschung. Indem man diese Umwege vermeidet, rückt die erste Landung auf dem Mars vielleicht um 20 Jahre näher, als es sonst der Fall wäre. Zusätzlich werden die aufgeblähten Verwaltungskosten vermieden, unter denen ausgedehnte Regierungsprogramme gewöhnlich leiden.

Eine grobe Kostenschätzung für Mars Direct würde ungefähr 20 Milliarden Dollar für die Entwicklung der Hardware veranschlagen. Jede einzelne Marsmission würde etwa weitere zwei Milliarden Dollar kosten, nachdem die Raumschiffe und die Ausrüstung in Produktion gegangen sind. Das ist natürlich eine beträchtliche Summe, aber wenn sie über einen Zeitraum von zehn Jahren ausgegeben wird, stellt sie nur ungefähr 7 % des bestehenden militärischen und zivilen Raumfahrtbudgets dar. Darüber hinaus könnte diese Investition unsere Wirtschaft in der gleichen Weise beflügeln wie jene 70 Milliarden Dollar (nach heutigem Geldwert), die im *Apollo*-Programm für Wissenschaft und Technologie ausgegeben wurden. Sie haben zu den hohen wirtschaftlichen Zuwachsraten beigetragen, die die Vereinigten Staaten in den 60er Jahren hatten.

Die vorherrschende Meinung mag das Mars Direct-Projekt attraktiv finden, weil es so einfach ist, wird es aber vielleicht für unrealisierbar halten. Man glaubt, daß die Menge an Treibstoff und Versorgungsgütern, die für eine bemannte Marsmission erforderlich sind, viel zu groß sei, um direkt von der Erde zum Mars befördert zu werden. Leute, die so argumentieren, hätten recht, wenn es da nicht einen wichtigen Aspekt gäbe: Der Treibstoff und die Versorgungsgüter müssen nicht von der Erde stammen. Sie können auf dem Mars erschlossen werden.

Aus der Perspektive der späten 90er Jahre entwerfe ich im folgenden ein Szenario, nach dem der Mars-Direct-Plan funktionieren sollte.

Mars Direct – Ein Szenario

AUGUST 2005

Eine neue Rakete mit mehreren Antriebsstufen, die aus bereits existierenden Bauteilen konstruiert ist, wartet auf der Abschußrampe in Cape Canaveral. Die dünne Metallhaut des unbemannten Raumschiffs dampft im frühen Licht der Morgensonne. Die Startrakete erinnert an die alte *Saturn-V*-Generation, jene Raketen, die den Menschen an die Gestade des Mare Tranquilitatis auf dem Mond beförderten. Die neue *Ares*-Startrakete hat ungefähr dieselbe Antriebskraft wie die *Saturn-V*-Modelle der *Apollo*-Ära, aber ihr Herzstück sind die technischen Errungenschaften der letzten 20 Jahre: vier Space Shuttle-Haupttriebwerke und zwei Shuttle-Feststoff-Booster.

Die Triebwerke zünden, die *Ares* schießt in den Himmel. Die Flammen und der Rauch des Starts repräsentieren die Symbole eines neuen Zeitalters in der Raumfahrt. Hoch über der Erdatmosphäre löst sich die obere Stufe der *Ares* von der ausgebrannten Startrakete, zündet ihr Flüssigbrennstoff-Triebwerk und jagt ein unbemanntes, 45 Tonnen schweres Raumschiff zum Mars, die sogenannte Rückkehreinheit (ERV).* Auch dieser Name ist Programm. Das Raumschiff wurde konstruiert, um eine Astronautencrew direkt vom Mars zur Erde zurückzubringen, wo es an Fallschirmen im Meer landet. Auf ihrer Reise zum Mars transportiert die Rückkehreinheit einen kleinen Nuklearreaktor, der auf ein leichtes Gefährt montiert ist, eine automatisch arbeitende chemische Pro-

---

* Earth Return Vehicle

duktionseinheit und einige andere, wissenschaftlichen Ansprüchen genügende Fahrzeuge. Das für die Crew vorgesehene Habitat ist mit einem Lebenserhaltungssystem ausgestattet, außerdem mit Nahrung und allem, was sonst noch notwendig ist, um einer vierköpfigen Mannschaft auf der achtmonatigen Rückreise zur Erde das Überleben zu sichern.

Obwohl die beiden Antriebsstufen auf dem Rückflug ungefähr 96 t eines aus den beiden Komponenten Methan und Sauerstoff bestehenden Treibstoffs verbrauchen werden, sind die Tanks praktisch leer, wenn die Rückkehreinheit auf dem Mars landet – sie verfügt nur noch über einen Vorrat von 6 t flüssigen Wasserstoffs zur Treibstoffproduktion.

FEBRUAR 2006

Das ERV durchquert das All mit einer Durchschnittsgeschwindigkeit von 27 Kilometern pro Sekunde und erreicht den Mars nach sechs Monaten. Während der Annäherung wird ein stumpfer, an die Form eines Pilzes erinnernder Hitzeschild eingesetzt, damit die oberen Bereiche der dünnen Marsatmosphäre durchquert werden können. Die Geschwindigkeit des Raumschiffs sinkt, so daß es in eine Umlaufbahn um den Planeten gelangen kann. Dort hält es sich dann ein paar Tage auf, damit die Flugkontrolleure auf der Erde die Möglichkeit haben, eine abschließende Überprüfung der technischen Systeme durchzuführen. Wenn eine windstille Morgendämmerung gut erkennbare Schatten auf den ausgewählten Landeplatz wirft, wird das Raumschiff für den endgültigen Anflug schließlich von der Umlaufbahn wieder in die Atmosphäre gelenkt. Mit Hilfe des Hitzeschildes bremst das ERV auf weniger als die Schallgeschwindigkeit ab. Jetzt öffnet sich ein Bremsfallschirm, der das Schiff in sanftem Fall zur Marsoberfläche hinuntersinken läßt. Einige hundert Meter vor Erreichen der Oberfläche wird der Fallschirm ausgeklinkt. Kleine Landeraketen zünden, die das ERV weich aufsetzen lassen.

Nachdem es auf der rostfarbenen Marsoberfläche gelandet ist, wird die nächste Aufgabe in Angriff genommen: die Produktion des für den Rückflug benötigten Treibstoffs vorwiegend aus dünner Luft, der Luft des Mars. An der Seite der Landungsbrücke des Raumschiffs öffnet sich eine Klappe, und es erscheint ein leichtes Gefährt, das einen kleinen Nuklearreaktor transportiert. Eine Minifernsehkamera dient den Mitarbeitern im Kontrollzentrum in Houston als »Auge«. Damit steuern sie das Gefährt langsam ein paar hundert Meter von der Landestelle weg. Während sich der Wagen vorwärtsbewegt, rollt ein Stromkabel von einer Winde ab, das den kleinen Nuklearreaktor mit der chemischen »Fabrik« an Bord des Schiffes verbindet.

Wenn die Crew im Houstoner Kontrollraum das Gefährt an einen geeigneten Ort manövriert hat, hebt eine weitere Winde den Reaktor von der Tragfläche des Gefährts und läßt ihn in einen kleinen Krater oder eine andere natürliche Vertiefung der Marsoberfläche hinab. Der Reaktor nimmt seinen Betrieb auf und beginnt, die chemische Einheit mit 100 Kilowatt Strom zu versorgen. Mit einer Reihe von Pumpen saugt sie die Marsluft ein und verbindet sie mit dem Wasserstoff, der an Bord des Raumschiffs von der Erde mitgebracht wurde. So produziert der Reaktor Raketentreibstoff. Die Marsluft besteht zu 95 % aus Kohlendioxid (CO_2). Der chemische Reaktor verbindet das Kohlendioxid mit dem Wasserstoff (H_2) und produziert so Methan (CH_4), das das Raumschiff als Raketentreibstoff für den späteren Gebrauch speichern wird, sowie Wasser (H_2O). Diese Methan-Reaktion ist ein einfacher, direkter chemischer Prozeß, der in der Industrie seit den 90er Jahren des 19. Jahrhunderts gebräuchlich ist.

Ein paar Tage nach der Landung hat uns die Methan-Reaktion von einem potentiellen Problem befreit – wir müssen keinen superkalten, flüssigen Sauerstoff auf der Marsoberfläche lagern. Obwohl der von der Erde importierte flüssige Wasserstoff bald aufgebraucht ist, arbeitet der chemische Reaktor weiter, indem er das Wasser, das durch den Methan-Prozeß produziert worden ist, in seine Bestandteile zerlegt – Wasserstoff und Sauerstoff. Während der Sauerstoff als zweite Komponente des Raketentreibstoffs gespeichert wird, wird der Wasserstoff benutzt, um wieder Methan und Wasser zu produzieren. Von einem dritten System wird zusätzlicher Sauerstoff produziert. Er zerlegt das Kohlendioxid des Mars in Sauerstoff, der gespeichert wird, und Kohlenmonoxid, das als unbrauchbares Abfallprodukt in die Atmosphäre ausgestoßen wird. Am Ende der sechsmonatigen Operation hat die chemische Fabrik die Ausgangsmenge von 6 t flüssigem Wasserstoff von der Erde in 108 t Methan und Sauerstoff »umgewandelt«. Das reicht für den Rückflug des ERV. 12 t stehen zusätzlich zur Verfügung, um die mit einem Verbrennungsmotor ausgestatteten Erkundungsfahrzeuge auf dem Mars zu betanken. Indem wir die am leichtesten zugängliche Ressource auf dem Mars nutzen – seine Luft –, haben wir den Vorrat des Treibstoffs, den wir von der Erde mitgebracht haben, auf das 18fache erhöht.

Diese Sequenz von chemischen Synthesen mag einigen Lesern ziemlich kompliziert erscheinen. Tatsächlich handelt es sich aber um eine Technologie aus der Epoche der Gaslaternen, die im Vergleich mit praktisch jedem ernstzunehmenden Konzept für eine erfolgreiche interplanetarische Mission geradezu trivial anmutet. Doch gerade die Idee, von den vorhandenen Ressourcen zu leben, macht das Mars-Direct-Projekt realisierbar. Wenn wir versuchten, den gesamten erforderlichen Treibstoff zum Mars zu transportieren, wären wir in der Tat auf riesige Raumschiffe angewiesen, die nur in mehreren Teilstücken gestartet und in einer Umlaufbahn montiert werden müßten. Ein solches Projekt wäre nicht zu finanzieren.

Es überrascht nicht, daß die Nutzung der vorhandenen Ressourcen bei der Planung einer Marsmission einen solchen Unterschied ausmacht (was übrigens auch für andere Unternehmungen gilt). Stellen Sie sich nur einmal vor, was passiert wäre, wenn M. Lewis und W. Clark sich 1804 dafür entschieden hätten, auf ihrer von Thomas Jefferson veranlaßten Entdeckungsreise über den Kontinent Wasser, Nahrung und Futter für die ganze Reisedauer mitzuführen. Sie hätten Hunderte von Wagen benötigt, um alle Nahrungsmittel zu transportieren, und dafür wären wieder Hunderte von Pferden und Kutschern erforderlich gewesen. Das Resultat wäre ein logistischer Alptraum gewesen, und die Kosten der Expedition hätten die Reserven des Amerikas Jeffersons weit überstiegen. Ist es da ein Wunder, daß Konzepte hinsichtlich einer Marsmission, die die vorhandenen Rohstoffe nicht in Betracht ziehen, Kosten von bis zu 450 Milliarden Dollar verursachen?

SEPTEMBER 2006

13 Monate nach dem Start wartet ein vollbetanktes Raumschiff – das ERV – auf der Marsoberfläche auf die Ankunft der Astronautencrew. Die Techniker des Johnson Space Center der NASA haben jeden Schritt des chemischen Produktionsprozesses verfolgt und nach der Bestätigung des erfolgreichen Abschlusses grünes Licht für den nächsten Abschnitt der Marsmission gegeben. Das ERV läßt kleine Roboterfahrzeuge ausschwärmen, die das Terrain in der unmittelbaren Umgebung untersuchen und fotografieren. Die fachlich versierte Crew der ersten bemannten Marsmission hat ein vitales Interesse an der Auswahl des Landeplatzes, und ihre Mitglieder spielen über die fernen Forschungsroboter eine aktive Rolle bei der Erkundung der Umgebung des Raumschiffs. Nach mehreren Monaten seismischer Untersuchungen wird der ideale Landeplatz gefunden. Einer der Roboter bewegt sich über das rauhe Terrain und plaziert an der vorgesehenen Stelle einen Radar-Transponder, der der Crew zu einer sicheren Landung verhelfen soll.

OKTOBER 2007

Die *Ares 3*-Startrakete ragt mit einem Raumschiff namens *Beagle* majestätisch über dem flachen Cape Canaveral auf. Nur noch ein paar Augenblicke trennen uns von einer neuen Epoche der Menschheitsgeschichte. Das Raumschiff ist nach dem Forschungsschiff benannt, auf dem Charles Darwin seine historische Reise antrat.

Erst vor einigen Wochen war eine ähnliche Startrakete, die *Ares 2*, in den Himmel über Florida aufgestiegen. Sie ist baugleich mit der ersten *Ares*-Startrakete und transportiert einen ähnlichen ERV als Nutzlast. Die *Ares 2* eilt auf den Mars zu, während sich eine Menschenmenge versammelt, um den Start der *Beagle* zu beobachten, die die ersten vier Menschen zum Mars befördern wird. Ihr hervorstechendes Charakteristikum ist ein Wohnmodul, das ein bißchen an eine riesige Trommel erinnert. Es ist etwa 5 m hoch und hat einen Durchmesser von ungefähr 8 m. Es ist in zwei Ebenen mit je 2,5 m Höhe konstruiert über einer Grundfläche von 100 m², die groß genug ist, damit sich die vierköpfige Crew wohl fühlt. Das »Hab«, wie es genannt wird, verfügt über ein Lebenserhaltungssystem mit einem geschlossenen Sauerstoff- und Wasserkreislauf, komplette Nahrungsmittelvorräte für drei Jahre und einen großen Vorrat von Notrationen an Trockennahrung. Zusätzlich führt es einen Wagen mit klimatisierter Druckkabine mit sich, der durch einen internen, mit Methan und Sauerstoff angetriebenen Verbrennungsmotor bewegt wird (Abbildung 1.1).

Die vier Astronauten sind umfassend gebildete Männer und Frauen. Gemäß der Natur ihrer Aufgabe, fremdes Gelände fern der Erde zu erforschen, verfügen sie über eine interdisziplinäre Bildung auf mehreren wissenschaftlichen Gebieten. Grundsätzlich besteht die Crew aus zwei Experimentalwissenschaftlern und zwei Mechanikern. Ein Bio- und Geochemiker und ein Geologe assistieren einem Piloten, der zugleich ein kompetenter Flugingenieur ist. Das letzte Crewmitglied, ein Allroundgenie, ist in erster Linie Flugingenieur, kennt sich aber auch mit den grundlegenden Methoden ärztlicher Versorgung aus. Darüber hinaus ist er über die differenzierten Möglichkeiten und Ziele der wissenschaftlichen Unter-

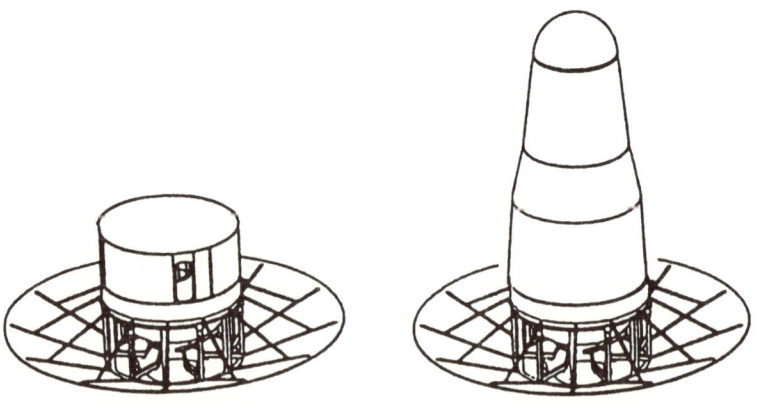

Abbildung 1.1
Das Mars-Direct-Habitat (Hab) und die Rückkehreinheit (ERV) mit ihren
Bremsschilden für die hohe Atmosphäre

suchungen informiert. Er unterstützt die Spezialisten bei ihren Aufgaben und versieht selbst noch eine weitere – er ist der Kommandant der Mission.

An Bord der *Beagle* bereiten sich vier Männer und Frauen auf eine Reise vor, die sie in eine andere Welt führen und erst nach ungefähr zweieinhalb Jahren wieder nach Hause zurückbringen wird. Das entspricht in etwa der Zeit, die die Entdecker vor Jahrhunderten brauchten, um die Erde zu umsegeln. Einige Kilometer von dem kleinen Raumschiff in Cape Canaveral entfernt haben sich mehr als eine Million Menschen versammelt. Voller Erwartung beobachten sie die Szenerie, während sich der Countdown dem Ende nähert. Die unteren Antriebstufen der Startrakete zünden und stoßen ein Meer von Flammen aus. Ein Beifallssturm – lauter als jeder, der in den USA seit vielen Jahren vernommen wurde – erfaßt die Menge, während die *Ares 3* von der Abschußrampe abhebt. Die Rakete beschleunigt und treibt die obere Stufe und die Nutzlast durch die Atmosphäre. Darauf löst sich die obere Stufe, zündet ihre eigenen Triebwerke und bringt das Hab auf die nötige Geschwindigkeit für eine Transferbahn zum Mars. Vier Menschen sind auf dem Weg zum Roten Planeten.

Der Pilot steuert das Hab von der ausgebrannten oberen Stufe der Antriebsrakete weg. Sie bleibt am Ende eines 330 m langen Verbindungsteils mit dem Hab verkoppelt. An Bord des Hab wird eine kleine Rakete gezündet, die eine Rotation dieser miteinander verbundenen Schiffsteile in Gang setzt, worauf die ausgebrannte obere Raketenstufe und das Hab mit zwei Umdrehungen pro Minute um ihren gemeinsamen Schwerpunkt kreisen. So entsteht eine ausreichende Zentrifugalkraft, die die Astronauten an Bord des Raumschiffs mit künstlicher Schwerkraft versorgt, die annähernd der natürlichen Schwerkraft auf dem Mars entspricht.

APRIL 2008

Das Hab erreicht den Mars nach 180 Flugtagen. Die Verbindung mit der oberen Antriebsstufe wird gelöst, dann bremst sich das Raumschiff mit Hilfe der Bremsschilde in der hohen Marsatmosphäre in eine Umlaufbahn ab. Das Ziel der Crew besteht darin, die *Beagle* direkt neben dem Landeplatz des ERV aufzusetzen, die im Jahr 2005 zum Mars gestartet war. Ein Funksignal aus der ERV der *Ares 1*, genaue Fotos und Karten des Landeplatzes, ein Radar-Transponder und die Fähigkeit der Crew, das Raumschiff sorgfältig zu manövrieren, garantieren eine präzise Landung. Für den unwahrscheinlichen Fall, daß das Raumschiff den Landeplatz verpaßt, gibt es für die Mannschaft drei Alternativen. Zunächst führen sie an Bord des Hab ein vollgetanktes Gefährt mit Druckkabine mit sich, mit dem eine Strecke von fast 1000 km zurückgelegt werden kann. Wenn sich die Crew näher an der vorgesehenen Landestelle befindet, kann sie ihr ERV erreichen, indem sie über den Planeten fährt. Sollte irgendein Mißgeschick passieren und der Landeplatz um mehr als 1000 km verfehlt werden, kann von der zweiten Alternative Gebrauch gemacht werden. Da das ERV, mit einer *Ares 2* gestartet, auf eine langsamere Flugbahn als die *Beagle* gebracht wurde, liegt es hinter dem Astronautenteam zurück. Selbst wenn die Mannschaft des Habitats auf der falschen Seite des Planeten landen sollte, kann das zweite ERV so manövriert werden, daß es in ihrer Nähe aufsetzt. Schließlich gibt es noch eine dritte Absicherung, weil die Crew mit Versorgungsmitteln für drei Jahre auf dem Mars eintrifft: Im schlimmsten Fall können die vier Astronauten auf dem Mars überleben, bis im Jahre 2009 zusätzliche Versorgungsmittel und ein weiteres ERV gestartet werden können.

Doch die Landung wird am vorgesehenen Ort erfolgen. Obwohl die Crew die Umgebung des Landeplatzes anhand von Fotos, die von den Roboterfahrzeugen geschossen und zur Erde übermittelt worden sind, genau studiert hat, ist sie natürlich nicht auf den Anblick vorbereitet, der sich ihr jetzt bietet. Die Oberfläche des Planeten ist rostfarben und mit großen und kleinen scharfkantigen Felsen übersät. In der Ferne sieht man niedrige Hügel und Dünen. Die Landschaft ähnelt den Wüsten des amerikanischen Südwestens, wenn man vom Himmel absieht, der rötlich bis lachsfarben ist.

Direkt nach der Landung gibt es eine Menge Arbeit zu erledigen, aber die Crew nimmt sich einen Moment Zeit, um die Marslandschaft zu betrachten. Sie genießt die Tatsache, daß noch kein Mensch in der vier Milliarden alten Geschichte des Mars und der Erde diese Szenerie wahrgenommen hat.

Während die *Beagle* sicher am vorgesehenen Ort aufgesetzt hat, landet das *Ares-2-ERV* etwa 800 km entfernt, wo es mit der Treibstoffproduktion beginnt. Es wird als ERV für die zweite bemannte Marsmission verwendet, deren Mitglieder im Jahr 2009 im Hab 2 hier eintreffen werden, gemeinsam mit einem weiteren ERV, das den dritten Landeplatz auf dem Mars eröffnen wird. Im weiteren Verlauf der verschiedenen Missionen wird ein Netzwerk von Forschungsstationen etabliert. Große Gebiete des Mars werden dabei zu von Menschen besiedeltem Territorium.

Die Crew der *Beagle* wird 500 Tage auf dem Mars verbringen. Im Gegensatz zu konventionellen Plänen für Marsmissionen, die auf Mutterschiffen in einer Umlaufbahn und kleinen Shuttles für die Landung basieren, werden beim Mars-Direct-Projekt alle Besatzungsmitglieder auf dem Mars abgesetzt. Hier können sie forschen und lernen, wie man sich in der Umwelt des Mars zurechtfindet. Niemand wird in der Umlaufbahn zurückgelassen, wo er kosmischen Strahlen und permanenter Schwerelosigkeit ausgesetzt wäre. Statt dessen profitiert die gesamte Crew von der natürlichen Schwerkraft und dem Schutz gegen kosmische Strahlen und harte Sonnenstrahlung, die der Mars bietet. Daher gibt es keinen ernsthaften Grund für eine schnelle Rückreise.

Eine Crew, die während einer herkömmlichen Mission in der Umlaufbahn zurückbleibt, kann nicht verhindern, daß sie der kosmischen Strahlung ausgesetzt ist. So gibt es schwerwiegende Gründe, die Zeit für die Erforschung der Planetenoberfläche zu begrenzen – gewöhnlich auf etwa 30 Tage. Das führt zu Missionen, die sehr ineffektiv sind. Wenn die Hin- und Rückreise zum Mars etwa anderthalb Jahre dauert, lohnt sich ein Aufenthalt von nur 30 Tagen kaum. Schlimmer noch ist aber, daß die Eile bei der Rückreise von konventionellen Missionen die Wissenschaftler dazu zwingt, Flugbahnen zu folgen, für die weitaus mehr Treibstoff erforderlich ist. Dieser zusätzliche Treibstoff führt ein Raumschiff nicht auf dem direkten Weg zur Erde zurück. Weil Erde und Mars ihre relativen Positionen zueinander permanent verändern, brauchen die Raumschiffe auf dem Rückweg nach einem kurzen Aufenthalt eine Beschleunigung, die durch ein Venus-Swingby erzielt wird. Dort ist die Sonnenstrahlung aber doppelt so stark wie auf Höhe der Erdbahn.

Selbst wenn sie sich für einen langen Zeitraum auf dem Mars aufhält, sind die Tage der Crew mit Projekten ausgefüllt, die unser Wissen über den Planeten immens vergrößern und den Weg für künftige Forschungen und schließlich für menschliche Einrichtungen und Besiedlung ebnen werden. Ich denke zum Beispiel an die geologischen Charakteristika des Mars, die uns erste Erkenntnisse über die klimatischen Verhältnisse in seiner Vergangenheit liefern werden, etwa warum und wann er das warme und feuchte Klima verloren hat. Wir erhalten Aufschlüsse über die Wiederbelebung des Mars, vielleicht auch darüber, wie die Erde gerettet werden kann. Die geologischen Untersuchungen schließen auch die Suche nach nützlichen Mineralien und anderen Rohstoffen ein.

Zuallererst suchen die Astronauten aber nach leicht zugänglichen Vorräten an gefrorenem Wasser. Noch besser wäre es, wenn unterirdisch geothermisch erhitztes Wasser gefunden würde. Eis oder Wasser sind von zentraler Bedeutung. Wenn man erst einmal Wasser gefunden hat, befreit das zukünftige Marsmissionen von dem Zwang, den für die Treibstoffproduktion notwendigen Wasserstoff von der Erde mitzubringen. Außerdem ist es – wenn eine permanente Basis auf dem Mars errichtet worden ist – möglich, in Treibhäusern auf breiter Basis Landwirtschaft zu betreiben .

Landwirtschaftliche Experimente sind ohnehin ein Thema, das ganz oben auf der Prioritätenliste steht. Deshalb wird ein aufblasbares Gewächshaus zum Mars mitgenommen. Das Forschungsgebiet, das die Menschen auf der Erde aber am meisten fasziniert, ist sicher die Suche der Astronauten nach Lebensspuren auf dem Mars.

Aus dem Weltraum aufgenommene Fotos vom Mars zeigen ausgetrocknete Flußbetten, die darauf hinweisen, daß es einst fließendes Wasser auf der Oberfläche des Roten Planeten gab, der also – um es anders auszudrücken – ein dem Leben potentiell freundlicher gesinnter Ort war. Die signifikantesten geologischen Beweise deuten darauf hin, daß die warme und feuchte Periode in der

Geschichte des Mars für die erste Milliarde Jahre andauerte, seit der Mars als Planet existiert. Diese Zeitspanne ist beträchtlich länger als jene, die die Entwicklung des Lebens auf der Erde benötigte. Gegenwärtige Evolutionstheorien behaupten, daß die Entstehung des Lebens aus anorganischer Materie ein sich gesetzmäßig vollziehender und natürlicher Prozeß sei, der mit großer Wahrscheinlichkeit auftrete, wenn die zeitlichen und örtlichen Bedingungen günstig seien. Falls das stimmt und diese Theorien tatsächlich stichhaltig sind, besteht die Möglichkeit, daß sich auf dem Mars Leben entwickelte. Vielleicht verbirgt es sich noch irgendwo auf dem Planeten, vielleicht ist es aber auch ausgestorben.

Wie dem auch sei, die Entdeckung von Leben auf dem Mars, in aktiver Form oder in Form von Fossilien, würde definitiv beweisen, daß im Universum Leben in großer Fülle existiert. Es wäre bewiesen, daß die Milliarden von Sternen, die an einem klaren, dunklen Nachthimmel schimmern, die Zentralgestirne belebter Welten darstellen, die zu zahlreich sind, als daß man sie zählen könnte, und Arten und Zivilisationen beherbergen, die zu vielfältig sind, um sie zu klassifizieren. Wenn wir aber andererseits feststellen sollten, daß es auf dem Mars trotz eines einst milden Klimas nie irgendwelches Leben gegeben hat, würde das bedeuten, daß die Entwicklung von Leben mehr oder weniger vom Zufall abhängt. Dann wären wir vielleicht tatsächlich allein im Universum.

Angesichts der Bedeutung dieser Frage wird man die Suche nach vergangenem oder gegenwärtig noch existierendem Leben sehr intensiv betreiben, allein schon aus dem Grund, weil es viele verschiedene Orte gibt, wo nachgeforscht werden muß. Es gibt ausgetrocknete Flußläufe und Seen, wo sich womöglich letzte Spuren der sich zurückentwickelnden Biosphäre des Mars erhalten haben. Was die Suche nach Fossilien betrifft, handelt es sich dabei um äußerst vielversprechende Orte. Die Eisschollen, die die Pole des Planeten bedecken, könnten gut erhaltene, gefrorene Überbleibsel wirklicher Organismen aufbewahrt haben – wenn es sie je gegeben haben sollte. Außerdem besteht eine hohe Wahrscheinlichkeit, daß es unter der Marsoberfläche geologisch erwärmtes Grundwasser gibt. In einer solchen Umgebung könnten lebende Organismen noch immer überdauert haben. Was für eine Sensation der Fund solcher Organismen wäre! Sie würden sich sicher stark von allem unterscheiden, was sich auf der Erde entwickelt hat. Bei ihrer Untersuchung würden wir erkennen, was am Leben auf der Erde auf Zufall beruht und was für die Natur des Lebens selbst wesentlich ist. Die Resultate könnten in der Medizin, der Gentechnik und allen Disziplinen der biologischen und biochemischen Wissenschaft zu Durchbrüchen führen.

Die Suche nach Lebensspuren und Rohstoffen wird notwendigerweise viel Arbeit erfordern. Ein paar Meter über den Mars zu schlendern oder ein oder zwei Löcher zu bohren, reicht nicht aus. Die ersten Erforscher des Planeten werden die Marslandschaft, die jenseits des Horizonts ihrer kleinen Basis liegt, durchqueren müssen. Der Rover mit seiner klimatisierten Druckkammer bietet den Astronauten eine Umgebung, in der sie sich im Freizeithemd aufhalten können. So ist garantiert, daß sie auf wochenlangen Ausflügen auch weit entfernte Territorien ausgiebig erforschen können. Der Rover verwendet denselben aus Methan und Sauerstoff bestehenden Treibstoff wie das ERV. 10 % des Treibstoffvorrats, der von der chemischen Fabrik des ERV produziert wird, werden zur Erkundung der Marsoberfläche bereitgestellt. Mit diesem großen Vorrat an Treibstoff für ihren Wagen sind die Astronauten in der Lage, ein riesiges Terrain in der Umgebung ihres Camps zu erforschen. Vor dem Ende der ersten Mission wird der Kilometerzähler des Rover bereits über 24 000 km anzeigen. Während die Besatzung des Rover den Mars bereist, läßt sie an verschiedenen Stellen kleine, ferngesteuerte Roboter zurück, die es den Crewmitgliedern im Camp – und uns auf der Erde – erlauben, eine Vielzahl von Orten auf dem Fernsehschirm zu studieren.

Die enorme Anzahl von Forschungsprojekten, die die Astronauten durchführen, bringt eine verwirrende Menge an Informationen, die sämtlich neu und einzigartig sind. Die Datenmenge ist mit Sicherheit zu groß, als daß ein Mitglied der Crew sie allein verarbeiten könnte. Deshalb konferiert jeder Astronaut regelmäßig mit einem Komitee weltweit führender Experten über die Themen seines Fachgebiets, so daß zwischen Erde und Mars ein umfangreicher Informationsaustausch stattfindet. Die Crewmitglieder werden natürlich auch persönliche Botschaften absenden und empfangen, aber weil es bei der Übermittlung von Radiowellen zwischen Mars und Erde ein *time lag* gibt, müssen sie mit Verzögerungen von bis zu 40 Minuten rechnen, bis sie eine Antwort erhalten. Das mag für Menschen störend sein, die sich an Telefongespräche gewöhnt haben, aber für all diejenigen, die noch wissen, wie man einen Brief schreibt, ist es kein Problem.

SEPTEMBER 2009

Nach einem anderthalbjährigen Marsaufenthalt klettern die Astronauten an Bord des ERV. Wenn sie starten, wissen sie, daß sie nach ungefähr sechs Monaten wie Helden auf der Erde empfangen werden. Sie lassen die Marsbasis 1 mit dem *Beagle*-Hab, dem Rover, einem Gewächshaus, dem Atomreaktor und der chemischen Fabrik, einem aus Methan und Sauerstoff bestehenden Treibstoffvorrat und fast allen wissenschaftlichen Instrumenten zurück.

Im Mai 2010, kurz nachdem die erste Crew zur Erde zurückgekehrt ist, trifft eine zweite Mannschaft in der Hab 2 ein und landet auf der Marsbasis 2. Die Besatzung der zweiten Mission wird einen Großteil ihrer Zeit damit verbringen, das Territorium in der Nähe ihres Landeplatzes zu erforschen. Sie wird aber wahrscheinlich auch irgendwann die alte *Beagle* auf der Marsbasis 1 besuchen, und zwar nicht aus sentimentalen Gründen, sondern um notwendige wissenschaftliche Untersuchungen in dieser Region fortzusetzen.

So werden alle zwei Jahre – wie in Abbildung 1.2 gezeigt – zwei *Ares*-Raketen von Cape Canaveral starten. Eine befördert ein Hab zu einem vorbereiteten Landeplatz und die andere ein ERV, um eine neue Region auf dem Roten Planeten für den Besuch der nächsten Mission zu erschließen. Zwei Raketen innerhalb von zwei Jahren – also eine durchschnittliche Startrate von einem Start pro Jahr, was nur 10 % unserer Kapazität entspricht – wären für ein kontinuierliches und expandierendes Programm zur Marserkundung nötig. Das ist mit Sicherheit finanzierbar und vertretbar. Ein zusätzlicher Pluspunkt: Beim Mars-Direct-Projekt werden dieselben *Ares*-Startraketen, Besatzungs- und Rückkehreinheiten (nur

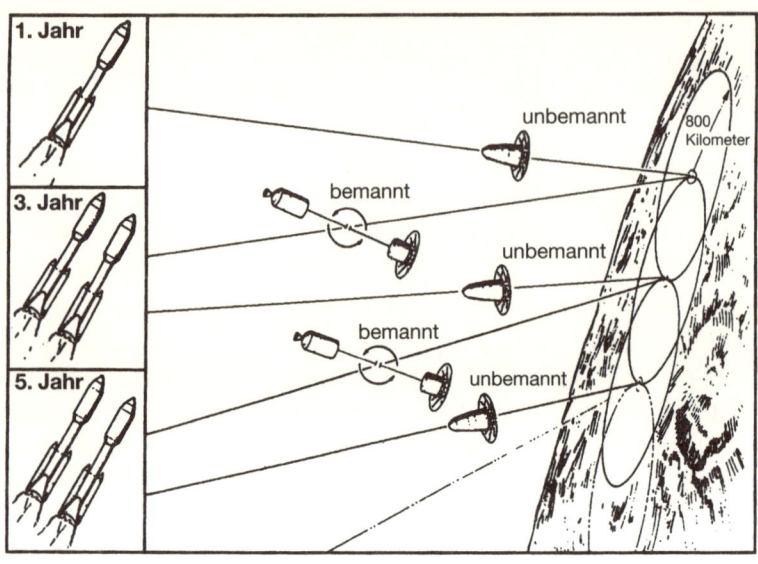

Abbildung 1.2
*Der Ablauf der Mars-Direct-Mission. Das Unternehmen beginnt mit dem Start
einer unbemannten Rückkehreinheit (ERV) zum Mars, wo sie sich automatisch
mit einem aus Methan und Sauerstoff bestehenden Treibstoff versorgt, der auf
dem Mars produziert wird. Danach steigen alle zwei Jahre zwei Startraketen auf.
Eine befördert eine ERV, um einen neuen Landeplatz zu erschließen, die andere
transportiert ein bemanntes Habitat (Hab), das ein ERV an einer bereits zuvor
eröffneten Landestelle trifft.*

mit einer Antriebsstufe versehen) verwendet, die auch zur Konstruktion und Erhaltung von Mondbasen eingesetzt werden können. Wenngleich nachdrücklich festgestellt werden muß, daß Stützpunkte auf dem Mond nicht notwendig sind, um die Erkundung
des Mars zu unterstützen, hätten sie doch einen beträchtlichen Vorteil, ganz besonders als Standpunkte für astronomische Observatorien. Indem sowohl für die Mond- als auch für die Marserkundung
herkömmliche Raumschiffe eingesetzt werden, wird die Mars-
Direct-Methode Milliardenbeträge in zweistelliger Höhe an Entwicklungskosten einsparen helfen.

Das Mars-Direct-Projekt ist nicht ohne Risiken. Wir wissen noch
nicht, welche Folgen es hat, wenn Menschen fortgesetzt der Schwer-

kraft auf dem Mars ausgesetzt sind, die im Vergleich zu der auf der Erde 38 % beträgt. Erfahrungen mit Versuchen unter simulierten Bedingungen der Schwerelosigkeit lassen den Schluß zu, daß die meisten möglichen Gesundheitsstörungen vorübergehender Natur sind. Außerdem sind die Astronauten auf den sechs Monate dauernden Flügen heutiger oder in naher Zukunft entwickelter Raumschiffe der im Weltraum herrschenden Strahlung ausgesetzt. Die zu erwartende Dosis ist hoch genug, um sie mit einer zusätzlichen 0,5- bis einprozentigen Wahrscheinlichkeit irgendwann einmal an einer tödlichen Krebsart erkranken zu lassen. Kein Grund zur Verzweiflung – wir auf der Erde sind einem Risiko von 20 % ausgesetzt, an Krebs zu sterben. Schließlich mag die Umwelt auf dem Mars einige Überraschungen bereithalten, obwohl die unbemannten *Viking*-Raumschiffe in den 70er Jahren, die für eine Operationsdauer von 90 Tagen ausgelegt waren, auf dem Mars vier Jahre lang störungsfrei funktionierten, wenngleich sie Kälte, Wind und Staub ausgesetzt waren. Das größte Risiko bei dieser Mission liegt darin, daß wichtige mechanische oder elektronische Systeme versagen. Mehrfache Sicherungsmaßnahmen für alle wichtigen Systeme und die Anwesenheit zweier hervorragender Techniker können dieses Risiko allerdings minimieren.

Wie man es auch sieht, die erste Marsmission wird ein gewisses Risiko enthalten. Das läßt sich nicht vermeiden, gleichgültig, ob wir den Versuch mit Mars Direct im Jahr 2007 starten oder ihn einer anderen Generation überlassen. Ohne Risiko und Mut ist nie etwas Großes erreicht worden.

MAI 2018

Im Laufe der Zeit werden viele neue Forschungsstationen errichtet werden, aber irgendwann muß man entscheiden, welche der Regionen, in denen sich die Stützpunkte befinden, sich am besten für eine Marssiedlung anbietet. Idealerweise liegt sie über einem Reservoir geothermisch erwärmten Wassers, das die Basis mit warmem Wasser und elektrischem Strom versorgen kann. Wenn es soweit ist, werden künftige Landungen nicht mehr an unterschiedlichen Orten erfolgen. Jedes neue Hab wird ganz in der Nähe aufsetzen.

Mit der Zeit bilden sich langsam Strukturen heraus, die an eine Kleinstadt erinnern. Die hohen Transportkosten für den Weg von der Erde zum Mars stellen einen starken finanziellen Anreiz dar, Astronauten zu finden, die bereit sind, ihren Marsaufenthalt über anderthalb Jahre hinaus zu verlängern. Während sie Erfahrung mit dem Leben auf dem Mars sammeln, Nahrungsmittel und nützliche Materialien jeder Art produzieren, werden die Astronauten ihren Aufenthalt auf vier oder sechs Jahre oder sogar länger ausdehnen. Im Lauf der Zeit gehen die Beförderungskosten für den Transport von der Erde kontinuierlich zurück. Sie werden durch neue Technologien und dem freien Wettbewerb unterliegende Angebote von Unternehmern reduziert, die wichtige Fracht für den Stützpunkt liefern wollen. Solarzellen, an Ort und Stelle produzierte Windräder und weitere geothermisch erwärmte Quellen werden zur Energieversorgung beitragen, auf dem Mars hergestellte, aufblasbare Kunststoffgebäude den knappen Lebensraum der Stadt vergrößern. Da immer mehr Menschen eintreffen und immer länger bleiben, bevor sie wieder abreisen, wird die Bevölkerung der Stadt wachsen. Im Laufe der Zeit werden Kinder geboren, Familien auf

Abbildung 1.3
Miteinander verbundene Mars Direct-Habitate, mit denen man eine Basis auf dem Mars zu errichten beginnt.

dem Mars gegründet. Sie sind die ersten wirklichen Kolonisten eines neuen Territoriums der menschlichen Zivilisation.

Es ist denkbar, daß eines Tages Millionen von Menschen auf dem Mars leben und diesen Planeten ihr Zuhause nennen werden. Wir können von Menschen entwickelte Technik einsetzen, um das gegenwärtig frostige und trockene Klima des Mars zu ändern und die warmen und feuchten Wetterverhältnisse seiner fernen Vergangenheit wiederherzustellen. Dieses Kunststück, den Mars von einem – zumindest fast – leblosen Planeten in eine vitale, atmende Welt zu verwandeln, die einer Vielzahl verschiedener und neuer Biotope und Lebensformen nützlich ist, wird eine der vornehmsten und größten Unternehmungen des menschlichen Geistes sein. Niemand wird dieses Schauspiel beobachten, ohne als Mensch stolz darauf zu sein.

Natürlich ist das Zukunftsmusik. Doch wir haben heute die Chance, den Weg zu ebnen. Wir können innerhalb eines Jahrzehntes vier Menschen zum Mars befördern und mit der Erkundung und Besiedlung des Roten Planeten beginnen. Uns – und nicht irgendeiner zukünftigen Generation – kann die ewige Ehre dafür gebühren, der Menschheit eine neue Welt eröffnet zu haben. Wir benötigen dazu nur die bereits existierende Technologie, einige chemische Erkenntnisse aus dem 19. Jahrhundert, eine Prise gesunden Menschenverstand und etwas Mut.

Unter der Lupe:
Von den Reichtümern des Landes leben –
Amundsen, Franklin und die Nordwest-Passage

Die Geschichte hat immer wieder gezeigt, daß eine kleine Gruppe von Menschen mit einem beschränkten Budget bei der Durchführung eines Forschungsprogramms erfolgreich sein kann, wo andere mit viel größerem Aufwand gescheitert sind. Das setzt allerdings voraus, daß das kleine Team vorhandene Ressourcen auf intelligente Weise nutzt. Dies ist eine Lektion, die Forschungsreisende der Vergangenheit oft auf eigene Gefahr hin ignoriert haben.

Am 16. Juni 1903, um Mitternacht, stachen Roald Amundsen und seine sechsköpfige Crew unter dem regenverhangenen Himmel von Kristiania (dem heutigen Oslo) in Norwegen in See. Ihr Ziel: die kanadische Arktis und die Nordwest-Passage. Die Nordwest-Passage war für die Polarforscher ein beinahe mystisches Ziel: Im Verlauf von fast drei Jahrhunderten waren buchstäblich Hunderte von Expeditionen im Kampf gegen das unbeständige Packeis, die Kanäle und Wasser des hohen Nordens gescheitert.

Amundsen folgte den Spuren eines Helden seiner Kindheit, Sir John Franklins – einer der großen und tragischen Gestalten der Polarforschung. Franklin hatte auf der Suche nach der Nordwest-Passage 60 Jahre vorher die Segel setzen lassen. Aber während Amundsen mit einem 30 Jahre alten Robbenfängerschiff in See stach, das er mit Mitteln gekauft hatte, die er sich von seinem Bruder lieh, war Franklin mit der Unterstützung der britischen Admiralität ausgezogen. Amundsen saßen die Gläubiger im Nacken, Franklin dagegen hatte zwei Schiffe befehligt, *Erebus* und *Terror*, beide gut über 300 t schwer und mit einer Besatzung von über 125 Mann. Der Historiker Pierre Berton hat die Ladung des Schiffes so beschrieben: »Es gab Berge an Proviant und Brennstoff und die komplette Ausrüstung, die in der Seefahrt des 19. Jahrhunderts dazugehörte: erlesenes Porzellan und Kristall, schweres viktorianisches Silber, Bibelexemplare und Gebetbücher, Ausgaben des Satiremagazins *Punch*, elegante Uniformen für formelle Anlässe mit Messingknöpfen und Polierlappen, damit sie immer glänzten…« Kurzum, Franklin hatte alles dabei, was er zu brauchen glaubte, nur nicht das, was zum Überleben notwendig war.

Am 19. Mai 1845 setzten die *Erebus* und die *Terror* Segel. Ihr Kapitän erhoffte sich die Entdeckung der Nordwest-Passage und den mit dieser Heldentat verbundenen Ruhm, doch am Ende wartete nur Vergessen auf ihn. Am 25. Juni beobachteten grönländische Walfänger, wie die Schiffe der Franklin-Expedition vor einem Eisberg ankerten. Dies war das letzte Mal, daß Europäer die Expedition sahen. Franklin segelte mit seinen Schiffen, den beiden Mannschaften und seinem gesamten Material in die arktische Wildnis hinaus und verschwand für immer.

Zwischen 1848 und 1859 gab es mehr als 50 Expeditionen, die herausfinden wollten, was passiert war. In den folgenden Jahren versuchte man, das Rätsel anhand der wenigen Funde und Informationen zu lösen. Zwei kurze, zurückgelassene Nachrichten, die gefrorenen, entstellten Überreste einiger Mannschaftsmitglieder sowie einige auf die europäische Zivilisation hinweisende Kleinigkeiten, die einheimische Eskimos im Eis gefunden oder auf den Schiffen erbeutet hatten, machten deutlich, daß die Expedition in einer Katastrophe geendet hatte, weil Franklin, wie es ein Zeitgenosse ausdrückte, seine eigene Lebenswelt in die Arktis mitgenommen hatte.

Als Franklin und seine Männer im Herbst des Jahres 1846 in der Nähe der King-William-Insel im Eis festsaßen, konnten sie nur auf ihre Vorräte an gepökeltem Fleisch zurückgreifen. Die Expedition hatte genügend Fleisch mitgenommen – allerdings kein frisches. Das gepökelte schützte die Männer nicht vor Skorbut. Frühere Polarforscher hatten die prophylaktische Wirkung von frischem Fleisch im Hinblick auf Skorbut bereits erkannt, doch Franklin hatte ihren Beobachtungen keine Aufmerksamkeit geschenkt. Er war kein Jäger, und die Gewehre, die die Männer auf dieser Expedition mit sich führten, eigneten sich vielleicht zur Rebhuhnjagd in der englischen Heide, halfen ihnen auf dem arktischen Eis aber kaum weiter. Franklin hatte sich statt für Frischfleisch für Zitronensaft-Rationen entschieden. Die Crewmitglieder wurden immer schwächer und starben schließlich, Franklin selbst offenbar im Juni 1847 an Bord eines der Schiffe. Andere hatte die Schiffe verlassen und waren in südlicher Richtung losmarschiert, in der Hoffnung, einem Rettungstrupp zu begegnen. Sie brachen zusammen bei dem Versuch, die schweren Schlitten aus Eisen und Eichenholz durch die arktische Einöde zu ziehen. Alle kamen ums Leben.

Amundsen wollte Franklins Spuren folgen, allerdings nicht bis ins Grab. Statt seine vertraute Umgebung in die Arktis mitzunehmen, machte er sich mit den Gegebenheiten vertraut, die er vorfinden würde, um sich von den vorhandenen Reichtümern des Landes zu ernähren. Er erkannte, daß Karibu-Innereien und roher Walfischspeck vor Skorbut schützten. Indem er Hundeschlitten benutzte, eignete er sich die Fortbewegungsart der Eskimos an. So verfügte er außerdem über die erforderliche Beweglichkeit, um größere Tiere jagen zu können. Er lernte von den Eskimos, Iglus zu bauen, und zog ihre Hirschfellkleidung den Wollsachen vor, von denen die Briten nicht hatten ablassen wollen.

Amundsen und seine sechsköpfige Crew saßen mit der *Gjöa* ebenfalls im Eis fest. Zwei Winter verbrachten sie in einem winzigen Hafen an der südöstlichen Spitze der King-William-Insel, nicht weit von der Stelle entfernt, wo Franklins Expedition in einer Katastrophe geendet hatte, aber sie verhungerten nicht. Sie nutzten die Möglichkeiten der Hundeschlitten und reisten Hunderte von Kilometern durch das Land, um zu jagen und es zu erforschen. So überlebten sie nicht nur, sondern machten auch die wichtige geophysikalische Entdeckung, daß sich die magnetischen Pole der Erde bewegen. Die Crew der *Gjöa* kam mit jener Welt, an der Franklins Expedition gescheitert war, bestens zurecht. Nachdem das Eis im August 1905 endlich geschmolzen war, stach die *Gjöa* von der King-Williams-Insel aus in See. Innerhalb weniger Wochen hatte sie die Nordwest-Passage bezwungen. Weitere vier Monate vergingen, bis Amundsen einen Außenposten erreichte, um die Nachricht von seinem Erfolg telegrafisch an seinen wichtigsten Förderer in Norwegen übermitteln zu können (die Kosten dafür gingen auf den Empfänger).

Sechs Jahre später sollte Amundsen von der Lektion, die er auf der King-William-Insel gelernt hatte, erneut Gebrauch machen. Als erster Mensch drang er zum Südpol vor.

2
Von Kepler bis zum Raum-fahrtzeitalter

»Es müßte Schiffe mit Segeln geben, die für die himmlischen Lüfte geeignet sind. Dann gäbe es auch Menschen, die nicht vor der trostlosen Leere des Universums zurückschrecken würden.«

Johannes Kepler an Galileo Galilei, 1609

Wir waren bereits auf dem Mars. Am Morgen des 20. Juli 1976 landete die amerikanische Raumsonde *Viking 1* auf jenem Terrain des Roten Planeten, das als Chryse Planitia bekannt ist, als die Goldebenen des Mars. Doch als die *Viking* auf dem Planeten aufsetzte, der zu dem Zeitpunkt nahezu 330 Millionen km von der Erde entfernt war, wußte im Jet Propulsion Laboratory der NASA in Pasadena, Kalifornien, niemand, ob die unbemannte Raumsonde sicher eingetroffen oder auf der Oberfläche des Mars zerschellt war. Den Wissenschaftlern blieb für nahezu 20 Minuten nichts anderes zu tun, als ihren Morgenkaffee zu trinken und zu warten. Dann erfuhren sie, daß die *Viking* sicher gelandet war.

Unmittelbar nach der Landung begann die Arbeit. Eine programmierte Sequenz von Befehlen instruierte nur 25 Sekunden nach dem Aufsetzen die an Bord befindlichen Instrumente, ein hochauflösendes Bild der angrenzenden Umgebung eines der Landefüße aufzunehmen. Die *Viking* übertrug das Bild in Echtzeit. Die Bilddaten rasten mit Lichtgeschwindigkeit zur Erde, während die Ingenieure und Wissenschaftler des *Viking*-Projekts die Minuten zählten, bis das aus der Ferne kommende Funksignal endlich eintraf. Dann beobachteten sie fasziniert, erleichtert und sicher auch erstaunt, wie sich das Bild von der Marsoberfläche Zeile für Zeile vor ihren Augen aufbaute.

Zugegeben, das Bild eines Landefußes mag nicht besonders aufregend sein, aber diese erste visuelle Übertragung vermittelte den Beobachtern im Jet Propulsion Laboratory eine gewaltige Menge wichtiger Informationen. Es verriet ihnen, daß die Raumsonde unversehrt war und daß die visuellen Aufzeichnungssysteme funktionierten. Das Bild war klar. Kleine Steine zeichneten sich scharf auf dem Marsboden ab, und die Nieten auf dem Landefuß der *Viking* waren so deutlich zu erkennen wie die Knöpfe auf den weißen Hemden der Wissenschaftler. Im Anschluß an die erste Aufnahme sollte das nächste programmierte Bild den Horizont fotografieren, einen Schnappschuß der Umgebung. Die Erinnerung an dieses Bild wird wahrscheinlich bei allen unauslöschlich bleiben, die beobachteten, wie sich ihnen die Marsoberfläche offenbarte. Die fotografischen Systeme der *Viking* richteten sich auf eine unfruchtbare Landschaft, die mit scharfkantigen Felsen aller Größen gesprenkelt war. In der Ferne schien man Sanddünen und kleine, wellenförmige Hügel wahrnehmen zu können – eine leere Welt, die zugleich vertraut und doch völlig fremdartig anmutete. Schon seit Jahrhunderten beobachteten Menschen den Mars und entwickelten Theorien über ihn. Ihre Studien und wagemutigen Phantasien eröffneten den Gelehrten enorme Einblicke und bewiesen, daß der menschliche Intellekt den Kosmos erforschen und die Komplexität des Universums verstehen kann. Die Augenzeugen, die ihre Blicke jetzt auf diese Landschaft richteten, wußten, daß wieder ein Schritt in der Erforschung des Weltalls getan worden war – aus dem intellektuellen in den physikalischen Bereich.

Es war eine lange Reise bis zu diesem Moment gewesen, eine Reise, die nicht erst im späten 20. Jahrhundert begonnen hatte, sondern schon Jahrhunderte zuvor. Sie hatte viele Opfer gekostet.

Der Weg aus der Unwissenheit

An einem Samstagmorgen des Jahres 1600 – es war der 17. Februar – wurde Giordano Bruno, der große Humanist der italienischen Renaissance, aus einer Gefängniszelle geholt. Man riß ihm die Kleider vom Leib und führte ihn nackt, geknebelt und an einen Pfahl gefesselt durch die Straßen von Rom. Die Spottgesänge der Anhänger der Inquisition verfolgten ihn. Die Prozession traf auf der Piazza Campo de' Fiori vor dem Pompeiustheater ein, dem Ort der Hinrichtung. Eine Kerze in der Hand, hielt einer von Giordano Brunos Mördern vor dem Verurteilten ein Bildnis Christi hoch und forderte ihn auf zu bereuen. Ärgerlich wandte Bruno das Gesicht ab. Der Scheiterhaufen wurde angesteckt und einer der tiefgründigsten Denker der menschlichen Geschichte bei lebendigem Leibe verbrannt.

Giordano Bruno wurde ermordet, weil er im Gespräch und in seinen Schriften behauptet hatte, daß das Universum unendlich sei. Er war der Meinung, daß die Sterne Sonnen seien wie unsere Sonne und daß andere bewohnte Planeten – wie die Erde – um sie kreisten. Folglich sähen Beobachter von diesen anderen Welten, wenn sie aufblickten, unsere Sonne mit der sie umkreisenden Erde in ihrem Himmel. Bruno folgerte:»Wir sind im Himmel.«

Diese Einsicht war ein Schock für das noch mittelalterlich geprägte Bewußtsein. Aber warum war Mord notwendig, um ihr Einhalt zu gebieten? Warum wurde Brunos jüngerer Zeitgenosse Galileo Galilei mit dem Tode bedroht und später für Jahrzehnte unter Hausarrest gestellt? Warum barg die Astronomie, eine Wissenschaft, deren Inhalte augenscheinlich von nur geringfügigem praktischem Nutzen sind, in der Renaissance derartige Brisanz? Warum war, mit einem Wort, der Preis so hoch?

Die Antwort lautet: Die Astronomie brachte die intellektuellen Grundpfeiler der westlichen Zivilisation, ihres Wissens und also auch ihrer Macht ins Wanken. Seit der babylonischen Zeit und bis in Brunos Epoche hinein sah man das Universum mit seinen unzählbaren Sternen und den fünf wandernden Planeten als etwas Göttliches und Unergründliches an, dessen Geheimnisse nur für einige eingeweihte Auserwählte begreiflich waren. In den babylonischen Zeiten waren das Astrologen und Priester gewesen, in Brunos Epoche die Repräsentanten der Kirche.

Claudius Ptolemäus, im zweiten Jahrhundert nach Christus Bibliothekar in Alexandria, vertrat eine astronomische Theorie, derzufolge die Erde im Zentrum des Universums angesiedelt war. Die Sonne und die damals bekannten fünf Planeten bewegten sich demnach in epizyklischer Weise auf kleinen, kreisförmigen Umlaufbahnen, deren Zentren mit konstanter Geschwindigkeit der Spur eines größeren Kreises folgten, in dessen Zentrum sich wiederum die Erde befand. Auf Einwände gegen die irrationale Natur dieses epizyklischen Schemas (man konnte dem Modell immer weitere Epizyklen hinzufügen, bis es mit der Beobachtung übereinstimmte) antwortete Ptolemäus: »Es ist unzulässig zu glauben, daß unsere menschlichen Verhältnisse mit denen der unsterblichen Götter übereinstimmen, und geheiligte Dinge vom Standpunkt anderer zu betrachten, welche grundlegend anders als sie sind. Folglich müssen wir unser Urteil hinsichtlich kosmischer Ereignisse nicht auf der Basis von Erscheinungen auf der Erde fällen, sondern auf der Grundlage ihrer eigenen inneren Substanz und dem unveränderlichen Gang der himmlischen Bewegungen.« Ptolemäus hielt die Gesetze des Universums für ganz anders beschaffen als jene, welche die Erde regieren. Das Universum war unerkennbar, unwandelbar und von Menschen nicht zu kontrollieren, der göttliche Plan unbegreiflich. Nur eine herrschende Priesterkaste, die einen exklusiven Zugang zum Mystischen und Übernatürlichen hatte, konnte den Menschen verkünden, was recht war und was sie tun sollten.

Dabei blieb es für Jahrhunderte, bis einige Denker die These, es liege jenseits der Kräfte des menschlichen Verstandes, das Universum zu begreifen, zu bezweifeln wagten. Das begann mit den Schriften des Nikolaus Kopernikus, der zwischen 1510 und 1514 eine lang vergessene heliozentrische Theorie des Universums (die Sonne als Mittelpunkt) neu definierte, die ursprünglich im dritten Jahrhundert vor Christus von dem griechischen Astronomen Aristarchos von Samos aufgestellt worden war. Dem heliozentrischen System zufolge bewegen sich die Planeten in kreisförmigen Umlaufbahnen um die Sonne. Dieses Konzept galt als revolutionär

50

und sogar häretisch, obwohl einige gelehrte Zeitgenossen Kopernikus' durchaus einen Reiz an der grundsätzlichen Einfachheit darin
fanden. Der bedeutendste unter ihnen war Johannes Kepler.

Kepler, 1571 geboren, hatte sich zu einem frommen Lutheraner
entwickelt, war aber auch ein überzeugter Platoniker. Seine Leidenschaft bestand darin, die wahre Natur des Universums in den
rationalen Gesetzen der Geometrie zu suchen. »Die Geometrie ist
einzigartig und ewig«, schrieb er, »eine Ausstrahlung des göttlichen Geistes. Daß der Mensch daran partizipiert, ist einer der
Gründe dafür, daß man ihn ein Abbild Gottes nennen kann.«

Dieses Zitat ist der Schlüssel zum Problem, denn wenn der
menschliche Verstand das Universum begreifen kann, bedeutet
das, er ist grundsätzlich von der gleichen Beschaffenheit wie der
Verstand Gottes. Verhält sich das so, ist alles, was Gott bei der
Erschaffung des Universums als rational erschien, Geometrie, also
auch dem menschlichen Verstand rational begreiflich. Wenn wir
nur gründlich genug forschen und nachdenken, können wir also
für alles eine rationale Erklärung und Grundlage finden. Das ist die
fundamentale Voraussetzung der Wissenschaft, für die Bruno starb.
Indem Kepler sich anschickte, ihre Wahrheit zu beweisen, lüftete er
den Schleier vor der verborgenen Seele der abendländischen Zivilisation. Das gelang ihm mit Hilfe des Planeten Mars.

Im Februar 1600, im selben Monat, da Giordano Bruno hinge-
richtet wurde, begann Kepler seine Zusammenarbeit mit Tycho
Brahe – dem größten Astronomen seiner Zeit, der seine Erkenntnisse auf die konkrete Beobachtung gründete. Brahe hatte eine
eigene Theorie des Universums entwickelt und betraute den
28jährigen Kepler mit der Aufgabe, die Umlaufbahn des Mars zu
bestimmen – natürlich nur im Dienste des eigenen Ruhms. Nachdem Brahe im Oktober 1601 gestorben war, verfügte der Kaiser
des Heiligen Römischen Reiches, Rudolf II., daß Kepler über die
Schätze, die Brahes Entdeckungen darstellten, wachen und dessen
Nachfolger als kaiserlicher Mathematiker werden sollte. Damit
erhielt Kepler die Munition, um die Untersuchung des Mars ernsthaft in Angriff nehmen zu können.

Seit Aristoteles waren die Astronomen einfach von der Annahme
ausgegangen, daß sich die Planeten auf einheitlichen, kreisför-

migen Umlaufbahnen bewegten. Aristoteles selbst hatte erläutert, weshalb: Der Kreis sei eine perfekte Form, und nur kreisförmige Bewegungen könnten auf sich selbst zurückkommen und so eine endlose Bewegung garantieren. Aber so sehr Kepler sich auch bemühte, er konnte einfach keine Umlaufbahn in Brahes Beobachtungen finden, die mit einem Kreis übereinstimmte. Natürlich hätte er auf Epizyklen ausweichen können, aber das wollte er nicht. Ad hoc eingesetzte Epizyklen-Systeme wären ein irrationaler Ausweg gewesen, wo doch eine rationale Antwort existieren mußte. Aber wenn es keine kreisförmigen Umlaufbahnen gab, worum handelte es sich dann? Kepler benötigte acht Jahre intensivster Studien, um zu entdecken, was Tycho Brahes Beobachtungen des Mars offenbart hatten: Der Mars bewegt sich auf einer elliptischen Umlaufbahn, und die Sonne ist ein Brennpunkt der Ellipse. Wir wissen heute, daß die Umlaufbahn des Mars die am stärksten elliptisch ausgeprägte aller Planeten ist, wenn man von Pluto absieht, der erst im 20. Jahrhundert entdeckt wurde. Deshalb war der Mars der Härtetest für astronomische Theorien. Wenn seine Umlaufbahn tatsächlich kreisförmig gewesen wäre, hätten die Theorien von Aristarchos von Samos und Kopernikus wahrscheinlich einer flüchtigen Betrachtung standgehalten, ohne daß irgend jemand wirklich genauer hingesehen hätte.

Kepler publizierte das Ergebnis seiner Untersuchungen im Jahr 1609. Der volle Titel des Werks lautet: *Neue Astronomie, oder Physik des Himmels, überliefert in den Abhandlungen über die Bewegung des Sterns Mars nach den Beobachtungen des Tycho Brahe.* Im Gegensatz zu vielen früheren Astronomen und Philosophen erklärte Kepler, daß seine neue Astronomie nicht einfach ein mathematisches Konstrukt sei, das die Bewegungen im Universum beschreibe. Statt dessen sei es eine Abhandlung über die »wahre Natur« des Universums, ein umfassendes Werk, das die Dogmen von zwei Jahrtausenden verwerfe und sie durch eine Astronomie ersetze, die auf rationalen Begründungen beruhe. Er legte darin jene Theorien dar, die wir heute als die ersten beiden Keplerschen Gesetze der Planetenbewegung kennen: Die Bahnen der Planeten sind Ellipsen, in deren einem Brennpunkt die Sonne steht. Der Radiusvektor von der Sonne zum Planeten überstreicht in gleichen Zeiten gleiche

Flächen. Diese Gesetze haben sich als wahr erwiesen und begegnen einem heute in allen Lehrbüchern der Astrophysik. Genauso wichtig allerdings war eine Theorie, die man Keplers *falsche* Hypothese nennen könnte: Er behauptete, daß die Planeten von einer »magnetischen« Kraft angezogen würden, die von der Sonne »in der Art und Weise des Sonnenlichts« ausgestrahlt würde.

Als seine Gegner ihn beschuldigten, Physik und Astronomie vermischt zu haben, antwortete Kepler: »Ich glaube, daß diese beiden Wissenschaften so eng miteinander verwandt sind, daß keine ohne die andere zur Vollkommenheit entwickelt werden kann.« Mit anderen Worten: Kepler entwickelte kein Modell des Universums, dessen Geometrie in erster Linie ansprechend war; er untersuchte ein Universum, dessen kausale Zusammenhänge die Menschen unter Verwendung von natürlichen Begriffen verstanden. So katapultierte er die Menschheit ins Universum. Wenn der Mensch und die Erde auch nicht mehr im Mittelpunkt des Universums standen, war die Menschheit doch – das bewies Kepler – in der Lage, das All zu begreifen. Und deshalb befand sich das Universum nicht nur, wie er in der Passage eines Briefes an Galilei schrieb, die diesem Kapitel als Motto voransteht, in geistiger Hinsicht in Reichweite des Menschen, sondern prinzipiell auch in physischer.

Es folgten weitere zehn Jahre des Studiums, bevor Kepler in der Lage war, sein Meisterwerk zu veröffentlichen, die *Weltharmonik in fünf Büchern*. Hier erläuterte er seine letzte große Entdeckung, das dritte Keplersche Gesetz der Planetenbewegung: Die Quadrate der Umlaufzeiten der Planeten verhalten sich wie die dritten Potenzen der großen Halbachsen ihrer Bahnellipsen. Wenn man diese Gesetze begriffen hat, ist die mathematische Ableitung dessen, was man heute Newtons Allgemeines Gesetz der Schwerkraft nennt, eine relativ simple Angelegenheit. Newtons Gesetze sind das Fundament dessen, was als klassische Physik gilt, das kraftvolle Gerüst der wissenschaftlichen Erkenntnis, die im 18. und 19. Jahrhundert die industrielle Revolution ermöglichte. Mit Keplers Studien des Planeten Mars endete das Mittelalter und brach die Epoche der wissenschaftlichen und der industriellen Revolution an. Die erste Begegnung des Menschen mit dem Mars hatte sich also gelohnt.

Reisen via Teleskop

Für Kepler hatte der Mars als Beweis gedient, daß die Erde ein Planet ist. Das implizierte, daß die Planeten, jene fernen, kleinen Lichter, die sich am Himmel bewegen, in Wahrheit große Welten wie die Erde waren. Aber wie konnte man diese unbegreiflichen neuen Gestirne erforschen?

Schon bald gab es ein neues Hilfsmittel. Kaum ein Jahr nachdem Kepler seine *Neue Astronomie* veröffentlicht hatte, richtete Galilei ein neues Instrument gen Himmel – das Teleskop. Durch seine Entdeckung von Gebirgen auf dem Mond und von »drei kleinen Sternen«, die während eines Beobachtungszeitraums von einigen Wochen den Jupiter umtanzten, verlieh er der Keplerschen Sicht des Universums zusätzliche Glaubwürdigkeit. Schon sehr bald wurden weitere Teleskope auf den Mars gerichtet.

Der italienische Astronom Francisco Fontana fertigte nach den Erkenntnissen, die er durch das Teleskop gewonnen hatte, im Jahr 1636 die erste Zeichnung des Planeten Mars an. Wenn man sie heute betrachtet, enthüllt sie allerdings keine wiedererkennbaren Charakteristika. 1659 erstellte der niederländische Astronom Christiaan Huygens die erste Zeichnung, auf der sich ein bekanntes Charakteristikum des Mars erkennen läßt, nämlich ein ungefähr dreieckiger, dunkler Fleck auf der Oberfläche des Planeten, heute bekannt als Syrtis Major. Bei ihren sorgfältigen Beobachtungen von Syrtis Major und ähnlichen Phänomenen erkannten die Astronomen vergangener Jahrhunderte, daß ein Marstag – auch Sol genannt – einem Tag auf der Erde ähnelte. 1666 veranschlagte der Italiener Giovanni Cassini die Dauer eines Tages auf dem Mars mit 24 Stunden und 40 Minuten. Das waren zweieinhalb Minuten mehr als die heute gültigen 24 Stunden, 37 Minuten und 22 Sekunden. Wenngleich offensichtlich Cassini der erste war, der eine der Polkappen des Mars wahrnahm, so fertigte doch Huygens die erste Skizze davon an. Auf der Grundlage von Beobachtungen, die zwischen 1777 und 1783 angestellt wurden, konstatierte William Herschel, der Entdecker des Uranus, daß es auf dem Mars wohl auch Jahreszeiten gebe, weil seine Rotationsachse zu seiner Umlaufebene um ungefähr 30° geneigt sei (heute wird der Wert mit 24° angesetzt).

Die Beobachtung des Mars setzte sich über Jahrzehnte hinweg fort, vor allem zu Zeiten von »Oppositionen«, wenn sich die Erde zwischen Sonne und Mars befand. (Das gilt allgemein für jeden Planeten außerhalb der Umlaufbahn der Erde.) Dann ist der Mars der Erde am nächsten und erstrahlt mit der größten Helligkeit am Himmel. Im frühen 19. Jahrhundert hatten die Astronomen eine Handvoll grundlegender Daten über den Mars gesammelt: über seine Umlaufzeit und die Länge eines Marstages, die Masse und Dichte, die Entfernung von der Sonne und die auf dem Planeten herrschende Schwerkraft. Was die Beobachter aber wirklich neugierig machte, war der wechselhafte Anblick der Planetenoberfläche. Der Blick durch das Teleskop hatte im Laufe der Jahre enthüllt, daß der Mars mit dunklen Flecken gesprenkelt war, die im Laufe der Zeit auftauchten und dann wieder verschwanden. Ähnlich verhielt es sich mit den hellen, weißen Flecken, die die Astronomen an den Polen bemerkt hatten – sie schienen sich mit den Jahreszeiten auf dem Mars zu verändern und sich im Verlauf eines Jahres auszudehnen und wieder zusammenzuziehen. Weil einige Beobachter vage Anzeichen von Wolken über der Oberfläche des Planeten entdeckten, nahm man an, der Mars habe auch eine Atmosphäre.

Die Opposition des Jahres 1877 erwies sich für die Beobachter und die Erkunder des Mars als besonders fruchtbar. Asaph Hall vom amerikanischen Naval Observatory entdeckte zwei kleine Monde des Mars und taufte sie spontan Phobos und Deimos – »Angst« und »Schrecken«. Diese Namen waren wahrlich eine angemessene Bezeichnung für die Monde des Planeten, der wie der Gott des Krieges hieß. Im Rückblick ist das Jahr 1877 aber vor allem aufgrund einer Reihe von Beobachtungen wichtig, die eine turbulente Episode in der Geschichte des Mars einläuteten und zugleich eines der seltsamsten Kapitel in den Annalen der Astronomie repräsentieren.

Unter den Beobachtern, die ihr Teleskop im Jahr 1877 auf den Mars richteten, war auch der italienische Astronom Giovanni Schiaparelli, der Direktor des Brera-Observatoriums in Mailand. Schiaparellis Beschreibungen seiner Beobachtungen erwähnen einen Ort auf der Marsoberfläche mit mehr als 60 Besonderheiten.

Neben vielen bekannten Phänomenen registrierte er auch sichtbare lineare Spuren, die die Oberfläche des Planeten überzogen. Er taufte diese Erscheinungen nach Flüssen auf der Erde wie etwa Hindus und Ganges, nannte sie in seinen Schriften aber *canali*, was »Kanäle« oder »Flußbetten« bedeutet. Zwar hatten andere Forscher vor ihm dieses seltsame Phänomen beschrieben, doch er identifizierte als erster ein ausgedehntes System von *canali*.

Mehr als ein Jahrzehnt später brachte der Enthusiasmus Percival Lowells den Mars und seine *canali* weltweit in die Schlagzeilen. Lowell stammte aus einer prominenten Familie in Neuengland, aus der Dichter, Professoren, Staatsmänner und Industrielle hervorgegangen waren – seine Schwester Amy Lowell war eine große Dichterin, sein Bruder Abott Präsident von Harvard. Percival Lowell ging auf die Vierzig zu, als ihn der Mars und ganz besonders Schiaparellis Beobachtungen zu interessieren begannen. Für ihn konnte es nur eine Interpretation geben – er sah in den *canali* keine Flußläufe, sondern Kanäle. Dieser Terminus impliziert, daß es sich um etwas handelt, das durch ein Zusammenwirken denkender Wesen entstanden sein muß, Lebewesen. Aus Gründen, die unklar sind, beschloß Lowell, dem Mars seine ganze Aufmerksamkeit zu widmen. Das tat er sein Leben lang mit einer Leidenschaft und finanziellen Aufwendungen, die ihresgleichen suchten.

Das Institut, das Lowell für seine Beobachtungen errichten ließ – das Lowell Observatory in Flagstaff, Arizona – wurde im April des Jahres 1894 fertiggestellt, nur ein paar Wochen vor der Opposition des Mars zur Erde, die etwa alle zwei Jahre eintrat. Lowell und sein Team auf dem »Mars Hill« verbrachten mehr als ein Jahrzehnt damit, die Marsoberfläche zu studieren und auf Landkarten festzuhalten. Gemeinsam registrierten sie Hunderte von Kanälen. Anzahl und Anordnung ließen Lowell auf die Existenz und Geschichte einer fremdartigen Rasse schließen, die in einer öden, sterbenden Welt zu überleben versuche.

Mit dem publikumswirksamen Bild einer intelligenten Spezies von Marsbewohnern, die versuchten, ihrer unausweichlichen Verdammnis zu entgehen, fesselte Lowell die Phantasie der breiten Öffentlichkeit. Die Wirkung seiner Schriften wurde durch Autoren von Abenteuergeschichten wie Edgar Rice Burroughs verstärkt, dem Lowells Vision als Grundlage für eine außergewöhnlich romantische Schilderung einer Zivilisation diente, die auf dem Planeten »Barsoom« existierte. Burroughs Marsdraufgänger retteten kühne, wunderschöne Prinzessinnen, die von Monstern, Barbaren und machtbesessenen Marstyrannen bedroht wurden, und das Ganze vor einer üppig ausgestatteten Kulisse. In ihrer Barsoom-Inkarnation faszinierte Lowells Vision des Mars Millionen von Lesern.

Im Laufe der Jahre konnten freilich weder Lowells Eloquenz als Schriftsteller und Redner noch seine Energie und sein Enthusiasmus seine Theorien gegen die Einwände der astronomischen Fachwelt verteidigen. Die öffentliche Meinung wandte sich langsam gegen seine Kanaltheorien, da andere Beobachter mit besseren optischen Instrumenten keinerlei Beweise für deren Existenz fanden. Heute wissen wir, daß Lowell mit seinen Thesen völlig falsch lag. Gleichwohl ist sein Erbe bedeutend, weil er die Phantasie der Menschen beflügelte, den Mars als eine belebte Welt zu sehen. Natürlich entpuppte sich die Vorstellung dieser Welt als absolut trügerisch, aber seine Vision half wenigstens einem Teil der Öffentlichkeit auf die Sprünge. Denn die hing drei Jahrhunderte nach Kepler zu großen Teilen noch immer der uralten geozentrischen Theorie an, daß die Erde die einzige Welt sei, die von kleinen Lichtern am Himmel umkreist werde. Lowell hat den Mars zwar nur in der Imagination bewohnbar gemacht, aber aus der Phantasie entstehen oft neue Realitäten. Seine Schriften inspirierten die Pioniere der Raketentechnik, unter ihnen Robert Goddard und Hermann Oberth, die Entwicklung jener Technologien aufzunehmen, die uns das Sonnensystem schon bald zugänglich machen sollten, und zwar nicht nur visuell, sondern buchstäblich.

Als *Viking* landete, berührte mit ihr Percival Lowells Geist die steinige Oberfläche des Mars.

Vikings Suche nach Leben

Die Intelligenz menschlicher Lebewesen hat die *Viking*-Sonde zum Mars befördert. Obwohl Lowells Visionen längst obsolet sind, ist die Idee, daß der Mars irgendeine Form von Leben beheimaten könnte, als solche nie gestorben. Als die amerikanische Raumsonde *Mariner 4*, das erste Raumschiff, das den Mars besuchen sollte, den Planeten im Juli 1965 passierte, wurde Lowells Vision des Roten Planeten endgültig zerstört. Die Betrachter sahen eine unfruchtbare, von Kratern überzogene Planetenoberfläche, die eher dem Mond als dem fiktionalen Barsoom ähnelte. Statt Postkartenansichten von fernen Zivilisationen wurde man mit traurigen Bildern eines betagten, toten Planeten konfrontiert, den der Science Fiction-Autor Arthur C. Clarke als »kosmisches Fossil« bezeichnete. Im Sommer des Jahres 1969 bestätigten die Raumsonden *Mariner 6* und *7* diese Erkenntnisse. Wissenschaftliche Experimente erhärteten die Befunde von *Mariner 4* bezüglich der Atmosphäre; der atmosphärische Druck der an Kohlendioxid reichen Atmosphäre war niedrig und betrug nur 6 bis 8 Millibar. (1 Millibar [mbar] entspricht einem Tausendstel des atmosphärischen Drucks, der auf der Erde in Höhe des Meeresspiegels herrscht; die Atmosphäre des Mars war – bei einem angenommenen Wert von 7 mbar – etwas weniger als 1 % so dicht wie die der Erde.) Die in der Nähe des Marssüdpols gemessenen Temperaturen bestätigten die Annahme, daß gefrorenes Kohlendioxid – Trockeneis – die polaren Zonen bedeckt. Nach den Erkundungsflügen der *Mariner*-Raumsonden war der Mars ein kalter, toter, von Kratern überzogener Planet – also kein Ort, an dem man sich gerne aufhalten würde.

Dann kam *Mariner 9*. Im Gegensatz zu den anderen Sonden sollte *Mariner 9* eine Umlaufbahn um den Mars einschlagen. Während die früheren *Mariner*-Modelle nur am Roten Planeten vorbeigeschossen waren und jene Informationen gesammelt hatten, die dabei »greifbar« gewesen waren, sollten *Mariner 9* und eine sie begleitende Raumsonde die Oberfläche des Planeten kartographieren und die Veränderungen auf dem Planeten während einer Zeitspanne von 60 Tagen beobachten. Unglücklicherweise stürzte *Mariner 8*, das Begleitraumschiff, kurz nach dem Start im Frühjahr des Jahres 1971 in den Atlantik. Der Start von *Mariner 9* am 30. Mai verlief dagegen ohne Zwischenfälle, und bald war die Raumsonde auf dem Weg zum Mars. Nur ein paar Tage vorher war in der Sowjetunion der Start von *Mars 2* und *Mars 3* erfolgt, einer Kombination aus Orbital- und Landesonden.

Die Botschaften der auf ihr Ziel zurasenden Sonden enthielten keine großen Überraschungen. Vom Mars konnte man das nicht behaupten. Am 22. September, ungefähr zwei Monate bevor die Marsraumsonden und die *Mariner* ihre Ziele erreichen sollten, registrierten Astronomen eine helle weiße Wolke, die sich über der Noachis-Region des Mars zu bilden begann. Sie wuchs schnell, Stunde um Stunde. Innerhalb von Tagen hatte die Wolke – die man inzwischen als Staubsturm identifiziert hatte – den Planeten eingehüllt. Während die fotografischen Augen der Roboter auf den Planeten zujagten, hüllte sich der Mars gleichsam in ein Tuch. Aus der Ferne aufgenommene Fotos, die *Mariner 9* am 12. und 13. November schoß, zeigten eine leere Scheibe, wenn man von einer leichten Aufhellung in der Nähe des südlichen Pols und ein paar kleinen, dunklen Flecken über dem Äquator absah. Am 14. November schwenkte die Raumsonde in ihre Umlaufbahn um den Mars ein. Die elektronischen Augen der *Mariner* blickten auf einen Planeten, auf dem im Grunde genommen nichts zu erkennen war. Die für die Raumsonde Verantwortlichen mußten die Ziele des Projekts neu definieren. Sie stimmten einigen wissenschaftlichen Experimenten und fotografischen Aufnahmen zu, programmierten die Raumsonde im wesentlichen aber, sich zurückzuziehen und abzuwarten, bis der Sturm vorüber war.

Mars 2 und *3* besaßen diese Möglichkeit nicht. Im Gegensatz zum *Mariner*-Projekt waren bei dem sowjetischen Programm keine Ausweichmaßnahmen für Eventualfälle vorgesehen. Nachdem sie den Mars erreicht hatten, setzten die Raumsonden ihre Landesonden planmäßig ab – sie wurden vom stärksten Staubsturm verschluckt, der je auf dem Mars registriert worden war. An ihren Fallschirmen trieben sie hilflos durch die Atmosphäre, die von Winden mit einer Geschwindigkeit von über 150 Stundenkilometern aufgepeitscht wurde. Beide Raumsonden schlugen so hart auf der Oberfläche des Planeten auf, daß ihr Airbag-System zur Abfederung sie nicht retten konnte. *Mars 2* wurde schon beim Aufschlag zerstört, *Mars 3* übermittelte nach der Bruchlandung noch 20 Sekunden lang Daten. Dann verstummte auch sie. Die sowjetischen Orbitalfähren traf es kaum besser als die abgesetzten Landesonden. Fast alle Daten von *Mars 2* gingen aufgrund schlechter Entfernungsmessungen verloren. *Mars 3* geriet auf eine stark elliptische Umlaufbahn und schoß nur ein einziges, später auch veröffentlichtes Foto.

Während der Staubsturm tobte und die sowjetischen Raumsonden ihrem Schicksal ausgeliefert waren, umkreiste *Mariner 9* den Planeten außerhalb der Gefahrenzone und wartete darauf, daß es aufklarte – im wörtlichen wie im übertragenen Sinn. Gegen Ende Dezember und in den ersten Januartagen des Jahres 1971 hellte sich der Marshimmel wieder auf, und *Mariner* begann, verblüffend lebhafte Bilder einer unbekannten Welt zu übermitteln. Die kleinen Flecken, die aus der Ferne registriert worden waren, konnten jetzt als riesige Berge identifiziert werden, deren Gipfel über den Staubsturm hinausgeragt hatten. Bereits ein Jahrhundert zuvor hatten Astronomen durch ihre Teleskope eine helle Region in der Gegend des größten Gebirgsmassivs entdeckt und sie Nix Olympica getauft,»Schnee des Olymp«. Das war ein treffender Name, weil sich Nix Olympica als der größte Berg – Olympus Mons – im gesamten Sonnensystem herausstellte. Er ragt ungefähr 24 km über die Planetenoberfläche auf und bedeckt eine Fläche, die fast der Größe Deutschlands entspricht. Eine andere Region des Mars – den Astronomen gut bekannt – heißt Coprates. Auch sie hielt Überraschungen bereit. Durch das Teleskop ähnelte Coprates einem dunklen, kurzen, glänzenden, wolkenartigen Band. Als der Himmel aufklarte, registrierten die Wissenschaftler im Kontrollzentrum in Houston, daß sie auf eine Staubwolke blickten, die sich langsam auf dem Grund eines Tals abzusetzen begann, das gleichfalls olympische Ausmaße hatte. Heute ist es – im Andenken an *Mariner 9* – als Valles Marineris bekannt. Der zerklüftete Steilhang erstreckt sich fast 4000 km quer über den Planeten. Das Tal ist bis zu 200 km breit und 6 km tief. Daneben erscheinen ähnliche Formationen auf der Erde als zwergenhaft. Notfalls könnte man die Rocky Mountains in einem der Seitentäler verstecken – niemand würde sie sehen.

Mit jeder Umrundung des Planeten übermittelte *Mariner 9* immer erstaunlichere Informationen. Als größte Überraschung stellten sich aber die Aufnahmen gewundener Kanäle (genau: Lowells *canali*) heraus, die offenbar durch fließendes Wasser entstanden waren – es gab also Flußbetten auf dem Mars.

Während die früheren *Mariner*-Raumsonden zahlreiche phantastische Mythen zerstört hatten, erweckte *Mariner 9* andere zum Leben. Zwar konnten viele Erkenntnisse erhärtet werden, doch andere wurden über den Haufen geworfen. Dazu gehörte die These, daß der Mars schlicht und einfach eine Art Pendant zum Mond sei. Stellen Sie sich den Mars als eine Kugel vor, die durch eine Linie halbiert wird, welche in einem Winkel von ungefähr 50 Grad zum Äquator des Planeten verläuft. Im Süden unterhalb dieser Linie liegt das von Kratern übersäte uralte Terrain, das von den *Mariner*-Raumsonden *4, 6* und *7* entdeckt und aufgezeichnet worden war. Nördlich findet man nur wenige Krater, dafür aber viele Indizien auf jüngere geologische Aktivität. Die ersten drei *Mariners* hatten den Süden des Planeten beobachtet und keinerlei Aufschlüsse darüber geliefert, welche Geheimnisse die anderen Regionen enthalten mochten. Die mehr als 7000 Bilder und die Daten, die *Mariner 9* nun übermittelte, fegten die These vom Tisch, daß der rote Planet nur ein »kosmisches Fossil« sei. Die Ergebnisse von *Mariner* deuteten auf einen Planeten aus Feuer und Eis hin. Die Marsoberfläche war in ferner Vergangenheit geologisch aktiv gewesen. Es hatte Vulkanausbrüche gegeben, die riesige Gebiete des Terrains mit neuen Schichten überzogen hatten. Dazu waren unbekannte, unterirdische Mechanismen gekommen, durch die die Oberfäche des Planeten zerbrochen und aufgesplittert worden war. So war die Tharsis-Region, auf der der Olympus Mons aufragt, Kilometer über die restliche Landschaft angehoben worden. Während ausreichend langer Zeitspannen war genug Wasser über die Oberfläche des Planeten geströmt, um Flußbetten in den Boden einzugraben. Der Mars war einst ein warmer, feuchter Planet gewesen, der über eine lebhafte geologische Aktivität verfügt hatte. Das führte erneut zu der zentralen Frage: Gab es auf dem Mars irgendwann einmal *biologische* Aktivität oder gar Leben?

Zur Beantwortung dieser Frage ließen die Astronomen und Biologen die Thesen vom »Leben auf dem Mars« zunächst einmal fallen und beschränkten sich auf die einfachere, aber immer noch komplexe Fragestellung nach dem Leben überhaupt. Um was für ein Phänomen handelt es sich dabei? Wer nicht definieren kann, was Leben ist, und selbst hier auf der Erde nicht zwischen Leben und Nichtleben unterscheiden kann, kommt in Teufels Küche, wenn er auf einem roten Flecken in 400 Millionen km Entfernung danach suchen soll. Die Suche nach dem Leben auf dem Mars begann deshalb mit der Analyse der einzigen bekannten Lebensformen des Universums, nämlich jenen, die auf der Erde existieren. Auf der Erde kommt Leben in allen möglichen Formen, Ausprägungen und Größen vor. Seine Existenz verändert die Umgebung unweigerlich. Besonders wenn man sich mit mikroskopischen Lebensformen beschäftigt, können diese Veränderungen klein, sogar winzig sein. Doch jede Lebensform, unabhängig von der Größe, verändert ihre Umgebung, und zwar einfach aufgrund von Stoffwechsel und Atmung, jenen komplexen physikalischen und chemischen Vorgängen, die alles am Leben erhalten. Wenn man eine Box luftdicht verschließt, bleibt die Mischung der Gase – wenn es kein Ausgasen durch die Wände gibt – stabil. Steckt man dagegen eine Katze in dieselbe Box, wird sich die Zusammensetzung schnell ändern – wie übrigens auch der Zustand der Katze. Sucht man also nach Anzeichen von Leben, muß man eine kontrollierte Umgebung schaffen und den Untersuchungsgegenstand darin aussetzen. Dann beobachtet man die chemischen oder physikalischen Veränderungen in der Box. So kann man den biologischen Prozessen relevante Veränderungen zuschreiben. Das war im Prinzip die Methode, für die sich die Wissenschaftler des *Viking*-Projekts entschieden.

Das Projekt ließ sich theoretisch klar und einfach definieren: Zwei Raumsonden und zwei Landesonden sollten 1973 zum Mars starten, um Lebensspuren zu suchen. In der Praxis erwies sich das Programm dann aber als verblüffend schwierig. Wegen einer Budgetkürzung mußte der Start auf das Jahr 1975 verschoben werden. Das zeigte sich im Rückblick als wahrer Segen, weil die Raumsonde im Jahr 1973 noch nicht weit genug entwickelt gewesen wäre. Ein Mitglied des *Viking*-Teams sagte, daß »sowohl ihre Fähigkeit als auch ihre Zuverlässigkeit eingeschränkt« gewesen seien.

Die vier *Viking*-Raumsonden waren mit technischen Geräten ausgestattet, die fotografieren, Wasserdampf registrieren und Wärme messen konnten. Zusätzlich sollten seismologische, meteorologische und andere Untersuchungen durchgeführt werden. Das zentrale Anliegen der Mission aber war mit den biologischen Einheiten in den Landefähren verbunden. Sie wogen jeweils ungefähr 9 kg. Die *Viking*-Ingenieure hatten drei biologische Versuchsanordnungen jeweils in einem Behältnis verstaut, das sich bequem in Ihrem Bücherschrank unterbringen ließe.

Die drei Experimente, die mit den biologischen Einheiten durchgeführt werden sollten, basierten auf dem gleichen Prinzip: Ein Stückchen Marsgestein sollte in einem Behälter mit Nährboden eingeschlossen werden. Nach Versuchen unter verschiedenen Bedingungen sollte dann gemessen werden, ob Gase freigesetzt oder absorbiert worden waren. Die Experimente unterschieden sich nicht nur in den Methoden. Auch die Aufgabenstellungen, was gefunden werden sollte, um Indizien für die Existenz von Leben zu entdecken und zu messen, variierten. Die *Viking*-Landesonden führten ein Röntgen-Fluoreszenzspektrometer mit sich, das die elementare Zusammensetzung der Marsoberfläche bestimmen konnte. Dazu kam noch ein Gaschromatograph-Massenspektrometer (GCMS), der organische Verbindungen in der Erde entdecken und identifizieren konnte.

Die Suche nach Lebensspuren begann am achten Marstag der *Viking 1*, »Sol acht« der örtlichen Zeitzone, auf der Erde der 28. Juli 1976. An diesem Tag wurde der Greifarm zur Aufnahme von Bodenproben ausgefahren. Er glitt über die Marsoberfläche und gab die Bodenproben an eine der biologischen Einheiten weiter. Die drei experimentellen Einrichtungen wurden jeweils mit einer kleinen Menge an Bodenproben beschickt und begannen zu arbeiten. Im Verlauf der nächsten drei Tage wurden bei allen drei Versuchsanordnungen kräftige Ausgasungen registriert. Das wertete man als positive Hinweise auf Spuren von Leben, die in einigen Fällen praktisch sofort nach der Berührung der Bodenproben mit dem Nährboden auftraten.

Das Biologenteam in Houston war – gelinde gesagt – verblüfft. Drei Experimente, drei positive Reaktionen, drei Hinweise auf Lebensspuren – vielleicht. Die Signale hinsichtlich der Gasausströmung waren deutlich, aber der plötzliche Beginn und das abrupte Ende erinnerten eher an eine Sequenz chemischer Reaktionen denn an biologisches Wachstum. Vorsicht war also geboten. Die Ent-

63

deckung von Hinweisen auf Leben irgendwo im Sonnensystem hätte nicht nur für die wissenschaftliche Welt, sondern für die gesamte Weltbevölkerung schwerwiegende Konsequenzen gehabt. Die Menschheit hätte, ganz wie zu Keplers Zeiten, ihren Standort im Universum plötzlich besser und realistischer eingeschätzt als zuvor. Obwohl wir uns nicht im Mittelpunkt des Universums befinden, hätten wir doch gewußt, daß wir Teil eines Phänomens sind, das grundsätzlich im gesamten Weltall vorkommt. Wir wären uns sicher gewesen, daß das Universum dem Leben gehört. Das wäre zweifellos keine bescheidene Ankündigung gewesen.

Keines der Mitglieder des Biologenteams war scharf darauf, eine solche Prophezeiung vorzeitig zu verkünden, nur um dann feststellen zu müssen, daß übereilt gehandelt worden war. Man blieb also vorsichtig, vor allem weil viele Mitglieder des Biologenteams die Vermutung hegten, daß die beobachteten Reaktionen nichtbiologischen Ursprungs waren. Einer der führenden Wissenschaftler des Teams, Norman Horowitz, legte seine Position während einer Pressekonferenz offen dar. Er gab die ersten eindeutigen Interpretationen des Experiments bekannt, für das er zuständig war. »Ich möchte betonen«, verkündete er der gespannten Journalistenschar, »daß wir kein Leben auf dem Mars entdeckt haben – *kein* Leben.«

Am 23. Marstag analysierte das Gaschromatograph-Massenspektrometer (GCMS) eine Bodenprobe und fand keine Spur organischen Kohlenstoffs darin. Nach den Reaktionen, die bei den drei biologischen Experimenten verzeichnet worden waren, war das eine enorme Überraschung, die die Diskussion anheizte. Die Wissenschaftler hatten erwartet, das GCMS fände zumindest einige Spuren organischer Zusammensetzungen nichtbiologischen Ursprungs, beispielsweise Bestandteile von Meteoriten. Tatsächlich war man besorgt, ob das GCMS »biologisch« von »nichtbiologisch« überhaupt unterscheiden konnte. Da das Instrument absolut keine Hinweise auf das Vorhandensein irgendwelcher organischer Verbindungen in den Bodenproben registrierte, wurde die Suche nach Spuren von Leben auf dem Mars für viele zur Suche nach Prozessen, die die Entdeckung eines offensichtlich unbelebten Mars mit den biologischen Resultaten in Einklang bringen konnten.

Am 3. September 1976 landete *Viking 2* im Bereich von Utopia

Planitia. Die Landestelle lag beinahe auf der gegenüberliegenden Seite des Planeten, ungefähr 6400 km vom Landeplatz von *Viking 1* entfernt und etwa 25° weiter nördlich. Die biologischen Versuchsanordnungen und das GCMS liefen sofort auf Hochtouren. Sie analysierten Bodenproben, die etwas feuchter als die aus der Chryse-Region zu sein schienen. Die Resultate der biologischen Experimente ergaben erneut Befunde, die eher auf chemische Reaktionen hinzuweisen schienen. Wieder fand das GCMS keinerlei Spuren organischen Kohlenstoffs. Diese Ergebnisse verursachten erneut Debatten unter den Wissenschaftlern, von denen die einen biologische, die anderen chemische Reaktionen vermuteten.

Die Ergebnisse unterstrichen ein grundlegendes Problem. Die *Viking*-Raumsonden konnten nicht mehr als vier Experimente durchführen. Die Resultate dreier Experimente besagten, daß es »vielleicht« Leben auf dem Mars gab, das Resultat des letzten lautete, daß dieser Befund »sehr zweifelhaft« war. Hätten die Bodenproben einem Labor auf der Erde zur Verfügung gestanden, hätte man Dutzende zusätzlicher Experimente durchführen können, um die Auseinandersetzung definitiv zu beenden. Auf der Erde hätte man sie auf ein Substrat geben und die Veränderungen durch ein Mikroskop beobachten können. Aber bei dem kleinen Labor, das der *Viking* auf dem Mars zur Verfügung stand und in dem nur vier Experimente durchgeführt werden konnten, war das nicht möglich. Letztendlich blieben die Beobachter mit widersprüchlichen Resultaten zurück. Der Autor Leonard David schrieb: »*Viking* landete auf dem Mars und fragte, ob es hier Leben gebe. Der Mars antwortete: ›Können Sie Ihre Frage bitte anders formulieren?‹«

Heute gehen die meisten Forscher – aber längst nicht alle – davon aus, daß die *Vikings* keine Beweise für Leben auf dem Mars fanden. Statt dessen vermittelten sie den Eindruck, daß der Boden des Mars viele Peroxide und Superoxide enthält. Dann hätten die Resultate von mindestens zwei *Viking*-Experimenten Anzeichen für chemische Reaktionen geliefert, die mit diesen Peroxiden zusammenhingen. Der negative Bescheid des GCMS, der an einem der beiden Landeplätze Kohlenstoff entdeckt hatte, paßte gut zu der Peroxid/Superoxid-Theorie, weil Peroxide organische Materie zerstören.

Doch nicht alle Wissenschaftler glauben an diese Theorie. Einige vermuten, daß das GCMS nicht empfindlich genug war, solch verschwindend kleine Mengen organischen Materials – also Spuren von Leben – nachzuweisen. Es ist denkbar, daß sich vereinzelte Sporen während des Nährboden-Experiments in der *Viking* rasch zu einer so großen Population vermehrten, daß sie die positiven Signale abgeben konnten. In ähnlicher Weise könnte deren abruptes Ende, das die Befürworter einer rein chemischen Reaktion mit dem Aufbrauchen der Peroxide erklärten, auch als Phänomen einer sich übermäßig vermehrenden Population interpretiert werden, die sich selbst durch ihre eigenen Abbauprodukte vergiftete.

Gilbert Levin, für die Versuche mit den biologischen Einheiten – Labeled-Release-Experiment genannt – hauptverantwortlicher Wissenschaftler, glaubt bis auf den heutigen Tag daran, daß seine Versuche Hinweise für die Existenz von Leben auf dem Mars erbrachten. Ein Jahrzehnt nach den *Viking*-Landungen schrieb Levin: »Nach Jahren der Arbeit im Labor, in denen wir versucht haben, unsere auf dem Mars gewonnenen Daten mit nichtbiologischen Anordnungen zu reproduzieren, kommen wir zu dem Schluß, daß es der überwiegende Anteil an wissenschaftlichen Analysen eher als wahrscheinlich erscheinen läßt, daß bei dem Labeled-Release-Experiment auf dem Mars lebende Organismen entdeckt wurden. Dies ist nicht nur eine Meinung, sondern eine These, die durch die objektive Auswertung aller relevanten wissenschaftlichen Daten zwingend nahegelegt wird.« Nur knapp 20 Seiten vorher schrieb Norman Horowitz, ein anderes Mitglied des Biologenteams, in demselben Buch: »Für einige Menschen wird der Mars – unabhängig von Beweisen – immer ein Planet sein, auf dem Leben existiert… Man muß nicht lange suchen, um die Meinung zu hören, daß es irgendwo auf dem Mars einen Garten Eden gebe – einen feuchten, warmen Ort, wo Leben blühe. Doch das ist ein Tagtraum.«

Meiner Meinung nach ist Horowitz in seiner negativen Haltung gegenüber Leben auf dem Mars zu apodiktisch, während Levin etwas zu enthusiastisch schreibt. Die beste Hypothese ist doch die, daß die *Vikings* nur kein Leben *in der oberen Bodenschicht des Mars* entdeckten. Dort gibt es kein flüssiges Wasser und praktisch keine organischen Stoffe. Man kann zwar abstrakte Argumente für die Hypothese, es seien »vereinzelt Sporen« aufgetreten, anführen, aber andererseits ist es fast unmöglich, eine rationale Theorie zu entwickeln, die erklären könnte, wie der Lebenszyklus dieser vermeintlichen Organismen an der Marsoberfläche funktionieren sollte. Dazu kommt, daß die Atmosphäre des Mars praktisch kaum über etwas Ähnliches wie eine Ozonschicht verfügt. Der Planet ist daher in ultraviolettes Licht getaucht, dessen Intensität ausreicht, die ganze Marsoberfläche gründlich von Mikroorganismen zu säubern. Das schließt aber, entgegen Horowitz' Meinung, keinesfalls die Möglichkeit aus, daß es *unter* der Oberfläche einen mikrobischen »Garten Eden« gibt. Wenn uns die Phänomene des Lebens auf der Erde irgend etwas gelehrt haben, dann die Tatsache, daß das Leben nicht nur in Umgebungen blüht, die mit dem Etikett »Garten Eden« bedacht werden können. Es existiert auch unter vergleichsweise höllischen Bedingungen.

Tatsächlich gibt es Arten von Bakterien, die unter dem Namen Schwefelbakterien bekannt sind. Sie beziehen ihre Energie aus verschiedenen anorganischen chemischen Substanzen. Das unterscheidet sie von den Pflanzen, die auf Sonnenlicht angewiesen, und von uns Menschen, die wir von organischen Nährstoffen abhängig sind. Eine kleine Gruppe dieser Spezies, die an Temperaturen zwischen 70 und 90 °C gewöhnt ist, lebt glücklich und zufrieden, indem sie Schwefel für ihre Energiezufuhr oxydiert. Diese Art würde sich in bestimmten unterirdischen Umgebungen des Mars, die dort wahrscheinlich existieren, mit ziemlicher Sicherheit recht wohl fühlen. Wissenschaftler haben auf der ganzen Welt zähe Lebensformen entdeckt, die sich mit knappsten Ressourcen begnügen und unter den extremsten Bedingungen existieren. In der Antarktis gibt es Flechten, die innerhalb oberirdischer Felsen gedeihen und nur durch eine ungefähr einen Zentimeter dicke Schicht porösen Sandsteins vor der rauhen Umwelt geschützt werden. In der Umgebung von Quellen in der Tiefsee, die kochendes, mineralreiches Wasser ausströmen, finden wir riesige Ansiedlungen von Mikroorganismen. Es gibt Organismen, die sich nur in der Hitze entwickeln können, und andere, die nur in der Kälte wachsen. Einige benötigen eine alkalische Umgebung, andere eine saure;

manche ernähren sich von Schwefel, andere von Eisen, wieder andere von Wasserstoff. Leben kann also in extremer Umgebung nicht nur einfach überdauern, sondern offenbar über unvorstellbar lange Zeitspannen hinweg existieren.

Ein britisches Forscherteam fand in den späten 80er Jahren heraus, daß eine Reihe an Salz gewöhnter Mikroben, die unter dem Namen Halobakterien bekannt sind, in Steinsalz eingeschlossen waren und in ihrem kleinen, salzigen Zuhause monatelang überlebten. Das neugierige Team sammelte in einem natürlichen, unterirdischen Salzdepot Proben einer Permformation des Paläozoikums, mehr als 230 Millionen Jahre alt. Auch dort entdeckten sie kleine, mit Flüssigkeit gefüllte Hohlräume innerhalb des Steinsalzes. In einem kleinen Bruchteil dieser Hohlräume (sechs von 350 Proben) fanden sie lebensfähige Halobakterien, die nach einer Zeitspanne von über 200 Millionen Jahren in einem Laboratorium wieder kultiviert werden konnten.[4]

Alle großen oder kleinen Kreaturen, die in einer extremen Umgebung überleben, haben eines gemeinsam: In ihrer Umwelt findet sich eine Wasserquelle, wie dürftig auch immer sie sein mag. Auf dem Mars entdeckte man eine bemerkenswerte Anzahl von Beweisen dafür, daß es in ferner Vergangenheit sowohl auf der Planetenoberfläche als auch unterirdisch Wasser gegeben hat. Das bedeutet, daß dort in der Vergangenheit Leben existiert haben könnte – vielleicht gibt es sogar heute noch einen verborgenen »Garten Eden«. Günstige Umgebungen für solche Lebensformen können Hitzeflecken sein, etwa heiße Quellen oder warme, unterirdische Regionen. Aber auch unterirdische Dauerfrostzonen sowie unterirdische oder nahe der Planetenoberfläche gelegene Salzwasservorkommen sind denkbar. Vielleicht existieren sogar Bereiche mit Ablagerungen aus Verdunstungen wie die Salzformationen auf der Erde, die für Millionen von Jahren ein Zuhause für die Bakterien abgaben. Viele Geologen gehen davon aus, daß es auf dem Mars einen Grundwasserspiegel gibt, zumindest an einigen Orten. Er könnte sich 1 km unter der Planetenoberfläche befinden. Vielleicht hat sich das Leben, das sich in ferner Vergangenheit auf der Oberfläche entwickelt hat, als es dort noch feucht und warm war, in diese Schicht zurückgezogen. Im US-Bundesstaat Washington haben Forscher kürzlich eine Spezies von Bakterien entdeckt, die tief unter der Erdoberfläche leben und von der chemischen Energie abhängig sind, die sie aus der Reaktion von kaltem Grundwasser und Basalt beziehen.

Es gibt keinen schlüssigen Grund für die Annahme, daß ähnliche Organismen nicht ebensogut in einer unterirdischen Umgebung überleben könnten, wie sie vermutlich auf dem Mars existiert. Der springende Punkt ist, daß das Leben widerstandsfähig ist – auch wenn es auf dem Mars schwer zu entdecken sein wird. Niemand erwartet, Horden von sechsbeinigen Marsmännchen zu sehen, die über die Dünen des Planeten laufen. Hier geht es um Leben in Form von Mikroorganismen, die in einer abgeschlossenen Umgebung überleben, und das ist ein ganz anderer Aspekt. Dieses Leben könnte noch immer auf dem Mars existieren, zumindest existiert haben. Die Suche nach dieser Art Leben wird allerdings mehr als künstliche Roboteraugen und Funksteuerungen beanspruchen. Wir brauchen menschliche Hände und menschliche Augen, die den Roten Planeten erforschen.

Die Entwicklung nach *Viking*

Die Raum- und Landesonden der *Viking*-Mission setzten ihre wissenschaftlichen Beobachtungen noch über einen langen Zeitraum fort, nachdem die biologischen Experimente bereits abgeschlossen waren. Die letzte Übermittlung der Raumsonde 2 wurde am 25. Juli 1978 registriert. Am 11. April 1980 schließlich verstummte die Landesonde 2. Raumsonde 1 sandte am 17. August 1980 ihre letzten Signale, der Kontakt zur Landesonde 1 brach am 5. November des Jahres 1982 ab. Danach wurde es um den Mars erst einmal still.

Das sowjetische Raumfahrtprogramm versuchte sich 1988 an zwei Starts, um den Mars und seinen Mond Phobos zu erforschen. Sie endeten mit Enttäuschungen. Damit setzte sich eine Pechsträhne fort, die bislang alle sowjetischen oder russischen Marsmissionen geplagt hat. Von mehr als 15 Versuchen konnte keiner als erfolgreich eingestuft werden. In der Mehrzahl handelte es sich um eklatante Fehlschläge.

Das Marsprogramm der Vereinigten Staaten mußte ebenfalls mit Rückschlägen leben. Ein *Mars Observer* war mit sieben Spezialgeräten ausgestattet, die den Planeten ein ganzes Marsjahr lang erforschen sollten. Diese Mission sollte dazu beitragen, »die Geschichte des Mars neu zu schreiben«, wie die Forscher hofften. Aber kurz bevor die Raumsonde im August 1993 ihre Umlaufbahn um den Mars erreichte, trat Funkstille ein. Ein Versuch, zu rekonstruieren, was geschehen sein könnte, erbrachte folgende Vermutung: Eine Treibstoffleitung brach, als die Triebwerke gezündet wurden, um die Sonde in die Umlaufbahn um den Mars einschwenken zu lassen. Gleichgültig, was die Ursache gewesen sein mochte – Amerikas Programm zur Erforschung des Mars drohte nach einer 17jährigen Unterbrechung ganz auf Eis gelegt zu werden.

Glücklicherweise wurde das Scheitern des *Mars Observer* nicht als Vorwand benutzt, um das NASA-Budget für die Marserforschung insgesamt zu Fall zu bringen. Die Verantwortlichen auf dem Capitol Hill zeigten sich nachsichtig, was die Weiterführung des *Viking*-Vermächtnisses anbetraf, nahmen aber einen Kurswechsel vor. Das Augenmerk richtete sich jetzt auf Methoden der Planetenerforschung, die »schneller, billiger und besser« sein sollten. Die NASA nahm den Fehlschlag mit dem *Mars Observer* zum Anlaß, ein sich über Jahrzehnte erstreckendes Programm zur Erforschung des Mars zu entwickeln. Anstatt ein einzelnes, mächtiges Raumschiff zum Roten Planeten zu schicken, sahen die amerikanischen Raumfahrtpläne vor, eine Reihe kleiner Raumsonden zu starten, die entweder in einer Umlaufbahn kreisen oder auf dem Planeten landen sollten. Das Projekt wurde Ende 1996 mit einem *Mars Global Surveyor* und einem *Mars Pathfinder* gestartet. Die *Surveyor* – ungefähr halb so groß wie der *Mars Observer* – hob im November 1996 ab, *Pathfinder* im Dezember. Im Januar 1998 wird *Surveyor* damit beginnen, den Roten Planeten aus einer polaren Umlaufbahn zu fotografieren und zu kartographieren.* *Mars Pathfinder* ist in erster Linie eine Test-Raumsonde, um neue Techniken zu erproben, doch even-

---

* Vorausgesetzt es gelingt den NASA-Technikern, die Sonde wieder voll funktionsfähig zu machen, denn eines der Solarpaddel hat sich nur unvollständig entfaltet. – *Anm. d. Redakteurs*

tuell wird auch sie einige wertvolle wissenschaftliche Erkenntnisse vom Mars zurückbringen. Sie soll direkt – also ohne Umweg über ein Venus-Swingby – von der Erde zum Mars gelangen und dort mit der Hilfe von Fallschirmen, Bremsraketen und Airbags aufsetzen. (Es ist eine lange Geschichte, weshalb dieses von der Sowjetunion entwickelte Landungssystem verwendet werden soll. Wenn man die große Zahl an Fehlversuchen mit diesem Airbag-System bedenkt, lernt man eine Menge über das Verhalten von Mitgliedern eines bürokratischen Apparats. Wie dem auch sei – es besteht ja die Aussicht, daß es diesmal funktioniert.) Die Landung ist für den 4. Juli 1997 geplant, den amerikanischen Unabhängigkeitstag.

Falls die Raumsonde nicht zerschellt, wenn sie bei einer Geschwindigkeit von zunächst 100 km/h mehrfach auf die Planetenoberfläche aufprallt, wird sie sich öffnen und ein kleines Erkundungsfahrzeug freisetzen, den *Sojourner* (benannt nach Sojourner Truth, die sich im Kampf gegen die Sklaverei Verdienste erwarb). Dieser Rover ist so ausgerüstet, daß er Informationen über die geologische und chemische Beschaffenheit der Planetenoberfläche in der Gegend seines Landeplatzes sammeln kann. Die Pläne sehen vor, daß in den Jahren 1998, 2001 und 2003 weitere Raum- und Landesonden zum Mars starten. Weil die Ingenieure des Jet Propulsion Laboratory den Fehlschlag mit *Mars Observer* noch einmal gründlich überdacht haben, werden sie bei diesen Sonden ein Landungssystem wie bei den *Viking*-Sonden verwenden.

Die Vereinigten Staaten waren nicht das einzige Land, das die Erforschung des Mars fortsetzen wollte. Rußlands Raumfahrtprogramm sah seit einer Reihe von Jahren Marsmissionen vor, die allein aus finanziellen Gründen bislang nicht umgesetzt wurden. Das ursprüngliche *Mars 1994*, dann *Mars 96* genannte, leider abermals gescheiterte Projekt zielte darauf ab, eine Raumsonde in eine Umlaufbahn um den Mars zu bringen. Zusätzlich waren auf der Planetenoberfläche zwei kleine wissenschaftliche Stationen geplant, die sich mit Hilfe von sogenannten »Penetratoren« buchstäblich in die Planetenoberfläche hätten bohren sollen. Ein zweites Projekt, *Mars 98*, soll eine Raumsonde, ein Erkundungsfahrzeug und einen Ballon zum Mars bringen. Das russische Erkundungsfahrzeug *Marsokhod* übertrifft den amerikanischen *Pathfinder* bei weitem, weil es sich theoretisch nicht nur 10 km von der Landestelle entfernen kann, sondern insgesamt fast 50 km zurücklegen sollte. Der Ballon, ein Produkt der französischen Raumfahrtagentur CNES, soll eine mit Spezialgerät beladene »Schlange« hinter sich herziehen. Tagsüber soll er bis zu 4 km hoch in die Marsatmosphäre aufsteigen, nachts wieder auf die Planetenoberfläche herunterkommen. Man geht davon aus, daß der Ballon nur etwa zehn Tage überstehen wird. In dieser Zeit könnte er aber auf seiner vom Wind angetriebenen Exkursion über die Marsoberfläche mehrere tausend Kilometer zurücklegen. Nach der russischen Raumfahrtplanung, die zwischen Hektik und Schläfrigkeit hin und her pendelt (und nach dem Scheitern von *Mars 96)* ist es fraglich, ob und wann *Mars 98* realisiert werden kann.

Zu den Projekten, die gegenwärtig in den Vereinigten Staaten diskutiert werden, gehört auch die Mars Aerial Platform (MAP). Dieses Programm habe ich mit Kollegen von Martin Marietta Astronautics entwickelt. Es ist ein Konzept für eine kostengünstige Mission, durch die wir Zehntausende hochaufgelöster Fotografien der Planetenoberfläche erhalten würden. Zusätzlich würde die globale Zirkulation der Atmosphäre analysiert und aufgezeichnet. Die Oberfläche sowie unterirdische Bereiche des Mars könnten durch Messungen aus der Entfernung untersucht werden. Im Zentrum dieses Programms steht die HighTech-Version einer uralten Erfindung – von Ballons.

In der Praxis soll das MAP-Projekt wie folgt funktionieren: Eine Antriebsrakete der *Delta*-Klasse trägt die Nutzlast auf eine direkte Flugbahn zum Mars. Die Fracht besteht aus einem Omnibus mit acht Eintrittskapseln, von denen jede mit einem Ballon, der Ausrüstung für dessen Entfaltung und einer Gondel mit wissenschaftlichen Instrumenten bestückt ist. Zehn Tage vor der Ankunft am Ziel soll die Raumsonde, die sich jetzt wie ein Kreisel um die eigene Achse dreht, die Kapseln aussetzen. Sie werden in verschiedene Richtungen verteilt, so daß garantiert ist, daß sie an weit voneinander entfernten Orten in die Marsatmosphäre eintauchen. Während die Kapseln durch die Atmosphäre absinken, sorgt ein Fallschirm für die Reduzierung der Geschwindigkeit bis zu dem Moment, in dem ein Ballon aufgeblasen werden kann. Diese Ballons bestehen aus einem handelsüblichen Material namens Biaxial-Nylon 6, das nur 12 Mikrometer dick ist – das entspricht etwa einem Drittel der Dicke des Materials einer gewöhnlichen Einkaufsplastiktüte. Obwohl sie aus gewöhnlicher Gaze gefertigt zu sein scheinen, sind diese Ballons überraschend widerstandsfähig und im Gegensatz zu den Luftballons, die man von Geburtstagsfeiern kennt, auch erstaunlich langlebig. Der Herstellungsprozeß garantiert, daß der Stoff keine Poren enthält und die Nylonballons folglich absolut dicht sind. Deshalb können wir davon ausgehen, daß sie nicht nur ein paar Tage, sondern einige Monate und vielleicht Jahre lang kein Gas verlieren. Sind die Ballons aufgeblasen, werden Fallschirm, Kapsel und die Gerätschaften, mit deren Hilfe der Ballon gefüllt wurde, abgestoßen. Sie bringen eine meteorologische Station mit einer weichen Landung auf die Marsoberfläche. Von überflüssigem Ballast befreit, beginnen die Ballons eine vielleicht Hunderte von Tagen dauernde Reise, von den ewig währenden Winden über dem Planeten angetrieben.

Die Ballons – sie haben einen Durchmesser von 18 m – bewegen sich in einer Höhe von 7 bis 8,5 km über der Planetenoberfläche. Im Gegensatz zu dem in Frankreich entwickelten Ballon, behalten sie ihre Flughöhe Tag und Nacht bei. Die Widerstandsfähigkeit der Ballons, das neuartige Material und ein äußerst kompaktes Design (fortgeschrittene Miniaturisierungs-Technologien lassen die Konstruktion einer sehr leichten Gondel zu) ermöglichen das. Da diese »Superpressure«-Ballons dem in der Hitze des Tages zunehmenden Gasdruck standhalten, ohne Gas abzulassen, müssen sie bei Nacht keinen Ballast abwerfen. Deshalb können sie sozusagen für immer eine konstante Flughöhe einhalten. Gegenwärtige Theorien über die Dynamik der Marsatmosphäre gehen davon aus, daß der Wind die Ballons mit einer Geschwindigkeit von 50 bis 100 km/h in westöstliche Richtung treiben wird. Bei einem solchen Tempo könnte jeder Ballon den Mars alle zehn bis 20 Tage umkreisen. Wenn wir von der vorsichtigen Schätzung ausgehen, daß die Ballons eine durchschnittliche Lebensdauer von 100 Tagen besitzen, können wir damit rechnen, daß jeder den Mars mindestens viermal umkreisen wird.

Sie befördern jeweils ein Paket aus 8 kg schweren Gerätschaften. Dazu gehören Instrumente zur Untersuchung der Atmosphäre,

Geräte zur Datenaufzeichnung und -übermittlung, eine wiederaufladbare Batterie sowie eine Solarbatterie. Das Herzstück der Ladung aber ist ein Bildaufnahmesystem, das aus zwei optischen Einheiten besteht. Eine schießt Bilder mit hoher, die andere mit mittlerer Auflösung. Dieses System wird unser Verständnis der Geologie des Mars deutlich verbessern. Wir werden in der Lage sein, die Landestellen für zukünftige Missionen festzulegen und Gegenden auszumachen, die für die Untersuchung ausgestorbenen oder noch existierenden Lebens geeignet erscheinen. Das ist möglich, weil die Aufnahmen kleinere Ausschnitte von der Planetenoberfläche des Mars zeigen. Die besten von *Viking* überlieferten Bilder enthüllten Oberflächenbereiche von der Größe eines Fußballfeldes. *Mars Observer* soll Bilder übermitteln, auf denen Phänomene von der Größe eines Mittelklassewagens identifizierbar wären. Die Kameras der MAP-Mission dagegen sind in der Lage, Details wahrzunehmen, die der Größe einer Katze entsprechen (womit freilich nicht gesagt sein soll, daß sie Katzen auf dem Mars entdecken werden).

Die beiden Kameras, die sich an jedem Ballon befinden, fertigen während des Tages alle 15 Minuten simultan zwei Fotos: ein schwarzweißes mit hoher und ein farbiges mit mittlerer Auflösung. Die beiden Kameras sind auf dieselbe Region ausgerichtet. Das zweite Bild kann verwendet werden, um auf einer Karte des Planeten den Ort zu bestimmen, der auf dem Bild mit hoher Auflösung zu sehen ist. Das MAP-Projekt wird uns eine erst einmal verwirrende Anzahl von Bildern liefern – pro 100 Tagen, in denen eine Flotte von acht Ballons über dem Mars treibt, entstehen 32 000 Fotos mit hoher Auflösung. Dazu kommt die gleiche Anzahl von kontextuellen Bildern, deren Auflösung die der besten Aufnahmen von *Viking* übertreffen wird.

Das MAP-Projekt wird uns eine Lawine wissenschaftlicher Daten beschaffen, die unser Verständnis von Geologie, Meteorologie, Atmosphäre und Geomorphologie des Mars verändern werden. Die Techniker und Wissenschaftler werden anhand dieser Daten neue Missionen entwerfen und Orte für exobiologische Untersuchungen bestimmen können. Vielleicht ist es sogar möglich, die Marsoberfläche mit Hilfe der Fotos auf Wasservorkommen abzusuchen. Der größte Gewinn des MAP-Projekts aber wird der am wenigsten konkrete sein – die Auswirkungen auf die intellektuellen Vorstellungen der Menschheit insgesamt.

Zum heutigen Zeitpunkt, fast ein halbes Jahrtausend nach Kopernikus und Kepler, Brahe und Galilei, glauben die meisten Menschen immer noch, daß die Erde die einzige Welt im Universum sei. Die anderen Planeten halten sie nur für Lichter am Firmament, deren Bewegungen am nächtlichen Himmel einigen wenigen Interessierten vorbehalten bleiben. Sie stehen für abstrakte Ideen und Begriffe, die in den Schulen gelehrt werden. Die Kameras des MAP-Projekts bieten die Möglichkeit, der Menschheit die Augen für einen anderen Planeten in einer Weise zu öffnen, wie es bisher nie der Fall war. Durch die Augen der in den Gondeln der Ballons plazierten Kameras werden wir den Mars in seiner spektakulären Größe sehen: seine riesigen Cañons und enormen Berge, seine ausgetrockneten Seen und Flußbetten, seine steinigen Ebenen und Eiswüsten. Wir werden erkennen, daß es sich bei dem Roten Planeten wahrhaftig um eine andere Welt handelt, die nicht länger nur Fiktion bleibt, sondern ein mögliches Ziel darstellt. So wie die Neue Welt hier unten auf der Erde die Seefahrer fasziniert hat, kann der Mars eine neue Generation von Wagemutigen faszinieren, die bereit sind, adäquate Schiffe und Segel für die »himmlischen Lüfte« zu konstruieren.

Die Mars Sample Return-Mission

Der Heilige Gral der Projekte zur Marserforschung durch Roboter ist die Mars Sample Return-Mission (MSR), ein Programm, das Marsproben auf die Erde holen soll. Leider stehen uns die von *Viking* untersuchten Proben nicht zur Verfügung, sonst könnten wir sie einer Reihe von Tests und Untersuchungen unterziehen, die viele Fragen beantworten könnten. Warum soll man also nicht einfach neue Proben sammeln? Die Abteilung der NASA, die für die Erforschung des Sonnensystems zuständig ist, hat diese Mission für das Jahr 2005 geplant.

Es gibt drei Alternativen, wie ein solches Projekt verwirklicht werden könnte. Die erste und konzeptionell einfachste ist das Brute

Force-Projekt. Eine Startrakete der Klasse *Titan IV* befördert eine große Nutzlast zum Mars, die aus einer Landefähre mit kleiner Rakete besteht. Diese Rakete wiegt etwa 500 kg und ist komplett aufgetankt, damit sie vom Mars aufsteigen und zur Erde zurückfliegen kann. An Bord der Landefähre befindet sich ein Robot-Erkundungsfahrzeug, das – mit Hilfe einer Fernbedienung von Menschenhand gesteuert – auf der Oberfläche geologische Proben einsammelt. Diese werden in eine Kapsel an Bord der Rakete geladen. Wenn sich anderthalb Jahre nach der Ankunft auf dem Mars das Startfenster wieder öffnet, zündet die Rakete für den Rückflug zur Erde. Acht Monate später nähert sie sich unserem Planeten. Die Kapsel trennt sich von der Rakete und tritt mit großer Geschwindigkeit in die Erdatmosphäre ein, ähnlich wie die bemannte *Apollo*-Kapsel. Sie kann, je nach Bauart, mit einem Fallschirm abgebremst werden, oder man verwendet ein deformierbares Material wie Balsaholz oder Styropor, um den Aufprall abzudämpfen, wenn sie in der vorgesehenen Wüstengegend landet.

Die Brute Force-Mission ist von der konzeptionellen Planung her ziemlich einfach. Das Problem besteht darin, daß sie wahrscheinlich sehr teuer wird, wie es bei automatisierten Forschungsflügen stets der Fall ist. Allein die *Titan IV* kostet 400 Millionen Dollar, und die große Landeeinheit, die eine aufgetankte Rückkehreinheit zum Wiederaufstieg von der Planetenoberfläche enthalten muß, wäre wahrscheinlich auch sehr kostspielig. Die Kalkulationen des Brute Force-Plans haben das Projekt folglich schon im voraus gestoppt.

Um die Kosten zu senken, hat man verschiedene andere Methoden durchdacht. Eine der beliebtesten Alternativen ist das Mars Orbital-Rendezvous, der sogenannte MOR-Plan. Hier ist vorgesehen, zwei Raumschiffe zum Mars zu schicken, die mit jeweils einer, vergleichsweise kostengünstigen *Delta-2*-Startrakete (pro Rakete 55 Millionen Dollar) gestartet werden. Beim ersten Start werden eine Rückkehreinheit (ERV)* und eine Kapsel für den Wiedereintritt in die Erdatmosphäre in eine Umlaufbahn um den Mars befördert; beim zweiten steuert eine voll aufgetankte Mars-Aufstiegseinheit (MAV**) auf

---

* Earth Return Vehicle
** Mars Ascent Vehicle

die Planetenoberfläche zu. Sie führt ein Fahrzeug und einen Behälter für Bodenproben mit. Wenn das Roboterfahrzeug die von ihm gesammelten Proben in dem Behälter deponiert hat, hebt das MAV ab und fliegt in die Umlaufbahn, wo es selbständig das ERV trifft und an ihm andockt. Der Probenbehälter wird aus dem MAV in die Landekapsel an Bord des ERV überführt. Dann trennen sich die beiden Einheiten. Das MAV wird aufgegeben, das ERV wartet in seiner Umlaufbahn um den Mars, bis sich das Zeitfenster für den Rückflug öffnet. Wenn es soweit ist, werden die Triebwerke gezündet, um es auf eine Flugbahn zur Erde zu schicken. Der Rest der Mission vollzieht sich nach dem gleichen Muster wie bei der Brute Force-Methode.

Der größte Vorteil des MOR-Konzeptes: Die Startkosten können im Vergleich zum Brute Force-Plan beträchtlich gesenkt werden. Das MAV muß nur bis in einen Marsorbit aufsteigen und nicht den ganzen Rückweg zur Erde bewältigen. Dazu kommt, daß es nur den Probenbehälter und nicht das gesamte Wiedereintrittssystem von der Oberfläche in den Orbit heben muß. Es kann deshalb sehr viel kleiner konstruiert werden als das entsprechende Raumschiff beim Brute Force-Plan. Folglich fällt auch die abzusetzende Landeeinheit kleiner und leichter aus. Das macht sie billiger, und es ist eine sehr viel weniger schubstarke Startrakete erforderlich, um sie zum Mars zu schicken. Aber es gibt im Zusammenhang mit dem MOR-Konzept grundsätzliche Probleme. Zunächst benötigt man zwei einzelne Startraketen. Dadurch wird das Risiko eines Fehlstarts, der die gesamte Mission zu Fall brächte, verdoppelt. Zusätzlich sind zwei komplette Raumfahrzeuge erforderlich, die entworfen, konstruiert und überprüft werden müssen. Außerdem müssen sie verschiedenen Tests hinsichtlich der Startbedingungen unterzogen werden: Wenn man ein Raumschiff startet, ist es starken Vibrationen und Schallschwingungen ausgesetzt, die bei teuren Tests vor dem Start simuliert werden. Dann muß jedes der beiden Raumfahrzeuge mit einer Startrakete verbunden werden. Dieser ganze Aufwand wird die Kosten der Mission praktisch verdoppeln. Dazu kommt noch, daß die Schnittstellen für die automatische Kopplung der beiden Raumfahrzeuge perfekt funktionieren müssen, und zwar nicht nur in der Fabrik, sondern auch noch nach einem jahrelangen Flug, auf dem sie großen Temperaturschwankungen ausgesetzt sind. Das stellt extrem hohe Anforderungen an die Entwicklungsabteilungen, vor allem auch deshalb, weil nicht alles im voraus getestet werden kann. Letztlich kommt hinzu, daß es sich bei der automatischen Wiederbegegnung in der Umlaufbahn, dem Andockmanöver und dem Transfer der Proben, die für den Erfolg dieser Mission unabdingbar sind, um die praktische Anwendung noch nicht entwickelter Technologien handelt. Die immensen Kosten und die Tatsache, daß Tests vor dem Beginn der Mission nicht möglich sind, erhöhen die Risiken zusätzlich. All diese Gründe sprechen gegen den Plan.

In ihrem Bemühen, den MOR-Plan attraktiver erscheinen zu lassen, haben seine Befürworter die Kostenrechnungen neu gestaltet. So verteilten sie beispielsweise die finanziellen Aufwendungen für die beiden benötigten Raumfahrzeuge auf getrennte Projekte. Andere schlugen vor, das Marsfahrzeug bereits bei einer früheren Mission auf den Planeten zu bringen, um dadurch die Kosten auf ein anderes Projekt aufzuschlagen. In diesem Fall müßte die Landefähre mit dem MAV an Bord allerdings zusätzlich eine punktgenaue Landung in der Nähe des Fahrzeugs zustande bringen. Auch das kann nicht im voraus getestet werden. Eine unbemannte Fähre derart präzise auf dem Mars landen zu lassen, setzt eine drastische Verbesserung des gegenwärtigen technischen Knowhows voraus. Nach dem heutigen Stand der Technik könnte das Ziel um bis zu 100 km verfehlt werden. Um ihre Innovationsbereitschaft unter Beweis zu stellen, haben Anhänger eines Rendezvous im Raum den Vorschlag gemacht, den Treffpunkt vom Marsorbit in den freien interplanetarischen Raum zu verlegen. So würde beim ERV Treibstoff gespart, weil es weder in eine Marsumlaufbahn einbremsen noch aus ihr heraus starten muß. Dadurch nähme aber nicht nur die erforderliche Treibstoffmenge für das MAV erheblich zu. Die Aufstiegseinheit müßte auch die nicht zu testende Fähigkeit besitzen, ihr Triebwerk exakt zum richtigen Zeitpunkt zu zünden, um in den Weiten des Raums ein ERV zu treffen, das den Mars hinter sich gelassen hat und mit einer Geschwindigkeit von 5 km pro *Sekunde* durchs All jagt. Es ist nicht einfach, eine solch hohe Präzision zu gewährleisten. Das gilt nicht nur für die technischen

Systeme des MAV; es könnten während des vorab festgelegten Startzeitpunktes auch ganz einfach schlechte Wetterbedingungen herrschen.

Was bleibt also, wenn die Brute Force-Variante zu teuer und der MOR-Plan zu riskant ist?

Zusammen mit den Technikern Jim French, Kumar Ramohali, Robert Ash, Diane Linne und einigen anderen plädiere ich nun schon seit einigen Jahren für ein drittes Konzept – die Mars Sample Return-Mission mit Treibstoffproduktion *in situ*, das heißt »vor Ort«, kurz MSR-ISPP*. Dabei transportiert eine *Delta-2*-Rakete eine *unbetankte* Mars-Aufstiegseinheit (MAV) mit einem Fahrzeug auf den Mars. Während dieser Rover Bodenproben sammelt, setzt das MAV eine kleine, an Bord befindliche chemische Fabrik in Gang, um Gas aus der Marsatmosphäre in Raketentreibstoff für die Tanks des MAV umzuwandeln. Ich selbst bevorzuge die Komponenten Methan und Sauerstoff, es wurden aber auch Kohlenmonoxid und Sauerstoff in Betracht gezogen. Wenn sich das Zeitfenster für den Rückstart zur Erde wieder öffnet, ist der für den Rückflug benötigte Treibstoff produziert. Das MAV hebt mit den Bodenproben ab und kehrt – wie bei der Brute Force-Mission – auf direktem Weg zur Erde zurück. Dafür genügt ein von einer *Delta*-Rakete getragenes Raumschiff, weil die Rakete und ihre Landefähre nur das Leergewicht eines MAV auf dem Mars abzuliefern hätten, nicht eine weitaus schwerere, vollgetankte Rakete (wie bei der Brute Force-Mission).

Die MSR-ISPP-Variante ist die mit Abstand kostengünstigste der projektierten und diskutierten Missionen. Da für den Start nur eine *Delta*-Rakete und ein kleines Raumfahrzeug erforderlich sind, kann man auf die *Titan-IV*-Rakete mit großem Raumschiff sowie auf zwei *Delta*-Raketen mit kleinen Raumfahrzeugen verzichten. Die MSR-ISPP-Variante birgt auch ein geringeres Risiko als das MOR-Konzept, weil die für die Vor-Ort-Produktion von Treibstoff (ISPP) erforderliche fortschrittliche Technologie in Laboratorien auf der Erde, wo die Marsatmosphäre simuliert wird, komplett

---

* ISPP – In Situ Propellant Production

getestet werden kann. Da es sich im wesentlichen um eine Chemo-technik des 19. Jahrhunderts handelt, hält sich die Komplexität des ISPP-Systems in Grenzen. Die für ein selbständiges Rendezvous zweier unbemannter Sonden in einer Umlaufbahn um den Mars erforderliche Navigationselektronik wäre viel komplizierter, ganz abgesehen von den Problemen, die sich aus dem einsamen Treffen in den unendlichen Weiten des Raums ergäben.

Wie bereits erwähnt (ich werde es später noch detaillierter er-klären), haben wir bei Martin Marietta Astronautics eine maßstab-getreue MSR-ISPP-Einheit entwickelt. Damit wurde erfolgreich demonstriert, wie sowohl Methan als auch Sauerstoff in der erfor-derlichen Quantität produziert werden können. Die Kosten für die Konstruktion betrugen 47 000 Dollar. Dieser Betrag erscheint ange-sichts des gigantischen Aufwands, der mit dem Budget einer MSR-Mission verbunden ist, als verschwindend gering. Natürlich han-delt es sich bei der ISPP-Maschine von Martin Marietta Astronau-tics nur um eine Testkonstruktion. Doch man muß begreifen, daß es bei der Frage nach dem Risiko einer Mission mit neuer Technik nicht um deren Ausgereiftheit geht, sondern darum, ob sie getestet werden kann. Weil die ISPP-Technik ausprobiert werden kann, ist das Risiko hier sehr viel geringer als bei einem Rendezvous-Manöver, wie es in den MOR-Plänen vorgesehen ist. Dazu kommt noch folgender Aspekt: Sollte man sich dafür entscheiden, bei der MSR-ISPP-Mission zwei Raumfahrzeuge einzusetzen, werden sie von gleicher Bauart und deshalb billiger sein als die unterschied-lichen Raumfahrzeuge, die bei der MOR-Mission benötigt werden. Auch wenn nur eins der identischen Raumfahrzeuge zurückkehrt, war die Mission ein Erfolg. Im Gegensatz dazu ist das ganze MOR-Projekt ein Fehlschlag, falls eins der beiden Raumfahrzeuge tech-nisch versagt.

Wir werden noch sehen, daß die Erforschung des Mars tatsäch-lich nur dann bezahlbar ist, wenn vor Ort produzierter Treibstoff verwendet wird. Das ist für die Planung des MSR-Projekts ent-scheidend. Der Nutzen der Mission wird um so größer sein, wenn der Sinn der Schlüsseltechnologie demonstriert werden kann, die für bemannte Marsmissionen erforderlich ist. Dabei muß folgen-des bedacht werden: Bei dem MSR-Projekt wird maximal ungefähr

1 kg an Bodenproben von der Marsoberfläche zurückgebracht, die günstigstenfalls im Umkreis von ein paar Kilometern um die Landestelle gesammelt werden können. Da es unwahrscheinlich ist, daß noch heute Leben auf der Planetenoberfläche existiert, wird es sich bei der Suche nach Lebensspuren hauptsächlich um die nach Fossilien handeln. Kleine Rover mit begrenzter Reichweite und langen Kommunikationswegen, die aufgrund der Laufzeiten von Funksignalen von der Erde zum Mars und zurück bis zu 40 Minuten betragen können, sind ziemlich armselige Hilfsmittel, um eine solche Suche zu bewerkstelligen. Hegen Sie daran Zweifel, stellen Sie sich doch einmal vor, daß Sie Fahrzeuge wie *Sojourner* oder *Marsokhod* mit einem Fallschirm in den Rocky Mountains absetzen. Es ist wahrscheinlich, daß die nächste Eiszeit anbricht, bevor eines dieser Fahrzeuge ein Dinosaurier-Fossil findet. Bei der Suche nach Fossilien benötigen wir Mobilität, Agilität und die Möglichkeit, die Intuition einzusetzen, um subtileren Hinweisen sofort nachgehen zu können. Hierfür brauchen wir Menschen, nämlich Geologen.

Wenn der Mars seine Geheimnisse preisgeben soll, müssen dort Menschen landen – Menschen,»die nicht vor der trostlosen Leere des Universums zurückschrecken«.

3
Die Suche nach einem Plan

Der steinige Weg zum Mars

Am 20. Juli des Jahres 1989 stand der amerikanische Präsident George Bush auf den Stufen des National Air and Space Museum in Washington, D.C. In den kühlen Hallen dieses Museums sind Exponate der größten amerikanischen Weltraummissionen ausgestellt. Darunter befindet sich auch ein von der Form her an einen Gummidrops erinnerndes Raumschiff namens *Columbia* – die Kommandokapsel von *Apollo 11.* Die Männer, die die *Columbia* aus der Mondumlaufbahn zur Erde zurückgesteuert hatten – Neil Armstrong, Mike Collins und Buzz Aldrin, die Besatzung der *Apollo 11* –, warteten an jenem Tag neben Bush, der sich anschickte, ein neues, kühnes Weltraumunternehmen anzukündigen. Es war der 20. Jahrestag der ersten Mondlandung.

Bush sprach über die Herausforderungen und den Reiz der Weltraumforschung und darüber, daß sich die Nation einem kontinuierlichen Programm zur Erforschung des Sonnensystems verpflichtet fühlen müsse. Er propagierte die dauerhafte Besiedlung des Weltraums. Das war starker Tobak, selbst zu einem Zeitpunkt, da die Mondlandung bereits 20 Jahre zurücklag. Im weiteren Verlauf seiner Rede erläuterte Bush, daß ein Zehn-Jahres-Plan nicht ausreiche. Für ihn existiere eine »langfristige, kontinuierliche« Verpflichtung zur Erforschung des Weltraums. Anschließend verkündete er sein Programm: »Zunächst, im kommenden Jahrzehnt, den 90er Jahren: die Raumstation *Freedom* … Dann, im neuen Jahrhundert: die Rückkehr zum Mond … Anschließend eine Reise in die

Zukunft, zu einem anderen Planeten: eine bemannte Marsmission.« So wurde ein Programm aus der Taufe gehoben – die Weltraumerforschungsinitiative SEI. Ein guter Start – doch anschließend ging es nur noch bergab.

Als Reaktion auf Bushs Rede formierte sich ein großes Team, in dem sämtliche Abteilungen der NASA vertreten waren. Es wurde von allen bedeutenden Unternehmen zur Herstellung von Luftfahrzeugen unterstützt. Gemeinsam versuchte man, herauszufinden, wie Bushs Programm realisiert werden könnte. Drei Monate später legte das Team ein Dokument vor, dessen Titel »Report of the 90-Day Study on Human Exploration of the Moon and Mars«[5] lautete. Es wurde, wie erwähnt, unter dem Namen »90-Tage-Report« bekannt. Darin behaupteten die Wissenschaftler, daß die Nation 30 Jahre zum Aufbau einer Infrastruktur im Weltraum benötige, bevor Menschen zum Mars aufbrechen könnten. Es handle sich um das umfassendste und kostspieligste amerikanische Regierungsprogramm seit dem Zweiten Weltkrieg.

Die NASA wollte die bereits ins Auge gefaßte Raumstation *Freedom* bauen, aber ihre Größe verdreifachen. Beidseitige Ausleger mit großen Montagehallen für den Zusammenbau interplanetarisch funktionstüchtiger Raumschiffe sollten hinzukommen. Zusätzlich war eine Unmenge weiterer Einrichtungen in der Umlaufbahn vorgesehen: frei fliegende Depots mit kryogenem Treibstoff, Startrampen, Werkstätten usw. Dieses riesige und komplexe Aufgebot sollte dazu dienen, die für den Weg zum Mond bestimmten Raumschiffe zusammenzubauen und zu warten. Drei schwere Antriebsraketen und ein Space Shuttle wären für jeden Start eines dieser Raumschiffe erforderlich. Wer sich an die Starts der *Apollos* erinnerte, kratzte sich wahrscheinlich am Kopf und dachte: »Beim letztenmal war es nicht so kompliziert, den Mond zu erreichen ...« Die Mond-Raumschiffe sollten im Verlauf eines Jahrzehnts das für den Aufbau einer mächtigen Basis erforderliche Material und technische Gerät zum Mond befördern. Zusammen mit den Einrichtungen in der Umlaufbahn war die Basis auf dem Mond als Grundlage für den Bau riesiger, mindestens 1000 t schwerer Raumschiffe gedacht. Diese Raumkreuzer – sie erinnern an Filme wie *Kampfstern Galactica* – sollten letztlich auch für Marsmissionen tauglich sein.

Da man die für Marsmissionen ausgelegten Vehikel mit völlig neuen und andersartigen als den für Mondexpeditionen bestimmten Antriebssystemen und Techniken ausstatten wollte, wären allerdings weitere umfangreiche Entwicklungskosten erforderlich, außerdem weitere Infrastruktur-Investitionen – zusätzlich zu denjenigen für die Mondmissionen. Erste Flüge zum Mars würden für die Hin- und Rückreise 18 Monate beanspruchen, dazu käme ein einmonatiger Aufenthalt in einer Umlaufbahn um den Planeten. Ein kleines Raumschiff sollte auf der Oberfläche des Planeten landen und eine kleine Gruppe von Forschern ungefähr zwei Wochen lang versorgen. Die würden allerdings wohl kaum mehr zustande bringen, als menschliche Fußabdrücke auf dem Mars zu hinterlassen und eine Flagge zu hissen. Die Trans-Mars-Raumschiffe sollten schwerbeladen losfliegen und leicht in die Erdumlaufbahn zurückkehren, denn im Verlauf ihres Fluges hätten sie viele Teile – Treibstofftanks, Erkundungsfahrzeuge, Hitzeschilde – abgeladen. Jede weitere bemannte Marsmission wäre mit unvorstellbaren weiteren Kosten verbunden gewesen, obwohl wieder nur eine Fahne gehißt und ein paar Fußspuren hinterlassen worden wären. Die veröffentlichte Variante des 90-Tage-Reports enthielt keine Kostenschätzung zu diesem Projekt, obwohl sie existierte. Schließlich sickerten die entsprechenden Informationen an die Presse durch: Die Kosten würden sich – Sie wissen es bereits – auf mindestens 450 Milliarden Dollar belaufen.

Kein Projekt mit einem derartigen Kostenvoranschlag hat eine Überlebenschance. Wegen der langen Zeiträume und der begrenzten Anzahl von Errungenschaften, die zur Kolonisation des Weltraums hätten beitragen können und kaum Enthusiasmus in der Öffentlichkeit zu wecken vermochten, scheiterte auch der 90-Tage-Report. Solange der Betrag von 450 Milliarden Dollar nicht radikal reduziert wurde, lag die Weltraumerforschungsinitiative brach. Dies wurde in den folgenden Monaten und Jahren erneut deutlich, denn der Kongreß lehnte jeden SEI-Finanzierungsantrag ab.

Tatsächlich findet man im 90-Tage-Report weder eine grundlegende innere Logik noch wahrhaft neue Gedanken – er war schlicht ein Aufguß von Ideen, die auf den 40 Jahre alten Plan namens Marsprojekt zurückgingen. So hatte man ein Programm für bemannte Marsmissionen bezeichnet, das der deutsche Raketeningenieur Wernher von Braun und seine Mitarbeiter in den späten 40er Jahren ausgearbeitet hatten. Später wurde der Plan in technischer Hinsicht aktualisiert, weil er 1969 die Grundlage für eine bemannte Marsmission der NASA liefern sollte, ein *Apollo*-Nachfolgeprogramm, das dann nicht realisiert wurde. Für von Braun und seine Mitarbeiter war eine bemannte interplanetarische Mission untrennbar mit den abenteuerlichsten Träumen eines Raketenerfinders verbunden: riesige, interplanetarisch einsetzbare Raumschiffe (besser noch eine ganze Flotte dieser überdimensionalen Vehikel), die in Raumstationen in einer Erdumlaufbahn zusammengebaut und auch von dort gestartet werden. Was sich dann auf der Marsoberfläche abspielen würde, war zweitrangig. Diese *idée fixe* garnierte das personell aufgeblasene Team, das für den 90-Tage-Report verantwortlich zeichnete, mit allen existierenden, geplanten oder angedachten Technologien des Entwicklungsprogramms der NASA. Damit jeder bei dem Spiel mitmachen konnte, entwarf man den wahrscheinlich komplexesten aller denkbaren Pläne für die Mission – und das ist genau das Gegenteil dessen, was Ingenieure tun sollten.

Definition einer kohärenten Weltraumerforschungsinitiative

Gegen Ende des Jahres 1989 war bereits vielen klar, daß das Konzept des 90-Tage-Reports unstimmig war. Um eine systematische Kritik zu entwickeln, verfaßte ich das folgende Memorandum, das mir später als Einführung für eine lange Reihe von Studien über das Projekt Mars Direct diente. Es geht dabei sowohl um die Geisteshaltung als auch um die Realisierbarkeit von Mars Direct. Ich gebe das Memorandum hier in voller Länge wieder und füge im Interesse der Klarheit in Klammern manches hinzu:

»Es besteht die Notwendigkeit, ein zusammenhängendes Konzept zur Weltraumerforschungsinitiative zu erstellen. Darunter verstehe ich eine Reihe klar und intelligent definierter Ziele und einen einfachen, soliden und kosteneffektiven Plan, um diese zu realisieren. Die ins Auge gefaßten Ziele sollten ein Maximum an Resultaten versprechen. Ihre Verwirklichung muß unsere Fähigkeiten vergrößern, so daß wir in der Zukunft noch ehrgeizigere Ziele erfolgreich verfolgen können. Damit das Konzept einfach, solide und kostengünstig ist, sollte man keine voneinander abhängigen Missionen (Mond, Mars oder Erdumlaufbahn) planen, es sei denn, es besteht eine Notwendigkeit dazu. Bei der Verwirklichung müssen Techniken eingesetzt werden, die vielseitig genug sind, um bei einer weiten Bandbreite von Zielen genutzt werden zu können. Durch die vielseitige Einsatzmöglichkeit der Hardware werden die Kosten reduziert. Am wichtigsten ist aber letztlich, daß Technologien ausgewählt werden, die die Effektivität der Mission am planetarischen Einsatzort maximieren. Es reicht nicht aus, zum Mars zu fliegen: Man muß notwendigerweise in der Lage sein, etwas Sinnvolles zu tun, wenn man gelandet ist. Missionen ohne sinnvolle Konzepte sind wertlos.

Diese Prinzipien mögen lediglich als Forderungen des gesunden Menschenverstands erscheinen, aber sie wurden bei vielen kürzlich erstellten SEI-Studien (zum Beispiel dem 90-Tage-Report) von Grund auf mißachtet. Als Resultat ist der Eindruck entstanden, die Verwirklichung der Weltraumerforschungsinitiative wäre so teuer und unattraktiv, daß der Kongreß wohl kaum finanzielle Unterstützung für das Programm bewilligen würde. Bei solchen Konzepten würde das Geld geradezu zum Fenster hinausgeworfen, weil völlig unterschiedliche Startraketen für die Mond- und Marsmissionen verwendet werden sollten. Auch die Raumschiffe und Antriebstechniken unterscheiden sich grundlegend. Dasselbe trifft für die auf beiden Himmelskörpern vorgesehenen Erkundungsfahrzeuge zu. Alles in allem haben wir es mit einer künstlich konstruierten Abhängigkeit der Marsmissionen von den Mondprojekten zu tun. Als weiterer Kostenfaktor kommt hinzu, daß zur Montage, Betankung und Ausrüstung der Schiffe eine riesige Infrastruktur nötig ist, die in der Raumstation Freedom errichtet werden soll. Darüber hinaus sind sowohl die Projekte der Mond- als auch der Marsmissionen, was ihren Erkenntniswert betrifft, praktisch gleich Null. Es ist kein ernsthafter Versuch vorgesehen, die Mobilität auf dem Mars sicherzustellen. Außerdem sollen die Astronauten weniger als 5 % der Zeit, die die Hin- und Rückreise Erde-Mars beansprucht, auf dem Roten Planeten selbst verbringen.

Die Kriterien für einen kohärenten Plan steuern einen Projektentwurf der Weltraumerforschungsinitiative in gewisse, genau bestimmbare Richtungen:

1. Die Kriterien Einfachheit und Solidität erfordern, daß die Mond- und Marsmissionen nicht von einer Infrastruktur in einer niedrigen Erdumlaufbahn (LEO*) abhängig sind. Entwicklung, Bau und Unterhaltung einer solchen Infrastruktur würden enorme Kosten verursachen, außerdem wäre sie wahrscheinlich unzuverlässig und schwierig zu warten. Wenn man sie benutzt, bedeutet das zusätzliche Risiken für alle planetarischen Missionen, die auf dieser Voraussetzung aufbauen, weil es schwierig ist, die Qualitätskontrolle einer im Weltraum errichteten Konstruktion zu verifizieren. Wir sollten auf eine Infrastruktur in einer Umlaufbahn zugunsten des realistischeren Gedankens verzichten, fortschrittliche Antriebstechnologien und / oder auf dem Zielplaneten gewonnene Treibstoffe zu nutzen. Beides trägt dazu bei, die Transportmasse der Mission so weit zu reduzieren, daß sich die Montage der Raumschiffe in einer Umlaufbahn erübrigt.

2. Das Kriterium niedrige Kosten macht es erforderlich, daß dieselben Startraketen, Raumschiffe, Antriebsmittel und – soweit möglich – auch die Erkundungsfahrzeuge für Mond *und* Mars, auch für andere Ziele eingesetzt werden können. Ein geringeres Budget verlangt den Verzicht auf eine Infrastruktur in einer niedrigen Umlaufbahn, weil die potentiellen Einsparungen, die durch die Wiederverwendung von Raumschiffen möglich sind, nicht ausreichen, um die durch die Errichtung der Infrastruktur verursachten Kosten auszugleichen. Dabei sollte man zur Kenntnis nehmen, daß die Kosten einer solchen Infrastruktur, wie gegenwärtig geschätzt wird, wesentlich höher lie-

---

* Low Earth Orbit

87

gen als die Summe, die durch die Wiederverwendung der Hardware (Motoren, Steuerungselemente) der Raumfahrzeuge im All eingespart werden könnte. Es wären ungefähr 1000 Missionen auf Basis wiederverwendeter Geräte im All erforderlich, bis sich eine solche Einrichtung amortisiert hätte – eine mehr als visionäre Zahl. Niedrige finanzielle Investitionen setzen voraus, daß immer die kostengünstigsten Flugbahnen benutzt werden. Im Fall Mars müßten Flugbahnen gewählt werden, die zu Zeiten der Konjunktion genutzt werden können. So wird nur wenig Energie verbraucht, dafür ist aber ein längerer Aufenthalt auf dem Planeten möglich. Dagegen sollte auf Marsmissionen verzichtet werden, wenn Erde und Mars in Opposition stehen. Hier gäbe es einen hohen Energieverbrauch, dem ein nur kurzer Aufenthalt auf dem Planeten gegenüberstünde. Zusätzlich wäre eine völlig andere Hardware als bei Starts während der Konjunktionskonstellation erforderlich.

3. Hohe Effektivität setzt voraus, daß die Astronauten über drei wesentliche Bausteine verfügen, nachdem sie ihr Ziel erreicht haben:

a) Zeit

b) Mobilität

c) Energie

Ausreichend Zeit zu haben, ist eine unabdingbare Voraussetzung, wenn die Astronauten auf dem Zielplaneten nützliche Forschungs- und Konstruktionsaufgaben oder Experimente darüber durchführen sollen, wie sich die dortigen Ressourcen verwenden lassen. Das bedeutet, daß Marsmissionen während einer Oppositionsphase nicht in Frage kommen. Hier stehen anderthalb Jahre Flugzeit einem Aufenthalt von nur 20 Tagen auf dem Planeten gegenüber. Pläne, die Koppelungsmanöver in einer Umlaufbahn um den Mond oder den Mars vorsehen, sind absolut nicht wünschenswert. Der einfache Grund: Ist die Aufenthaltszeit auf dem Planeten lang, gilt das auch für die Zeit in der Umlaufbahn. Man befände sich in der mißlichen Lage, daß man während des ausgedehnten Aufenthaltes auf dem Planeten ein Mannschaftsmitglied im Mutterschiff zurücklassen müßte, das nur den kosmischen Strahlen und unwägbaren Risiken der

Schwerelosigkeit ausgesetzt wäre, aber nichts Konstruktives zum Gelingen des Unternehmens beitragen würde. Ließe man das Mutterschiff aber über eine längere Zeitspanne unbemannt, müßte die Crew auf das Glück vertrauen, daß mit ihrem Raumschiff noch alles in Ordnung ist, wenn sie zurückkehrt. Sollte das nicht der Fall sein, wäre ihre Situation womöglich hoffnungslos.

Die Alternative zu solchen Plänen mit Koppelungsmanövern besteht darin, Raumfahrzeuge zu verwenden, die direkt vom Planeten zur Erde zurückkehren. Bei einer Mondmission ist dies mit auf der Erde produziertem Treibstoff möglich (wenngleich der Umfang des Unternehmens beträchtlich erweitert werden könnte, verwendete man auf dem Mond produzierten, flüssigen Sauerstoff für die Rückreise). Bei der direkten Rückreise vom Mars ist es dagegen unabdingbar, daß auf dem Planeten erzeugter Treibstoff benutzt wird. Sollen auf einem Himmelskörper von der Größe des Mars oder selbst des Mondes nützliche Forschungsaufgaben durchgeführt werden, ist Mobilität ein absolutes Muß. Sie ist auch dann unabdingbar, wenn natürliche Ressourcen von fernen Orten zur Basisstation transportiert werden müssen, wo sie weiterverarbeitet werden. Zusätzlich müssen die Mannschaften in der Lage sein, entfernt gelegene Posten aufzusuchen, beispielsweise optische und radioteleskopische Anlagen auf dem Mond. Der Schlüssel zur Mobilität sowohl auf dem Mond als auch auf dem Mars sind die an Ort und Stelle produzierten Treibstoffe, die sowohl bei leistungsstarken Erkundungsfahrzeugen als auch bei raketenbetriebenen Fluggeräten eingesetzt werden können. Auf dem Mond ist flüssiger Sauerstoff der Rohstoff erster Wahl. Er kann mit auf der Erde üblichen Treibstoffen wie Wasserstoff oder Methan verwendet werden. Auf dem Mars können chemische Treibstoffe in Verbindung mit einer oxidierenden Komponente wie die Kombinationen Methan / Sauerstoff oder Kohlenmonoxid / Sauerstoff für Bodenfahrzeuge und Fluggeräte produziert werden. Der Raketenschub für den Flugantrieb kann auch durch die Verwendung unbehandelten Kohlendioxids sichergestellt werden, das in einem thermonuklearen Raketentriebwerk erhitzt wird. Die großen Mengen an Energie, die für die Produktion von Treibstoff aus lokalen Ressourcen erforderlich sind, können sowohl auf dem Mond als auch auf dem Mars nur durch Kernreaktoren hergestellt werden. Einmal erzeugt, stellen diese Treibstoffe eine bequeme Möglichkeit dar, die Nuklearenergie zu speichern. Wenn man bei einem Erkundungsfahrzeug beispielsweise einen 100-kW-Generator mittels Verbrennungsmotor betreibt, verfügen die Astronauten auch auf ihren Exkursionen über Energie. Der Vorrat an Energie – in der Basis, aber auch auf den Exkursionen – ist eine Grundvoraussetzung, damit die Astronauten auf einer breiten Grundlage wissenschaftliche Experimente durchführen und die Nutzbarkeit der Ressourcen testen können.

Wir sehen also, daß die Kriterien Einfachheit, Solidität, niedrige Kosten und hohe Effektivität das Programm einer Weltraumerforschungsinitiative in eine bestimmte Richtung lenken: Wir brauchen den Direktflug zum Mond oder zum Mars mit herkömmlichen Start- und Raumfahrzeugtechnologien. Später erfolgt die direkte Rückkehr zur Erde, wobei an Ort und Stelle produzierte Treibstoffe benutzt werden, die zugleich die Mobilität auf dem Planeten und mobile Energie garantieren.«[6]

Genau dieser Gedankengang führte zur Entwicklung von Mars Direct, einem völlig neuen Typus von Marsmission.

Die Geburt von Mars Direct

Im Januar 1990 wurde deutlich, daß das Programm des 90-Tage-Reports nicht mehr zu retten war. Im Broadmoor Hotel in Colorado Springs fand ein internes Treffen ausgewählter Manager von Martin Marietta Astronautics statt, bei dem diskutiert werden sollte, was nun zu tun sei. Weil wir innerhalb des Unternehmens den Ruf hatten, unsere eigenen Ideen hinsichtlich des Mars zu verfolgen, wurden Dr. Ben Clark und ich zu diesem Meeting eingeladen. Ben, ein Martin-Manager der unteren Hierarchieebene, war bei der *Viking*-Mission des Jahres 1976 einer der vier führenden Wissenschaftler gewesen. Er hatte das Experiment mit dem Röntgen-Fluoreszenzspektrometer entwickelt. Ich selbst war auch »nur«

Chefingenieur, und so hatten wir mit Abstand die niedrigsten Dienstränge unter den Teilnehmern.

Wir konfrontierten die anwesenden Führungskräfte mit dem Vorschlag, Martin Marietta Astronautics solle ein handverlesenes kleines Team zusammenstellen und ein eigenes Marsprojekt namens Blue Sky entwickeln, das von sämtlichen der damaligen Vorurteile der NASA frei wäre. Ein solides, kosteneffektives und kurzfristig zu realisierendes Projekt einer bemannten Marsmission zu entwickeln, sei schwer genug. Geradezu unlösbar werde diese Aufgabe, wenn ständig eine Herde von Marktstrategen hereinschneien und uns erzählen würde, daß wir den Plan auf diese oder jene Art und Weise entwickeln müßten, um irgendeinen Manager oder eine Gruppe im Johnson oder Marshall Space Center der NASA zufriedenzustellen. Unser Team müsse von solchen Einflüssen unabhängig sein. Letztlich habe auch der Versuch, es allen recht zu machen, dazu beigetragen, daß der 90-Tage-Report gescheitert sei.

Das war ein sehr radikaler Vorschlag. Die gängige Meinung in Managerkreisen der Raumfahrtindustrie plädierte dafür, daß man »dem Kunden« (also der NASA oder der Luftwaffe) immer das erzählte, was er hören wollte. Das bedeutet, daß man dessen geschäftliche Interessen mit eigenen Worten formulierte – mit Sicherheit der einfachste Weg, ein Geschäft abzuschließen. Wir hatten den diametral entgegengesetzten Anspruch: Wir wollten ein paar gute Ideen präsentieren und dem Kunden dann erzählen, was er wissen mußte, und zwar unabhängig davon, ob es ihm gefiel oder nicht.

Die wichtigste – wenn auch nicht höchstrangige – Persönlichkeit bei diesem Treffen war Al Schallenmuller, der gerade zum Vizepräsidenten von Martin Marietta Civil Space Systems ernannt worden war, jener Unterabteilung des Unternehmens, die für die Weltraumerforschungsinitiative verantwortlich war. Schallenmuller hatte sich zu Beginn seiner Karriere in Lockheeds sagenumwobenen Skunkworks als Ingenieur bei Kelly Johnson seine Sporen verdient. Er wußte, daß große und schwierige Projekte kostengünstig und schnell realisiert werden konnten, wenn man sie richtig anging. 1976 war er einer der führenden Ingenieure des *Viking*-Programms gewesen.

Er erzählte überaus gern von dem sensationellen Erlebnis, als er das erste Bild der *Viking* von der Marsoberfläche gesehen hatte. Schallenmuller war an einer Rückkehr zum Mars ernsthaft interessiert. Und er wußte, daß es kein Programm geben würde, solange nichts Besseres als der 90-Tage-Report auf dem Tisch lag. Also unterstützte er unseren Vorschlag.

Im Februar 1990 wurde bei Martin Marietta Astronautics ein zwölfköpfiges Scenario Development Team gegründet, dessen Vorsitz Schallenmuller übernahm. Es war für die Entwicklung »allgemeiner neuer Strategien« für die Erforschung des Weltraums zuständig. Die meisten Mitglieder dieses Teams – wie Ben, David Baker, ein Ingenieur für Raumschiffsysteme, und ich – waren Generalisten. Es gab aber auch ein paar Spezialisten, etwa Bill Wilcockson. Bill kannte sich mit den Möglichkeiten aus, wie man die Atmosphäre eines Planeten dazu nutzte, die Geschwindigkeit eines Raumschiffs zu drosseln (er spielte später bei dem erfolgreichen Manöver der *Magellan*-Raumsonde über der Venus eine Schlüsselrolle).* Dazu kamen noch Al Thompson, ein führender Wissenschaftler auf dem Gebiet künstlicher Schwerkraft, und Steve Price, der bei Martin Marietta Astronautics Spezialist für die Entwicklung von Planetenfahrzeugen war.

Ben und ich waren von den Plänen für die Marsmission am meisten überzeugt, doch unsere Übereinstimmung ging nur bis zu einem gewissen Punkt. Wir waren uns einig, daß man Missionen mit einem niedrigen Energieverbrauch bevorzugen sollte, die zu Zeiten einer Konjunktion gestartet würden. Wir stimmten auch überein, daß es keiner Basis auf dem Mond bedurfte, um Marsmissionen durchzuführen, und daß der Einsatz einer Infrastruktur im Orbit zum Bau von Raumschiffen ein deutlicher Nachteil unseres Konzeptes wäre.

---

* engl. aerobraking = (Luft-)Widerstandsbremsung. Das auf einer Transferbahn eintreffende Raumfahrzeug »streift« die hohen Atmosphäreschichten des Zielplaneten und wechselt in eine langgestreckte elliptische Bahn. Durch wiederholtes Ausführen dieses Manövers wird die elliptische Bahn allmählich in eine Kreisbahn um den Zielplaneten umgewandelt. Für das Abbremsen wird eine Aerobrake, also ein Hitzeschild (auch Aeroshell) verwendet.

Doch dann schieden sich unsere Geister. Ben glaubte, daß eine Montage im Orbit durch den Einsatz von Robotern gewährleistet werden könnte und daß die Verwendung von an Bord befindlichen, automatisch funktionierenden technischen Instrumenten garantiere, daß sich das Raumschiff selbständig aus einer Reihe von Bauteilen zusammensetze, die in die Umlaufbahn befördert würden. Weil er dafür plädierte, daß sein Raumschiff im Orbit montiert wurde, war Ben nicht in gleicher Weise wie ich motiviert, das Gesamtgewicht der Mission zu reduzieren. Obwohl er seit Jahren großes Interesse an den Möglichkeiten gezeigt hatte, Treibstoff auf dem Mars zu produzieren, sah er keine Notwendigkeit, solche Strategien in seine Pläne zu integrieren. Es schien ihm auch nicht erforderlich, die Aufenthaltszeit auf dem Mars zu verlängern. Seine Besatzung sollte anderthalb Jahre in der Nähe des Roten Planeten verbringen, aber fast die ganze Zeit in einer Umlaufbahn. Nach dem Aufsetzen mit einer relativ kleinen Landefähre war nur ein vergleichsweise kurzer Aufenthalt von etwa 30 Tagen auf dem Planeten vorgesehen. Außerdem wollte er handelsübliche chemische Antriebsstoffe einsetzen. Das Resultat war ein ziemlich konventioneller Entwurf, wenn man den damals maßgeblichen 90-Tage-Report konventionell nennen will. Er sah die Konstruktion eines 700 t schweren Raumschiffs vor, das in einer Umlaufbahn montiert werden sollte. Was Entwicklung und Aufbau einer Infrastruktur auf dem Mond und im Orbit betrifft, vermied Ben allerdings die kostspieligen Umwege des 90-Tage-Reports. Sein Plan hieß ursprünglich Concept Six, später nannte er ihn Straight Arrow Approach (dt. etwa »pfeilgerade Annäherung«).

Ich stimmte nicht mit Bens Vorstellungen überein. Seine Überlegung, daß sich die Raumschiffe durch Robotertechnik selbständig zusammenbauen ließen, schien mir nicht zuverlässig zu sein. Dazu kam, daß es nicht viele Marsmissionen geben würde, wenn bei jedem Start 700 t in eine niedrige Erdumlaufbahn befördert werden müßten. Ein Aufenthalt von 30 Tagen auf der Planetenoberfläche war zu kurz, um wirklich relevante Forschungen durchzuführen. Meiner Meinung nach sollten wir nicht zum Mars fliegen, um einen neuen Höhenrekord aufzustellen: Mir ging und geht es um die Erforschung und Entwicklung eines Planeten. Eine dauerhafte

Anwesenheit auf dem Mars erfordert eine große Anzahl von Missionen. Die einzige Möglichkeit, dieses Ziel zu erreichen, besteht darin, das Gewicht der Mission – und damit die Kosten – zu reduzieren. Die beste Alternative wäre, den für die gesamte Mission erforderlichen Treibstoff auf dem Mars selbst zu produzieren. Ich habe bereits 1989 in einer Reihe von Studien belegt, daß eine einzelne Antriebsrakete in der Größenordnung der *Saturn V* aus der *Apollo*-Ära eine komplette, bemannte Marsmission starten kann, wenn man einen Nuklearantrieb für den entfernten Teil der Mission benützt. Der Antrieb mit einer einzigen Startrakete ermöglicht es, das ganze System bereits in Cape Canaveral zusammenzusetzen; damit hätte sich das Thema Montage des Raumschiffs im Orbit erledigt. Indem man später vor Ort produzierten Treibstoff verwendet, ist eine komplette Landung auf dem Mars möglich, ohne daß sich irgendwelche Unwägbarkeiten in einer Umlaufbahn ergeben. So ist ein längerer Aufenthalt auf dem Planeten zu realisieren, den ich für absolut notwendig halte, wenn das ganze Projekt irgendeinen Sinn haben soll. Ein direkter Start mit einer leistungsstarken Antriebsrakete, die Verwendung eines Nuklearantriebs im entfernten Teil der Flugbahn und die direkte Rückkehr vom Planeten mit dort produziertem Treibstoff – das ist der Weg, den wir einschlagen müssen.

An dieser Stelle kommt David Baker ins Spiel. Baker ist ein überaus fähiger Ingenieur und war damals bei Martin Marietta Astronautics für die Systementwicklung und den Entwurf eines Space Transfer Vehicle (STV, eine Raumfähre für Mondmissionen) mitverantwortlich. Die willkürlichen Forderungen, die die NASA bei diesem Projekt stellte, trieben Baker an den Rand des Wahnsinns. Das STV sollte beispielsweise auch dann noch zu einer Landung auf dem Mond fähig sein, wenn zwei der Antriebe versagten (*Apollo* hatte seinerzeit nur *einen* Motor). Aus Gründen der Schubsymmetrie brauchte man somit fünf Triebwerke, wo ein einziges ausgereicht hätte. Dadurch war die Schubkraft viel zu groß. Man mußte die Motoren auf 10 % ihrer Leistungsstärke drosseln, wofür sie nicht ausgelegt waren. Folglich war ein neues und kostspieliges Entwicklungsprogramm erforderlich. Weiterhin verlangte die NASA, daß die Motoren wiederverwendbar sein mußten. Das bedeutete, daß fünf schwere Triebwerke den ganzen Weg zum Mond und zurück befördert würden, was das Gewicht beim Start und damit die Kosten der Mission enorm vergrößert hätte. Anschließend hätten die Triebwerke überprüft und in einer viele Milliarden teuren Einrichtung im Orbit gewartet werden müssen. Und all das, um eine Aufgabe zu erfüllen, die von einer einzelnen, bereits gebauten *RL-10*-Rakete von Pratt und Whitney für 2 Millionen Dollar viel besser bewältigt worden wäre. Als Mitglied des Teams tat Baker, was er nur konnte, aber er gestand mir eines Tages, daß »nichts davon irgendeinen Sinn macht«.

Er hatte an früheren Studien über bemannte Marsmissionen teilgenommen, deren Richtung der 90-Tage-Report vorgegeben hatte, doch die Logik hinter diesem Plan (oder der Mangel daran) hatte ihm stets Unbehagen bereitet. Ich konfrontierte ihn mit meinen Ideen, worauf er einigen umgehend zustimmte. Bei anderen – etwa wo es um die zentrale Rolle des *in situ* produzierten Treibstoffs für die Rückkehr bei bemannten Marsmissionen ging – konnte ich ihn mit der Zeit ebenfalls überzeugen. In anderen Bereichen gab er nicht nach. Vor allem konnte er sich nicht mit der Idee anfreunden, daß ein Nuklearantrieb als Grundlage der ersten Marsmissionen dienen sollte. Er behauptete, eine solche Entwicklung sei zu kostspielig. Zudem sei die Akzeptanz durch die Öffentlichkeit fraglich. Ich stimmte seinen Argumenten nicht zu. Bei einem kontinuierlichen Marsprogramm würden die Kosten für eine nuklear angetriebene Rakete durch reduzierte Startkosten wieder ausgeglichen werden, und zwar bereits nach nur zwei oder drei Missionen. Wenn die Öffentlichkeit für ein kontinuierliches Programm war, würde sie den Nuklearantrieb akzeptieren. Doch Baker gab zu bedenken, daß mein Insistieren auf dem Nuklearantrieb bei der allererersten Mission das ganze Programm verzögern könnte – vielleicht mit katastrophalen Konsequenzen.

Diesem Einwand konnte ich mich nicht entziehen. Ich war fest davon überzeugt, daß ein Programm bemannter Marsmissionen mit einem knappen Zeitplan durchgezogen werden mußte. Schnelle Fahrpläne reduzieren die Kosten – Kosten sind Arbeitskraft mal Zeit. Dazu kommt, daß jedes größere Programm, das kontinuierlich gefördert werden soll, jedes Jahr vom Kongreß erneut begutachtet werden muß. Alljährlich besteht also das Risiko, daß es gestoppt wird. Die Gründe dafür hängen oft mit Absprachen und persönlichen Rivalitäten zusammen, haben mit dem Projekt selbst häufig nichts zu tun. Es ist, als spielte man jedes Jahr eine Partie russisches Roulett. Da bleibt nur die Hoffnung, immer Glück zu haben.

1961 hatte John F. Kennedy dafür plädiert, daß die Amerikaner bis 1970 auf dem Mond gelandet sein sollten. 1968 stellten die Republikaner die Regierung. Als die *Apollo*-Astronauten eben auf dem Mond landeten, riß Präsident Richard Nixon das Programm in Fetzen. Hätte Kennedy an die Nation appelliert, den Mond erst in 20 Jahren statt innerhalb eines Jahrzehntes zu betreten, dann hätte sich die NASA 1969 im Endstadium des *Mercury*-Programms befunden und die Reise zum Mond noch in weiter Ferne gelegen. Man hätte den Plan gestrichen und hielte die Mondlandung noch heute für einen unerfüllbaren Traum. Wenn man will, daß Menschen auf dem Mars landen, darf man sich keine 20 oder 30 Jahre Zeit lassen – bestenfalls kann man zehn Jahre veranschlagen.

Ich räumte also ein, daß der Nuklearantrieb vielleicht warten müsse; aber die Marsmission selbst durfte nicht warten. Auf jeden Fall sollte man den Nuklearantrieb verwenden, wenn er technisch ausgereift ist, weil sich durch ihn die Ladekapazität vergrößern läßt und sich die Startkosten verringern werden (auf ungefähr die Hälfte). Die Marsmission kann nicht abwarten, bis es soweit ist. Sie muß so schnell wie möglich unter Ausnutzung der existierenden Technologien gestartet werden. Verbesserungen haben Zeit.

Während Baker und ich uns in lange Gespräche vertieften, in deren Verlauf wir viele – sowohl technische als auch konzeptionelle – Aspekte der Raumschiffkonstruktion und der Missionsplanung diskutierten, ergab sich eine zunehmende Übereinstimmung. Wir entschlosen uns zur Zusammenarbeit. In vielerlei Hinsicht waren wir ein ungleiches Paar. Ich bin klein, Baker ist sehr groß. Ich bin hektisch, er ist phlegmatisch. Ich bin Optimist, er ist Pessimist. Ich bin Romantiker, er ist Existentialist. Mein Lieblingsfilm ist *Casablanca,* seiner *Brazil.* Mein Gedankenprozeß vollzieht sich in Hüpfern und Sprüngen, seiner schreitet gleichmäßig voran. Mein Credo stimmt mit dem Hegels überein:»Ohne Leidenschaft ist nie etwas Großes verwirklich worden.« Als ich diesen Satz bei irgendeiner Gelegenheit zitierte, zuckte Baker zusammen und verließ den Raum. Für ihn sind Leidenschaft und der Ingenieurberuf unvereinbar. Es reicht ihm, exzellente Arbeit zu leisten und gut zu leben. Ich möchte die Welt verändern.

Trotzdem arbeiteten wir zusammen, und während einer gewissen Zeitspanne im Jahr 1990 war unsere Kooperation auch sehr effektiv. Unsere Stärken ergänzten einander. Auf weiten Gebieten der Mathematik, der Naturwissenschaften und des Maschinenbaus hatte ich eine bessere akademische Ausbildung; er verfügte über mehr praktische Erfahrung als Ingenieur und kannte das Geschäft aus der Insiderperspektive. Ich war für den kreativen Schwung verantwortlich, er für die disziplinierte Arbeit. Wir wurden nie enge Freunde, arbeiteten aber als Team gut zusammen.

1989 hatte ich, wie schon erwähnt, in einer Reihe von Studien gezeigt, daß eine bemannte Marsmission mit einer einzigen Startrakete der *Saturn-V*-Klasse realisiert werden kann, wenn wir eine nukleare Antriebstechnik und vor Ort produzierten Treibstoff für das Abheben vom Mars und den Rückflug zur Erde verwenden. Baker hatte eine solche leistungsstarke Startrakete für die NASA entworfen. Er nannte sie *Shuttle Z*. Der Name lehnte sich an Code Z an, jene Abteilung der NASA, die seinerzeit für die Entwicklung von Plänen für die Erforschung des Weltraums zuständig war. Bei *Shuttle Z* handelte es sich im wesentlichen um eine weiterentwickelte Variante der *Shuttle C*. Sie ersetzte die Fähre auf der Space Shuttle-Startrakete durch einen nicht zur Wiederverwendung konzipierten Frachtbehälter. *Shuttle C* konnte ungefähr 70 t in eine niedrige Erdumlaufbahn (LEO) befördern. Baker fügte *Shuttle Z* eine kraftvolle, von Wasserstoff und Sauerstoff angetriebene obere Antriebsstufe hinzu, die sich in einem vergrößerten, an der Seite befindlichen Frachtbehälter befand. Dadurch wurde die Kapazität des Raumfahrzeugs hinsichtlich eines Transports in eine niedrige Erdumlaufbahn auf ungefähr 130 t gesteigert. Das waren gerade 10 t weniger als bei *Saturn V*. Weil sämtliche Schlüsselkomponenten von *Shuttle Z* aus dem Inventar der Space Shuttle-Technik stammten, schien es möglich zu sein, das Raumfahrzeug schnell und kostengünstig zu entwickeln, und das ist eine fundamentale

Voraussetzung bei einem auf ein Jahrzehnt konzipierten Programm. Wir hatten also die Startrakete, verfügten aber weder für den Hin- noch für den Rückflug über den Nuklearantrieb. Ohne ihn würde der Transport der Hardware zum Mars zwei Starts erfordern. Das war an sich noch kein allzu großes Manko und hätte das Projekt nicht scheitern lassen, aber das Konzept der Mission war zumindest weniger elegant. Nach unserem Entwurf sollte sich die Rückkehreinheit (ERV) auf dem Habitat befinden, das wiederum auf einer nur teilweise aufgetankten oberen Antriebsstufe einer *Shuttle Z* saß, die wiederum auf einer weiteren, fast vollen Antriebsstufe ruhte. Die gesamte Konstruktion sollte nach einem Rendezvous- und Andockmanöver im Orbit zusammengesetzt werden. Die ersten drei Elemente (ERV, Hab und die teilweise aufgetankte Antriebsstufe) sollten mit einem *Shuttle Z* gestartet werden, das vierte Element (die zweite, fast volle Antriebsstufe) durch ein weiteres.

Dieses Konzept war aus einer Reihe von Gründen nicht besonders attraktiv. Zunächst war die lange Aufsatzkonstruktion umständlich. Welche Startrakete auch zuerst gezündet werden würde, sie würde ihre Nutzlast für mehrere Monate in einer niedrigen Erdumlaufbahn belassen müssen. Während dieses Zeitraums würde ein beträchtlicher Teil des Treibstoffs aus der oberen Antriebsstufe verdampfen. Bei der Ankunft auf dem Mars sollte sich das aus dem ERV und dem Hab bestehende Raumschiff hinter einem stumpfen, pilzförmigen Hitzeschild befinden und dadurch abgebremst werden, während es die Marsatmosphäre durchpflügte. Die Kombination aus ERV und Hab wäre so schwer gewesen, daß ein hinreichend großer Hitzeschild kaum unter der Verkleidung des Frachtbehälters der *Shuttle Z* Platz gefunden hätte, selbst wenn er zusammenfaltbar gewesen wäre. Ein noch größeres Problem hätte sich aber auf dem Mars selbst ergeben.

Als der Nuklearantrieb noch im Bereich des Möglichen lag, hatte ich ein Antriebssystem entworfen, bei dem auf dem Mars vorhandenes Kohlendioxid einfach komprimiert und gespeichert werden sollte. Anschließend würde es durch einen Nuklearreaktor aufgeheizt, um einen hochgradig erhitzten Dampf als Antriebsmasse zu produzieren. (Die Marsatmosphäre besteht zu etwa 95 % aus Kohlendioxid, das sich bei den dort vorherrschenden Temperaturen verflüssigt, wenn es von einem Druck von mehr als etwa $7x10^5$ Pascal komprimiert wird. Das entspricht etwa 7 bar). Rein technisch ist ein solches System zur Treibstoffgewinnung sehr einfach herzustellen; im wesentlichen braucht man nur eine Pumpe. Bei diesem Plan war die Vorstellung realistisch, daß die Astronauten den Treibstoff für die Rückreise aufnahmen, nachdem sie auf dem Mars gelandet waren. Ohne den Nuklearantrieb mußte allerdings jeder auf dem Mars produzierte Treibstoff durch Formen chemischer Synthese hergestellt werden, und das ist ein beträchtlich komplexerer Prozeß als die einfache Komprimierung und Speicherung von Kohlendioxid. Die NASA hätte zweifellos mit gutem Grund darauf bestanden, daß der Treibstoff für die Rückkehr zur Erde vor dem Start der Crew zum Mars hergestellt sein mußte, weil die Mannschaft ansonsten vielleicht auf dem Planeten gestrandet wäre, wenn die Treibstoffproduktion versagt hätte.

Im Jahre 1989 veröffentlichte Jim French, ein unabhängiger Ingenieur, im *Journal of the British Interplanetary Society* einen Artikel, in dem er sich mit einigen dieser Erwägungen befaßte. Er schlug vor, vor dem Eintreffen einer Crew auf dem Mars dort eine technische Einrichtung zur Treibstoffproduktion abzusetzen. So könne man Treibstoff für die Rückkehr der Crew herstellen und als Vorrat lagern. Bei diesem Vorschlag stellte sich allerdings das Problem, daß das Raumschiff praktisch direkt neben dem Treibstoffdepot – nicht weiter als ein Betankungsschlauch lang ist – landen müßte. Dies wäre äußerst schwierig, und French räumte in seinem Resümee ein, daß die Verwendung von vor Ort produziertem Treibstoff nicht möglich sei, wenn nicht zuvor eine von Menschen bewohnte Basis auf dem Mars errichtet worden sei. Dazu bedürfe es einer lokalen Infrastruktur, die eine Rückversicherung gegen alle Spielarten des Zufalls darstellen müsse.

Der Stand der Dinge war also folgendermaßen: Durch den Verzicht auf den Nuklearantrieb gewannen wir Zeit, aber mit diesem Vorteil waren eine Menge Probleme verknüpft. Die schwierigste Frage war, wie man einen vor der Landung produzierten chemischen Treibstoff von der Lagerstätte zum ERV brachte. Sollte man sich von einem zuvor gelandeten, mobilen, automatischen Tank-wagen abhängig machen? Das wäre zu riskant gewesen. Während ich über dieses Problem nachdachte, stieß ich auf jene innovative Idee, die heute als so selbstverständlich erscheint: Wir durften nicht die Crew mit dem ERV losschicken, sondern mußten zuerst das ERV mit der Vorrichtung zur Treibstoffproduktion starten. Mit einem Schlag hatten sich praktisch alle Probleme erledigt. Hab und ERV waren leicht genug, daß sie jeweils mit einem einzigen *Shuttle Z* direkt zum Mars gestartet werden konnten. So waren immer noch zwei Starts erforderlich, aber jetzt konnte ein *Shuttle Z* das ERV starten und ein zweites die Crew mitsamt ihrem Hab. Bei einem kombinierten Start hätte die Nutzlast von ERV und Hab ein kompliziertes Bremsmanöver erforderlich gemacht, das für unsere Ingenieure, die sich mit der Abbremsung durch die Marsatmo-sphäre (Aerobraking) beschäftigten, eine ernsthafte Herausforde-rung dargestellt hätte. Bei separaten Starts konnte dieses Manöver aber durch ein Hitzeschild bewältigt werden, das in die *Shuttle-Z*-Verkleidung hineinpaßte. Um die Möglichkeit auszuschließen, daß die Crew auf dem Mars strandete, sollte das ERV eine Startmög-lichkeit 26 Monate vor dem Abflug der Astronauten nutzen. Weil die Einrichtung zur Produktion von Treibstoff dann bereits mit dem ERV zum Mars geflogen sein wird, wird die erforderliche Menge bereits vorhanden sein, bevor die Besatzung von der Erde startet, so daß sich die Frage nach einer 100prozentig zielgenauen Landung nicht mehr stellt. Die Rohre, die den auf dem Mars pro-duzierten Treibstoff vom Ort der Herstellung in die Tanks des ERV leiten, sind bei diesem Szenario bereits auf der Erde zusammenge-schweißt worden.

Der größte Pluspunkt aber ist, daß bei einer solchen Mission weder der Zusammenbau eines Raumschiffs noch ein Andock-manöver in einer Umlaufbahn erforderlich wären. Das einzige Rendezvous fände auf der Marsoberfläche statt – und das ist kein Problem. Während der *Apollo*-Ära haben wir es geschafft, ein Raumschiff 200 m neben einer *Surveyor*-Raumsonde zu landen, die bereits einige Jahre zuvor auf dem Mond aufgesetzt hatte. Heutzu-tage verfügen wir über eine sehr viel bessere Flugelektronik. Wenn man bei einem Andockmanöver in einer Umlaufbahn das Ziel um

10 m verfehlt, hat man es verfehlt. Bei einem Treffen auf der Planetenoberfläche spielen 10 km keine Rolle – man kann das Ziel zu Fuß oder mit einem Fahrzeug erreichen. Zusätzlich war vorgesehen, das Hab mit einem Fahrzeug mit klimatisierter Druckkabine auszustatten, das 1000 km zurücklegen kann. Wir müßten schon extrem schlecht navigieren, um das ERV um mehr als diese Strecke zu verfehlen. Von der Bürokratie der NASA kann man ja halten, was man will, aber zu ihrem Astronautenteam gehören Piloten, die zu den besten der Welt zählen. Es steht außer Zweifel, daß das Rendezvous auf der Planetenoberfläche ein Erfolg werden würde.

Der Gedanke mag unkonventionell und verwegen klingen, aber es ist tatsächlich viel sicherer, die Crew und die Rückkehreinheit getrennt zum Mars zu starten, als die Mannschaft mit dem Raumfahrzeug dort abzusetzen, das sie in die Marsumlaufbahn zurückbringen soll. Der Grund ist einfach: Wenn man das ERV zuerst startet, wird die Crew bereits vor dem Start von der Erde wissen, daß auf der Planetenoberfläche ein voll funktionstüchtiges Raumfahrzeug auf sie wartet, mit dem sie vom Mars abheben und zur Erde zurückkehren kann. Dieses Raumfahrzeug hat das Trauma der Landung dann ja bereits überstanden. Im Gegensatz dazu könnte eine Crew, die mit demselben Raumfahrzeug landen und zur Erde zurückkehren will, nur Spekulationen darüber anstellen, in welchem Zustand sich ihr Gefährt befindet, nachdem es aufgesetzt hat. Zusätzlich ist in unserem Plan vorgesehen, daß die Crew im Verbund mit einem zweiten ERV starten soll, das in Reichweite eines für längere Strecken ausgelegten Fahrzeuges landet. Dieses zweite ERV würde dann mit der Treibstoffproduktion für eine zweite bemannte Marsmission beginnen, könnte aber im Notfall auch als Rückversicherung für die Mannschaft der ersten Mission dienen. Dazu kommt noch, daß sowohl die beiden ERVs als auch das Hab den Crewmitgliedern als Behausung dienen und ihr Überleben auf der Marsoberfläche gewährleisten. Eine sicherere Lösung bei Marsmissionen gibt es nicht.

Je besser wir uns mit der Materie vertraut machten, desto gelungener fanden wir das neue Konzept der Mission. Wir beschäftigten uns nun mit den notwendigen Subsystemen und der Detailkonstruktion der Raumfahrzeuge. Ich konzentrierte mich auf die chemische Synthese des Treibstoffs, der auf dem Mars produziert werden sollte. Ein Großteil meiner »Hausaufgaben« im Jahr 1990 bestand darin, einen neuartigen Prozeß zu finden, wie Kohlendioxid (CO_2) in Kohlenmonoxid (CO) und Sauerstoff (O_2) zerlegt werden könnte, die dann gemeinsam als Raketentreibstoff verbrennen würden. Der einzige erforderliche Rohstoff – CO_2 – war auf dem Mars gratis als Luft zu bekommen.

Trotzdem gibt es viele Nachteile. Der Prozeß selbst war noch relativ wenig erforscht, und wenn man die Größenordnung in Betracht zog, die eine bemannte Marsmission erforderte, hätte es den Einsatz Zehntausender kleiner, zerbrechlicher Keramikröhrchen mit einer Hochtemperaturdichtung (1000 °C) erfordert, um einen Reaktor herzustellen. Dazu kam noch, daß der aus den beiden Komponenten Kohlenmonoxid und Sauerstoff produzierte Treibstoff für den Raketenantrieb von armseliger Qualität war, da er nur über einen spezifischen Impuls von ungefähr 270 Sekunden verfügte. Der spezifische Impuls – abgekürzt Isp – entspricht der Anzahl an Sekunden, die ein Pfund Raketentreibstoff einen Schub von einem Pfund (etwa 500 Newton) leisten kann. Die deutschen V-2-Raketen, die im Zweiten Weltkrieg eingesetzt worden waren, hatten einen Isp von etwa 230 Sekunden; eine heute produzierte Pratt and Whitney RL-10-Rakete, die Wasserstoff und Sauerstoff verbrennt, verfügt über einen Isp von 450 Sekunden. Ein nuklear betriebener Raketenantrieb mit Wasserstofftreibstoff kann einen Isp von 900 Sekunden erreichen. Die geringe Leistungsfähigkeit des CO/O_2-Treibstoffgemischs hätte bedeutet, daß sehr große und schwere Tanks zum Mars befördert werden müßten, um den erforderlichen Treibstoff für den Rückflug lagern zu können. Die Treibstoffkombination aus Kohlenmonoxid und Sauerstoff verbrennt außerdem nur bei einer sehr hohen Temperatur, und bisher gibt es noch kein Antriebssystem, das damit klarkommt.

Eine Alternative bestand darin, einen Treibstoff aus den beiden Komponenten Methan und Sauerstoff (CH_4/O_2) herzustellen. Der Vorteil: Bei dem Methan/Sauerstoff-Gemisch handelt es sich um die leistungsfähigste chemische Kombination (Isp: 380 Sekunden), die über lange Zeiträume bequem auf der Marsoberfläche gelagert werden kann. Zwar gab es noch keine entsprechenden Triebwerke für den CH_4/O_2-Treibstoff, aber er war bereits erfolgreich in *RL-10*-Triebwerken getestet worden. Die Herstellerfirma Pratt and Whitney hatte Schätzungen veröffentlicht, denen zufolge die Anpassung einer *RL-10* an den CH_4/O_2-Treibstoff relativ unkompliziert und kostengünstig war. Aber es gab ein weiteres Problem: Man braucht Wasserstoff (das H in dem Kürzel CH_4), und an den ist auf dem Mars nicht so leicht heranzukommen.

Im Jahr 1976 veröffentlichten Professor Robert Ash, der jetzt an der Old Dominion University lehrt, und einige Mitarbeiter vom Jet Propulsion Laboratory eine Studie, in der sie einige extrem einfache, widerstandsfähige und bekannte chemische Prozesse erläuterten. Ihre praktische Anwendung reicht (wenn man es genau nimmt) bis in die Ära der Gaslaternen zurück. Gesetzt den Fall, man fände eine Wasserquelle (H_2O), könnte man mit ihrer Hilfe auf dem Mars einen aus den beiden Komponenten Methan und Sauerstoff bestehenden Treibstoff produzieren. Aber das Wasser ist der springende Punkt. Bei einer ersten unbemannten Mission ist es natürlich keine Alternative, das Wasser aus den Dauerfrost-Eiswüsten auf dem Mars zu gewinnen. Es wäre aber auch außerordentlich schwierig, es aus der extrem trockenen Marsatmosphäre zu kondensieren. Ash war dann dazu übergegangen, die CO/O_2-Produktion zu untersuchen. Als ich die Studie analysierte, stellte ich fest, daß ihr Purismus der Haken war: Ash und seine Mitarbeiter bestanden darauf, daß *alle* Komponenten des Treibstoffs vom Mars stammten. Tatsächlich machte der für den chemischen Prozeß erforderliche Wasserstoff gerade 5 % des Gewichts des gesamten produzierten Treibstoffs aus. Warum sollte man also diese relativ kleine Menge Wasserstoff nicht von der Erde mitbringen? Ich beriet mich mit den Experten von Martin Marietta Astronautics, die sich mit der Lagerung kryogener (superkalter) Flüssigkeiten beschäftigten. Sie waren übereinstimmend der Ansicht, daß die Lagerung von etwa 6 t Wasserstoff, die während einer achtmonatigen Reise von der Erde zum Mars erforderlich wäre, sie nicht vor unlösbare Probleme stellte. Dabei setzten sie allerdings voraus, daß beim Start zusätzliche 15 % mittransportiert wurden, um die Verluste durch Verdampfung während des Fluges abzudecken (wenn man erst einmal auf dem Mars war, konnte man jede Wasserstoffver-

103

dampfung direkt dem Methan-Reaktor zuführen, so daß keiner verlorenging). In konzeptioneller Hinsicht war damit das Problem gelöst, wie man auf dem Mars einen widerstandsfähigen Raketentreibstoff aus zwei Komponenten herstellt. Unterdessen hatte Baker die *Shuttle Z* modifiziert. Die Startrakete, die er mit Unterstützung von Sid Early, einem Fachmann von Martin Marietta Astronautics auf dem Gebiet von Startraketenflugbahnen, entworfen hatte, hieß jetzt *Ares*. Sie war nicht optimiert worden, um Nutzlasten in eine niedere Erdumlaufbahn zu befördern sondern um sie direkt in den interplanetarischen Raum zu katapultieren. Baker entwarf zudem einen Plan, wie man die ausgebrannte obere Antriebsstufe der *Ares* als Gegengewicht am Ende eines rotierenden Seils benutzen konnte, um während des Hinflugs zum Mars im Habitat auf künstliche Weise Schwerkraftbedingungen herzustellen. Unser Konzept war an sich nicht neu, aber solider als viele andere, weil das Objekt, das sich von der Crew aus gesehen am unteren Ende des Seils befindet, für den Erfolg der Mission keine ausschlaggebende Rolle spielt. Bei konventionelleren Missionen muß die durch das Seil-Konzept erzeugte künstliche Schwerkraft aufgrund des enormen Gewichts des Raumschiffs dadurch garantiert werden, daß das Raumschiff auseinandergenommen und zentrale Komponenten, wie etwa die für die Rückkehr zur Erde erforderlichen chemischen Antriebsstufen, am unteren Ende des Seils festgemacht werden. Falls ein solches Seil reißt, während es eingeholt wird, wäre die ganze Mission ein Fehlschlag. Im Gegensatz dazu mußte das Seil bei unserem Konzept nicht eingeholt werden. Statt dessen kann es einfach losgelassen oder durch die Zündung eines explodierenden Bolzens gekappt werden, nachdem das Raumschiff in Marsnähe angekommen ist. Alles in allem reduzierte diese Idee die Risiken erheblich und illustrierte gleichzeitig überzeugend die Vorteile unserer Konzeptgestaltung.

Anschließend schlug Baker vor, daß man als Basis für das Hab Einheiten der Raumstation verwenden sollte, weil diese zum Startzeitpunkt unserer Mission wahrscheinlich serienmäßig hergestellt werden würden. Die Habs der Raumstation sind lang und schlank und ähneln einem Flugzeugrumpf, weil sie in die Ladebucht des Space Shuttle passen müssen, das einen Durchmesser von 5 m hat.

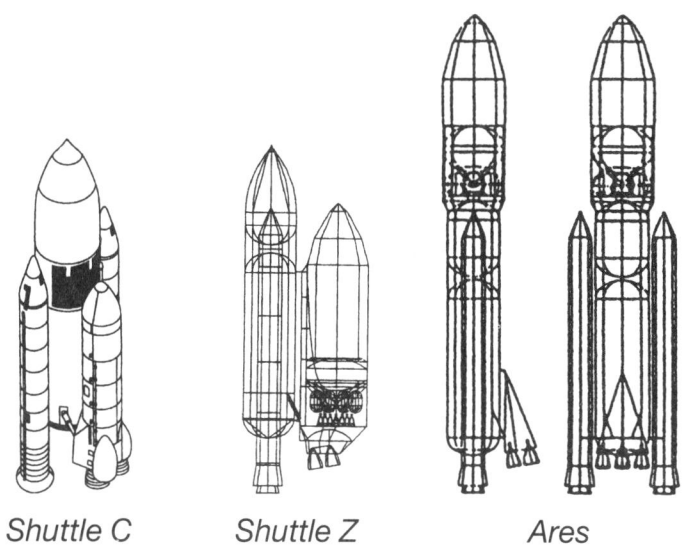

Shuttle C   Shuttle Z   Ares

Abbildung 3.1
Die Entwicklung der Startrakete von Shuttle C zu Shuttle Z und Ares.

Ich wies darauf hin, daß sich die Entwicklung der Habs der Raumstation am Lebenserhaltungssystem und anderen internen Systemen zu orientieren habe, nicht primär an der Konstruktion ihrer äußeren Gestalt. Eine umfänglichere, an eine Thunfischdose erinnernde Form entspreche der Öffnung der *Ares*-Verkleidung mit einem Durchmesser von 10 m sehr viel besser. Ich argumentierte, daß sich solch ein »menschenfreundliches« Design für eine lange bewohnte Einheit besser eigne als zwei Raumstation-Elemente, da sie zusätzlich auch beträchtlich leichter sei. Nachdem Baker mit verschiedenen Entwurfszeichnungen zur Einrichtung der Habs herumexperimentiert hatte, gestand er ein, daß ich recht hatte. Also nahmen wir die Thunfischdose. Dieses Hab paßte wunderbar symmetrisch in den Windschatten eines der von Bill Wilcockson entworfenen, zusammenfaltbaren Hitzeschilde und würde sich bequem an den Hitzeschild anschmiegen, der in die Verkleidung der *Ares* paßte.

Da wir eine Reihe von Raumfahrtelementen entwickeln wollten, die sich für Mond- und Marsmissionen eigneten (ersteres als eine

105

Art Nebeneffekt, nicht als Zwischenstadium), entschlossen wir uns, den Antrieb des ERV in zwei Stufen zu teilen. Die obere Antriebsstufe allein enthält genau den richtigen Treibstoffvorrat, um eine direkte Rückkehr vom Mond zur Erde zu garantieren, während beide Antriebsstufen zusammen das ERV vom Mars zurückbringen. Weil die obere Antriebsstufe viel kleiner als die untere ist, könnte man die *Ares* verwenden, um ein vollbetanktes ERV zum Mond zu schicken. (Es ist zwar möglich, auf dem Mond Treibstoff zu produzieren, während einer ersten Mission aber wohl nicht zu realisieren, weil Felsen gesprengt werden müßten). Nach diesem Konzept stellten *Ares*, Hab, das aus zwei Antriebsstufen bestehende ERV und der Hitzeschild eine kompakte (und deshalb kostengünstige) Kombination von Elementen dar, die so miteinander verbunden werden können, daß sowohl die mit Mond- als auch die mit Marsmissionen verbundenen Ziele der Weltraumerforschungsinitiative realisiert werden können. Der Ingenieur Bob Spencer und der »Künstler« der Firma, Robert Murray, verwandelten die Entwurfszeichnungen unter Zuhilfenahme eines CAD-Programms* am Bildschirm in dreidimensionale technische Zeichnungen. (Ein Künstler unter den Technischen Designern kann übrigens außerordentlich wertvolle Beiträge hinsichtlich eines Entwicklungsprojekts beisteuern, indem er einen zum Nachdenken zwingt und erklärt, wie *dieses* Element in *jenes* paßt, und wie man von *diesem* Punkt zu *jenem* gelangt.)

Baker wollte die Mission so klein wie möglich gestalten und befürwortete eine dreiköpfige Crew; ich selbst war für fünf Astronauten. Wir arbeiteten die logistischen Grundlagen des Unternehmens noch einmal durch, und es stellte sich heraus, daß die Kapazität zur Beförderung von Nutzlasten groß genug war, um eine vierköpfige Mannschaft zu versorgen. Dabei blieb es. (Die Entscheidung war aus Gründen einfach, auf die ich in einem späteren Kapitel noch zurückkommen werde. Ich bin seitdem davon überzeugt, daß vier Astronauten genau richtig sind, um zu einer ersten bemannten Marsexpedition zu starten.)

---

* Computer Assisted Design

Als sich unsere Zusammenarbeit bezüglich der Projektkonzeption ihrem Ende zuneigte, betrat ich eines Tages Bakers Büro und setzte mich auf seinen Schreibtisch. »Wir brauchen einen Namen für unseren Plan«, sagte ich. »Einen Namen, der das Wesentliche zum Ausdruck bringt. Wir werden den Mars direkt erobern, und zwar sowohl in programmatischer Hinsicht, weil wir auf die Errichtung einer Infrastruktur im Orbit und auf dem Mond verzichten, als auch in physischer, weil wir die Mission mit einem direkten Flug einleiten und auch direkt von der Planetenoberfläche zurückkehren werden. Ich habe an ›Direct Plan‹ oder ›Direct Mars‹ gedacht.« Baker blickte mich an und antwortete: »Okay. Wie wäre es mit ›Mars Direct‹?« Er mußte es nicht zweimal sagen. Unser Plan hatte seinen Namen.

Kurz nach seiner Fertigstellung stellten wir unseren Plan dem Scenario Development Team und einer Gruppe von Managern vor, damit sie ihn einer genauen Prüfung unterziehen konnten. Ben Clark formulierte in einem mehrseitigen Katalog strenge Fragen und kritische Anmerkungen, die wir schriftlich beantworten mußten, was uns auch gelang. Auch Al Schallenmuller, der Vizepräsident vom Martin Marietta Civil Space, war von unserem Plan fasziniert. Alles, was man für die Verwirklichung unserer Mission benötigte, ließ sich kurzfristig und relativ einfach beschaffen. Auf der Grundlage seiner Skunkworks-Erfahrung stimmte er mit meiner Einschätzung überein, daß wir mit dem Mars Direct-Plan potentiell in der Lage waren, innerhalb von zehn Jahren Menschen zum Mars zu bringen. Er wollte, daß wir zum Marshall Space Flight Center in Huntsville, Alabama, flogen, um unser Projekt der NASA vorzustellen.

Weder Baker noch ich hatten erwartet, daß die Zusammenfassung unseres Plans dort wohlwollend aufgenommen werden würde. Das Marshall Space Flight Center ist eines der konservativsten Institute der NASA, und es schien sehr unwahrscheinlich, daß ein Auditorium hier einer so radikalen Idee wie Mars Direct positiv gegenüberstehen würde. Auch regionale Aspekte konnten eine ernsthafte Hürde darstellen, weil der Faktor, daß der Plan »nicht *hier* entwickelt« worden war, eine gewisse Rolle spielte. Halb im Scherz prophezeite ich Baker damals, daß wir wahrscheinlich mit folgender Reaktion rechnen müßten:»Die Marsmissionen meines Daddys waren anders konzipiert und die seines Vaters ebenfalls. Wir brauchen keine gottverdammten Yankees, die zu uns herunterkommen und uns erzählen wollen, wie man Marsmissionen zu fliegen hat...«

Ich hätte mich kaum stärker täuschen können. Baker und ich stellten den Plan gemeinsam vor und spielten uns gegenseitig die Bälle zu. Die Reaktion war enthusiastisch. Gerade die Tatsache, daß das Team der Weltraumerforschungsinitiative beim Marshall Space Flight Center konservativ war, machte den Mars Direct-Plan für sie so faszinierend. Seit Monaten waren sie mit grandiosen Plänen überschwemmt worden, nach denen riesige interplanetarische Raumschiffe im Weltraum zusammengesetzt werden sollten, und hatten sie alle als unrealisierbar abgetan. Während sie unseren Erklärungen lauschten, wie man eine bemannte Marsmission durch zwei Starts von Raketen der *Saturn-V*-Klasse realisieren konnte, leuchteten die Augen der im Raum sitzenden Veteranen des *Apollo*-Programms auf. Sie dachten:»He, hier haben wir einen Plan, den wir tatsächlich umsetzen können!« Gene Austin, Chef jener Abteilung, die im Marshall Space Flight Center für die Weltraumerforschungsinitiative zuständig war, lud Baker und mich in sein Büro ein. Wir sprachen zwei Stunden (!) über das Konzept. Zunächst diskutierten wir den Plan, dann gab uns Austin Ratschläge, wie wir unser Konzept im Johnson Space Center und anderswo präsentieren sollten.

Die Vorstellung im Marshall Space Flight Center hatte am 20. April 1990 stattgefunden. In den folgenden Wochen stellten wir unser Projekt in jedem größeren NASA-Zentrum vor, das mit der Weltraumertorschungsinitiative zu tun hatte, und überall stießen unsere Ideen auf Begeisterung. Am Memorial Day gab man mir dann die Chance, auf der nationalen Konferenz der National Space Society in Anaheim den Abschlußvortrag zu halten. Dort wurde Mars Direct zum erstenmal öffentlich vorgestellt. Man klatschte mir stehend Beifall. Eine Woche später präsentierten Baker und ich das Konzept auf der Case for Mars-Konferenz in Boulder, einer alle drei Jahre stattfindenden Zusammenkunft der Mars-Underground-Gruppe, auf die ich noch genauer eingehen werde. Wir hatten praktisch ein Heimspiel. Am nächsten Tag erschien unter dem Namenszug des renommierten Wissenschaftsjournalisten David Chandler auf der Titelseite des *Boston Globe* ein Artikel mit dem Titel »New Mars Plan Proposed«; hunderte anderer Zeitungen folgten. Der Mars Direct-Plan war aus der Dunkelheit ins Licht öffentlichen Interesses gerückt.

Im weiteren Verlauf des Sommers präsentierten Baker und ich – einzeln oder gemeinsam – unser Konzept auf öffentlichen Konferenzen oder bei NASA-Terminen. Zusätzlich publizierten wir ein Feature in *Aerospace America*, einem monatlich erscheinenden Magazin der Raumfahrtindustrie, in dem wir den Verlauf unserer geplanten Mission detailliert beschrieben. Doch während wir überall Anhänger rekrutierten, wurde die Gegenoffensive bereits vorbereitet. Mächtige Kräfte innerhalb der NASA, die mit dem Space Station-Programm zu tun hatten, waren über das Mars Direct-Konzept überhaupt nicht glücklich. Weil wir nicht die Absicht hatten, die Raumstation oder auch nur die noch zu konstruierende Einrichtung für einen Zusammenbau von Raumschiffen im Orbit zu benutzen, entzogen wir ihrer Meinung nach ihren eigenen Projekten die Grundlagen. Mitarbeitern der NASA, die mit unserem Plan sympathisierten, legte man nahe, Distanz zu wahren. Das bremste unseren Schwung. Einige – wenn auch nicht alle – Splittergruppen innerhalb der wissenschaftlichen Gemeinde, die sich mit fortschrittlichen Antriebstechnologien beschäftigte, standen uns ebenfalls feindselig gegenüber. Auch sie hatten den Eindruck, daß ihre Programme durch Mars Direct die Grundlage einbüßten, und stellten Anforderungen, denen nur ihre eigenen Systeme gewachsen waren. Während wir die Notwendigkeit dieser Anforderungen widerlegten, verloren wir noch mehr Zeit. Was als intellektueller Blitzkrieg angefangen hatte, verwandelte sich in einen Grabenkrieg.

Ein so langwieriger Kampf war mit Bakers Temperament unvereinbar. Mehr und mehr wurde offensichtlich, daß es unerhört schwierig war, das herrschende Paradigma zu verändern, und das verstärkte seinen angeborenen Pessimismus. Als die schwerfällige NASA-Bürokratie an ihrem illusorischen 450-Milliarden-Dollar-Projekt festhielt – was darauf hinauslief, daß der Kongreß die beantragten Mittel für die Weltraumerforschungsinitiative nicht bewilligte –, war Baker zunehmend demoralisiert. Im Februar 1991 verließ er Martin Marietta Astronautics, um an die University of Colorado zurückzugehen und später eine Beraterfirma zu gründen. Als geborener Optimist hielt ich durch. Ich reiste durchs Land, hielt Dutzende von Vorträgen, veröffentlichte wissenschaftliche Publikationen und schrieb etliche Zeitschriftenartikel. Die Regierung von Präsident Bush stellte ein wissenschaftlich hochkarätiges Expertenkomitee zusammen, dessen Vorsitz der ehemalige *Apollo*-Astronaut General Thomas Stafford innehatte. Es sollte versuchen, ein neues Konzept für eine Weltraumerforschungsinitiative zu entwickeln, das den 90-Tage-Report ersetzte. Ich machte mich kundig und nahm mir dann die wichtigsten Persönlichkeiten innerhalb des Komitees vor. Der Bericht, der im Mai 1991 publiziert wurde[7], war im großen und ganzen eine Enttäuschung. Das Komitee hatte Mars Direct übergangen und statt dessen für eine Marsmission plädiert, die auf einer vage aktualisierten Version jenes aus dem Jahr 1969 stammenden Plans von Wernher von Braun basierte, der ein Riesenraumschiff mit Nuklearantrieb vorsah. Mein Plan wurde in dem Bericht überhaupt nicht erwähnt, aber viele seiner zentralen Argumente erschienen darin. Die Montage von Raumschiffen im Orbit wurde nicht als Aktivposten, sondern als klarer Minuspunkt angesehen. Ein längerer Marsaufenthalt galt jetzt ebenfalls als Pluspunkt. Man hatte endlich eingesehen, daß auf dem Planeten etwas Sinnvolles unternommen werden mußte und daß es nicht nur um Ankunft und Rückreise ging. Eine weitere Spur des Geistes früherer Pläne blieb: Die erste Marsmission sollte zur Zeit einer Opposition stattfinden, was mit einem hohen Energieverbrauch und einem kurzen Aufenthalt verbunden ist. Alle nachfolgenden Missionen waren dann für Zeiten von Konjunktionen vorgesehen. Der von mir vorgeschlagene Produktionsprozeß für einen Methan/Sauerstoff-Treibstoff auf dem Mars wurde explizit als Verfahren erwähnt, das entwickelt werden müsse, und sei es auch nur für Versuchsmissionen. All das stellte immerhin einen Fortschritt dar.

Im Herbst des Jahres 1991 hellte sich das Dunkel am Horizont auf, als Dr. Mike Griffin, einer der fähigsten Wissenschaftler des Komitees, zum stellvertretenden Leiter der Forschungsabteilung der NASA bestimmt wurde und somit für die Weltraumerforschungsinitiative verantwortlich war. Griffin eilte der Ruf voraus, ein Mann mit intellektuellen Fähigkeiten zu sein, der ganz und gar nicht dem vernagelten Bürokratentyp entsprach. Wenn ich nur zu ihm vordringen könnte, dachte ich. Zu Griffin hatte ich aber keinen Zugang, und deshalb begann ich, seine Freunde zu bearbeiten, von denen ich einige recht gut kannte. Im Juni 1992 ergab sich dann endlich die Chance, ihn persönlich in seinem Büro zu informieren. Es lief gut. Griffin hatte ein paar meiner Artikel gelesen, aber auch einige Fragen, die ich ihm alle zufriedenstellend beantworten konnte. Er rief Bill Ballhaus an, den Präsidenten von Martin Marietta Civil Space (Schallenmuller war zu diesem Zeitpunkt bereits mehr oder weniger nicht mehr involviert). Griffin »fragte« ihn (die »Anfrage« eines stellvertretenden Abteilungsleiters der NASA wiegt schwerer als eine »Anfrage« aus der Raumfahrtindustrie), ob er nicht Geldmittel zur Verfügung stellen wolle, damit ich eine detailliertere Studie über Mars Direct erstellen könne, die dann seiner Planungsgruppe im JSC vorgestellt werde. Er sorge dafür, daß man die Sache dort ernst nehme.

So geschah es. Damals wußte ich noch nicht, daß Griffin mit dem Mars Direct-Projekt sympathisierte und den neuen NASA-Leiter Dan Goldin informierte, der das Konzept daraufhin ebenfalls unterstützte. So war garantiert, daß mir das Auditorium genau zuhören würde, als ich im Oktober 1992 im Johnson Space Center eine Reihe detaillierter Vorträge über Mars Direct hielt.

Den Mitgliedern der Planungsgruppe des JSC gefielen meine Vorschläge, gleichwohl blieben Bedenken. Man hatte den Eindruck, daß meine Schätzung des Gesamtgewichts der Mission zu niedrig liege, und plädierte für eine sechsköpfige Crew. Dann wäre eine leistungsfähigere Startrakete als die *Ares* erforderlich gewesen. Dave Weaver, der verantwortliche Ingenieur, war auch aus dem Grunde argwöhnisch, weil die ganze Konzeption von dem auf dem Mars produzierten Treibstoff abhing. Sicher sei dieser bereits produziert, bevor die auf ihn angewiesene Crew von der Erde starte, so daß niemand stranden werde. Sollte die Treibstoffproduktion aber nicht funktionieren, wäre das Programm insgesamt dennoch ein Fehlschlag gewesen. Weaver und ich gingen in sein

Büro, zogen die Stifte aus den Taschen und erarbeiteten einen Kompromißvorschlag, der seine Bedenken zerstreute.[8]

Ich nenne diesen Plan »Mars Semi-Direct« (Abbildung 3.2). Statt zwei Starts pro Mission waren jetzt drei vorgesehen. Mit dem ersten wird eine sich selbst auftankende Mars-Aufstiegseinheit (MAV) mit technischen Instrumenten und Versorgungsgütern auf den Planeten katapultiert, mit dem zweiten eine für die Rückkehr zur Erde konzipierte Kapsel für die Crew zusammen mit einer mit Methan und Sauerstoff aufgetankten Antriebsstufe in eine hohe Umlaufbahn um den Mars befördert. Beim dritten Start wird ein Hab mitsamt der Crew auf die Planetenoberfläche gebracht. Jetzt muß nicht mehr ausreichend Treibstoff produziert werden, um das ERV direkt vom Mars zur Erde schicken zu können. Es ist nur noch notwendig, die Mars-Aufstiegseinheit von der Planetenoberfläche abheben zu lassen, damit sie sich im Marsorbit mit der für die Crew vorgesehenen Kapsel trifft. Danach wird die dort vorhandene Antriebsstufe die Crew nach Hause befördern. Wenn sie nicht mit zusätzlicher Fracht belastet wird, ist die Mars-Aufstiegseinheit leicht genug, um mit einer einzigen leistungsfähigen Startrakete voll aufgetankt zum Mars gebracht zu werden. Wenn die Produktion vor Ort produzierten Treibstoffs also ausfallen sollte, kann die Mission immer noch durch den Start einer vierten Rakete gerettet werden.

Mir gefiel dieses Konzept nicht so wie der ursprüngliche Mars Direct-Plan, weil die begrenzte Verwendung von auf dem Mars produziertem Treibstoff zugleich den Nutzen der Mission einschränkt. An die Stelle von zwei Starts und zwei Raumfahrzeugen pro Mission waren beim Mars Semi-Direct-Plan jeweils drei getreten; durch den zusätzlichen Start und das dritte Raumfahrzeug wurde der Plan kostspieliger. Dazu kam, daß für die Rückreise ein heikles Treffen in einer Umlaufbahn um den Mars vorgesehen war. Dennoch handelte es sich eindeutig um einen Fortschritt im Vergleich zu früheren NASA-Projekten, weil die gesamte Fracht von der Startrakete auf direktem Weg zum Mars befördert wurde. Somit mußten keine Riesenraumschiffe im Orbit montiert werden. Ein ausgedehnter Aufenthalt auf der Planetenoberfläche und die Nutzung von vor Ort befindlichen Rohstoffen konnte bereits mit der ersten Mission beginnen. Das Projekt war ein Kompromiß, hatte aber eine Überlebenschance. Deshalb unterstützte ich es.

Mike Duke und Humbolt »Hum« Mandell, zwei erfahrene Führungspersönlichkeiten im JSC, befürworteten den Mars-Semi-Direct-Plan ebenfalls zu einem frühen Zeitpunkt. Danach formierte sich schlagartig immer mehr Unterstützung.

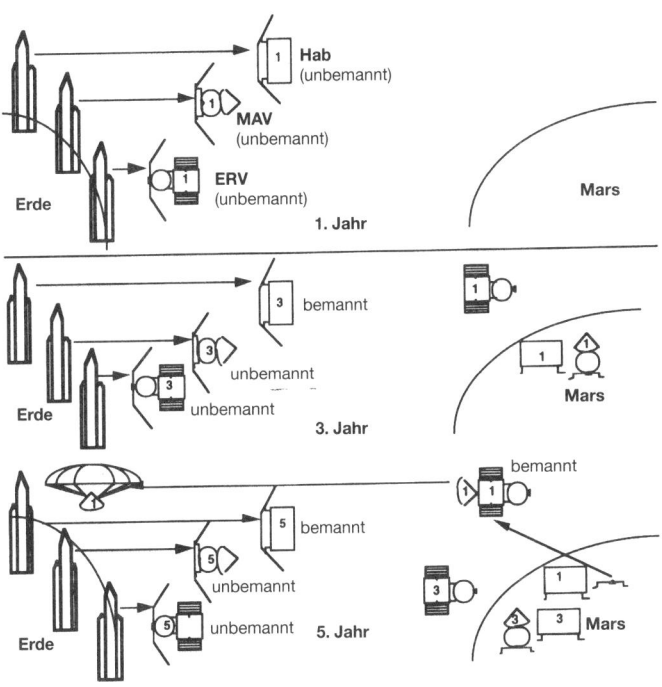

Abbildung 3.2
Reihenfolge der Missionen beim Mars Semi-Direct-Plan. Alle zwei Jahre heben drei Startraketen ab. Eine bringt die Crew in ihrem Habitat zum Mars. Die anderen transportieren die Nutzlast: eine sich selbst vor Ort betankende Mars-Aufstiegseinheit (MAV) und eine Rückkehreinheit (ERV). Für die Rückkehr benutzt die Crew das MAV, mit dem sie startet. Sie steuert es in die Marsumlaufbahn zum ERV, das die Mannschaft dann zur Erde zurückbringt. Das Habitat des ersten Startjahrs fliegt ohne Crew zum Mars, so daß für den ersten bemannten Flug, der im dritten Jahr auf dem Mars eintrifft, eine Ersatzunterkunft zur Verfügung steht.

Im Jahr 1993 stellte Weaver ein umfangreiches Team zusammen, in dem Repräsentanten zahlreicher Abteilungen der NASA vertreten waren. Es sollte auf der Grundlage des Mars Semi-Direct-Plans eine Studie für diese Mission ausarbeiten. Wegen der Größe der Mannschaft wurden zentrifugale Tendenzen erkennbar. Repräsentanten verschiedener Programme versuchten, die Entwicklung so zu manipulieren, daß ihren eigenen Systemen eine Führungsrolle zukam. Die Zusammenarbeit mit diesem großen Team muß für Weaver in etwa dasselbe gewesen sein, als hätte er einen Sack Flöhe zu hüten. Dennoch entwarf das Team einen funktionsfähigen – wenn auch überdimensionierten – Plan, der auf Mars Semi-Direct beruhte. Diese erweiterte Version wurde derselben Gruppe im Johnson Space Center zur Kalkulation vorgelegt, die die Kostenschätzung von 450 Milliarden Dollar für den 90-Tage-Report erstellt hatte. Die Analyse zog die Entwicklung aller erforderlichen Technologien in Betracht. Das schloß die leistungsfähige Startrakete ein (eine Kostenteilung dieser Systementwicklung mit einem Programm zur Erforschung des Mondes wurde nicht in Betracht gezogen), desgleichen drei komplett durchgeführte bemannte Marsmissionen. Der Grundbetrag belief sich auf 55 Milliarden Dollar, also ein Achtel des herkömmlichen Plans. Im Juli 1994 erfuhr *Newsweek* von dem Projekt und brachte eine Titelgeschichte. »Eine bemannte Marsmission?« fragte das Magazin. »Die Technologie steht bereits zur Verfügung. Und bei einem Kostenvoranschlag von 50 Milliarden Dollar – einem Zehntel der vorherigen Schätzungen – haben wir es mit einem Sonderangebot zu tun.«

Unter den Experten, die sich mit dem Problem auseinandergesetzt haben, besteht mittlerweile ein Konsens darüber, daß ein bezahlbares, technisch realisierbares und politisch förderbares Konzept existiert, das Menschen zum Mars bringen kann. Es basiert auf dem Mars Direct-Plan. Dabei handelt es sich nicht um ein Projekt für irgendeine zukünftige Generation, sondern für unsere. Wir sprechen von einer Mission, die von heutigen Technikern entworfen und von Astronauten unseres jetzigen Teams durchgeführt werden kann.

In den folgenden Kapiteln werden wir einen detaillierteren Blick auf den Mars Direct-Plan werfen und Schritt für Schritt sehen, wie er funktioniert. Er umfaßt nicht nur den Flug von Menschen zum Mars, sondern auch die Erforschung des Planeten und seine Besiedlung – sogar seine Veränderung.

Unter der Lupe: Mars Underground

Manchmal kann eine kleine Außenseitergruppe so laut schreien, daß ihre Stimme auch im größten Tumult zur Kenntnis genommen wird. Das war auch beim Thema Mars der Fall.

In dem Jahrzehnt nach dem *Apollo*-Programm hatte die NASA Pläne für eine Erforschung des Mars durch eine bemannte Mission ein wenig aus dem Blickfeld verloren. Im Vordergrund stand der erfolgreiche Start des Space Shuttle. Von bemannten Marsmissionen hörte man praktisch nichts mehr. Doch in den frühen 80er Jahren begann sich unter den Weltraumexperten die Ansicht zu verbreiten, daß man Menschen zum Mars schicken solle. Dies verdanken wir den Anstrengungen einer kleinen Clique von Marsenthusiasten, die schnell unter dem Namen »Mars Underground« bekannt wurde. Wenn wir verstehen wollen, wie diese Außenseiterszene entstand, müssen wir auf das Jahr 1978 zurückblicken, in die schläfrige Interimsperiode zwischen den *Skylab*- und *Space Shuttle*-Projekten. Die letzte *Apollo* – *Apollo 17* – war im Juli 1975 gestartet, und zwar nicht zum Mond, sondern in eine niedrige Erdumlaufbahn, wo sie an einem russischen Raumschiff andocken sollte. Vor *Apollo 17* war seit *Skylab 4,* im November 1973 gestartet, kein Amerikaner mehr in den Weltraum aufgebrochen. Die *Voyagers,* die die Gasgiganten am fernen Ende unserer himmlischen Nachbarschaft inspizieren sollten, waren ein Jahr zuvor losgeflogen. *Pioneer-Venus 1* und *2* hatten sich zur Venus aufgemacht und sollten sie am Jahresende erreichen. Das Shuttle würde bis April 1981 nicht flugtüchtig sein. Alles in allem war dies in Kreisen von Weltraumenthusiasten eine ziemlich langweilige Zeit, und so sahen sich findige Gehirne nach ausgefallenen Projekten um, versuchten zum Beispiel, einen neuen Planeten zu entdecken. Aus ähnlichen Gründen vielleicht veranstaltete Chris McKay nach seinem Universitätsabschluß in Astro- und Geophysik an der

University of Colorado ein Forum zum Thema Terraformen des Mars.

Der Plan hatte sich aus Gesprächen auf dem Flur und spontanen, bierseligen Diskussionsrunden in Studentenwohnungen ergeben. Die traurigen, aber interessanten Erkenntnisse der *Viking*-Expedition regten die Geister an. Der Mars schien ein lebloser Planet zu sein, aber das mußte ja nicht so bleiben. Es bedurfte nur einer klugen Strategie, um ihn mit Hilfe technischer Maßnahmen urbar zu machen. Das könnte den Planeten aus seiner Vergangenheit in eine Zukunft katapultieren, in der er wieder ein feuchter, warmer Planet werden würde. Carol Stoker, eine frühere Kommilitonin McKays, die ihren Abschluß im gleichen Fach gemacht hatte, gesellte sich zu ihm, dann folgte Penelope Boston, eine Biologiestudentin und ehemalige Freundin McKays. Dazu kamen noch Tom Meyer, der Chef einer Ingenieurfirma, und ein alter Freund Stokers, der Computerwissenschaftler Steve Welch. Weitere stießen zu der Gruppe, die am Ende etwa 25 Mitglieder zählte. Charles Barth, der Direktor des Labors für Weltraumphysik der University of Colorado, agierte als Mentor und Ratgeber. Seine Hilfe trug dazu bei, daß aus den zwanglosen Gesprächen ein reguläres Diskussionsforum zur »Bewohnbarkeit des Mars« wurde.

Im Verlauf des ersten Semesters erkannten die Mitglieder mit Hilfe einiger sanfter Anstöße von Barth, daß das Terraformen des Mars, selbst wenn man einen Universitätsabschluß in der Tasche hatte, eine gigantische Aufgabe war. Ihnen wurde klar, daß sie zwar viele Theorien im Kopf hatten, aber kaum über konkrete Daten verfügten. Das Thema war unterhaltend und interessant, aber die Diskussionen über das Terraformen des Mars würden ohne zusätzliche Daten zu nichts führen. Man benötigte weitere Informationen: über die gegenwärtige und vergangene Atmosphäre des Mars, die dynamischen Prozesse auf und unter seiner Oberfläche, seine Ressourcen und eine Vielzahl anderer Aspekte. Doch solche Daten konnten nur bemannte Marsmissionen sammeln. Also konzentrierte sich die Gruppe auf kurzfristig realisierbare, bemannte Missionen und faßte ihre Erkenntnisse schließlich in einem Bericht namens »The Preliminary Study Report of the Mars Study Group« zusammen. Barth sorgte dafür, daß der Bericht im Hauptquartier der NASA landete, und schon bald verbreitete sich die Nachricht, daß eine Gruppe Hochschulabsolventen und anderer Teilnehmer in Boulder mit Enthusiasmus und Intelligenz die Möglichkeit bemannter Marsmissionen untersuchte. Zusätzlich beschäftigte sie sich mit der neuen wissenschaftliche Disziplin des Terraformens, auf die ich noch zurückkommen werde. Einige der Mitglieder kratzten Geld zusammen und quetschten sich in ihre Autos, um im gesamten Land an diversen Raumfahrtkonferenzen und -tagungen teilzunehmen. Hier trafen sie Menschen, die ihre Passionen teilten und von ihrer Begeisterungsfähigkeit, ihren Visionen und ihrer Intelligenz fasziniert waren.

Im Frühling des Jahres 1980 liefen McKay und Boston auf einem Treffen der Amerikanischen Astronautengesellschaft in Washington, D. C., Leonard David über den Weg. David hatte die vorangegangenen Jahre damit verbracht, Studentenforen zum Thema Weltraumforschung zu organisieren. Er hatte bereits von der Gruppe aus Boulder gehört. Die drei verstanden sich auf Anhieb, und was als Plauderei über die Erforschung des Mars begonnen hatte, endete mit dem Vorschlag Davids, die beiden sollten sich bemühen, eine Konferenz zu diesem Thema einzuberufen. Das war eine ungewöhnliche Idee, weil Hochschulabsolventen Mitte Zwanzig gewöhnlich keine Konferenzen über die Erforschung von Planeten organisieren. Doch weil sie nichts zu verlieren hatten, sagten sie zu. So begann das Häuflein von Marsenthusiasten mit einfachsten Mitteln mit der Planung. McKay, Boston, Welch, Meyer, Stoker und Roger Wilson, ein Student der University of Colorado, entwarfen eine Liste mit potentiellen Referenten und möglichen Themen. Mit der unkonventionellen Herangehensweise von Studenten stellten sie in Windeseile etwa 100 Kopien her, in denen die Konferenz angekündigt wurde, und machten sich an den Versand. Alle waren überrascht, als tatsächlich telefonische Anfragen eingingen. Die Anrufer zeigten sich interessiert und wollten an der Konferenz teilnehmen. Auch Wissenschaftler meldeten sich, die Thesenpapiere zur Diskussion stellen wollten. Der Name des Diskussionsforums – »Case for Mars« – leitet sich von einem innovativen Artikel namens »The Case for Humans on Mars« ab, den Ben Clark, einer der *Viking*-Wissenschaftler, im Jahre 1978 verfaßt hatte. Ende

117

April 1981 veranstaltete die Boulder-Gruppe die erste Case for Mars-Konferenz. Es war eine kleine Konferenz, an der nur etwa 100 Besucher teilnahmen, aber den Organisatoren erschien das Publikum riesig. Vor der Veranstaltung hatte sich die Colorado-Gruppe mehr oder weniger so gefühlt, als stünde sie allein in der Wüste. Ihrer Ansicht nach gab es nicht viele Menschen, die über das Interesse und Wissen verfügten, eine ernsthafte Studie zu einer bemannten Marsmission in Angriff zu nehmen – und jetzt waren genau solche Menschen auf ihrer Konferenz leibhaftig anwesend. Vorträge über die Nutzung von Ressourcen, das Überleben auf der Planetenoberfläche und Alternativen in der Antriebstechnik für Raumschiffe wurden gehalten. Es war ein bewegendes, faszinierendes und auch befreiendes Gefühl für die Veranstalter, zu sehen, daß es andere Menschen gab, die ihre Leidenschaft teilten. Leonard David aus Washington war mit einer Kiste roter Buttons eingetroffen, auf dem sich unter einem Case for Mars-Logo – einer Menschenzeichnung Leonardo da Vincis innerhalb des uralten astrologischen Marssymbols – der Schriftzug *Mars Underground* befand. Mit jedem Button wurde eine Notiz überreicht, aus der der Empfänger erfuhr, daß er jetzt ein Mitglied der Gemeinschaft Mars Underground sei, einer spontan zusammengekommenen Gruppe von Marsenthusiasten, die »eng verbunden, aber nur lose verwoben« sei. Der Button solle, hieß es, diskret getragen werden, unter dem Revers oder vielleicht sogar an der Innenseite des Mantels. Im Verlauf von vier Tagen wurden in zahlreichen Workshops und Vorträgen Pläne für die Erforschung des Mars mit bemannten Missionen formuliert – über das Warum und Wozu, die vorhergegangenen, unbemannten Raumsonden, die grundlegenden Charakteristika der Missionen und Entwürfe für die Aktivitäten der Astronauten auf der Planetenoberfläche. Für eine Konferenz, die von einer Gruppe Hochschulabsolventen geplant und organisiert worden war, war das nicht gerade ein schlechtes Resultat.

Die Konferenzen fanden dann alle drei Jahre statt. Jede baute auf den Erkenntnissen der vorhergegangenen auf, wobei auch immer herrschende Trends reflektiert wurden. Die Konferenz des Jahres 1984 mündete in einen kompletten Entwurf einer Marsmission, den die Mitglieder der Underground-Vereinigung als Grundlage einer zweistündigen Präsentation benutzten, die sie im Hauptquartier der NASA und anderen Zentren der Organisation abhielten. Die Konferenz von 1984 war auch deshalb bemerkenswert, weil sie Teilnehmer mit größerem politischem Einfluß anzog, etwa den früheren NASA-Leiter Thomas Paine. 1985 setzte Präsident Ronald Reagan Paine als Vorsitzenden der Nationalen Weltraumkommission ein, die bald den Vorschlag aussprach, die Vereinigten Staaten sollten die Errichtung eines von Menschen bewohnten Vorpostens auf dem Mars zu einem Ziel ihres Raumfahrtprogramms erklären, das innerhalb von 30 Jahren zu verwirklichen sei. Das Weiße Haus reagierte auf diesen Bericht, indem es im Hauptquartier der NASA die Code Z-Organisation und das *Pathfinder*-Programm etablierte, die Strategien für die Missionen entwerfen und die für die menschliche Eroberung des Mondes und des Mars erforderlichen Schlüsseltechnologien entwickeln sollten. Diese Einrichtungen schufen ein engmaschiges Netzwerk aus Insidern, dessen Einfluß Präsident Bush im Juli 1989 schließlich zu seinem Appell bezüglich der Weltraumerforschungsinitiative veranlaßte.

Die dritte Case for Mars-Konferenz beschleunigte den Trend. Als Carl Sagan vor einer Zuhörerschaft von über 1000 Menschen den Eröffnungsvortrag hielt, war auch die internationale Presse maßgeblich vertreten. Ich selbst habe nach der zweiten Case for Mars-Konferenz zum erstenmal von der Underground-Gruppe gehört. Später besuchte ich die Nachfolgeveranstaltung gemeinsam mit mehr als 400 anderen auswärtigen Wissenschaftlern, um an einigen der fast 200 Vorträge und 16 Workshops teilzunehmen. Die zweibändige Zusammenfassung der dritten Konferenz skizzierte umfangreiche Strategien zur Erforschung des Mars. Darin beschrieben waren auch technische Anforderungen, Öffentlichkeitsarbeit und die politischen Notwendigkeiten, die unabdingbar sind, wenn der Traum in die Realität umgesetzt werden soll. Als 1990 – wie immer in Boulder – die vierte Konferenz stattfand, hatte das Weiße Haus eine bemannte Marsmission zum langfristigen Ziel erklärt. Ein Jahrzehnt zuvor war dieses Thema innerhalb der NASA noch beinahe ein Tabu gewesen.

Carol Stoker, für das Programm der Konferenzen verantwortlich, hatte eine nicht-öffentliche Mars Direct-Veranstaltung im Ames Research Center der NASA in Kalifornien besucht. Das Programm gefiel ihr, und sie lud David Baker und mich ein, es bei der ersten Plenarsitzung vor den versammelten Mitgliedern von Mars Underground vorzustellen. Am nächsten Tag erschien jene Nachricht, die besagte, daß endlich ein kostengünstiger Plan für eine bemannte Marsmission auf dem Tisch liege, im *Boston Globe* und Dutzenden anderer Zeitungen.

Die Flugbahn eines Raumschiffs festzulegen, ist relativ einfach, weil es nur auf die Gesetze der Physik ankommt. Will man aber den Weg einer Idee innerhalb eines politischen Systems bestimmen, kommt das einem Glücksspiel gleich. Es gab viele Gründe dafür, daß George Bush 1989 auf den Stufen des Air and Space Museums stand und den Mars zu einem wichtigen Ziel menschlicher Forschung erklärte. Ich hege aber keine Zweifel daran, daß die Case for Mars-Konferenzen und die kleine Schar von Individualisten, die den harten Kern von Mars Underground bilden, dazu beigetragen haben, eine bemannte Marsmission als erreichbares und realistisches Ziel im Raumfahrtprogramm der Vereinigten Staaten zu verankern. Die Konferenzen waren der Kessel, in dem ein ganzes Gebräu von Ideen zu kochen begann. Alle diese Ideen haben dazu beigetragen, das Renommee einer bemannten Marsmission zu vergrößern und die Energien der Gemeinschaft von Marsforschern und -enthusiasten zu mobilisieren. Die Mitgliedschaft in dieser Organisation manifestierte sich in Begeisterungsfähigkeit und Engagement, nicht darin, daß man einen Mitgliedsausweis oder eine Plastikkarte in der Brieftasche herumtrug. Mars Underground und den Case for Mars-Konferenzen muß bescheinigt werden, daß sie einen viel größeren Einfluß hatten, als es die bescheidene Größe des Organisationsteams und der Veranstaltungen vermuten ließ.

Der Originaltitel des vorliegenden Buches, *The Case For Mars,* ist eine dankbare Reminiszenz.

4
Wie gelangt man zum Mars?

Schnelle Missionen und gute Missionen

Bei der Planung einer langen Reise wählt man zuerst eine Route und ein Transportmittel. Dasselbe gilt für eine Marsmission.

Vielfach herrscht die Meinung vor, eine Reise zum Mars sei unmöglich, da die Entfernung zwischen dem Roten Planeten und der Erde zu groß sei. Man argumentiert, daß eine derartige Mission einfach zu lange dauern würde, solange nicht von Grund auf neu konzipierte Raketenantriebe zur Verfügung stünden. Sehen wir uns diesen Einwand näher an.

Der Mars ist tatsächlich weit entfernt. Selbst zum Zeitpunkt seiner größten Annäherung kommt er nicht näher als 56 Millionen km an die Erde heran. Dann befindet er sich auf der gleichen Seite der Sonne wie die Erde (dieser Zustand wurde von den Astrologen des Altertums entsprechend ihrer geozentrischen Weltanschauung als »Opposition« bezeichnet). Zum Zeitpunkt seiner größten Entfernung – wenn er sich also, von der Erde aus gesehen, jenseits der Sonne befindet (»Konjunktion«), beträgt sein Abstand etwa 400 Millionen Kilometer. Nicht einmal auf dem Zeichenbrett läßt sich ein Antriebssystem entwickeln, das im Falle einer Opposition in der Lage wäre, in der der Sonne entgegengesetzten Richtung die Entfernung zwischen Erde und Mars in gerader Linie zurückzulegen. Der Grund dafür liegt in der Tatsache, daß jede Raumsonde, die die Erde verläßt, mit etwa 30 Kilometer pro Sekunde (km/s) die Eigengeschwindigkeit der Erde besitzt. Sofern nicht enorme Mengen von Treibstoff zur Kursänderung aufgewendet werden, würde sie die Sonne in derselben Richtung umkreisen wie die Erde. Wie der deutsche Mathematiker W. Hohmann im Jahr 1925 entdeckte, ist es unter dem Aspekt der Treibstoffersparnis tatsächlich am günstigsten, eine Reise von der Erde zur Sonne zu jenem Zeitpunkt anzutreten, wenn die beiden Planeten in Konjunktion zueinander stehen, das heißt, wenn die Entfernung zwischen Erde und Mars ein *Maximum* erreicht und sich die beiden Planeten auf entgegengesetzten Seiten der Sonne befinden (s. Abbildung 4.2). Dies ist die einfachste Route, da sie einer Ellipse folgt, die an einem Ende eine Tangente zur Erdumlaufbahn und an ihrem anderen Ende eine Tangente zur Marsumlaufbahn bildet. Auf diese Weise werden Kursänderungen minimiert, die für den Abflug der Raumsonde beziehungsweise für ein Eintreffen am Zielplaneten nötig sind. Es ist zwar möglich, von einem solchen Flugplan abzuweichen, doch je weiter man sich von dieser Route entfernt, desto größer wird der

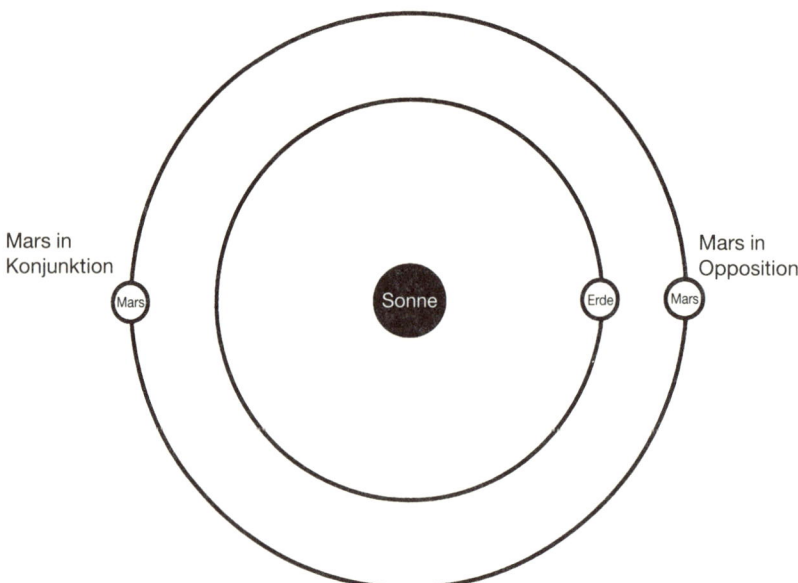

Abbildung 4.1
Opposition und Konjunktion. Im Falle einer Opposition befinden sich Mars und Erde auf der einen Seite der Sonne. Im Falle einer Konjunktion befindet sich die Sonne zwischen Erde und Mars.

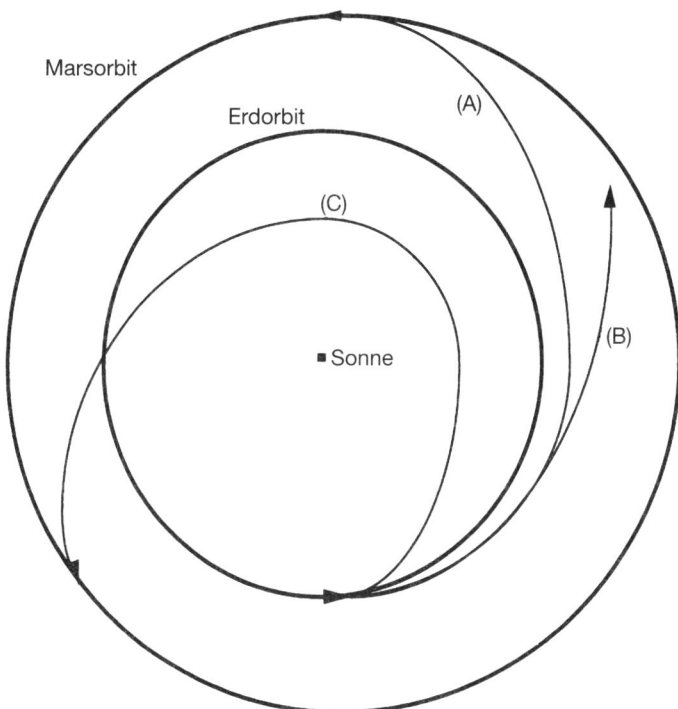

Abbildung 4.2
Flugbahn-Optionen zum Mars: (A) Hohmann-Transferorbit; (B) Konjunktions-mission; (C) Oppositionsmission.

Treibstoffverbrauch. Das wiederum führt zu einer Verteuerung der Mission. Doch selbst wenn man sich dazu entschließt, mehr Treibstoff zu verwenden, um einige Kurven auszugleichen und nicht der gesamten Länge der Hohmann-Route folgen zu müssen, bleiben noch immer etwa 400 Millionen Kilometer, die entlang eines Kreisbogens zwischen Erde und Mars zurückzulegen sind. 400 Millionen km sind eine enorme Entfernung. Zum Vergleich: Der Mond der Erde ist »nur« 400 000 km entfernt. Die Strecke zum Mars ist also 1000 mal so lang wie jene, die die Astronauten der *Apollo*-Mission zum Mond zu bewältigen hatten. Für den Flug zum Mond benötigte die *Apollo*-Rakete in einer Richtung drei Tage. Würde es demnach 3000 Tage – oder acht Jahre – dauern, den Mars zu erreichen?

123

Die Antwort: glücklicherweise nein. Die Astronauten der *Apollo*-Mission bewegten sich mit einer Durchschnittsgeschwindigkeit von etwa 1,5 km/s zwischen Erde und Mond. Diese Geschwindigkeit wurde durch die Missionsgeometrie vorgegeben, nicht durch Begrenzungen der damaligen Antriebstechnik (die dritte Stufe der *Saturn V* hätte die *Apollo*-Rakete auch mit doppelter oder dreifacher Geschwindigkeit auf den Mond bringen können). Es wäre auch möglich gewesen, die *Apollo*-Astronauten mit 4,5 km/s zum Mond zu befördern. Dann hätten sie ihn innerhalb eines einzigen Tages erreicht. Doch sie hätten einen hohen Preis bezahlt: Sie wären nicht in der Lage gewesen abzubremsen. Da die Gravitation des Mondes sehr gering ist, obliegt es nahezu ausschließlich dem Antriebssystem, das Raumfahrzeug in eine Mondumlaufbahn zu bringen. Die *Apollo*-Kommandokapsel wäre einfach nicht imstande gewesen, die Geschwindigkeit abzubremsen, wenn sie den Mond mit mehr als 1,5 km/s erreicht hätte, weil die Mondanziehung zu gering ist.

Der Mars hingegen verfügt über eine erheblich stärkere Gravitation und eine Atmosphäre. Diese beiden Faktoren erleichtern ein Bremsmanöver wesentlich. Deshalb kann man den Mars mit einer weit höheren Geschwindigkeit ansteuern und dennoch in eine Umlaufbahn einschwenken. Weit wichtiger aber: Ein Raumfahrzeug, das die Erde mit einer Abfluggeschwindigkeit (»hyperbolische Geschwindigkeit«) von 3 km/s verläßt, fliegt nicht bloß mit 3 km/s durch das Sonnensystem. Da es von einer sich rasch bewegenden Plattform, der Erde, abhebt und dieselbe Richtung wie diese beibehält, bekommt es zusätzlich etwa 30 km/s an Geschwindigkeit mit auf den Weg, der Bahngeschwindigkeit der Erde um die Sonne. Es startet also nicht mit einer Anfangsgeschwindigkeit von 3 km/s durch das Sonnensystem, sondern mit 33 km/s. Das entspricht der zwanzigfachen Geschwindigkeit einer *Apollo*-Rakete. (Der Effekt der »sich bewegenden Plattform« kann für einen Flug zum Mond nicht ausgenützt werden, da sich der Mond in Gesellschaft der Erde um die Sonne bewegt).

Wenn das Raumfahrzeug aus dem Gravitationsschacht der Sonne klettert und von der Erdumlaufbahn in die Marsumlaufbahn wechselt, wandelt es einen Teil der kinetischen Energie dieser

Geschwindigkeit in potentielle Energie um und verringert auf diese Weise ihre Fluggeschwindigkeit geringfügig. Dennoch bewegt sie sich noch immer mit hohem Tempo weiter. Glücklicherweise kreist der Mars auf seiner Umlaufbahn mit einer Geschwindigkeit von 24 km/s in annähernd derselben Richtung wie das Raumfahrzeug. Sobald es die Marsbahn erreicht, beträgt seine Geschwindigkeit in Relation zum Mars lediglich 3 km/s (unter der Annahme, daß es sich mit 21 km/s bewegt), und das ist langsam genug, um in eine Umlaufbahn einzutreten. Zu dem Zeitpunkt, da es den Mars erreicht, hat es eine 1000fach größere Entfernung als die *Apollo*-Astronauten zurückgelegt – und dies durchschnittlich mit 20facher Geschwindigkeit. Dividiert man die 1000fache Entfernung durch die 20fache Geschwindigkeit, erhält man einen Reisezeitfaktor von 50, der mit dem dreitägigen Flug der *Apollo*-Astronauten zu multiplizieren ist. Die Reisezeit von der Erde zum Mars beträgt demnach 150 Tage. Dies ist lediglich eine grobe Schätzung der Flugdauer für einen Marsflug in einer Richtung auf Basis der Gegebenheiten der *Apollo*-Ära beziehungsweise der heutigen Antriebstechnik. Doch ist es keineswegs eine schlechte Schätzung. Da die Hohmann-Route tatsächlich 258 Tage beansprucht, ist ein 150-Tage-Flug – unter Aufwendung von zusätzlichem Treibstoff – sicher möglich.

Doch ist die Reise zum Mars nur das halbe Problem – man muß auch wieder zurückkehren. Erde und Mars bewegen sich ständig um die Sonne. Da sie diese mit unterschiedlichen Geschwindigkeiten umkreisen, ändern sie fortwährend ihre Position zueinander. Aufgrund der Tatsache, daß nur ganz bestimmte Erde-Mars-Konstellationen für einen Rückflug geeignet sind, bestimmt die gewählte Flugbahn nicht nur die Reisedauer, sondern auch den Zeitpunkt, zu dem man den Mars wieder verlassen kann. Die Bestimmung der Flugpläne für einen Hin- und Rückflug wird dadurch recht kompliziert, doch nach Berücksichtigung aller Faktoren bleiben grundsätzlich zwei Optionen für eine bemannte Marsmission. Diese beiden Möglichkeiten sind unter den Namen Konjunktions- und Oppositionsmissionen bekannt. Die typischen Parameter für diese Missionstypen werden in Tabelle 4.1 angegeben.

Tabelle 4.1
Flug- und Aufenthaltszeiten von Marsmissionen

	Konjunktion	Opposition
Dauer des Hinflugs	180 Tage	180 Tage
Dauer des Rückflugs	180 Tage	430 Tage
Marsaufenthaltsdauer	550 Tage	30 Tage
Gesamtdauer der Mission	910 Tage	640 Tage
Antriebs-ΔV der Mission	6,0 km/s	7,8 km/s
Vorbeiflug an Venus nötig?	nein	ja
Durchschn. Strahlungsdosis der Mission	52 rem	58 rem
Dauer der Schwerelosigkeit	360 Tage	610 Tage
Missionskosten	gering	hoch
Missionsleistung	hoch	gering
Missionsrisiko	gering	hoch

Ein Beispiel für eine Konjunktionsmission wäre eine »Minimum-energiemission«, bei der sowohl Hin- als auch Rückflug zwischen Erde und Mars auf der Hohmann-Route erfolgen. Diese Mission verursachte zwar die geringsten Kosten, würde jedoch für jede Richtung eine Flugzeit von 258 Tagen benötigen. Für einen Lastentransport wäre dies sehr wohl geeignet, für einen bemannten Flug ist allerdings eine höhere Reisegeschwindigkeit wünschenswert. Es stellt sich heraus, daß mit geringen Aufwendungen für zusätzlichen Treibstoff die Flugdauer einer Konjunktionsmission auf ungefähr 180 Tage reduziert werden könnte. Genau dies schlagen wir in unserer Mission Mars Direct vor. Doch wenn man sich für einen derartigen Flugplan entscheidet, ist eine Aufenthaltsdauer von 550 Tagen auf der Marsoberfläche erforderlich, bevor sich das Startfenster für den Rückflug wieder öffnet, wodurch die Gesamtdauer der Mission etwa 910 Tage beträgt.

Entscheidet man sich für einen Hinflug bei Oppositionskonstellation, wird dieser auf dieselbe Weise wie bei Konjunktion durchgeführt. Allerdings verläuft der Rückflug in diesem Fall anders. Erst verläßt das Raumfahrzeug unter Aufwendung großer Treibstoffmengen den Mars, dann fliegt es nicht direkt zur Erde, sondern legt die gesamte Strecke zum inneren Sonnensystem zurück. Es passiert die Venus und erhält von ihr einen Gravitationsschub, der es in Richtung Erde katapultiert. Diese Vorgehensweise eröffnet kurz nach der Ankunft auf dem Mars ein Startfenster. Obwohl die Flugbahn der Rückreise weit länger ist als die Hohmann-Route, reduziert sich bei einer Oppositionsmission der Gesamtzeitraum, den das Raumfahrzeug von der Erde entfernt verbringt, um beinahe zehn Monate, also von etwa 900 Tagen auf ungefähr 600 Tage.

Aufgrund der Reduktion der Missionsgesamtdauer bevorzugten die Planer des 90-Tage-Reports der NASA die Oppositionsmission. Andere schlossen sich ihnen an und erklärten, daß diese Variante die einzige Möglichkeit sei, zum Mars zu fliegen. Aber ergibt eine derartige Vorliebe für eine Variante überhaupt einen Sinn? Eine Oppositionsmission erfordert weit größere Treibstoffmengen und benötigt im Vergleich zu den 6,0 km/s im Falle einer Konjunktionsmission 7,8 km/s Delta-V (ΔV), also Gesamtgeschwindigkeitsänderung, um das Raumfahrzeug zu beschleunigen beziehungsweise abzubremsen (ΔV entspricht hier jener Geschwindigkeitsänderung, die für das Einschwenken eines Raumfahrzeugs von einer Umlaufbahn in eine andere erforderlich ist). Sollten tatsächlich im All lagerfähige Treibstoffe für den Raketenantrieb, der das Raumfahrzeug von seiner Parkposition in der Marsumlaufbahn in eine Flugbahn zur Erde katapultiert, verwendet werden, so beträgt das Startgewicht der Oppositionsmission etwa das Doppelte der Konjunktionsmission.

Doch es kommt noch schlimmer. Die in Tabelle 4.1 angegebenen ΔV-Anforderungen beziehen sich ausschließlich auf die Beschleunigungsmanöver der Mission aus einem niedrigen Erdorbit (LEO) in einen stark elliptischen Parkorbit um den Mars. Geht man davon aus, daß das Raumfahrzeug eine Widerstandsabbremsung für den Eintritt in die Erd- beziehungsweise Marsumlaufbahn durchführen soll, könnte sich das aufgrund des hohen Gewichts des Raumfahrzeugs bei einer Oppositionsmission als unpraktisch, wenn nicht sogar als undurchführbar, herausstellen. Sollte dies der Fall sein, müßte auch für die Bremsung Treibstoff verwendet werden, wodurch sich die ΔV der Mission erhöhen würde, was wiederum eine weitere Gewichts- und Kostensteigerung der Mission zur Folge hätte. Die Situation geriete rasch außer Kontrolle. Das führt zu der Schlußfolgerung, daß eine Oppositionsmission als praktisch undurchführbar zu gelten hat, solange kein thermonukleares Raketenantriebssystem (TNR) zur Verfügung steht, das eine im Vergleich zu einem chemischen Raketenantrieb doppelt so hohe Ausströmungsgeschwindigkeit erreichen kann. (Aus diesem Grund bevorzugten auch jene Personen die Oppositionsmission, die sich mit der Entwicklung derartiger Systeme beschäftigten).

Doch warum sollte die Missionsdauer minimiert werden? Üblicherweise wird dies damit begründet, daß der Zeitraum, den die Besatzung der zweifachen Gefahr durch Schwerelosigkeit und verschiedenartige Weltraumstrahlungen ausgesetzt ist, unbedingt geringgehalten werden müsse. Da die Crew bei der Oppositionsvariante beinahe die gesamte Missionszeit im interplanetarischen Raum verbringt, wird auf diese Weise der Zeitraum, den die Astronauten diesen Gefahren ausgesetzt sind, tatsächlich *maximiert*. Überdies nimmt man an, daß die pro Zeiteinheit wirkende Strahlungsdosis im interplanetarischen Raum etwa viermal so hoch ist wie auf der Marsoberfläche, wo Atmosphäre und Oberflächenmaterial einen erheblichen Schutz bieten (selbst wenn noch keine Messungen durchgeführt worden sind, welchen Strahlenschutz es bieten würde, wenn man das Dach des auf dem Mars stationierten Habitats mit Sand bestreute). Deshalb dürfte die Strahlungsdosis, die auf die Besatzung im Falle einer Oppositionsmission einwirkt, eindeutig über jener einer Konjunktionsmission liegen.

Obwohl die Strahlungsgefahr auf dem Weg zum Mars überall hervorgehoben wird, muß berücksichtigt werden, daß keine der in Tabelle 4.1 angegebenen Strahlungsdosen sonderlich bedrohlich ist. Um sie zu relativieren, sollten wir zur Kenntnis nehmen, daß die Aufnahme von je 60 rem zusätzlicher Strahlung über einen größeren Zeitraum, wie etwa im Falle einer mehrere Jahre dauernden Marsmission, das Risiko einer 35jährigen Frau, zu einem späteren Zeitpunkt an einem tödlichen Krebsleiden zu erkranken, um 1 % erhöht (bei einem gleichaltrigen Mann müßten es 80 rem sein). Die Strahlung ist demnach nicht das Hauptrisiko einer bemannten Marsmission.

Im Gegensatz zu den Nachteilen einer Oppositionsmission sind deren Vorteile rein illusorisch. Diese Missionsvariante erhöht die Treibstoffanforderungen, dadurch die Startmasse der Mission und als Konsequenz die Gesamtkosten des Projekts. Die Verbindung der gigantischen Massen an Bauteilen macht eine Montage im Orbit erforderlich. Verglichen mit einer Montage sämtlicher Bauteile auf der Erde bietet diese Variante keinerlei Möglichkeiten der Qualitätskontrolle. Zusätzlich werden Ausmaß und Komplexität einer derartigen Einheit maximiert, und das steigert wiederum das Risiko eines Fehlers beim Zusammenbau drastisch. Doch damit noch nicht genug. Eine solche Mission benötigt mehr Treibstoff als jede andere. Dies wirkt sich in einer längeren Brenndauer der Motoren während der Beschleunigungsphase aus, was zu einem erhöhten Fehlfunktionsrisiko am Triebwerk führt. Durch die maximierte Transitflugzeit einer Oppositionsmission in einer Richtung werden auch die Anforderungen an die Zuverlässigkeit der Lebenserhaltungssysteme des Raumfahrzeugs wesentlich gesteigert. Bei einer Konjunktionsmission müssen sie eine Funktionsdauer von 180 aufeinanderfolgenden Tagen garantieren, bei der Oppositionsmission sind es 430. Zusätzlich müssen die Lebenserhaltungssysteme einer Oppositionsmission erhöhten Außentemperaturen standhalten, da in diesem Fall das Sonnensystem nicht bloß vom Mars zur Erde durchflogen wird, sondern das Raumfahrzeug den weiten Weg vom Mars bis zur Venus zurücklegen muß, wo die Erwärmung durch die Sonneneinstrahlung im Vergleich zur Erde doppelt so hoch ist. Aus diesem Grund nennen einige Projektentwickler den Vorbeiflug an der Venus (Venus Flyby) auch »Venus Fryby« (»Venusgrill«). Schlußendlich erfolgt der Eintritt des Raumfahrzeugs einer Oppositionsvariante in die Erdatmosphäre am Ende der Mission mit weit größerer Geschwindigkeit als im Fall einer Konjunktionsmission. Dadurch maximieren sich die Bremskräfte für Raumfähre und Besatzung, und das Risiko steigt, daß das Raumfahrzeug bei einem nicht optimalen Wiedereintritt entweder verglüht oder aus der Atmosphäre hinausgeschleudert wird. Die Besatzung wäre in diesem Fall im interplanetarischen Raum ihrem Schicksal überlassen.

Ein beinahe absurder Projektfehler wiegt noch schwerer als all diese Überlegungen – eine Oppositionsmission würde nahezu keine

Ergebnisse liefern. Nach einem Flug von sechs Monaten und fast 400 Millionen km würden das Raumfahrzeug und seine Besatzung lediglich 30 Tage auf dem Mars verbringen. Bei einer Aufenthaltsdauer von gerade einem Monat in der Marsumlaufbahn darf die Crew bestenfalls hoffen, vor ihrer Rückkehr zwei Wochen auf der Oberfläche forschen zu können. Sollte sie den Mars bei Schlechtwetter erreichen, findet womöglich überhaupt keine Ladung statt – die gesamte Mission wäre eine Pleite. (Ich möchte daran erinnern, daß *Mariner 9* nach der Ankunft vier Monate warten mußte, bevor sich der Staubsturm legte). Eine Oppositionsmission gleicht den Urlaubsplänen einer Familie, die über die Weihnachtsferien nach Hawaii fliegen will, dabei aber zehn Tage im Transitbereich verschiedener Flughäfen und, sofern das Wetter es gestattet, höchstens einen halben Tag am Strand verbringen würde. Um es ohne Umschweife auszudrücken: Die Oppositionsvariante ist unsinnig. Sie maximiert sowohl Kosten als auch Risiken, während sie gleichzeitig die wissenschaftlichen Ergebnisse der Mission minimiert. Diese Variante wird vor allem von Leuten unterstützt, deren Anliegen es ist, daß eine bemannte Marsmission ein Wunschtraum bleibt. Andere zielen darauf ab, die technischen Schwierigkeiten einer derartigen Mission so hochzuspielen, daß dadurch wie immer geartete neue Antriebssysteme gerechtfertigt werden, deren Entwicklung sie vorantreiben wollen. Diejenigen, die tatsächlich daran interessiert sind, Menschen auf den Mars zu bringen, haben eine Oppositionsmission längst aus ihren Überlegungen gestrichen.

Die verschiedenen Typen einer Konjunktionsmission lassen wesentlich mehr Raum für rationale Erwägungen. Der Plan, den Mars mit geringstmöglichem Energieaufwand zu erreichen, ist wohl die kostengünstigste Variante. Doch eine Mission mit einer erhöhten Fluggeschwindigkeit bringt bessere Ergebnisse, da in diesem Fall ein größerer Anteil der Gesamtmissionsdauer mit Forschung auf dem Mars und weniger Zeit im Transit verbracht wird. Zusätzlich verringert der schnelle Flug zum Mars entlang einer Konjunktionskurve jene Zeit wesentlich, die die Besatzung der Schwerelosigkeit beziehungsweise der Strahlung ausgesetzt ist. Darüber hinaus reduzieren sich die Zuverlässigkeitsanforderungen an die Lebenserhaltungssysteme im Weltraum. Eine Mission mit geringstmöglichem Energieaufwand wird nicht mit einer besonders hohen Geschwindigkeit durchgeführt. Dadurch kann das Raumfahrzcug schwerer ausgelegt werden, was den Einbau von Reservesystemen für verschiedene kritische Einheiten wie Antrieb, Kontroll- und Lebenserhaltungssysteme gestattet. Da ein Raumfahrzeug, das mit geringstmöglichem Energieaufwand fliegt, über ein höheres Maß an Betriebssicherheit verfügen muß als das einer Konjunktionsmission mit erhöhter Fluggeschwindigkeit, dient in diesem Fall die zusätzliche Massenkapazität zur Sicherheitssteigerung. (Bei einem Oppositionsraumfahrzeug, bei dem die Sicherheitsanforderungen wesentlich höher liegen müßten, stünden die geringsten Kapazitätsreserven für zusätzliche Reserve- und Sicherheitssysteme zur Verfügung.)

Hier ist eine Entscheidung zu treffen, die auf einem intelligenten Kompromiß zwischen der Geschwindigkeit des Raumfahrzeugs und dem Einbau von Reservesystemen basiert. Doch muß man eine weitere Überlegung einbeziehen. Bei bestimmten Abfluggeschwindigkeiten ist es möglich, den Mars auf einer Bahn zu erreichen, die es erlaubt, direkt zur Erde zurückzukehren, sollte aus irgendwelchen Gründen die Entscheidung fallen, nicht in einen Marsorbit einzuschwenken (oder sollte das gar nicht möglich sein). Eine solche Flugbahn nennt man eine *freie Rückkehrbahn*. Falls das Antriebssystem des Raumfahrzeugs während des Hinflugs vollkommen ausfällt oder die Mission aus anderen Gründen abgebrochen werden muß, gestattet es eine derartige Route der Besatzung, sicher nach Hause zu gelangen. Das geschah bei der beinahe verhängnisvollen *Apollo 13*-Mission, die sich auf einer freien Rückkehrbahn zum Mond befand. Die Sicherheitsvorteile eines Abflugs zum Mars auf einer solchen freien Rückkehrroute sind so einleuchtend, daß es sich kaum zu überlegen lohnt, ob man nicht mit einer nicht freien Rückkehrbahn 30 Tage (bestenfalls) sparen sollte. In Tabelle 4.2 listen wir verschiedene Optionen für freie Rückkehrbahnen zum Mars auf. Eine Mission mit annähernd minimalem Energieaufwand (3,34 km/s, Option A) benötigt 250 Tage bis zum Mars und drei Jahre bis zur Rückkehr zur Erde (es sind zwei anderthalbjährige Orbital-Perioden erforderlich). Diese Variante ist wohl für Lastentransporte geeignet, für einen bemannten Flug jedoch nur eine mittelmäßige Wahl. Eine Mission mit 5,98 km/s (Option B) reduziert die Transitzeit zum Mars auf 180 Tage und die Rückflugzeit auf einer freien Rückkehrbahn auf zwei Jahre. Damit ist dies eindeutig die beste Wahl für einen bemannten Raumflug. Ein Flug zum Mars mit freien Rückkehrbahnen höheren Energieaufwands (Optionen C und D) benötigt nicht nur eine höhere Treibstoffmenge im Tausch gegen eine bescheidene Verringerung der Hinflugzeit. Er verlängert auch die Rückflugzeit der Besatzung, falls es notwendig werden sollte, eine der freien Rückkehrrouten zu benutzen, da die dazugehörigen Orbitalperioden eine weite Schleife über den Mars hinaus erfordern. Zusätzlich würden die Optionen mit gesteigertem Energieverbrauch den Mars mit einer Geschwindigkeit erreichen, die für eine sichere Widerstandsabbremsung zu hoch ist.

Tabelle 4.2
Freie Rückkehrbahnen zwischen Erde und Mars

	Abfluggeschwindigkeit	Orbitalperiode*	Zeit bis zur Rückkehr zur Erde	Transit zum Mars	Widerstandsbremsung beim Eintritt in Marsatmosphäre
A	3,34 km/s	1,5 Jahre	3 Jahre	250 Tage	einfach
B	5,08 km/s	2,0 Jahre	2 Jahre	180 Tage	akzeptabel
C	6,93 km/s	3,0 Jahre	3 Jahre	140 Tage	gefährlich
D	7,93 km/s	4,0 Jahre	4 Jahre	130 Tage	unmöglich

Die Möglichkeit eines freien Rückflugs ist nicht der einzige Faktor für die Wahl einer Route vom Mars zur Erde. Dennoch führt die Reduktion der Transitzeit bei Abfluggeschwindigkeiten über 4 km/s zu einer Verschlechterung der Rückflugbedingungen. Der Versuch eines Fluges mit höherer Geschwindigkeit würde uns lediglich dazu zwingen, die Nutzlast des Raumfahrzeugs zu redu-

---

* Zeitaufwand für die »Umkehrschleife«, die das Raumfahrzeug jenseits der Marsbahn verbringen muß, bis es diese wieder Richtung Erde kreuzt.

zieren. Damit schränkten wir auch die Anzahl lebensnotwendiger Systeme ein, ohne die Transitzeit maßgeblich zu verkürzen.

Aus diesem Grund erscheinen uns für eine bemannte Marsmission jene Routen zwischen Erde und Mars als die besten, die die Erde mit einer Abfluggeschwindigkeit von 5,08 km/s (und nicht höher!) verlassen und den Mars mit einer Abfluggeschwindigkeit von etwa 4 km/s. Für unbemannte Lastentransporte eignen sich entweder die Hohmann-Route oder die Option A mit einer Abfluggeschwindigkeit von 3,34 km/s (Version mit annähernd minimalem Energieaufwand) auf einer freien Rückkehrbahn hervorragend. Doch was ist nun die Kernaussage dieser Überlegungen? Schlicht und einfach die Tatsache, daß diese optimalen Routenbedingungen durch den Einsatz neuester chemischer Antriebssysteme leicht erreicht werden können.

(Anmerkung: Die für eine Mission benötigte ΔV und ihre Abfluggeschwindigkeit stehen in einer Beziehung zueinander, sind jedoch nicht dasselbe. Für Interessierte werden die mathematischen Beziehungen, die diese beiden Geschwindigkeiten miteinander verbinden, aber auch ihr Verhältnis zur spezifischen Raketenantriebskraft und Missionsmasse in einer technischen Anmerkung am Ende dieses Kapitels erläutert.)

Die Mannschaft

Nun, da wir unsere Route bestimmt haben, ist es notwendig, unsere Besatzung zusammenzustellen – welche und wieviele Personen sollen teilnehmen?

Der Slogan »Je mehr, desto besser« umschreibt viele Stellungnahmen und Einschätzungen, die in der Fachliteratur auf die Besatzungsgröße einer langandauernden Marsmission eingehen. Da sich die Anzahl der Crewmitglieder auf die Gesamtmasse von Besatzungseinheiten, Transportstufen und Startraketen auswirkt, ist es aus Kostengründen und technischen Überlegungen von entscheidender Bedeutung, die Besatzungsgröße auf ein notwendiges Minimum zu reduzieren. Darüber hinaus dürfen wir – ungeachtet aller Sicherheitspläne und Abbruchmöglichkeiten, die bei einer derartigen Mission berücksichtigt werden müssen –, nicht vergessen, daß wir bei der Entsendung einer bemannten Mission zum Mars Menschen notgedrungen Gefahren aussetzen. Demgemäß ist es aus moralischen Gründen vorzuziehen, die Anzahl der Personen an Bord der Anfangsmissionen gering zu halten. Sicher wäre eine größere soziale Gruppe auf einer so langen Reise sinnvoller. Doch eine Analyse der Erforschungsgeschichte der Erde durch den Menschen zeigt, daß es möglich ist, lange Expeditionen auch von einer oder zwei Personen – oder jeder anderen beliebig großen Personengruppe – erfolgreich durchführen zu lassen.

Die eigentliche Frage ist wohl, wieviele Personen für eine bemannte Marsmission tatsächlich benötigt werden. Um es anders auszudrücken: Wen brauchen wir wirklich? Sollte die Mission scheitern, so liegt die Ursache dafür mit größter Wahrscheinlichkeit im Ausfall von einem oder mehreren für die Mission essentiellen mechanischen oder elektrischen Systemen (Antriebs-, Kontroll-, Lebenserhaltungssysteme). Aus diesem Grund ist das wichtigste Mitglied der Besatzung jenes, von dem das Leben aller anderen abhängt – der *Bordtechniker*. Wenn man so will, kann man diese Person auch Flugingenieur nennen (er oder sie ist ein Ingenieur im Sinne der Ingenieure der Lokomotiv- und Dampfschiffära). Die Mission benötigt einen erstklassigen Bordtechniker, der Probleme erkennt, noch bevor sie auftreten, und alles repariert, was repariert werden kann. Ohne die Notwendigkeit einer kleinen Besatzung in Frage zu stellen, empfehle ich, zwei Personen in die Mannschaft aufzunehmen, die diesen Anforderungen gewachsen sind, da es sich um eine Aufgabe von lebenswichtiger Bedeutung handelt.

Die nächstwichtige Aufgabe in einer Mission ist die des *Feldwissenschaftlers*. Man darf nicht aus den Augen verlieren, daß die Erforschung des Mars der Hauptgrund für eine bemannte Marsmission ist. Daher sind nach den Personen, die die Besatzung zum Mars und zurück bringen sollen, jene die nächstwichtigen, in deren Händen die Verantwortung für die sachkundige Erfüllung der Forschungsziele der Mission liegt. Da der Ausfall wissenschaftlicher Ergebnisse ebenfalls ein Scheitern der Mission bedeuten würde, rate ich auch hier, diese Aufgabe zwei Personen zu übertragen. Einer der Feldwissenschaftler sollte ein Geologe sein, der sich mit der Erforschung der Bodenschätze und der geologischen Geschichte des Mars befaßt. Der andere ist ein Biogeochemiker, der Aspekte zum Bereich vergangenes/gegenwärtiges Leben auf dem Mars untersucht. Der Biogeochemiker würde überdies Experimente zur Bestimmung der chemischen und biologischen Toxizität von auf dem Mars vorhandenen Substanzen auf terrestrische Pflanzen und Tiere durchführen sowie die Eignung lokaler Böden für Gewächshauskultivierung prüfen.

Damit wäre die Besatzung komplett. Bei zwei Bordtechnikern und zwei Feldwissenschaftlern bietet sich uns die Möglichkeit, die Besatzung in zwei Gruppen zu unterteilen, in denen niemand allein ist (während sich zum Beispiel ein Wissenschaftler mit einem Erkundungsfahrzeug im Feld aufhält, bleibt der zweite im Basislager). Jederzeit stehen ein Experte für die Behebung von Fehlfunktionen der Ausrüstung und ein Fachmann für wissenschaftliche Arbeit zur Verfügung.

Für einen Missionskommandanten, Piloten und Bordarzt besteht keine Notwendigkeit. Natürlich braucht eine derartige Mission einen Befehlshaber, eigentlich auch einen stellvertretenden Befehlshaber, damit in Gefahrensituationen ohne interne Machtkämpfe und Diskussionen rasch eine Entscheidung getroffen werden kann. Doch ist kein Platz für Mitglieder, die einzig mit dieser Aufgabe betraut sind. Ebensowenig befindet sich ein Pilot an Bord. Das Raumfahrzeug wird in der Lage sein, die Landung vollautomatisch durchzuführen. Steuerungsfähigkeiten wären nur im äußersten Fall für wenige Minuten als Notfallunterstützung des automatischen Flugsystems während einer zweieinhalbjährigen Mission nützlich. Sollte eine manuelle Notfallflugkontrolle erforderlich sein, könnten ein oder mehrere Besatzungsmitglieder eingeschult werden (es ist weit einfacher, einen Geologen zum Piloten auszubilden als einen Piloten zum Geologen).

Schließlich wird es keinen Arzt an Bord geben. Der große norwegische Forscher Roald Amundsen lehnte auf seinen Expeditionen die Mitnahme eines Arztes stets ab, da dieser der Moral der Mannschaft schaden würde und der Großteil der während einer Expedition auftretenden medizinischen Notfälle ebensogut von einem erfahrenen Forscher behandelt werden könne. Wirft man einen

Blick hinter die Fassade, erfährt man, daß sich tatsächlich nahezu alle Astronauten gegen Weltraumärzte aussprechen. Auch Sie würden das an ihrer Stelle tun – denken Sie nur daran, wie schwierig es wäre, eine komplizierte Aufgabe zu meistern, wenn Sie ständig jemanden um sich haben, der Sie mit Injektionsnadeln, Überwachungskabeln oder Thermometern bedrängt. Anstatt einen Mediziner mitzuschicken, werden die Besatzungsmitglieder in Erster Hilfe ausgebildet. Zusätzlich stehen an Bord ausgezeichnete Systeme und auf der Erde medizinische Betreuung zur Verfügung, um einfach zu behandelnde Leiden wie Ohrinfektionen und ähnliches zu diagnostizieren. Bei der Erstellung derartiger Diagnosen kann ein Besatzungsmitglied assistieren, das entweder in seiner früheren Laufbahn Allgemeinmedizin praktiziert oder im Rahmen der Mission eine Ausbildung bis zum Wissensstand eines medizinischen Assistenten erhalten hat. Dieses Besatzungsmitglied wird mit einer gewöhnlichen Hausarzttasche ausgestattet. Der Biogeochemiker wäre der geeignete Kandidat für eine solche Ausbildung. Einen ambitionierten Arzt an Bord zu haben, der seine gesamte Zeit dem Studium medizinischer Texte und der Verfeinerung seiner Fähigkeiten widmet, indem er chirurgische Eingriffe in virtueller Realität übt oder, noch schlimmer, die übrigen Crewmitglieder als Objekte medizinischer Studien verwendet, wäre hinderlich und ist nicht notwendig.

Um es in der Terminologie des *Raumschiffs Enterprise* auszudrücken: Eine bemannte Marsmission benötigt zwei Scottys und zwei Spocks, jedoch weder Kirk noch Sulu oder McCoy – und, was noch wichtiger ist, weder den Raum noch die Verpflegung für diese zusätzlichen Besatzungsmitglieder.

Die von uns konzipierte Mission ist mit einer Besatzung von vier Personen durchführbar.

Direktflug

Sämtliche bis dato verwirklichten Missionen wurden als Direktflüge durchgeführt – eine Trägerrakete befördert das Raumfahrzeug in eine niedrige Erdumlaufbahn (LEO) und verwendet dann

136

seine Oberstufe, um den Flugkörper auf die Route zu seinem Planetenziel zu katapultieren. Auf diese Weise erreichten die *Mariner*- und *Viking*-Missionen den Mars und die *Apollo*-Missionen den Mond. Über einen LEO hinaus wurde noch nie eine Nutzlast zu einer Art Raumhafen emporgehoben (– wo sie dann in einen frischbetankten, interplanetarischen Kreuzer umgeladen wird, der eben vom Saturn zurückgekehrt ist). Noch nie wurde eine Mission über einen LEO hinaus zu einem interplanetarischen Raumfahrzeug geflogen, das im Weltall zusammengebaut worden wäre. Die verbreitete Vorstellung, Marsmissionen benötigten ein derartiges futuristisches Raumfahrzeug-/Raumhafenszenario, bewirkte, daß bemannte Marsmissionen aus unserer heutigen Welt verdrängt und in die Zukunft verlagert wurden. Sollte es jedoch möglich sein, eine solche Mission als Direktflug durchzuführen, dann kann sie uns bereits heute gelingen. Sobald wir uns von den Raumfahrzeugen und Raumhäfen unserer Vorstellung lösen, gleitet eine bemannte Marsmission aus dem »Paralleluniversum« der Zukunft in *unser* Universum herüber. Wenn sich das Projekt als Direktflug durchführen läßt, verfügen wir bereits jetzt über 90 % aller Technologien, die für die Entsendung von Menschen auf den Mars benötigt werden.

Nachdem wir nun sowohl die Route als auch die Größe der Besatzung festgelegt haben, stellt sich folgende Frage: Kann eine Schwerlast-Trägerstufe mit nicht mehr als zwei Tandem-Trägerraketen pro Mission alles, was zu einer Marsmission mit einer Besatzung von vier Personen nötig ist, gemäß dem von uns gewählten Flugplan befördern? Sehen wir uns dies näher an.

An einer Schwerlast-Trägerstufe ist nichts Magisches – die Vereinigten Staaten bauten und setzten derartige Antriebsstufen bereits vor 30 Jahren ein. Die *Saturn V*-Startrakete, die die Astronauten der *Apollo*-Mission auf den Mond transportierte, flog bereits im Jahr 1965 nach einer vierjährigen Entwicklungsphase und erfüllte ihre Aufgabe ohne eine einzige Fehlfunktion in acht Jahren bis 1973, als die letzte das *Skylab*-Raumfahrzeug ins All schoß. Die *Saturn V* war in der Lage, 140 t in einen LEO zu befördern. Eine narrensichere Methode, heute eine gleichwertige Leistung zu erreichen, läge darin, die Düsen nachzubauen und wieder mit der Produktion von

Saturn V-Trägerraketen zu beginnen. Doch diese Aufgabe kann natürlich auch anders gelöst werden. Zum Beispiel ist es auf Basis des Space Shuttle möglich, eine Schwerlast-Trägerrakete derselben Kategorie zu konstruieren. Man koppelt vier Space Shuttle-Haupttriebwerke (SSME*) unten an einen Space Shuttle-Außentank (ET**), montiert zwei Space Shuttle-Feststoffraketenbooster (SRBs***) zu beiden Seiten des ET und positioniert eine Wasserstoff/Sauerstoff-Oberstufe oben auf dem ET. Das ist das *Ares*-Antriebssystem, das David Baker für die Mission Mars Direct entwickelte. In Abhängigkeit von der Schubkraft der verwendeten Oberstufe kann eine *Ares* zwischen 121 t (bei einer Oberstufe von 250 000 Pfund Schubkraft) und 135 t (bei einer Oberstufe mit einer SSME-Schubkraft von 500 000 Pfund) in einen LEO befördern. Rußland verfügt bereits heute über die Schwerlast-Trägerstufe *Energia*. Das vorhandene Modell ist zwar lediglich in der Lage, 100 t in einen LEO zu befördern, doch *Energia-B*, die verbesserte Version, rühmt sich bereits einer Leistungsfähigkeit von 200 t. Während der kurzen Lebensdauer der Weltraumerforschungsinitiative entwickelte die NASA Dutzende von Modellen verschiedener Schwerlast-Trägerstufen mit Kapazitäten zwischen 80 und 250 t. Um es auf den Punkt zu bringen: Wenn die Vereinigten Staaten eine Schwerlast-Trägerstufe wünschen, ist es uns sicher möglich, eine zu bauen.

Ein Triebwerk kann auf dem Papier bis zu jeder beliebigen Größe entwickelt werden, doch in der Realität sieht es anders aus. Es wurden bereits Supertriebwerke geplant, die 1000 t in einen LEO befördern können. So beeindruckend dies auch klingt, würde ein derartiges Antriebssystem beim Start ganz Orlando (oder zumindest das Kennedy Space Center) hinwegfegen. Daher wollen wir ausnahmsweise konservativ bleiben und annehmen, daß die USA heute nicht in der Lage wären, eine Schwerlast-Trägerstufe zu bauen, deren Leistungsfähigkeit jene überstiege, die wir in den

---

*   Space Shuttle Main Engines
**   External Tank
*** Solid Rocket Boosters

60er Jahren losschickten. Setzen wir daher die Leistungsfähigkeit unseres Triebwerks mit 140 t in einen LEO fest, was der Kapazität von *Saturn V* entspricht. Würde ein derartiges Startsystem genügen, um die Mission Mars Direct in einem Direktflug an ihr Ziel zu bringen? Die Antwort darauf findet sich in Tabelle 4.3, wo jene Nutzlasten angegeben werden, die bei einem einzigen Start unseres Triebwerks (Transport von 140 t in einen LEO) – nach Widerstandsabbremsung beim Eintritt in die Marsatmosphäre – bis auf die Marsoberfläche befördert werden können. Die Tabelle zeigt Varianten sowohl für den Lastentransport als auch für bemannte Missionen auf dem Hinflug. Wir gehen davon aus, daß es sich bei der dritten Triebwerksstufe entweder um eine chemische Wasserstoff/Sauerstoff-Stufe der neuesten Generation mit einer spezifischen Antriebskraft von 450 Sekunden oder um ein thermonukleares Raketenantriebssystem (NTR*) mit einer spezifischen Antriebskraft von 900 Sekunden handelt, das in nächster Zukunft entwickelt werden könnte.

Tabelle 4.3
Nutzlastentransport zur Marsoberfläche mittels einer Schwerlast-Trägerrakete mit einer Leistungsfähigkeit von 140 t in einen niederen Orbit (LEO)

Mission	Trans-Mars-Antriebsstufe	Trans-Mars-Leistungsfähigkeit	zur Oberfläche beförderte Nutzlast
Lastentransport	H_2/O_2	46,2 t	28,6 t
bemannte Mission	H_2/O_2	40,6 t	25,2 t
Lastentransport	NTR	74,6 t	46,3 t
bemannte Mission	NTR	69,8 t	43,3 t

Die in Tabelle 4.3 angeführten Nutzlastangaben sind unter der Voraussetzung zu verstehen, daß zum Einschwenken des Raumfahrzeugs in den Marsorbit eine Widerstandsabbremsung (Aerobraking)

---

* Nuclear Thermal Rocket

in der hohen Atmosphäre (MOC*) erfolgt. Für die Mars Direct-Missionen ist dies eindeutig die beste Methode, in eine Marsumlaufbahn einzuschwenken, da die gesamte Nutzlast für die Marsoberfläche bestimmt ist und das Raumfahrzeug aus diesem Grund ohnehin mit einem Hitzeschild ausgestattet sein muß. Durch die Widerstandsabbremsung der Mars Direct-Mission beim Einschwenken in die Marsumlaufbahn wird eine hohe Antriebsgeschwindigkeit ΔV überflüssig. Müßte nämlich anstelle eines Aerobraking ein Raketenantriebssystem für dieses Manöver eingesetzt werden, würden sich die Nutzlasten um etwa 25% verringern. In Projekten wie dem 90-Tage-Report der NASA warf dieses Einschwenken in die Umlaufbahn große technische Probleme auf. Das Aerobraking eines Raumfahrzeugs von der Größenordnung einer *Battlestar* aus dem Film *Kampfstern Galactica*, wie in diesem Plan gefordert, würde gewaltige Hitzeschilde erforderlich machen. Deren Montage könnte nur in der Umlaufbahn erfolgen, und das ist, wie ich bereits ausführte, kein überzeugendes Vorhaben. Darüber hinaus erfolgt der Eintritt des Raumfahrzeugs einer derartigen Oppositionsmission in die Atmosphäre des Mars mit solch hoher Geschwindigkeit, daß es an den Hitzeschilden während des Aerobraking zu einer deutlichen Steigerung der thermischen und mechanischen Beanspruchung käme.

Da die Mars Direct-Mission eine Konjunktionsroute mit niedrigerer Energie und daher auch einer niedrigeren Eintrittsgeschwindigkeit wählt, kommt es zu einer geringeren Erhitzung und geringeren Kräften bei der aerodynamischen Abbremsung. Entscheidend hierbei ist jedoch, daß das abzubremsende Raumfahrzeug des Mars Direct-Projekts relativ klein ist und die für seinen Schutz ausreichend groß dimensionierten Hitzeschilde leicht in der Verkleidung des Frachtbehälters der Trägerrakete untergebracht werden können. Dies ist auf zweierlei Arten möglich: Man kann einerseits flexible, regenschirmförmige Hitzeschilde aus Gewebe verwenden, die die Unterseite des Frachtbehälters umschließen, wie dies im Originalplan der Mars Direct-Mission vorgesehen war, oder andern-

---

* **M**ars **O**rbital **C**apture

falls die Verkleidung der gesamten Trägerrakete mit einer starren, gewehrkugelförmigen Hülle umgeben, die den Frachtbehälter völlig einschließt. Beide Methoden sind durchführbar und können für Nutzlasten in einer Größenordnung, wie sie im Mars Direct-Projekt geplant sind, in einem Direktflug und ohne jede Notwendigkeit einer Montage im All zum Mars befördert werden. Zusätzlich sind Führungs-, Navigations- und Kontrollanforderungen für das Einschwenken in eine Umlaufbahn mittels Aerobraking im Fall des Mars Direct-Projekts wesentlich geringer als in jenen Plänen, in denen ein Rendezvous in einer Marsumlaufbahn vorgesehen wird. Es ist hier nicht wirklich wichtig, in welche Umlaufbahn das Raumfahrzeug tatsächlich einschwenkt (die Umlaufbahn wird ohnehin »gelöscht«, sobald der Flugkörper gelandet ist), solange das Raumfahrzeug im Hinblick auf die orbitale Neigung innerhalb jener weiten Toleranzgrenzen bleibt, die ein Erreichen des vorbestimmten Landeplatzes gestatten.

Um Nutzlast zu transportieren, können wir auch eine Annäherungsmethode anwenden, die als Direkteintritt bekannt ist. Wie beim Einschwenken in eine Umlaufbahn mittels Aerobraking wird auch in diesem Fall eine Nutzlast nicht durch Raketenantrieb, sondern durch den Luftwiderstand einer planetarischen Atmosphäre verlangsamt. Dennoch besteht zwischen den beiden Methoden ein Unterschied. Beim Aerobraking zum Einschwenken in eine Umlaufbahn steuert das Raumfahrzeug gerade so lange durch die planetarische Atmosphäre, bis seine Geschwindigkeit in ausreichendem Maß reduziert ist, und verläßt sie dann wieder, um in eine Umlaufbahn zu gelangen. Im Fall des Direkteintritts taucht es tief in die Atmosphäre ein, bis es annähernd seine gesamte Geschwindigkeit verloren hat, und geht dann direkt zur Landung über. Die Abbremsung zum Einschwenken in eine Umlaufbahn wird allgemein als die günstigere Flugvariante für bemannte Marsmissionen gewertet, da die Besatzung auf diese Weise die Möglichkeit hat, bei Schlechtwetter so lange im Orbit zu bleiben, bis sich die Verhältnisse für eine Landung bessern. Beim Direkteintritt ist das Raumfahrzeug vollkommen auf eine Landung unmittelbar nach Erreichen der Marsatmosphäre ausgerichtet.

Dennoch wird sowohl bei den *Mars Pathfinder-* als auch für die *Mars Surveyor*-Missionen (unbemannt) die Methode des Direkteintritts angewendet. Sollten diese Missionen erfolgreich sein, werden wir über Daten verfügen, die unsere Projektplaner dazu ermutigen könnten, den Direkteintritt auch bei bemannten Marsmissionen zu erwägen. Basis all dieser Überlegungen ist jedoch die zur Oberfläche transportierte Nutzlast. Bei Einsatz eines chemischen Antriebs kann ein unbemannter Lastentransportflug mit einem einzigen Triebwerk mit einer Leistung von 140 t bis in die niedere Erdumlaufbahn (LEO) 28,6 t zur Marsoberfläche befördern und ein bemannter Flug mit höherer Geschwindigkeit 25,2 t. Ist die Planung einer bemannten Marsmission innerhalb dieser Massegrenzen möglich? Sollte sich dies als undurchführbar erweisen, können wir immer noch ein stärkeres Triebwerk oder die Thermonuklear-Raketenantriebsstufe entwickeln. Zuvor wollen wir jedoch untersuchen, ob eine bemannte Marsmission nicht auch nur mit einer *Saturn V* und einem chemischen Antriebssystem zu verwirklichen ist. Wenn ja, sind weiterentwickelte Technologien beziehungsweise Antriebssysteme und die damit verbundenen Vorteile nur das Tüpfelchen auf dem i.

Versorgung der Besatzung

Sind unsere Kapazitäten für den Massetransport ausreichend? Dafür unterziehen wir die Versorgungserfordernisse der Mission einer näheren Betrachtung. In Tabelle 4.4 sehen wir die Lebensmittelmenge, die für jedes Besatzungsmitglied pro Tag benötigt wird, aufgeschlüsselt nach Hin- und Rückflug, sowie den Gesamtversorgungsbedarf einer vierköpfigen Mannschaft in bezug auf die beiden Unterbringungssysteme, das Habitat (in welcher die Besatzung während des Hinflugs und des Aufenthalts auf der Marsoberfläche untergebracht ist) und die Rückkehreinheit (ERV *) für den Flug zur Erde.

---

* Earth Return Vehicle

Die in der Spalte »Bedarf/Person/Tag« angegebenen Zahlen entsprechen den NASA-Standards (wie Sie erkennen können, sind diese bei Nutzwasser ausgesprochen großzügig). Einzige Ausnahme: Die dehydrierte Lebensmittelmenge von 0,13 kg/Tag habe ich durch 1,0 kg/Tag an (feuchter) Komplettnahrung ersetzt. Eine abwechslungsreiche Verpflegung wirkt sich bei langen Missionen günstiger auf die Moral der Besatzung aus als die dehydrierten Rationen allein. Überdies bringt das kaum zusätzliche Masse, da der Wassergehalt der Komplettnahrung die Verluste im Trinkwasserrecyclingsystem ausgleicht. Das für die Besatzung konzipierte Lebenserhaltungssystem arbeitet auf physikalisch-chemischer Basis und hat einen ziemlich geringen Wirkungsgrad. Es bereitet 80 % des Sauerstoffs und Trinkwassers und 90 % des Nutzwassers (das von geringerer Qualität sein kann) wieder auf. Ein derartiges System ist weit unkomplizierter und energiesparender als futuristische Varianten, die auf einer geschlossenen Ökologiekette basieren, in der Nahrungsmittel, Sauerstoff und Wasser angeblich zu 100 % rückgewonnen werden.

Liest man in Tabelle 4.4 zwischen den Zeilen, erkennt man die großen Vorteile, die sich aus den Ressourcen des Mars ergeben. Zusätzlich zur Herstellung von Treibstoff, liefert das ERV auch riesige Mengen an Wasser und Sauerstoff. Ohne die chemische Produktionsanlage des ERV müßten wir zusätzlich 7 t an Verpflegung mit dem Habitat (Hab) befördern. Dadurch würde der Lebensmittelbedarf von 7 auf 14 t steigen. Dieser Extrabedarf wäre angesichts der Transportkapazität des Habs von 25 t schwierig unterzubringen. Die von jedem ERV hergestellten 9 t Wasser bilden einen Überschuß gegenüber dem Nominalwasserbedarf der NASA und sollten sich als Pluspunkt auf die Moral einer auf einem Wüstenplaneten arbeitenden Besatzung auswirken. Aus diesem Grund findet sich in Tabelle 4.4 kein Bedarf für den Transport von Sauerstoff oder Wasser für den Marsaufenthalt des Habs. Die Tabelle zeigt auch, daß jedes Hab mit ausreichenden Lebensmittelvorräten für eine 800tägige Mission zum Mars aufbricht. So wäre für den Fall eines Abbruchs der Mission auf einer zweijährigen freien Rückkehrroute genügend Proviant vorhanden. In diesem Fall müßte die Mannschaft des Habs die 5 t des Methan/Sauerstoff-Treibstoffs in der Landungsstufe zur Gewinnung von zusätzlichem Wasser und Sauerstoff heranziehen (dieser Treibstoff wird bei einer freien Rückkehr nicht benötigt, da auch der Eintritt in eine Erdumlaufbahn mittels Widerstandsabbremsung erfolgt) und ihren Nutzwasserverbrauch auf 40 % des NASA-Standards senken. Auch wenn diese Situation unangenehm und der Moral abträglich ist, kann sie überdauert und überlebt werden, was im Fall eines Missionsabbruchs das einzige Ziel ist. Die Tabelle 4.4 weist zudem keinen Trinkwasserschwund auf, da der durch unvollständige Wiedergewinnung verursachte Wasserverlust durch das Wasser, das dem System durch die Verwendung von Komplettnahrung beigefügt ist, ausgeglichen wird.

Tabelle 4.4
Versorgungsbedarf für eine Mars Direct-Mission mit vier Besatzungsmitgliedern

Posten	Bedarf pro Person je Tag (in kg)	Wiederaufbereitungsanteil (in kg)	Verlust pro Person je Tag (in kg)	ERV-Bedarf 200 Tage Rückflug (in kg)	Hab Bedarf 200 Tage Hinflug (in kg)	Hab-Bedarf 600 Tage Oberfläche (in kg)	Hab-Gesamt-Bedarf (in kg)
Sauerstoff	1,0	0,8	0,2	160	160	0	160
Trockennahrung	0,5	0,0	0,5	400	400	1200	1600
Komplettnahrung	1,0	0,0	1,0	800	800	2400	3200
Trinkwasser	4,0	0,8	0,0	0	0	0	0
Nutzwasser	26,0	0,9	2,6	2080	2080	0	2080
Gesamt	32,5	0,87	4,3	3440	3440	3600	7040

Nach Bestimmung des Versorgungsbedarfs kann nun sowohl für die Rückkehreinheit (ERV) als auch für das Habitat (Hab) die Masseverteilung erfolgen. Siehe dazu Tabelle 4.5.

Tabelle 4.5
Masseverteilung der Mars Direct-Mission

ERV	in t	Hab	in t
ERV-Kabinenstruktur	3,0	Hab-Struktur	5,0
Lebenserhaltungssystem	1,0	Lebenserhaltungssystem	3,0
Verpflegung	3,4	Verpflegung	7,0
Elektrische Energie		Elektrische Energie	
(5 kWe Solarenergie)	1,0	(5 kWe Solarenergie)	1,0
Triebwerkssteuerungs-		Triebwerkssteuerungs-	
system	0,5	system	0,5
Kommunikations- und		Kommunikations- und	
Informationssystem	0,1	Informationssystem	0,2
Mobiliar und Innen-			
ausstattung	0,5	Laborausrüstung	0,5
Anzüge für Außen-			
arbeiten (4)	0,4	Besatzung	0,4
Ersatzteile und Gewichts-		Anzüge für Außen-	
toleranz (16 %)	1,6	arbeiten (4)	0,4
		Mobiliar und Innen-	
ERV-Kabine gesamt	**11,5 t**	ausstattung	1,0
Hitzeschild	1,8	offene Rover (2)	0,8
Leichter Wagen	0,5	Rover mit Druckkabine	1,4
Ausgangsmaterial für		Ausrüstung für Feld-	
Wasserstoff	6,3	forschung	0,5
		Ersatzteile und Gewichts-	
ERV-Antriebsstufen	4,5	toleranz (16 %)	3,5
Treibstoffproduktions-			
anlage	0,5	**Hab gesamt**	**25,2 t**
Leistungsreaktor (80 kWe)	3,5		
ERV gesamt	**28,6 t**		

Die oben angegebene Nutzlast des ERV wird ihre 6,3 t Wasserstoff in 94 t Methan/Sauerstoff-Treibstoff und 9 t Wasser umwandeln. Von den produzierten 94 t Treibstoff werden 82 t für den Raketenantrieb des ERV auf dem Rückflug der Besatzung zur Erde aufgewendet, 12 t stehen den Erkundungsfahrzeugen für ihre Verbrennungsmotoren zur Verfügung. Betrachten wir einmal nur das Wasser und die 12 t Treibstoff für die Rover, und fügen wir diese Mengen der für den Aufenthalt auf der Marsoberfläche notwendigen Nutzlast des ERV hinzu (wie etwa die ERV-Kabine mit ihren Antriebs- und Lebenserhaltungssystemen, dem Reaktor, den Anzügen für Außenarbeiten, dem leichten Erkundungswagen etc.), so zeigt sich, daß jede ERV 36,5 t Nutzlast für den Aufenthalt auf der Marsoberfläche transportiert. Der ersten Besatzung einer Marsmission werden zwei ERVs auf der Marsoberfläche zur Verfügung stehen (jene der Erkundungsmission, die vor dem Abflug der Besatzung Treibstoff produziert, und die Reserveeinheit, die gemeinsam mit der Besatzung eintrifft). Dazu kommt ein Hab (mit einer Nutzlast für den Aufenthalt auf der Marsoberfläche von 24,7 t). Total ergibt dies 97,7 t an Nutzlast, über die die Besatzung während ihres Aufenthaltes auf der Marsoberfläche verfügen kann. Das entspricht etwa der vierfachen Menge einer traditionellen Oppositionsmission, wie sie im 90-Tage-Report der NASA beschrieben wird (wobei deren Startmasse bereits das Doppelte einer Mars Direct-Mission beträgt). Diese für den Oberflächenaufenthalt verwendbare Ausrüstungsmenge umfaßt vier unter Druck stehende Einheiten, die das Überleben sichern: das Hab, zwei ERVs und den Rover mit Druckkabine. Auf diese Weise verfügt die Mannschaft über verschiedene Zufluchtsorte, sollte eine Störung im primären Lebenserhaltungssystem des Hab auftreten. Zusätzlich ist die Crew mit zwölf Schutzanzügen für Außenarbeiten (EVA*), fünf Kraftfahrzeugen (dem Rover mit Druckkabine, den zwei offenen Rovern sowie den zwei leichten Wagen), fünf Primärlebenserhaltungssystemen (zwei 80-kW-Nuklearreaktoren und drei 5-kWe-Solarenergiesystemen im Hab und den beiden ERVs), fünf Reserveenergiesystemen (die Motoren der Bodenfahrzeuge können jeweils zum Antrieb eines Generators verwendet werden), *eintausend Kilogramm* verschiedenartigster wissenschaftlicher Feldforschungs- und Laborgeräte, 14 t Lebensmittelvorräte von der Erde, 18 t auf dem Mars gewonnenen Wassers und 24 t Treibstoff für die Rover sowie zwei chemischen Anlagen zur Produktion von Sauerstoff

---

* Extra-Vehicular Activity

aus der Marsatmosphäre ausgestattet (die etwa die 50fache Menge des für die Besatzung überlebensnotwendigen Sauerstoffs herstellen).

Deshalb ist das Projekt als *außerordentlich sicher* einzustufen. Sollte dieser Sicherheitsstatus noch nicht genügen, können die Reservesysteme dadurch vervielfältigt werden, daß im ersten Startfenster, in dem keine Besatzung zum Mars geschickt wird, ein komplettes Hab mit sämtlichen Ausrüstungsgegenständen, aber ohne Mannschaft entsandt wird. Es könnte das ERV der Erkundungsmission zu ihrem ersten Landeplatz begleiten (der Flugplan des Programms wird dementsprechend abgeändert. Nun erfolgen bereits ab dem ersten Flug jeweils zwei Schwertransportflüge pro Jahr). In diesem Fall stünden der Besatzung sechs bewohnbare Stationen zur Verfügung, unter ihnen zwei komplette Habs, zwei komplette ERV-Kabinen, außerdem ...

Doch ich glaube, ich konnte das Wesentliche veranschaulichen. Noch nie zuvor hat es auf der Erde ein Forschungsprogramm gegeben, das über einen so hohen Grad an Reserveeinrichtungen verfügt hätte. Und all das haben wir mit der *Saturn V*-Technologie der 60er Jahre erreicht, ohne zu irgendeinem Zeitpunkt der Mission Infrastruktur, Montage von Bauteilen oder Andockmanöver in einer Umlaufbahn beziehungsweise Weltraumrendezvous in die Planung einzubeziehen.

Die Möglichkeit, im Vergleich zu einer Besatzung, die sich im Transit befindet, in einer Station auf der Marsoberfläche nahezu unendlich viele nützliche Reservesysteme anhäufen zu können, sollte ein weiterer Grund für die Planer von Marsmissionen sein, die Aufenthaltsdauer der Besatzung auf der Marsoberfläche zu maximieren und die im Transit verbrachte Zeit zu minimieren. Entschließt man sich dazu, für Missionen benötigte Ausrüstungsgegenstände auf der Marsoberfläche kumulativ zu konzentrieren, kann die Marsoberfläche der zweitsicherste Ort im Sonnensystem werden.

Reservesystem oder Abbruch?

In der Vergangenheit wurden viele Marsprojekte rund um folgendes Szenario errichtet: Mehrere Tage vor der Ankunft – beziehungsweise direkt zum Zeitpunkt des Eintreffens des Raumfahrzeuges auf dem Mars – erkennt die Besatzung, daß sie die Mission abbrechen muß. Wir wollen uns hier nicht mit den Gründen, sondern mit der Art und Weise eines derartigen Abbruchs befassen. Wie kann die Mannschaft einen sicheren Hafen erreichen? Offensichtlich muß sie zur Erde zurückkehren. Obwohl sie sich für einen längeren Aufenthalt auf der Marsoberfläche im Rahmen einer Konjunktionsmission eingerichtet hat, verfügt sie glücklicherweise über ausreichende Treibstoffreserven, um den plötzlichen Rückflug nach Oppositionsmodell zur Erde durchzuführen. Sie kann sich durch den Einsatz der Antriebssysteme vom Mars entfernen und an der Venus vorüber in Richtung Erde fliegen. Es ist nicht notwendig, zu warten, bis sich ein Startfenster auf einer Hohmann-Route öffnet – wer würde das auch in einem Notfall tun?

Doch lassen Sie uns diese Situation näher betrachten. Die Planung einer Abbruchmöglichkeit darf die Kosten nicht vernachlässigen. Missionen dieser Art benötigen sowohl die zusätzliche Nutzlast für einen langen Aufenthalt auf der Marsoberfläche und einen langsamen Rückflug zur Erde als auch erhöhte Treibstoffkapazitäten, um diese enorme Ausrüstungsmenge auf einer Hochenergieoppositionsroute zur Erde zurückzutransportieren. Es ist kaum möglich, sich einen kostspieligeren Missionsplan vorzustellen. Sollte es überdies nicht zu einem Abbruch kommen, war der gesamte, für eine solche Strategie in Kauf genommene Aufwand an zusätzlichem Massentransport überflüssig. Darüber hinaus wird die Besatzung bei einem Rückflug auf einer Oppositionsroute anderthalb Jahre lang der ständigen Strahlungsdosis des tiefen Weltraums (möglicherweise bei gleichzeitiger Schwerelosigkeit), einer erhöhten Sonnenstrahlung beim Passieren des inneren Sonnensystems und hohen Beschleunigungskräften bei der Rückkehr zur Erde ausgesetzt. Insgesamt betrachtet, wäre es schwierig, einen Abbruch dieser Art auszuhalten, und selbst wenn die Besatzung überlebt, wäre die Mission in bezug auf den Forschungsaspekt eindeutig ein Fehlschlag. Schlußendlich tragen derartig konzipierte Pläne trotz der gesteigerten Massenanforderungen und Kosten kaum dazu bei, die Missionsleistung zu erhöhen.

Glücklicherweise können wir das Problem, was in einem Notfall zu geschehen hat, lösen, indem wir eine Grundannahme hinterfragen: Muß die Erde der einzige Zufluchtsort sein? Die Antwort ist ein entschiedenes Nein. Statt die Mission samt Abbruchmöglichkeit mit Rückkehr zur Erde zu entwickeln, wäre es günstiger, in die Planung die Schaffung eines Zufluchtsortes auf der Marsoberfläche vor Beginn bemannter Missionen einzubeziehen. Im Falle eines Abbruchs könnte dieser Ort als erste Option gelten. Er wäre von einer Crew, die sich auf dem Hinflug befindet, rascher zu erreichen als die Erde und böte daher im Ernstfall vermutlich eine größere Hilfe. Damit würde sich die Primärabbruchoption mit dem Primärmissionsmodus decken, wodurch es zu keinerlei Transportlasteinbußen käme. Überdies könnte eine Mission auch nach einem Notfall fortgeführt werden. Zusätzlich stehen noch sekundäre Abbruchmöglichkeiten zur Verfügung, die nicht auf eine Weiterführung der Mission ausgerichtet sind, doch greifen diese nicht in die Projektentwicklung ein. Um es anders auszudrücken: Statt eine Mission um Abbruchoptionen herum zu planen, ist es sinnvoller, sie auf eine Hierarchie von Reserveeinrichtungen zu gründen. Genau diese Einstellung bildet die Basis für die Mars Direct-Mission.

Setzen wir den Beginn der Mission in einer niedrigen Erdumlaufbahn (LEO) an, und betrachten wir, welche Abbruch- beziehungsweise Reservepläne der Besatzung während des weiteren Ablaufs der Mission zur Verfügung stehen. Das erste große Ereignis der Mission ist die Zündung der Antriebsrakete, die das Raumfahrzeug auf eine Trans-Mars-Injection (TMI) befördert. Um dieses Manöver ausführen zu können und das Raumfahrzeug auf einen raschen Konjunktionskurs mit einer zweijährigen freien Rückkehrroute zu bringen, auf der die Besatzung innerhalb von ungefähr 180 Tagen den Mars erreicht, wird eine Gesamt-ΔV von 4,3 km/s benötigt. Dennoch genügt auch eine ΔV von 3,7 km/s, bei der die Mannschaft in 250 Tagen auf einer Minimumenergieroute auf dem Mars eintrifft. Bringt der Raketenantrieb mindestens diese Leistung, wird die Besatzung auf ihren Weg geschickt und kann ihre

Mission erfüllen. Sollte das Antriebssystem der TMI-Stufe jedoch nicht in der Lage sein, eine ΔV von 3,3 km/s zu erreichen – diese ΔV wird benötigt, um sich aus dem Schwerefeld der Erde zu lösen – so kreist das Raumfahrzeug auf einer elliptischen Umlaufbahn um die Erde. In diesem Fall wird die Mannschaft das Antriebssystem des Hab dazu einsetzen, das Perigäum (den tiefsten Punkt) ihrer Umlaufbahn behutsam in die äußerste Schicht der Erdatmosphäre eintauchen zu lassen. Nach einigen Umläufen wird die von diesem Manöver ausgehende Bremsung das Apogäum (den höchsten Punkt) der Umlaufbahn auf eine Entfernung verringern, die von einem Space Shuttle erreicht werden kann (eine solche langsame Absenkung des Apogäums durch Widerstandsabbremsung wurde von der *Magellan*-Raumsonde im Jahr 1994 bei ihrem Venusflug erfolgreich durchgeführt).

Anschließend löst das Hab durch eine geringe Erhöhung der Geschwindigkeit den tiefsten Punkt ihrer Umlaufbahn wieder aus der Atmosphäre, nähert auf diese Weise den Orbit einem Kreis an und stabilisiert sich. Sobald dies geschehen ist, kann die Besatzung von einem Space Shuttle geborgen werden (wenn auch keinerlei Eile geboten ist, da die Mannschaft mit Vorräten für einen beinahe dreijährigen Aufenthalt an Bord versorgt ist). Sollte das Antriebssystem der TMI-Stufe maximal eine ΔV zwischen 3,3 und 3,7 km/s erreichen, kann die Crew wieder in die Erdumlaufbahn zurückkehren, indem sie das Antriebssystem des Hab für eine Kurskorrektur einsetzt.

Wirken bei einer derartigen Kurskorrektur die Antriebssysteme der TMI-Stufe und der Landestufe gemeinsam, verfügt die Besatzungseinheit über eine ΔV von 0,7 km/s – noch immer weit über der ΔV von 0,4 km/s, mit der die Besatzung zwischen Mars und Erde stranden könnte. Doch diese Überlegungen sind rein hypothetisch. Eine korrekt geplante TMI-Stufe würde sich eines Mehrfachantriebssystems bedienen, dessen Zuverlässigkeit für jeden einzelnen Motor bei der vorgesehenen Einsatzdauer etwa 99 % beträgt. Die Wahrscheinlichkeit, daß zwei Motoren gleichzeitig ausfallen, beträgt etwa 1:10 000 – ein zu vernachlässigender Anteil des Gesamtmissionsrisikos.

Haben nun die TMI-Stufe und die Kurskorrekturen unterwegs ihre Aufgabe erfüllt, befindet sich das Hab auf dem Weg zu seiner

Widerstandsabbremsung in der Marsatmosphäre. Während eines Zeitraums von 95% des Hinflugs kann zwischen verschiedenen Optionen gewählt werden, wie etwa Abbruch auf einer freien Rückkehrroute oder angetriebenes Flyby-Manöver. Sobald der Lander jedoch auf eine Route zum Einschwenken in eine Marsumlaufbahn ausgerichtet ist (üblicherweise einige Tage vor Eintritt in die Atmosphäre), verringern sich die Möglichkeiten für einen Abbruch zur Erde auf einer freien Rückkehr- oder einer angetriebenen Flyby-Route. Zu einem gewissen Zeitpunkt (gewöhnlich einige Stunden bis einen Tag vor dem Eintritt in die Marsatmosphäre) wird ein Einschwenken in eine Abbruchroute gänzlich unmöglich. Doch irgendwann muß eine Entscheidung getroffen werden. Man sollte die Tatsache, daß bei einer Gesamtreisedauer von 180 Tagen in den ersten 175 Tagen freie Rückkehrrouten zur Verfügung stehen, nicht aus dem Blick verlieren.

Da der Mars Direct-Plan kein Rendezvous in einer Umlaufbahn vorsieht, ist die Eintrittsgenauigkeit in einen Orbit nicht weiter von Bedeutung, solange der Eintrittswinkel das Eintauchen zur Oberfläche gestattet (mit anderen Worten: Der Eintrittswinkel in den Orbit muß größer oder gleich der geographischen Breite der vorgesehenen Landestelle sein). Berücksichtigt man diese Einschränkung und gelingt es, in eine Umlaufbahn um den Mars einzuschwenken, ist es der Crew möglich, bei dem im Rahmen einer früheren Mission abgesetzten Vorposten zu landen. Die größere Toleranz bei der Eintrittsgenauigkeit wirkt sich auch in geringeren Navigations- und Steuerungsanforderungen aus, wodurch sich die Attraktivität der Widerstandsabbremsungstechnik für das Eintrittsmanöver in eine Umlaufbahn im Rahmen der Mars Direct-Mission wesentlich erhöht. Sollte das Einschwenken des Habs in eine Umlaufbahn nicht gelingen, kann die Mannschaft auf das Antriebssystem der Landestufe zurückgreifen (Leistungsfähigkeit bis 700 m/s), um die Wirkung der Widerstandsabbremsung zu erhöhen. Möglicherweise ist die Mannschaft nicht in der Lage, mit dem Hab auf der Oberfläche zu landen, doch immerhin würde sie sich dann auf einer Umlaufbahn um den Mars befinden. In diesem Fall stünden ihr zwei Optionen zur Wahl. Die Besatzung könnte im Orbit bleiben und sich nach 600 Tagen in der Umlaufbahn mit einem der beiden ERVs treffen (jenes der Vorgänger- oder das der Nachfolgemission, das per Fernsteuerung an sie heranmanövriert wird). Sie könnte dann in das ERV umsteigen und zur Erde zurückfliegen. Als Alternative müßte sie etwa 90 Tage im Marsorbit warten, bis das nachfolgende ERV die Umlaufbahn erreicht, und sich vor der Landung mit dieser Station treffen.

Erneut bleiben zwei Optionen: Entweder verlagert man einen Teil des Treibstoffs des ERV in das Hab, denn mit der Aufgabe des ERV wird es wieder möglich, mit dem Hab zu landen. Oder man wechselt in das ERV über, landet damit und läßt das Hab in der Umlaufbahn zurück. Sofern sich bereits ein Hab (das von einer früheren Mission zurückgelassen wurde) zur Unterstützung der Forschungstätigkeit auf der Marsoberfläche befindet, könnte dies unmittelbar nach einem Treffen geschehen. Sollte das nicht der Fall sein, wird die Landung hinausgezögert. Die Mannschaft verbringt dann den Großteil der Marsmission in der Umlaufbahn (wo sie auf die großzügig bemessenen Lebensmittelvorräte und die geräumigen Unterkünfte an Bord des Hab zurückgreifen kann) und landet anschließend unter Nutzung der Räumlichkeiten der beiden ERVs als Basislager für einen Kurzaufenthalt auf der Marsoberfläche.

Da sich die Marsoberfläche als Zufluchtsort und als Möglichkeit, die Mission doch noch erfolgreich durchzuführen, anbietet, ist es eindeutig am günstigsten, diese Option zu wählen. Deshalb wird man es wohl eher in Kauf nehmen, beim Bremsmanöver zu tief in die Atmosphäre einzutauchen, als zu riskieren, zurück in den interplanetarischen Raum geschleudert zu werden. Da der Mars Direct-Plan kein Einschwenken in eine entferntere, stark elliptische Umlaufbahn erfordert wie traditionelle Missionen, kann das Raumfahrzeug auf eine engere, leicht elliptische beziehungsweise kreisförmige Bahn um den Mars gesteuert werden, bei der ein Hinausgeschleudertwerden beinahe unmöglich ist. Sollte das Schiff zu tief in die Atmosphäre eindringen, um noch in eine stabile Umlaufbahn einzuschwenken, kann die Mannschaft das Hab landen. Immerhin ist es ja das Ziel der Mission, die Oberfläche des Mars zu erreichen.

Der Verzicht auf ein Rendezvous in einer Marsumlaufbahn vor der Landung stellt eine wesentliche Sicherheitssteigerung der Mission dar, denn auf diese Weise vermeidet man ein flaches Bremsmanöver. Das nämlich birgt das Risiko in sich, hinausgeschleudert zu werden. In jedem Fall wird bei der Mars Direct-Mission ein Rendezvous an der Oberfläche einem Rendezvous im Orbit vorgezogen. Lassen Sie uns diese Variante eingehender betrachten. Auch ein Rendezvous an der Oberfläche umfaßt verschiedene Sicherheitsstufen, die für den Erfolg der Mission sprechen. Einmal befindet sich ein ERV bereits zwei Jahre vor Ankunft der Besatzung vor Ort. Von hier wird die Umgebung mittels ferngesteuerter Erkundungsfahrzeuge lange vor Eintreffen des bemannten Raumfahrzeugs eingehend untersucht und ein Transponder an der bestgeeigneten Landestelle gesetzt. Zudem montiert das ERV einen Leitstrahlsender – ähnlich einem ILS*-Sender, wie sie auf Flughäfen eingesetzt werden –, über den die Besatzung genaue Daten über Position und Geschwindigkeit während der Annäherung und Landung erhält. Ich weise darauf hin, daß die beiden *Viking*-Lander ohne aktive Steuerung 30 km von ihrem Zielort entfernt aufsetzten, wohingegen die Distanz zwischen der bemannten *Apollo*-Mondlandefähre und der angepeilten *Surveyor*-Station nur 200 m betrug. Mit Hilfe eines rückgekoppelten Zielsteuerungsgeräts und eines Leitstrahlsenders sollte eine Landung innerhalb weniger Meter Entfernung vom Zielpunkt möglich sein. Doch selbst wenn es zu einer Landeungenauigkeit von zehn oder gar hundert Kilometern kommt, ist ein Oberflächenrendezvous noch immer mittels der im Hab mitgeführten Erkundungsfahrzeuge, die über eine Reichweite von bis zu 1000 km verfügen, möglich.

Da die Mannschaft die Marsoberfläche in einem vollausgestatteten Hab und nicht in einem nur für einen kurzen Aufenthalt ausgerüsteten Landefahrzeug erreicht, ist sie auch bei einer Landung an einem isolierten Ort in der Lage, eine längere Zeitspanne zu überdauern. Für diesen Fall wurden die dritte und vierte Sicherheitsstufe eingeplant. Sollte das Rendezvous auf der Marsoberfläche um geradezu planetarische Entfernungen mißlingen, kann

---

153

als dritte Sicherheitsstufe das zweite ERV, das dem bemannten Hab im Abstand von einigen Monaten folgt, zum Landeplatz des Hab umgeleitet werden. Als vierte Sicherheitsstufe ist das Hab mit ausreichenden Vorräten für einen dreijährigen Aufenthalt ausgestattet. Sollte alles andere fehlschlagen, können die Besatzungsmitglieder immer noch ausharren und auf das nächste Startfenster warten, in dem Vorräte und ein weiteres ERV zu ihnen gesandt werden.

Da der Mars Direct-Plan für den Aufstieg die Verwendung von *in situ* produziertem Treibstoff vorsieht, besteht während des Sinkflugs keine Möglichkeit für einen Abbruch durch Wiederaufstieg in eine Umlaufbahn. Sobald man mit dem Landeanflug zur Marsoberfläche begonnen hat, gibt es kein Zurück mehr. Es ist sehr fraglich, ob es einem Lander, wie gut er auch immer mit Treibstoff versorgt sein mag, tatsächlich gelingt, in eine Umlaufbahn aufzusteigen. Immerhin kann er sich lediglich von der Rückseite seines Hitzeschildes abstoßen, um dann mit einem Mehrfachen der Schallgeschwindigkeit die Marsatmosphäre zu durchbrechen. (Ein derartiges Manöver würde erfordern, das Fahrzeug durch eine Überschall-Schockwelle hindurchzusteuern und es hinter dem abgeworfenen Hitzeschild zu wenden, um die Triebwerke aus der Bremsposition in Beschleunigungsposition zu bringen.)

Anstelle der illusorischen Option eines Abbruchs während der Landung mit Rückkehr in eine Umlaufbahn (die Besatzungsmitglieder traditioneller Missionen in einem vollaufgetankten Aufstiegsmodul irrtümlicherweise zu haben glauben), genießt die Mannschaft des Mars Direct-Projekts eine zusätzliche Sicherheit. Nicht erst beim Eintritt in die Atmosphäre, sondern bereits bevor die Mannschaft die Erde verläßt, weiß sie, daß sie an der Marsoberfläche von einer vollaufgetankten Rückkehreinheit erwartet wird, die bereits das Trauma der Landung überstanden hat. Darüber hinaus wird sie ihre eigene Landung in einem geräumigen, soliden Hab mit mehreren Druckkabinen und einem funktionierenden und für eine längere Betriebsdauer ausgelegten Lebenserhaltungssystem durchführen, das zum Zeitpunkt des Aufsetzens nahezu über keinen Treibstoff mehr verfügt. Im Gegensatz dazu steht der Mannschaft eines für den Aufstieg konzipierten Landers zwangsläufig ein weit kleineres Raumfahrzeug zur Verfügung, das lediglich mit einem Lebenserhaltungssystem für eine kurze Missionsdauer ausgerüstet ist und die Landung bis obenhin vollgefüllt mit hochexplosivem Raketentreibstoff durchführen muß.

Wie in den vorigen Absätzen erläutert, sind aufgrund der Tatsache, daß die Mars Direct-Mission ihre Noteinrichtungen nicht im Orbit, sondern auf die Marsoberfläche konzentriert, sämtliche für einen 600tägigen Aufenthalt an der Marsoberfläche benötigten Systeme mehrfach abgesichert. Der Grad an Sicherheit erhöht sich mit dem Fortschreiten der Mission ständig, wenn ein Hab nach dem anderen den auf der Marsoberfläche vorhandenen Einrichtungen hinzugefügt wird. Kommt es dann zum Rückflug, stehen der Mannschaft auf der Marsoberfläche zwei komplette ERV zur Verfügung, die vor ihrem Abflug von Hand geprüft werden können und in der Lage sind, die Besatzung ohne zusätzliche Unterstützung zurückzubringen. Dies stellt eine wesentliche Verbesserung gegenüber der Situation bei einer traditionellen Mission dar. Bei einer solchen müßte die Mannschaft das einzige zur Verfügung stehende Marsaufstiegsmodul verwenden, um sich in einem für die Mission risikoreichen Manöver im Orbit mit einem Mutterschiff zu treffen, das während eines Zeitraums von bis zu anderthalb Jahren nicht gewartet worden ist und an Bord kaum Möglichkeiten zur Durchführung von Reparaturen bietet. Die Besatzung der Mars Direct-Mission kann ihre ERV persönlich überprüfen, bevor sie sich ihm für den Rückflug anvertraut, und verfügt über sämtliche Ressourcen des Marsbasislagers für den Fall, daß Reparaturen oder Anpassungen erforderlich werden. Sollte der Zustand beider ERVs nicht befriedigend sein, kann die Crew einfach im Marsbasislager bleiben und auf die Landung eines weiteren, mit Vorräten beladenen Habs und eines ERVs warten, die nur wenige Monate nach dem geplanten Abflugtermin eintreffen werden. In diesem Fall müßte die Mannschaft ihren Aufenthalt auf dem Mars gegenüber dem Originalplan um zwei weitere Jahre verlängern, doch diese Option ist immer noch besser als der Tod.

Die Möglichkeit modernster Technologie

Das bisher in diesem Buch beschriebene, für den Mars Direct-Plan eingesetzte Beförderungssystem basiert auf bestehender Technologie: einer Schwerlast-Trägerrakete, zum Beispiel vom Typ einer *Saturn V*, chemischem Treibstoff und so weiter. Sollten jedoch modernere Techniken auftauchen, könnte und sollte der Plan davon Gebrauch machen.

Zwar werden unzählige zukunftsweisende Antriebssysteme für die Raumfahrt vorgeschlagen – Nuklearantrieb und solarelektrischer Antrieb (Ionenantrieb), Sonnen- und Magnetsegel, Fusions- und sogar Antimaterieraketen, um nur einige der herausragenden Beispiele zu nennen. Doch nur einige wenige dieser Systeme werden tatsächlich innerhalb jenes Zeitrahmens zur Verfügung stehen, der für den Beginn der bemannten Marsraumfahrt von Interesse ist. Darunter könnte sich der Thermonuklearraketenantrieb (NTR*) und der eng damit verbundene Thermosolarraketenantrieb (STR**) befinden. Sie wären in der Lage, die chemischen Raketen bei Raumflügen zu ersetzen, und sie könnten als einstufige Raketen (SSTOs***) für den Start von der Erdoberfläche aus verwendet werden, anstatt der mehrstufigen mit nur einmal verwendbaren Schwerlast-Boostern.

Das soll keineswegs heißen, daß nuklearelektrische Ionenantriebe, Magnetsegel und andere moderne Systeme unerreichbar blieben. Ganz im Gegenteil, sie sind durchaus realisierbar und werden möglicherweise in einem Jahrhundert den interplanetarischen Verkehr beherrschen. Aus diesem Grund werden wir sie in einem späteren Kapitel dieses Buches, das sich mit den futuristischen Aspekten der Marskolonisation befaßt, detaillierter diskutieren.

Kolumbus wäre nicht weit gekommen, hätte er seine Expedition an den Docks zurückgehalten, bis Dampfschiffe, stählerne Ozeanliner oder eine Boeing 747 für die Überquerung des Atlantiks zur Verfügung gestanden hätten. Auch die erste Generation von Marsforschern muß ihre Hoffnungen auf primitivere Technologien set-

---

*   Nuclear Thermal Rockets
**   Solar Thermal Rockets
*** Single-Stage-To-Orbit

zen, als sie Reisenden späterer Zeitalter zur Verfügung stehen werden. Kolumbus überquerte den Atlantik in Schiffen, die für das Mittelmeer beziehungsweise den Handel entlang der atlantischen Küste konstruiert waren. Erst nach der Gründung europäischer Vorposten auf dem amerikanischen Kontinent erlebte der Schiffbau einen technologischen Aufschwung von Kolumbus' primitiven Seefahrzeugen zu dreimastigen Karavellen, Klippern und Ozeanlinern. In ähnlicher Weise wird die menschliche Besiedlung des Mars die Schaffung fortschrittlicher Antriebssysteme für die Raumfahrt fördern. Aus diesem Grund haben wir bislang unsere Erörterung der Marsmission vollkommen auf den vorhandenen, »primitiven« Stand der Raumfahrttechnologie und somit auf einen konservativen Zugang zu diesem Thema beschränkt. Doch gibt es eine Reihe technologischer Entwicklungen, die zweifellos bereits in relativ naher Zukunft eine Rolle spielen und sowohl die Durchführung der Mission selbst wesentlich vorantreiben, als auch die Kosten reduzieren könnten. Daher wollen wir sie näher betrachten.

Thermonuklear(NTR)- beziehungsweise Thermosolar(STR)-Raketen sind die wahrscheinlichsten Anwärter für Raumfahrtantriebssysteme, die einmal in der Lage sein werden, chemische Antriebsraketen zu ersetzen. Das Konzept dahinter ist ausgesprochen einfach. Eine Wärmequelle – entweder ein Atomreaktor oder ein Parabolspiegel, der das Sonnenlicht bündelt – erwärmt eine Flüssigkeit auf eine sehr hohe Temperatur, verwandelt sie in ultraheißes Gas, das aus der Raketendüse ausgestoßen wird und auf diese Weise Schub produziert. Anders ausgedrückt: Eine Thermorakete funktioniert wie ein fliegender Dampfkessel. Die Leistung eines solchen Systems wird hauptsächlich durch die für das Raketenmaterial zulässige Maximaltemperatur begrenzt, die man bei etwa 2500 °C vermutet. Die größte Ausströmungsgeschwindigkeit (und somit den höchsten von einer derartigen Rakete erzielbaren spezifischen Impuls) liefert ein Treibgas mit niedrigstmöglichem Molekulargewicht. Deshalb wählt man Wasserstoff als Treibgas für Thermoraketen. Eine mit Wasserstoff betriebene NTR beziehungsweise STR kann einen spezifischen Impuls von 900 Sekunden (9 km/s Ausströmungsgeschwindigkeit) erzielen, was dem Doppelten der besten chemischen Raketenantriebe auf Wasserstoff/Sauerstoff-Basis entspricht.

Zudem sind thermische Raketen keinesfalls reine Theorie. In den 60er Jahren wurde in den Vereinigten Staaten das sogenannte NERVA-Programm (Nuclear Engine for Rocket Vehicle Applications*) durchgeführt, in dessen Rahmen ungefähr ein Dutzend NTRs mit einer Schubkraft von 10000 Pfund bis zu 250000 Pfund gebaut und am Boden getestet wurden. Diese Antriebseinheiten funktionierten tatsächlich und lieferten spezifische Impulse von über 800 Sekunden, was die kühnsten Träume jedes Raketenbautechnikers chemischer Antriebssysteme bei weitem überstieg. Werner von Braun plante die Anwendung von NTRs als Antriebssystem für die bemannte Marsmission der NASA, die der *Apollo*-Mission in den 80er Jahren folgen sollte. Doch als die Regierung Nixon den über das *Apollo*-Projekt der NASA hinausgehenden Marsmissionsplänen einen Riegel vorschob, bedeutete dies auch das Aus für das NERVA-Programm. Die Raketen wurden niemals in der Luft getestet und die Forschungseinrichtungen ihrem Schicksal überlassen. Doch noch immer sind viele Veteranen des NERVA-Programms unter uns, wenn sie sich heute auch bereits dem Rentenalter nähern. Während ich dies schreibe, geht der schrittweise Verlust ihrer unbezahlbaren Kenntnisse derartiger Systeme weiter. Doch eines bleibt unumstößlich: Die Realisierbarkeit der Systeme wurde unter Beweis gestellt.

Während der Weltraumerforschungsinitiative (SEI**) bemühte sich eine Gruppe von NASA-Mitarbeitern im Geiste von Dr. Stan Borowski (vom Lewis Research Center der NASA), wenn auch nicht unter seiner Leitung, um das Wiederaufleben des amerikanischen NTR-Forschungs- und Entwicklungsprogramms. Diese Bemühungen, die ich leidenschaftlich unterstützte, stießen auf großen politischen Widerstand, nicht zuletzt aufgrund der Tatsache, daß die für die Weltraumerforschungsinitiative veranschlagten enormen Kosten den Kongreß dazu bewogen, nicht einen einzigen weiteren Cent in ein Projekt zu investieren, das mit dieser Initiative im Zusammenhang stand. Doch es gab auch andere Probleme. Die

---

* Dt. »Nuklearantriebe für Raumfahrtanwendungen«
** Space Exploration Initiative

Anti-Atomkraftbewegung hatte sich in den 60er Jahren noch nicht als ernstzunehmende politische Kraft gefestigt, und so wurden routinemäßig Tests mit NTRs im Freien durchgeführt. Dabei verbreitete sich der gefährliche atomare Ausstoß ungehindert in der Luft über dem Testgelände in Nevada. Diese Vorgangsweise fände heute keine Akzeptanz. Statt dessen müßten moderne NTR-Antriebe in geschlossenen Anlagen getestet werden, in denen Reinigungseinrichtungen die radioaktiven Partikel aus den Ausströmungsgasen entfernen müßten, ehe diese in die Umwelt abgelassen werden dürften. Wegen der Größe der NTR-Antriebe würde eine solche Anlage ausgesprochen weitläufig und möglicherweise bis zu einer Milliarde Dollar teuer sein. Die für ihre Errichtung zu berücksichtigenden Umweltauflagen könnten das Programm jahrelang verzögern. LOFT, eine Anlage, die bereits vom Nationalen Entwicklungsbüro in Idaho bewilligt worden war, wäre mit geringfügigen Veränderungen für den Test *kleiner* NTRs mit einer Schubkraft von etwa 10000 Pfund geeignet gewesen. Eine solche NTR wäre einerseits groß genug, um das relativ kleine Raumfahrzeug der Mars Direct-Mission von einem LEO auf eine Trans-Mars-Route zu befördern, und andererseits klein genug, um auch für eine Vielzahl von Einsätzen außerhalb der SEI eingesetzt werden zu können (wie zum Beispiel die Entsendung unbemannter Sonden in das äußere Sonnensystem oder militärischer Satelliten in eine geosynchrone Umlaufbahn). Für diese Missionen stand tatsächlich ein Budget bereit, was bei der SEI nicht der Fall war.

Deshalb sprachen sich einige Wissenschaftler – darunter auch ich – lange und deutlich vernehmbar für diese Option aus. Doch Anfang der 90er Jahre, als diese Debatte lief, hatte die NASA dem Mars Direct-Plan noch nicht zugestimmt, und die NTR-Antriebe mit ihrer Schubkraft von 10000 Pfund wären bei weitem zu schwach gewesen, um ein Raumfahrzeug von der Größenordnung eines *Battlestar Galactica* zum Mars zu befördern. Da die NASA-Entwickler an ihren unhandlichen Konstruktionen festhielten, galten Raketenantriebe mit einer Schubkraft zwischen 75000 und 250000 Pfund als Basis. Zudem waren viele der Personen um Borowski Vertreter von Institutionen, die auf große Geldflüsse für den Bau der neuen, gigantischen Testeinrichtung hofften und ihn dementsprechend zu beeinflussen suchten. Obendrein waren Borowskis Vorgesetzte bei diesem NTR-Programm NASA-Manager und durchweg dem Gedanken zugeneigt, die NTR zu einem großen, zeitraubenden Programm zu machen. Aus diesem Grund verweigerten sie sich jeder kurzfristigeren, im Umfang reduzierten, rascheren und kostengünstigeren Variante. So setzten sich schlußendlich die Befürworter der großen Version einer NTR durch. Die NASA verpaßte die Möglichkeiten der SEI, indem sie Pläne mit einem Gesamtvolumen von 6 Milliarden US-Dollar für das NTR-Programm auf den Tisch legte, das ausschließlich auf die SEI beschränkt war, riesige Einrichtungen und eine zwölfjährige Entwicklungszeit benötigte. Als die SEI eingestellt wurde, galt dies auch für die NTR. Sobald das Programm beendet war, verließen die Ratten das Schiff, und Borowski blieb mit seinen Bemühungen zum Start eines kleineren NTR-Programms allein. Zur Zeit liegt dieses Projekt auf Eis.

Sollten sich die Vereinigten Staaten dazu entschließen, bin ich davon überzeugt, daß wir ein kleines NTR-Programm ins Leben rufen könnten, das innerhalb von vier Jahren und bei Gesamtkosten von 500 Millionen bis 1 Milliarde Dollar in der Lage wäre, eine flugbereite Rakete mit einer Schubkraft von 10 000 Pfund und einem Isp von 850 Sekunden hervorzubringen. Diese Schätzungen basieren auf detaillierten Studien, die im Zusammenhang mit dem NERVA-Programm von Veteranen und anderen in der Industrie und in verschiedenen nationalen Labors beschäftigten Experten erstellt wurden. Auch wenn die veranschlagte Summe kein Pappenstiel ist, befindet sie sich im Bereich der finanziellen Aufwendungen für einen einzigen Space Shuttle-Start und würde der Nation ein vollkommen neues Spektrum an Raumfahrtmöglichkeiten eröffnen. Da ein derartiges Antriebssystem für eine Reihe von Anwendungsgebieten geeignet ist, wäre seine Entwicklung ohnehin sinnvoll – ungeachtet der Tatsache, ob wir damit nun Menschen auf den Mars entsenden oder nicht.

Dennoch kann niemand leugnen, daß die Durchführung eines nuklearen Raumfahrtprogramms eine Unternehmung mit riesigen Dimensionen ist. Nach dem Prinzip »lieber ein halbes Stück Brot als gar nichts« befürwortete eine Gruppe von Technikern des Phillips Lab der Luftwaffe in Albuquerque, New Mexico, die Entwicklung eines Thermosolarraketensystems und scheint wohl inzwischen auch ein begrenztes Entwicklungs- und Flugtestprogramm bewilligt bekommen zu haben. Das Konzept der STR ist alt. Erstmals wurde es von dem deutschen V-2-Veteranen Krafft-Ehricke in den 50er Jahren vorgeschlagen. Bis heute testete man jedoch noch keine derartige Rakete im Flug. Konzentriertes Sonnenlicht liefert die Energie für eine STR – wodurch man die Probleme mit der Radioaktivität vermeidet –, doch aufgrund der diffusen Natur der Sonnenstrahlung ist es schwierig, eine STR mit einer Schubkraft von mehr als etwa 100 Pfund zu konstruieren. Zudem ist das System aus offensichtlichen Gründen im äußeren Sonnensystem vollkommen wirkungslos. Die begrenzte Schubkraft der STR führt dazu, daß sie als Antrieb eines Mars Direct-Raumfahrzeugs für die gesamte Strecke von einem LEO auf eine Trans-Mars-Route nicht einsetzbar ist. Andererseits kann sie jedoch für eine Reihe von Manövern (über einen Zeitraum von einigen Wochen) verwendet werden, die als »Perigäumsschub« bekannt sind. Dabei wird die Rakete, sobald das Raumfahrzeug den tiefsten Punkt seiner Umlaufbahn passiert, jeweils für etwa 30 Minuten gezündet. Dies würde das Mars Direct-Raumfahrzeug aus dem LEO in eine stark elliptische Umlaufbahn bis knapp vor den Zeitpunkt bringen, da es die Erde hinter sich läßt. Aus diesem Orbit könnte es durch kurzzeitige Zündung des chemischen Antriebs den Flug zum Mars antreten, während die STR-Stufe entweder zurückgelassen oder in den LEO zurückgeführt wird, um ein weiteres Raumfahrzeug auf Marskurs zu bringen. Da die für den Transport in eine Umlaufbahn bis kurz vor dem Austritt erforderliche ΔV der STR etwa 3,1 km/s beträgt, erfüllt die STR etwa 72 bis 83 % der Antriebsleistung für die Trans-Mars-Strecke. (Für den Gesamtantrieb auf der Trans-Mars-Route wird für Nutzlasten eine ΔV von 3,7 km/s und für bemannte Missionen eine von 4,3 km/s benötigt.) Auf diese Weise bietet die STR Vorteile, die mit einer NTR vergleichbar, jedoch etwas geringer sind.

Worin liegen nun die Pluspunkte dieses Systems für das Mars Direct-Projekt? Wie wir gesehen haben, würde es für die Durchführung eines raschen Fluges zum Mars nicht ausreichen. Da wir über keinerlei futuristische Antriebssysteme verfügen, die nicht an ballistische Flugbahnen gebunden sind (Fusionsraketen, Warp-Antriebe etc.), ist die Route mit der zweijährigen freien Rückkehroption die geeignetste für die Entsendung von Menschen auf den Mars. Dabei erreicht man den Mars, unabhängig von dem eingesetzten Antriebssystem, innerhalb von etwa 180 Tagen. Die STRs und NTRs würden es uns aber gestatten, bei gleichbleibender Startmasse eine weit höhere Nutzlast zu transportieren. Wie bereits erläutert, kann die zu befördernde Nutzlast zum Mars durch Verwendung einer NTR gegenüber einer chemischen Antriebsstufe um 60 bis 70% gesteigert werden, sofern sie auf den von uns vorgewählten Routen für den Antrieb während der Trans-Mars-Injection eingesetzt wird. Auch die STR würde gegenüber einem chemischen Antriebssystem eine Nutzlasterhöhung von 40 bis 50% zulassen. Wenn wir denselben Booster von 140 t in den LEO verwenden, den wir für unsere chemisch angetriebene Mission als Basis herangezogen haben, würde uns der Einsatz dieser Antriebssysteme die Erweiterung der Mannschaftsgröße auf sechs Personen (drei Techniker, drei Wissenschaftler – keine Ärzte!) und eine Erhöhung der Nutzlast gestatten, die sämtlichen Missionskomponenten zugute käme.

Alternativ dazu könnte die höhere Schubleistung dieser Systeme unter Beibehaltung der bisherigen Nutzlastgegebenheiten zur Reduktion der Größe der erforderlichen Booster benutzt werden. Anstelle eines Boosters von 140 t könnte ein Booster mit einer Leistung von 85 t (NTR) bis 100 t (STR) die Mission in den LEO heben. Die erste Zahl bezieht sich auf die Leistung eines *Shuttle C* (im Prinzip eine Startstufe in Shuttle-Anordnung, jedoch mit einer leeren Frachtbehälterverkleidung, die das Orbiter-System ersetzt. Die NASA hofft, sie in kürzester Zeit für 1 bis 2 Milliarden Dollar entwickeln zu können, was eine beträchtliche Kostenreduktion gegenüber einer Startstufe vom Typ einer *Saturn V* bedeutete). Die zweite Zahl (100 t) zeigt die derzeitige Startleistung einer russischen *Energia*-Startrakete an. Die vergleichsweise geringe Nutzlast in der Verkleidung der *Energia* müßte allerdings für die Unterbringung des voluminösen Wasserstofftreibgases, der bei STR-/NTR-betriebenen Missionen erforderlich ist, erweitert werden.

Vielleicht ist die Mission aber auch gänzlich ohne Schwerlast-Trägerrakete möglich. In den Vereinigten Staaten wurde ein ausgesprochen ehrgeiziges Programm zur Entwicklung vollständig wiederverwendbarer Einstufenantriebssysteme (SSTO) ins Leben gerufen. Dieses Programm wurde von Gary Hudson und Max Hunter, zwei Visionären der Raumfahrt, inspiriert. Die erfolgreiche Demonstration einer verkleinerten, suborbitalen, wiederverwendbaren Rakete (der DC-X von McDonnell Douglas) im Rahmen eines von Oberst Pete Wordens Team (Organisation zur Abwehr ballistischer Raketen) unterstützten »Blitzprogramms« trieb das Projekt weiter voran. (Bill Gaubatz, der Programm-Manager der DC-X, verwirklichte das Projekt für 60 Millionen Dollar, eine Tatsache, die jeden wie ein Schlag ins Gesicht treffen müßte, der behauptet, die Realisierung einer solchen Idee koste 10 Milliarden Dollar und benötige eine endlose Entwicklungszeit.) Das unter der Bezeichnung X-33 von der NASA übernommene Projekt sieht sich großen technischen Schwierigkeiten gegenüber, da das SSTO-System lediglich eine Trockenmasse von bis zu 10 % der (betankten) Gesamtmasse aufweisen darf, wenn die Rakete mit einem Wasserstoff/Sauerstoff-Antrieb ausgestattet ist (wie bei sämtlichen in Umlauf befindlichen X-33 Entwürfen der Fall). Dies dürfte sich von der strukturellen Seite her als außerordentlich kompliziert erweisen, da die Wasserstofftanks besonders voluminös sind und das Raumfahrzeug für den Wiedereintritt in die Atmosphäre mit einem Hitzeschutzsystem gepanzert sein muß (Wegwerf-Antriebe können weit zierlicher gebaut werden). Um das SSTO-System funktionstüchtig zu machen, sind weit über den heutigen Stand der Technik hinausreichende Fortschritte in den Bereichen Leichtbaustoffe, Antriebsraketen und Hitzeschutzsysteme nötig. Es existiert jedoch keine Garantie, daß die erforderlichen technischen Errungenschaften tatsächlich erzielbar sind. Dennoch gibt es starke nationale Bemühungen in Richtung eines Einstufenantriebs.

Angesichts der Herausforderung, die dieses Problem darstellt, ist es wahrscheinlich, daß der amerikanische Einfallsreichtum mit der geeigneten finanziellen Unterstützung zum Ziel führen wird. Aber wie vielversprechend der Einstufenantrieb heute auch erscheinen mag, er bleibt doch, auf längere Frist gesehen, problematisch. Die NASA veranschlagt für dieses Programm einen Zeitraum von 17 Jahren. Ich kann nicht glauben, daß ein wie auch immer gearteter politischer Konsens über eine so lange Periode aufrechtzuerhalten ist. Sollte der Zeitplan des Programms nicht gestrafft werden, wird es mit einiger Gewißheit scheitern. Doch nehmen wir an, das Programm wird ein Erfolg. Was würde das für die Mars Direct-Mission bedeuten?

Sollte das SSTO-System wirklich sinnvoll sein für die Mars Direct-Mission, müssen wir uns eine Version ansehen, die sowohl mit Wasserstoff/Sauerstoff als auch mit Methan/Sauerstoff angetrieben werden kann. (Ein einfaches Methan/Sauerstoff-SSTO wäre ebenfalls geeignet. Laut SSTO-Programm-Manager Max Hunter ist ein Methan/Sauerstoff-System für SSTO-Anwendungen ebenso vielversprechend wie eine Wasserstoff/Sauerstoff-Kombination. Die höhere Dichte des Methantreibstoffs erlaubt kompaktere und damit leichtere Tanks und gleicht auf diese Weise den gegenüber dem Wasserstoff geringeren spezifischen Impuls aus.) Für Wasserstoff/Sauerstoff-Gemische konzipierte *RL-10*-Antriebssysteme von Pratt and Whitney wurden bereits am Teststand erfolgreich mit einem Methan/Sauerstoff-Gemisch betrieben. Auch sollen einige russische Raketentechnologien den Betrieb von Wasserstoff/Sauerstoff-Raketen alternativ mit Kerosin/Sauerstoff-Kombinationen gestatten, was einen weiteren Sprung bedeutet als der zu einem Wasserstoff/Methan/Sauerstoff-Dreifachtreibstoffsystem (da Methan Wasserstoff weit ähnlicher ist als Kerosin).

Nehmen wir an, wir hätten ein solches Antriebssystem. Das SSTO besitzt eine Trockenmasse von 60 t, ist mit 600 t Treibstoff beladen (86 t Wasserstoff und 514 t Sauerstoff) und kann eine Nutzlast von 10 t in den LEO befördern. So fliegen wir also eines dieser Geräte mit einer Nutzlast von 10 t, die für die Marsmission benötigt werden, in den LEO. Mit einer Serie von weiteren 20 SSTO-Flügen bringen wir weitere 200 t Treibstoff und 30 t Ladung zu dem in der Umlaufbahn befindlichen SSTO. (Diese »Ladung« umfaßt 20 t flüssigen Wasserstoff, der nicht auf dem Hinflug als Treibstoff verbrannt wird, sondern als Wasserstoff-Ausgangsmaterial während der *In-situ*-Treibstoffherstellung auf dem Mars Verwendung findet. Dennoch kann er gemeinsam mit dem Wasserstoff, der als Treibstoff dient, im Raketentank gelagert werden.) Nun verfügen wir in der Umlaufbahn über ein Raumfahrzeug, das wir *ERV/SSTO-1* nennen wollen, mit 40 t Ladung und ausreichend Treibstoff, um es auf einer Minimumenergieroute zum Mars zu senden.

Das Raumfahrzeug führt nun seine Widerstandsabbremsung durch und landet mit der gesamten Ladung auf dem Mars, in der Nähe der Mars Direct-ERV (jedes für den Wiedereintritt in die Erdatmosphäre konzipierte SSTO besitzt einen für den Eintritt in die Marsatmosphäre tauglichen Hitzeschild). Wie im Standard-Mars-Direct-Plan würde dieses Raumfahrzeug nun seinen Reaktor und seine Treibstoffproduktionsanlage in Betrieb setzen, um 20 t Wasserstoff aus der Ladung in 332 t Methan/Sauerstoff-Zweifachtreibstoff (320 t für den Rückflug, 12 t für die Oberflächenerkundungsfahrzeuge) und 9 t Wasser umzuwandeln. (Da es sich hierbei um einen Einstufenantrieb handelt, muß weit mehr Methan/Sauerstoff produziert werden als im Standard-Mars-Direct-Plan, dessen ERV auf einem zweistufigen Antrieb basiert. Überdies ist seine Struktur aufgrund der Anforderungen für die Wiederverwendbarkeit weit massiger. All dies fordert im Hinblick auf den Treibstoffbedarf seinen Preis.)

Während dies geschieht, fliegt ein weiteres SSTO 10 t Ladung in den LEO. In einer Serie von 24 Flügen transportiert ein anderes SSTO noch einmal 20 t Ladung, 220 t Treibstoff und – beim letzten Flug – die Mannschaft zu dem ersten SSTO. Dieses zweite SSTO-Raumfahrzeug – *Hab/SSTO-1* – ist nun mit 30 t Ladung und ausreichend Treibstoff für einen Flug auf einer raschen Konjunktionsroute zum Mars bereit. Vermutlich wird die Beladung des zweiten SSTO-Raumfahrzeugs so gelegt, daß sie abgeschlossen ist, kurz bevor sich ein Erde-Mars-Startfenster öffnet. Sind diese Voraussetzungen erfüllt und ist die Wiederbetankung des ersten SSTO-Raumfahrzeugs auf der Marsoberfläche abgeschlossen, kann die Mannschaft zum Mars aufbrechen. Sobald sie nach 180 Tagen den Roten Planeten erreicht, trifft sie sich mit der *ERV/SSTO-1* auf der Oberfläche. Kurz nach Ankunft der bemannten Einheit landet ein zweites, unbemanntes SSTO-Transport-Raumfahrzeug (*ERV/SSTO-2*) am Zielort und beginnt, analog zur Standard-Mars-Direct-Missionsreihenfolge, mit der Treibstoffproduktion für die nächste bemannte Mission (und dient der Besatzung von *Hab/SSTO-1* als Reservestation). Die Mannschaft verbringt 600 Tage auf der Marsoberfläche, verläßt dann das *Hab/SSTO-1* und kehrt mit dem *ERV/*

SSTO-1 zur Erde zurück. Kurz nach ihrem Abflug trifft ein weiteres SSTO-Raumfahrzeug, das *Hab/SSTO-2*, mit einer Besatzung von vier Astronauten in der Basis ein, um die Untersuchungen fortzuführen. Ein weiteres unbemanntes ERV mit Einstufenantrieb, *ERV/ SSTO-3*, folgt. Die Besatzung des *Hab/SSTO-2* kehrt in dem *ERV/ SSTO-2* zur Erde zurück – und so weiter. Die Missionsabfolge kann auf diese Weise unendlich fortgeführt werden, wobei jede Mission dem Basislager ein zusätzliches *Hab/SSTO* hinzufügt. Sämtliche nicht auf dem Mars verbleibenden SSTO-Raumfahrzeuge kehren zu ihrer Wiederverwendung zur Erde zurück. Da keine Station aufgegeben wird, ist dieser Plan im höchsten Maße ökonomisch.

Beachten Sie allerdings, daß jede in dieser Art durchgeführte bemannte Marsmission insgesamt 49 SSTO-Flüge erfordert. Dies wäre vollkommen lächerlich, würden die SSTOs ähnlich wie bestehende Startraketen mit einer Häufigkeit von einem Flug pro Monat betrieben. Sollten SSTO-Raumfahrzeuge jedoch mit raschen Rückflügen und mehreren Abflügen pro Woche eher wie Flugzeuge eingesetzt werden, wie von ihren Befürwortern gefordert, ist es vorstellbar, daß dieser Plan in die Tat umgesetzt werden kann. Dennoch bleibt er eine hochtechnologische Variante. Zusätzlich zu der Forderung, daß mit dem SSTO eine bisher nicht erzielte Leistung und Einsatzfähigkeit erreicht werden soll, verlangt dieses Szenario außerdem, daß sowohl flüssiger Sauerstoff als auch flüssiger Wasserstoff bei Schwerelosigkeit von einem im Orbit kreisenden SSTO-Raumfahrzeug in ein anderes umgeladen werden kann. Da beide Flüssigkeiten kryogen sind und noch niemals zuvor ein Transfer von Kryogenen bei Schwerelosigkeit von einem Tank in einen anderen erfolgt ist, steht dieses Unternehmen vor einer Vielzahl von Problemen. Würde man versuchen, einen elastischen Heizbalg für den Transport von einem Tank in den anderen zu verwenden, würden die kryogenen Flüssigkeiten diesen zufrieren. Auch Pumpen könnten nicht eingesetzt werden, da es bei Schwerelosigkeit unmöglich ist, eine Flüssigkeit anzusaugen (die Pumpe kann wohl ein Stück der Flüssigkeit herausbeißen, dann jedoch bleibt an deren Stelle Leere zurück). Zur Entleerung eines Tanks könnte das Raumfahrzeug mittels der Korrekturtriebwerke langsam beschleunigen, oder man läßt die Tanks auf einer Drehscheibe rotieren. Ebenso wurden bereits Kapillare und andere Geräte, die zur Kontrolle von Flüssigkeitsbewegungen auf Oberflächenspannung basieren, vorgeschlagen. Zumindest bei Sauerstoff gibt es die Möglichkeit, die Flüssigkeitsbewegung mittels eines Magneten zu beeinflussen. (Flüssiger Sauerstoff ist paramagnetisch – man kann ihn mit einem Magneten aufnehmen.) Kurzum: Auch wenn die Situation nicht hoffnungslos ist, müßten doch noch einige Probleme gelöst werden, bevor dieser Plan als glaubwürdig gelten kann.

Aus diesem Grund setze ich wiederum auf den altmodischen Mars Direct-Plan mit seinen Wegwerf-Schwerlast-Boostern, dem chemischen Antriebssystem, den (nicht wirklich) von Pferden gezogenen Erkundungsfahrzeugen und dem übrigen primitiven Instrumentarium unseres im Moment noch dunklen Zeitalters der Weltraumerforschungsgeschichte. Sollten sich bessere Möglichkeiten eröffnen, den Mars zu erreichen, nützen wir sie natürlich. Doch wie es aussieht, werden diese nicht entwickelt, solange wir nicht die vorhandenen Technologien für eine Marsmission einsetzen und damit den Ball ins Rollen bringen. Wie pflegten die alten Seefahrer über die Eroberung der sieben Meere zu sprechen? Sie erfolgte durch stählerne Männer und hölzerne Schiffe, nicht durch hölzerne Männer und stählerne Schiffe. Dasselbe wird bei der Marsmission der Fall sein. Wir können sie mit den uns heute zur Verfügung stehenden Technologien durchführen.

ΔV und hyperbolische Geschwindigkeit

In diesem Kapitel habe ich oftmals ΔV und hyperbolische Geschwindigkeit erwähnt. Wenn diese beiden Geschwindigkeiten auch nicht identisch sind, so stehen sie doch in Beziehung zueinander.

Die Geschwindigkeitsänderung – oder ΔV (Delta-V), die in Geschwindigkeitseinheiten wie Kilometern pro Sekunde (km / s) gemessen wird – ist das Grundmaß in der Raketentechnik. Hat man ein Raumfahrzeug mit einer Trockenmasse M (also ohne Treibstoff), eine gewisse Treibstoffmenge P und eine Antriebsrakete mit einer Ausströmungsgeschwindigkeit C, zeigt die folgende Gleichung (»Raketengleichung«) die vom Gesamtsystem erreichbare ΔV:

$$(M + P) / M = e^{\Delta V / C} \qquad (1)$$

Der Quotient aus (M+P) /M, auch als Masseverhältnis des Raumfahrzeugs bekannt, steigt exponentiell in Abhängigkeit von $\Delta V/C$. Ist $\Delta V/C = 1$, beträgt das Masseverhältnis $e^1 = 2{,}72$. Bei $\Delta V/C = 2$, beträgt das Masseverhältnis $e^2 = 7{,}4$. Bei $\Delta V/C = 3$ erhält man ein Masseverhältnis von 20,1 und bei $\Delta VC = 4$ eines von 54,6. Die Exponentialfunktion ist eine außerordentlich starke Funktion. Eine kleine ΔV-Erhöhung oder C-Absenkung kann zu einem großen Sprung im Masseverhältnis führen. Tatsächlich sind die Auswirkungen noch gravierender, da die Trockenmasse M nicht nur die zu befördernde Nutzlast, sondern auch die Masse der Tanks, die zur Aufnahme des Treibstoffs benötigt werden, sowie die für den Antrieb des Raumfahrzeugs mit dem vorhandenen Treibstoff ausreichend groß dimensionierten Raketenantriebssysteme umfaßt. Diese beiden parasitären Lasten erhöhen sich ebenfalls proportional zu P. Mit einer Steigerung von $\Delta V/C$ erhöht sich die Masse des Raumfahrzeugs rascher als die Exponentialfunktion, so daß in Abhängigkeit vom Gewicht der Baumaterialien und der Dichte des verwendeten Treibstoffs die Masse eines einstufigen Raumfahrzeugs irgendwo zwischen $\Delta V/C = 2$ und $\Delta V/C = 3$ gegen unendlich geht! Hierin liegt der Grund, weshalb Raketentechniker alles dafür tun, ΔV zu verringern und C zu erhöhen.

Sollte es Sie interessieren, können Sie die Raketenausströmungsgeschwindigkeit leicht in Meter pro Sekunde umrechnen, indem Sie ihren spezifischen Impuls (Isp) mit 9,8 multiplizieren. Wollen Sie hingegen C in Kilometern pro Sekunde erhalten, multiplizieren Sie den spezifischen Impuls mit 0,0098.

$$C\,(m/s) = 9{,}8\,(Isp) \qquad C\,(km/s) = 0{,}0098\,(Isp) \qquad (2)$$

Die hyperbolische Geschwindigkeit, bei der es sich entweder um die Abflug- oder um die Ankunftsgeschwindigkeit in bezug auf einen Planeten handeln kann, ist nicht mit ΔV identisch, die eine Geschwindigkeitsänderung darstellt, welche von den Antriebssystemen des Raumfahrzeugs selbst erzeugt werden muß. Dennoch stehen sie zueinander und zur maximalen Wiedereintrittsgeschwindigkeit eines ankommenden Raumfahrzeugs nach folgender Gleichung in Beziehung:

$$(V_0 + \Delta V)^2 + V_e^{\,2} + V_h^{\,2} = V_r^{\,2} \qquad (3)$$

wobei V_0 der Raumfahrzeuggeschwindigkeit im tiefsten Punkt des Orbits entspricht, ΔV der von den Raketenantrieben des Raumfahrzeugs bewirkten Geschwindigkeitsänderung, V_e der Fluchtgeschwindigkeit (11 km/s für die Erde, 5 km/s für den Mars), V_h der hyperbolischen Geschwindigkeit des Raumfahrzeugs und V_r der Wiedereintrittsgeschwindigkeit. In Abbildung 4.3 und 4.4 zeigen wir das Verhältnis zwischen Transitzeit, Abfluggeschwindigkeit (oder hyperbolischer Geschwindigkeit), ΔV und der Missionsmasse eines 20 t schweren Raumfahrzeugs beim Austritt aus einem LEO der Erde beziehungsweise des Mars, vor dem Übergang in einen interplanetarischen Transit.

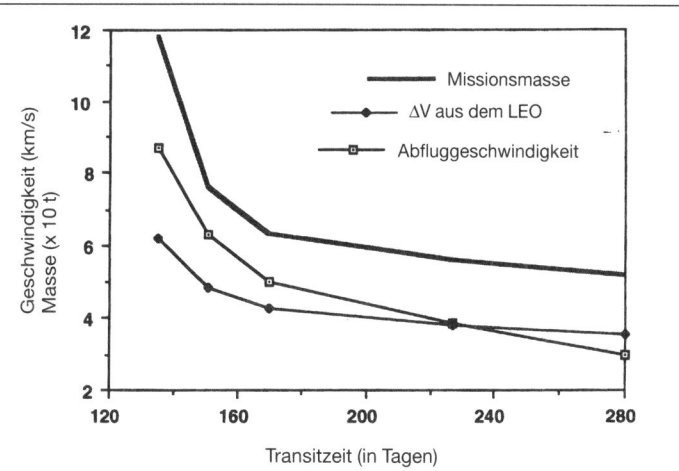

Abbildung 4.3
Reise von der Erde zum Mars
Beziehung zwischen der durchschnittlichen Transitzeit, Abfluggeschwindigkeit, ΔV und der Masse eines 20 t schweren Raumfahrzeugs, das eine niedrige Erdumlaufbahn (LEO) in Richtung Mars verläßt. Der Raketentreibstoff ist ein Wasserstoff/Sauerstoff-Gemisch mit einem spezifischen Impuls von 450 Sekunden. Bitte beachten Sie, daß die Missionsmasse bei Transitzeiten von weniger als 170 Tagen steil ansteigt.

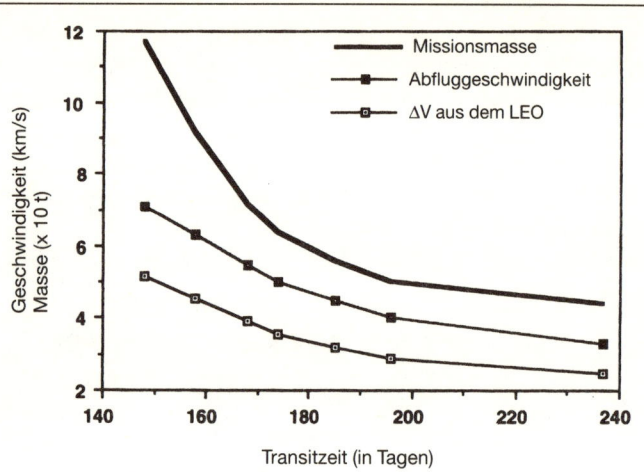

Abbildung 4.4
Reise vom Mars zur Erde
Beziehung zwischen Transitzeit, Abfluggeschwindigkeit, ΔV und Masse eines 20 t schweren Raumfahrzeugs, das eine niedrige Marsumlaufbahn (LMO) in Richtung Erde verläßt. Der Raketentreibstoff ist ein Methan/ Sauerstoff-Gemisch mit einem spezifischen Impuls von 380 Sekunden. Bitte beachten Sie, daß die Missionsmasse erst steil anzusteigen beginnt, wenn man eine Reduktion der Transitzeit unter 170 Tage versucht.

5
Von Drachen und Sirenen

In früheren Zeiten, als die Welt noch nicht vollständig erforscht war, pflegten Kartenzeichner unbekannte Gebiete auf ihren Landkarten mit einer Vielzahl phantasievoller Kreaturen zu schmücken. Nicht zuletzt fanden sich dort bedrohliche Drachen, die ein ganzes Schiff verschlingen konnten, und reizenden, jedoch nicht minder gefährlichen Sirenen, die die Seefahrer durch ihren verführerischen, süßen Gesang anlockten, bis ihre Schiffe auf felsige Klippen aufliefen. Auch wenn die Drachen der Phantasie entsprungen waren, ließen sie denen, die eine Reise planten, keine Ruhe und hemmten die menschliche Erforschungstätigkeit für Jahrhunderte. Die Sirenen hingegen mußten nicht einmal wirklich vorhanden sein, damit man sie hörte – es bestand kein Zweifel daran, daß sie tatsächlich gehört wurden und so manches hoffnungsvolle Unternehmen vom Kurs abbrachten.

Nun, die Dinge haben sich nicht wesentlich geändert. Auch heutzutage erkennen diejenigen, die eine Mission zum Mars planen wollen, auf ihren Karten Drachen. Berichte von entsetzlichen Bestien mit Namen wie »Strahlung«, »Schwerelosigkeit«, »Faktor Mensch«, »Staubstürme« und »Kontamination« mischen sich in die Diskussion über Missionspläne und tun alles, um potentielle Mannschaften (ohne Erfolg), potentielle Missionsplaner (mit einigem Erfolg) und potentielle Missionssponsoren (mit durchschlagendem Erfolg) zu terrorisieren. Auch gibt es eine Sirene namens Diana, die Göttin des Mondes, deren Gesang Marsreisende noch immer dazu bewegen soll, ihre Schiffe auf ein unfruchtbares Ziel zuzusteuern.

Wenn wir den Mars erreichen wollen, benötigen wir saubere Landkarten. Sämtliche Drachen, Zyklopen und andere Untiere müssen bezwungen und die Sirenen als jene Täuschungen entlarvt werden, die sie sind.

Strahlungsrisiken

Einer der führenden Drachen, die den Weg zum Mars versperren, trägt den Namen Strahlung. Nur der Einsatz ultraschneller Raumfahrzeuge, die die angeblich strahlungsverseuchten Weiten des Weltraums mit rasanter Geschwindigkeit durchschneiden und die Reise zum Mars und zurück in unmöglich kurzer Zeit zurücklegen, heißt es, garantiere die Sicherheit der Mission. Als Alternative dazu seien nur riesenhafte Raumschiffe, deren Ausmaße die Größe eines Asteroiden erreichen, in der Lage, die Mannschaft ausreichend abzuschirmen und ihre Gesundheit zu gewährleisten. Zudem werden wir gewarnt, daß es sich bei kosmischer Strahlung um etwas vollkommen Unbekanntes handle und daß wir erst nach jahrzehntelangen Studien ihres Langzeiteffekts auf den Menschen im interplanetarischen Raum eine Reise zum Mars riskieren könnten. Tatsächlich sind nahezu alle in den vorigen Absätzen aufgestellten Behauptungen reiner Unsinn. Die einzige, die der Wahrheit nahe kommt, ist die erste: Strahlung ist tödlich – eine unbestrittene Tatsache. Allerdings nur dann, wenn die Strahlung in übermäßiger Dosis einwirkt.

Der Mensch entwickelte sich in einer Umgebung, die eine bedeutende Menge natürlicher Erdstrahlung aufweist. Heutige Bewohner der USA, die annähernd auf Meeresniveau leben, erhalten eine jährliche Strahlungsdosis von etwa 150 Millirem. (Ein Millirem entspricht einem Tausendstel rem, der zur Messung von Strahlung in den Vereinigten Staaten verwendeten Basiseinheit. In Europa ist die Einheit Sievert in Gebrauch. Ein Sievert entspricht 100 rem.) Wer es sich jedoch leisten kann, in Vail oder Aspen zu leben, verzichtet freiwillig auf einen beträchtlichen Anteil jenes Schutzes, den die Erdatmosphäre gegen kosmische Strahlung bietet, und nimmt folglich jährlich eine Strahlungsdosis von mehr als 300

Millirem auf. Da wir uns in einem Strahlungsfeld entwickelten, braucht die Menschheit Strahlung geradezu, um gesund zu bleiben.

Mag es auch im Widerspruch zur gängigen Meinung und Ausrichtung verschiedener Regierungsstellen stehen, so haben zahlreiche Studien an Personen, die einer unnatürlichen, strahlungsfreien Umgebung ausgesetzt wurden, doch bedeutende Gesundheitsverschlechterungen gegenüber einer Kontrollgruppe, die eine natürliche Dosis an Ionenstrahlung erhielt, aufgezeigt. Dieses Phänomen, auch unter dem Begriff Hormesis[9,10] bekannt, wird durch die Tatsache hervorgerufen, daß der menschliche Körper die Einwirkung einer gewissen natürlichen Strahlungsdosis benötigt, um seine Selbstheilungsmechanismen in Gang zu halten. Zwar ist noch ungeklärt, wie hoch die optimale Strahlungsdosis für die menschliche Gesundheit ist, doch liegt sie bestimmt nicht bei Null.

Trotzdem entspricht es zweifellos der Wahrheit, daß große Strahlungsmengen, die über kurze Zeitperioden auf den Menschen einwirken, zum Tod führen – wie etwa bei der wenige Sekunden einwirkenden, hohen Dosis Gammastrahlung einer Atombombenexplosion, oder wenn jemand ungeschützt minutenlang dem von einem defekten Atomreaktor ausgestoßenen Material ausgesetzt ist. Der Effekt solch plötzlich auftretender Strahlungsdosen ist von Studien an Opfern der Bombardements von Hiroshima und Nagasaki hinreichend bekannt. Allerdings haben diese Studien auch gezeigt, daß vorübergehende Strahlungsdosen von weniger als 75 rem offenbar keine Auswirkung auf die Gesundheit haben. Bei Dosen zwischen 75 und 200 rem tritt bei 5 bis 50 % der dieser Strahlung ausgesetzten Personen die Strahlenkrankheit auf (deren Symptome Erbrechen, Müdigkeit und Appetitlosigkeit sind). Der Prozentsatz erhöht sich mit steigender Strahlungsdosis von 75 bis auf 200 rem. Doch auch bei dieser Dosis erholt sich nahezu jedermann innerhalb weniger Wochen. Bei 300 rem zeigt sich die Strahlenkrankheit bei allen. Todesfälle treten auf, deren Zahl sich bei 450 rem auf 50 % und bei 600 rem auf 80 % aller Personen erhöht. Kaum jemand ist in der Lage, eine Strahlungsdosis von 1000 oder mehr rem zu überleben.

Die hier beschriebenen Effekte beziehen sich allerdings auf plötzlich auftretende Dosen, also solche, die in einer weit kürzeren

Spanne als dem Wochen bis Monate dauernden Zeitraum wirken, der für die Zellerneuerung und körperliche Selbstheilung nötig ist. Diese Situation ist etwa mit Alkoholgenuß oder der Einnahme einer anderen toxischen Substanz vergleichbar. Es ist möglich, über Jahre hinweg täglich ein Glas Whiskey zu trinken, ohne offensichtlich Schaden daran zu nehmen, da die Leber ausreichend Zeit hat, den Körper nach jedem Alkoholgenuß zu reinigen. Der Genuß von 100 Gläsern Whiskey an einem einzigen Abend würde hingegen zum Tod führen. Strahlung bewirkt eine ähnliche Schädigung des lebenden Organismus. Innerhalb der Zellen kommt es zu chemischen Reaktionen, bei denen toxische Substanzen entstehen, die zum Tod führen oder einzelne Zellen schädigen. Unterhalb einer bestimmten Strahlungsrate können die Selbstheilungsmechanismen der einzelnen Zellen noch rasch genug arbeiten, um das durch die Strahlung hervorgerufene Toxin abzuwehren und die Zelle zu retten. Bei bedeutend höheren Strahlungsraten ist die Gesamtheit des menschlichen Gewebes in der Lage, beschädigte Zellen durch neue zu ersetzen, bevor der Verlust dieser Zellen zu Problemen für den ganzen Körper führt. Nur wenn Strahlungsdosen in einem Zeitraum auftreten, der die Selbstheilungsmechanismen überfordert, kommt es zu ernsthaften Auswirkungen auf die Gesundheit.

Zusätzlich zu der plötzlich auftretenden Strahlung, die in übermäßigen Dosen Strahlenkrankheit und Tod bewirken kann, steigern kleinere chronische Strahlungsdosen die statistische Wahrscheinlichkeit einer Krebserkankung bei Mensch und Tier, weil die durch Strahlungseinwirkung in einer Zelle hervorgerufenen Toxine krebserregend sein können. Über die genaue Beziehung zwischen solchen chronischen Strahlungsdosen und später auftretenden Krebserkrankungen gibt es zwar unterschiedliche Meinungen, doch wurde sie weit eingehender untersucht als Auswirkungen chemischer Krebserreger, wie sie heute im menschlichen Umfeld auftreten. Zum Beispiel setzte man vor 1960 in Großbritannien eine großräumige Strahlenbehandlung des Knochenmarks der Wirbelsäule gegen ankylose Spondylitis ein. In der Folge wurden zahlreiche Studien an den so behandelten Patienten im Hinblick auf durch Strahlung hervorgerufene Leukämie durchgeführt. In einer der umfassendsten dieser Untersuchungen wurden 14 554 erwachsene Patienten, deren Strahlungsbehandlung mit Dosen zwischen 375 und 2750 rem[11] erfolgte, über einen Zeitraum von 25 Jahren beobachtet. Von der untersuchten Gruppe starben 60 Personen an Leukämie, was sich von der erwarteten Leukämietodesrate von sechs für eine Zufallsgruppe der heutigen britischen Bevölkerung negativ abhebt. Doch trotz der hohen Dosis betrug die Todesrate innerhalb der bestrahlten Gruppe weniger als 0,5 %. Auf Basis dieser und hunderter ähnlicher Untersuchungen gibt die *National Academy of Sciences – National Research Council*-Studie, auch als der *Biological Effects of Ionizing Radiation (BEIR)*-Report* bekannt, die folgenden Werte als statistische Wahrscheinlichkeit von Personen von über 10 Jahren an, innerhalb von 30 Jahren nach Einwirkung einer chronischen Dosis von 100 rem an einem tödlichen Krebsleiden zu erkranken.

Tabelle 5.1
Geschätztes Krebsrisiko aufgrund einer chronischen Strahlungsdosis von 100 rem

Krebsart	Wahrscheinlichkeit eines tödlichen Krebsleidens innerhalb von 30 Jahren
Leukämie	0,30 %
Brustkrebs	0,45 %
Lungenkrebs	0,40 %
Krebserkrankung innerer Organe einschließlich des Magens	0,30 %
Knochenkrebs	0,06 %
andere Krebsarten	0,30 %
Insgesamt	1,81 %

Gemäß der BEIR-Schätzung beträgt die Wahrscheinlichkeit, innerhalb von 30 Jahren an einem tödlichen Krebsleiden zu erkanken, bei einer Strahlungsdosis von 100 rem 1,8 %. Wird nun eine Astronautin im Laufe einer zweieinhalbjährigen Marsmission einer

---

* *Report über die biologischen Effekte ionisierender Strahlung*

Dosis von 50 rem ausgesetzt und hat nach ihrer Rückkehr noch eine Lebenserwartung von 30 Jahren, ehe sie an Altersschwäche stirbt, so beträgt die Wahrscheinlichkeit, daß sie, aufgrund der erlittenen Strahleneinwirkung, während dieses Zeitraums an einem tödlichen Krebsleiden erkrankt, 50 : 100 x 1,81 % = 0,905 %. (Die Wahrscheinlichkeit, innerhalb eines Jahres an einem tödlichen Krebsleiden zu erkranken, läge somit bei einem 30stel dieses Wertes, also bei 0,03 %. Das Risiko einer durch Strahlung hervorgerufenen Krebserkrankung während der Mission selbst ist nahezu unerheblich.) Bei einem männlichen Astronauten wäre die Wahrscheinlichkeit mit 0,68 % etwas geringer, da das Brustkrebsrisiko entfällt. Unter der Annahme, daß diese Astronauten nicht rauchen, betrüge die Wahrscheinlichkeit, daß sie, wenn sie nicht an einer Marsmission teilnehmen, an Krebs sterben, etwa 20 %. So gesehen steigern sie durch die bei einem Marsflug aufgenommene Dosis ihr Krebsrisiko von 20 % auf etwas weniger als 21 %.

In dem oben angeführten Beispiel bezog ich mich auf eine chronische (nicht plötzlich auftretende) Dosis von 50 rem, die im Laufe einer zweieinhalbjährigen Marsmission aufgenommen wird. Die Frage, die sich nun stellt, lautet, inwieweit die bis dato verfügbaren Missionsprofile einer bemannten Marsmission die Strahlungsdosis beeinflussen, der die Mannschaft möglicherweise ausgesetzt wird.

Im Rahmen einer Marsmission können die Astronauten zweierlei Strahlungen ausgesetzt werden – Sonneneruptionen und kosmischen Strahlen. Sonneneruptionen bestehen aus einer Flut von Protonen, die in unregelmäßigen und unvorhersagbaren Intervallen bei etwa einem Ausbruch pro Jahr aus der Sonne herausströmen. Die bei einer solchen Sonneneruption auf einen vollkommen ungeschützten Astronauten innerhalb einiger Stunden einwirkende Strahlungsdosis könnte einige 100 rem betragen, was, wie wir gesehen haben, Strahlenkrankheit oder sogar den Tod hervorruft. Obwohl jedes einzelne Teilchen einer solchen Sonneneruption eine Energie von ungefähr einer Million Wattstunden besitzt, kann es relativ einfach durch eine dünne Schutzschicht abgehalten werden.

Betrachten wir die drei größten dokumentierten Sonneneruptionen der Geschichte von Februar 1956, November 1960 und August 1972, kommen wir zu folgendem Ergebnis: Die Dosis, der ein nur von der Hülle eines interplanetarischen Raumfahrzeugs wie unserem Hab geschützter Astronaut ausgesetzt gewesen wäre, hätte im Mittel etwa 38 rem betragen (beim Hab sind zwischen Hülle, Innenausstattung, verschiedenen technischen Apparaturen, Einrichtungsgegenständen und anderen Objekten etwa 5 Gramm Masse pro Quadratzentimeter rund um die Außenfläche als Schutz für die Besatzung eingelagert). Hätte der Astronaut sich hingegen in einen an Bord befindlichen Schutzraum (der bei dem Mars Direct-Hab mit etwa 35 Gramm pro Quadratzentimeter geschützt ist) begeben, hätte er von den eingelagerten Vorräten abgeschirmt werden können. Die Strahlungsdosis hätte sich auf 8 rem[12, 13, 14] reduziert. Wenn sich der Astronaut während eines Ereignisses, das dem Mittel dieser Sonneneruptionen entspricht, im Hab auf der Marsoberfläche befunden hätte, wäre er außerhalb des Schutzraums einer Dosis von 10 rem und innerhalb von 3 rem ausgesetzt gewesen. (Die an der Marsoberfläche wirkenden Strahlungsdosen sind wesentlich geringer, da die Atmosphäre und die Oberfläche des Planeten einen Großteil der Strahlung abschirmen).

Bei kosmischer Strahlung verhält es sich anders. Da die Teilchen dieser Strahlung eine Energie von mehreren Milliarden Wattstun-

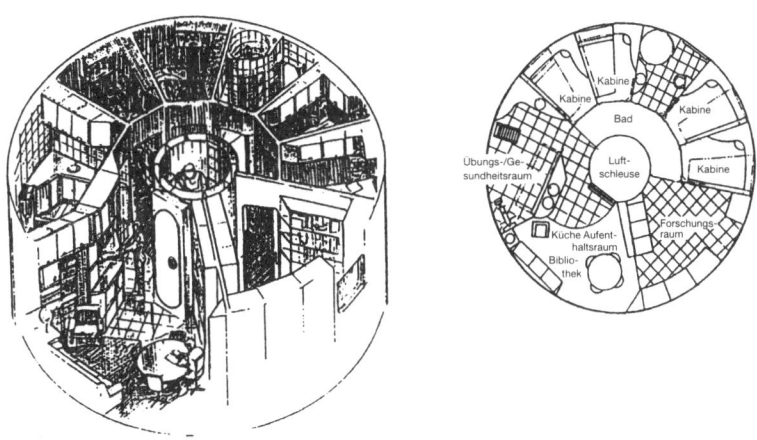

Abbildung 5.1
Schematische Darstellung des Mars Direct-Habitats. Im Falle einer Sonneneruption kann die Luftschleuse der Besatzung als Sturmschutzraum dienen.

177

den besitzen, können sie nur durch meterdicke Schutzschichten gestoppt werden, was im Grunde einen Schutz gegen kosmische Strahlung während eines interplanetarischen Fluges unmöglich macht. Doch der Mars selbst bietet einen Schutz dagegen, da er sämtliche von unten kommenden Strahlen abblockt. Mit Hilfe von Sandsäcken kann zumindest ein Teil der von oben auf das Hab einwirkenden Strahlung abgeschirmt werden.

Kosmische Strahlung tritt, im Gegensatz zu Sonneneruptionen, nicht in enormen, gelegentlichen Fluten, sondern eher wie ein nahezu konstanter, dünner Strahlungsregen auf. Die Strahlungsdosis, die ein Astronaut in einem Hab während eines Fluges durch den interplanetarischen Raum aufnimmt, wird in Abhängigkeit von der Position der Sonne innerhalb ihres elfjährigen Sonnenfleckenaktivitätszyklus zwischen 20 und 50 rem pro Jahr betragen. Die höchsten kosmischen Strahlungsdosen kommen während des Zeitraums der geringsten Sonnenfleckenaktivität vor, da sich das Magnetfeld der Sonne während der Periode der maximalen Sonnentätigkeit ausdehnt und das gesamte Sonnensystem bis zu einem gewissen Grad gegen aus dem interstellaren Raum eindringende kosmische Strahlung schützt. Als Mittelwert kann daher eine durchschnittliche Strahlungsdosis von 35 rem pro Jahr während eines interplanetarischen Fluges angenommen werden. Befindet sich die Besatzung ohne zusätzlichen Schutz auf der Marsoberfläche, wird die kosmische Strahlungsdosis pro Jahr etwa 9 rem betragen. Ist sie jedoch zum Beispiel durch Sandsäcke auf dem Dach des Hab geschützt, beträgt sie etwa 6 rem jährlich. Da sich die Mannschaft während des Großteils ihres Aufenthaltes – aber nicht ausschließlich – auf der Marsoberfläche im Hab befindet, entspricht eine Dosis von 7 rem pro Jahr an kosmischer Strahlung wohl einem angemessenen Mittelwert für diese Missionsphase.

Verbinden wir alle diese Daten mit den Flugprofilen der Konjunktions- und Oppositionsmissionen, und nehmen wir an, daß eine Sonneneruption in der Größenordnung der drei schlimmsten Ausbrüche in der Geschichte etwa einmal pro Jahr während der Mission auftritt, erhalten wir die in Tabelle 5.2 angegebenen voraussichtlichen Strahlungsdosen.

Tabelle 5.2
Während Marsmissionen auftretende Strahlungsdosis

	Konjunktion	Opposition
Kosmische Strahlung während des Transits	31,8 rem	47,7 rem
Sonneneruptionen während des Transits	5,5 rem	9,6 rem
Kosmische Strahlung auf dem Mars	10,6 rem	0,8 rem
Sonneneruptionen auf dem Mars	4,1 rem	0,3 rem
Gemittelte Gesamtdosis	**52,0 rem**	**58,4 rem**

Wie in den vorherigen Kapiteln erläutert, würde die Mars Direct-Mission eine Konjunktionsroute wählen, deren geschätzte Strahlungsdosis während der gesamten Missionsdauer zwischen 41 und 62 rem variieren würde, je nachdem, ob sich die Sonne innerhalb ihres elfjährigen Zyklus in einer Phase minimaler oder maximaler Sonnenaktivität befindet. Unter Berücksichtigung eines Mittelwertes zwischen minimalen und maximalen Bedingungen wären die für eine gesamte Marsmission veranschlagten 50 rem durchaus realistisch. Darüber hinaus können wir sehen, daß die von der schlimmsten Sonneneruption ausgehende Strahlendosis während der Mars Direct-Mission etwa 5 rem beträgt, ein Wert, der weit unter der Schwelle von 75 rem an plötzlich auftretender Strahlung liegt, bei der Krankheitssymptome hervorgerufen werden.

Ein Blick auf Tabelle 5.2 zeigt überdies, wie unsinnig die Argumente für eine Oppositionsmission unter dem Aspekt der Verringerung der Strahlendosis sind. Ungeachtet der höheren Masse und Kosten sowie des geringeren Missionswertes (aufgrund des begrenzten Aufenthaltes auf dem Mars) übersteigt die bei einer Oppositionsmission aufgenommene Gesamtstrahlungsdosis jene einer Konjunktionsmission. Auch die plötzlich auftretende Strahlungsdosis durch Sonneneruptionen liegt bei dieser Variante um 75 % höher. Grundsätzlich sind die chronischen Strahlungsdosen beider Routen vorhersagbar und im Vergleich zu all den anderen Risiken, die man in der bemannten Raumfahrt auf sich nehmen muß, zu vernachlässigen. Die einzige reale Gefahr durch Strahlung besteht in der Möglichkeit einer außergewöhnlichen Sonneneruption, wenn diese eine plötzliche Strahlenbelastung mit sich bringt, die bei weitem alle in den letzten 50 Jahren gemessenen Werte übersteigt. Die Wahrscheinlichkeit, in einen derartigen Ausbruch zu geraten, liegt bei einer Oppositionsmission weit höher, da deren Route nahe an der Sonne vorüberführt. Daher gibt es im Hinblick auf die Strahlendosis keine logische Begründung, warum eine Oppositionsmission einer Reise auf einer Mars Direct-Konjunktionsroute oder einer Minimumenergieroute vorgezogen werden sollte. Betrachtet man die Gefahren durch Strahlung, so stellt die Oppositionsroute ganz im Gegenteil sogar die schlechtestmögliche Wahl dar.

Entgegen der Panikmache gewisser Personen, die sich um große Forschungsbudgets auf diesem Gebiet bemühen, ist an kosmischen Strahlungsdosen im Vergleich zu anderen Arten von Strahlungsdosen nichts Außergewöhnliches zu finden. Ungefähr die Hälfte der gesamten, während eines Lebens auf der Erdoberfläche aufgenommenen Strahlungsdosis geht auf kosmische Strahlung zurück. Die Dosen von Menschen, die in großer Höhe leben oder arbeiten, sind im übrigen beträchtlich. Zum Beispiel wäre ein Pilot, der einmal täglich und fünfmal wöchentlich den Atlantik überfliegt, einer jährlichen Rem-Menge in der Größenordnung einer kosmischen Strahlungsdosis ausgesetzt. In einer 25jährigen Pilotenlaufbahn würde er oder sie mehr als die Hälfte der gesamten kosmischen Strahlungsdosis aufnehmen, die auf ein Besatzungsmitglied während einer zweieinhalbjährigen Marsmission einwirkt. Zusammengefaßt bedeutet das: Mit einem chemischen Antriebssystem – und ohne jeglichen Warp-Antrieb – sind wir in der Lage, eine Crew bei einer mit etwa 50 rem begrenzten Strahlungsdosis zum Mars zu entsenden und wieder nach Hause zu fliegen. Wenn solche Strahlungsmengen auch nicht allgemein zu empfehlen sind, bilden sie doch nicht nur in der Raumfahrt, sondern auch bei Freizeitbeschäftigungen wie Klettern oder Windsurfen nur einen geringen Anteil des Gesamtrisikos. Das Strahlungsrisiko wird der Idee der bemannten Marsmission jedenfalls kein Ende setzen.

Schwerelosigkeit

Ein weiterer Drache, der den Weg zum Mars versperrt, ist die Bedrohung Schwerelosigkeit. Es heißt, daß lange Perioden in der Schwerelosigkeit das Risiko ernsthafter Schäden des menschlichen Muskel- und Knochengewebes in sich bergen. Daher müßten wir, bevor wir Astronauten zum Mars senden, ein Langzeitexperiment mit menschlichen Versuchspersonen durchführen, die an Bord einer Raumstation über längere Zeiträume hinweg der Schwerelosigkeit ausgesetzt sind. Dieses Programm würde einige Jahrzehnte Zeit, mehrere Milliarden Dollar für »wissenschaftliche Forschung am lebenden Objekt auf dem Gebiet der Mikrogravitation« und einige Dutzend Versuchspersonen erfordern, die bereit sind, ihre Gesundheit der »wissenschaftlichen Forschung« zu opfern.

Ich finde die Argumentation grotesk. Gewiß entspricht es der Wahrheit, daß längere Perioden in der Schwerelosigkeit eine Schwächung der Herzgefäße, eine Entkalkung und Entmineralisierung der Knochen und eine allgemeine Schwächung der Muskelspannung aufgrund des Bewegungsmangels hervorrufen. Zudem unterdrückt die Schwerelosigkeit auch einige Signale des Immunsystems im Körper. Diese Effekte sind nicht nur anhand der Erfahrungen amerikanischer *Skylab*-Astronauten dokumentiert worden, die bis zu drei Monate im Orbit verbrachten, sondern auch am Beispiel sowjetischer Kosmonauten, von denen viele über sechs Monate, einige sogar nahezu 18 Monate bei Schwerelosigkeit in der Raumstation *Mir* zubrachten (was der dreifachen Dauer eines Trans-Mars- beziehungsweise Trans-Erde-Fluges entspräche, wie er im Rahmen einer Mars Direct-Mission erforderlich wäre). In allen Fällen kam es nach dem Wiedereintritt und der neuerlichen Gewöhnung an das Erdschwerefeld zu einer nahezu vollständigen Wiederherstellung der Muskulatur und des Immunsystems. Die Entmineralisierung der Knochen wird zwar bei der Rückkehr zur Erde gestoppt, die tatsächliche Wiedererlangung des Zustandes vor dem Flug dürfte jedoch ein langwieriger Prozeß sein. Die Sowjets haben mit verschiedenen Maßnahmen gegen die Schwerelosigkeit experimentiert, darunter auch intensives körperliches Training, Drogen und elastische »Pinguinanzüge«, die den Körper bei den routinemäßigen Bewegungen zur Aufwendung von erheblicher Muskelkraft zwingen. Wie erwartet, stellten sich intensive Körpertrainingsprogramme (drei Stunden pro Tag) als wirkungsvoll heraus, um einer Verringerung der allgemeinen Muskelfitneß vorzubeugen und bis zu einem gewissen Grad auch der kardiovaskulären Schwächung. Doch bis heute zeigen die angewendeten Maßnahmen kaum Ergebnisse bei der Verlangsamung der Knochenentmineralisierung.

Auch wenn diese Effekte fühlbar und bestimmt nicht erstrebenswert sind, sollte man doch nicht aus den Augen verlieren, daß sie nicht allzu extrem sind – noch nie haben derartige »Schwerelosigkeitsanpassungen« Astronauten oder Kosmonauten davon abgehalten, ihre Aufgaben zufriedenstellend zu lösen. Selbst nach den längsten Flügen erholten sich die Besatzungsmitglieder so schnell, daß sie innerhalb von 48 Stunden nach der Landung wieder allgemein funktionsfähig waren. Tatsächlich waren die Mitglieder der 84 Tage dauernden *Skylab*-Mission eine Woche nach der Landung wieder in der Lage, ein anstrengendes Tennismatch zu spielen. Nach einer Schwerelosigkeitsphase von sechs Monaten sollte die Wiedererlangung der vollen Funktionstüchtigkeit bei der Ankunft auf dem Mars jedoch rascher erfolgen, da sich die Besatzung nach der Landung lediglich an die Marsumgebung mit 0,38 Ge akklimatisieren muß und nicht den Schock von 1 Ge bei der Rückkehr auf die Erde erfährt.

Tatsache ist, daß auf diesem Gebiet bereits umfassende Forschungen durchgeführt wurden und die Auswirkungen bekannt sind. Daher müssen wir fragen, ob es tatsächlich notwendig oder ethisch vertretbar ist, weitere Astronauten Experimenten auszusetzen, nur um noch mehr Datenmaterial über die gesundheitsbeeinträchtigenden Effekte der Schwerelosigkeit zu sammeln. Ich glaube, daß dies nicht der Fall ist. Angesichts unseres heutigen Wissens muß ich den Vorschlag weiterführender Experimente am Menschen zur Erforschung der gesundheitlichen Auswirkungen langfristiger Schwerelosigkeitsbedingungen als unmoralisch und wertlos zurückweisen – und ich weiß, daß eine große Anzahl von Astronauten mir in diesem Punkt zustimmt. Es ergibt keinen Sinn, Dutzende von Astronauten einem längeren Aufenthalt in der

Schwerelosigkeit auszusetzen, als dies bei einer Marsmission der Fall wäre, nur um die »Sicherheit« einer weit kleineren Mannschaft zu gewährleisten, die die Reise dann tatsächlich unternimmt. Eine solche Vorgehensweise wäre mit der Ausbildung von Kampfpiloten zu vergleichen, die zu Übungszwecken durch echtes Flakfeuer fliegen sollten. Wenn man prinzipiell bereit ist, die gesundheitlichen Folgen einer langanhaltenden Schwerelosigkeitsphase zu akzeptieren, sollte man den Mut aufbringen, tatsächlich zum Mars zu fliegen.

Dabei ist es gar nicht notwendig, in der Schwerelosigkeit zum Mars zu fliegen. Ein Marsraumfahrzeug kann mit künstlicher Gravitation ausgestattet werden. Dies geschieht durch Rotation des Raumfahrzeugs, indem man grundsätzlich dieselbe »Zentrifugalkraft« verwendet, die es kleinen Kindern erlaubt, einen Eimer um sich kreisen zu lassen, ohne einen Tropfen Wasser zu verlieren. Die diesem Effekt zugrundeliegende Gleichung kann folgendermaßen beschrieben werden:

$$F = (0,0011)\, W^2 R$$

wobei F der Zentrifugalkraft, in Erdschwerkrafteinheiten (Ge) gemessen, entspricht, W der Umdrehungsrate in Umdrehungen pro Minute (U. p. M.) und R der Länge des Rotationsarmes in Metern. Ich gebe diese Gleichung an, um aufzuzeigen, daß sich bei einem gegebenen Schwerkraftniveau mit größer werdendem W die Länge des Rotationsarmes R reduziert. Wollen wir beispielsweise die normale Marsschwerkraft (F = 0,38) erreichen, erhalten wir bei W = 1 U. p. M. ein R von 345 m. Bei W = 2 U. p. M. ist R = 86 m, bei W = 4 U. p. M. ist R = 22 m und bei W = 6 U. p. M. haben wir R = 10 m.

Es gibt also zwei Möglichkeiten, künstliche Gravitation zu produzieren. Man kann entweder eine hohe Umdrehungsrate wählen und einen kurzen Rotationsarm oder eine niedrige Umdrehungsrate und einen längeren Rotationsarm. Unter »Rotationsarm« verstehe ich den Abstand zwischen der Position der Besatzung und dem Schwerpunkt des Raumfahrzeugs, um den sie rotiert. Handelt es sich bei dem Raumschiff um eine einzige, starre Konstruktion, kann diese leicht durch kleine Korrekturtriebwerke an ihren Seiten, die in entgegengesetzter Richtung feuern, in Drehung versetzt werden. Sobald man jedoch eine hohe künstliche Gravitation anstrebt, besteht die einzige durchführbare Option in der Wahl einer hohen Umdrehungszahl bei kurzem Rotationsarm. In den 60er Jahren experimentierte die NASA mit menschlichen Versuchsobjekten in rotierenden Konstruktionen und fand heraus, daß sich der Mensch nach anfänglicher Desorientiertheit an das Leben, das Arbeiten und das Gehen in Bauwerken, die mit einer Umdrehungsrate von bis zu 6 U. p. M.[15] rotieren, gewöhnt.

Künstliche Schwerkraftsysteme mit hoher Umdrehungsgeschwindigkeit bei kurzem Rotationsarm sind für den Techniker am leichtesten zu entwerfen und in die Tat umzusetzen, wenn sie auch einige Nachteile mit sich bringen. Nehmen wir beispielsweise R = 10 m, dann steht eine 2 m große Person in einem solchen Schwerkraftfeld mit ihrem Kopf bei R = 8 m und fühlt demnach im Kopf nur 80 % der Schwerkraft, die sie an den Füßen empfindet. Ein so großer Unterschied ist spürbar und kann zumindest anfangs irritieren. Wäre der Rotationsarm hingegen 100 m lang, würde eine 2 m große Person in ihrem Kopf 98 % der Schwerkraft fühlen, die sie an den Füßen empfindet, und wahrscheinlich keinen Unterschied bemerken. Geht ein Astronaut jedoch rasch durch das Raumfahrzeug, würde er aufgrund der Wechselwirkung zwischen seinem Versuch, in einer geraden Linie zu gehen, und der Tatsache, daß sich das Fahrzeug (der Boden, auf dem er geht) nicht nur bewegt, sondern auch rasch seine Richtung ändert, die Coriolis-Kräfte fühlen. Wieder sind diese Effekte bei 6 U. p. M. spürbar, bei 2 U. p. M. jedoch vernachlässigbar.

Will man eine künstliche Schwerkraft schaffen, die sich wie Festland auf der Erde anfühlt, so gelingt das am besten unter Verwendung einer geringen Umdrehungszahl in Kombination mit einem langen Rotationsarm. (Eine solche Schwerkraft ist zwar wünschenswert, aber nicht unbedingt notwendig – Seeleute passen sich ausnehmend gut an unbeständige Schwer- und Coriolis-Kräfte an, wie sie auf schwankenden Schiffen auf See vorkommen). Lange Rotationsarme können zur Verfügung gestellt werden, wenn man ein Raumfahrzeug in verschiedene Einheiten unterteilt, die miteinander über große Entfernungen (Hunderte oder Tausende von Metern) mittels Kabel oder »Halteseilen« verbunden sind.

Auch wenn dieses Prinzip hervorragend ist, wurden derartig verkettete, künstliche Schwerkraftsysteme in der Vergangenheit durchweg abgelehnt, da bei traditionellen Raumfahrzeugentwürfen vom Typ *Kampfstern Galactica* das einzige als Gegengewicht zu einem Funktionskörper am anderen Ende des Halteseils einzusetzende und über eine ausreichend massive Struktur verfügende Element ein anderer Funktionskörper des Raumfahrzeugs gewesen wäre. Anders ausgedrückt: Wollte man der Besatzung in ihrer Einheit an einem Ende des Halteseils künstliche Schwerkraft zur Verfügung stellen, müßte man das Raumfahrzeug in zwei Teile zerlegen und den Treibstofftank am anderen Ende befestigen. Selbst wenn diese Konfiguration auf dem Papier wunderbar funktioniert, wäre sie in der Praxis geradezu eine Einladung zu einer Katastrophe. Sollte sich das Halteseil beim Einholen verhaken, wäre ein großer Teil der missionskritischen Elemente, wie etwa der für den Rückflug zur Erde benötigte Treibstoff, für immer unerreichbar und damit die Mission gescheitert.

Dieses Problem tritt beim Mars Direct-Plan nicht auf. Die Mannschaft fliegt in einem relativ leichtgewichtigen Hab und nicht in einem interplanetarischen *Kampfstern* zum Mars. Deshalb ist ihr Raumfahrzeug leicht genug, um am anderen Ende eines Halteseils von der ausgebrannten Oberstufe, mit der sie auf die Route zum Mars befördert worden ist, in Balance gehalten zu werden (Abbildung 5.2). Dieser Teil ist nicht für die Mission entscheidend, er ist bloß noch Müll, der niemals eingeholt werden muß. Eine ähnliche Gegengewichtsanordnung ist auch für den Rückflug denkbar, indem man die ausgebrannte Oberstufe des ERV-Antriebssystems und die Kabine des ERV über ein Halteseil miteinander verbindet. Auf diese Weise muß die Besatzung einer bemannten Marsmission bis auf kurze Phasen, wie etwa vor der Trans-Mars- beziehungsweise Trans-Erde-Injection, kurz vor dem Eintritt in die Erd- beziehungsweise Marsatmosphäre und kurz nach der Widerstandsabbremsung auf dem Mars, nicht der Schwerelosigkeit ausgesetzt werden.

Das Halteseil sollte ein kräftiges, mehrsträngiges Kabel und so konstruiert sein, daß es auch intakt bleibt, wenn einzelne Stränge

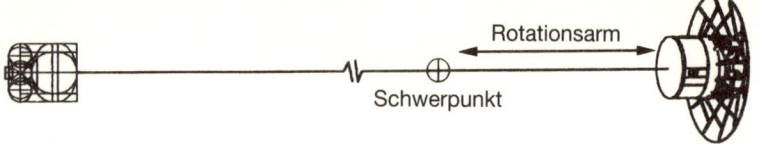

Rotationsarm

Schwerpunkt

Abbildung 5.2
Ein verkettetes, künstliches Gravitationssystem erfordert zwei Objekte, die um
einen gemeinsamen Schwerpunkt schwingen. Bei der Mars Direct-Mission wird
das Hab (rechts) von der ausgebrannten Oberstufe (links) im Gleichgewicht
gehalten.

an verschiedenen Stellen von Mikrometeoriten oder sonstigem
Weltraummüll durchtrennt werden. Solche »ausfallsicheren« Halteseile wurden von den Weltraumtechnikern Robert Forward und
Bob Hoyt bereits entwickelt und vorgeführt. Das Halteseil sollte
jedoch nicht zur Übertragung großer Elektrizitätsmengen verwendet werden. In der mißglückten Space Shuttle-Mission vom Februar
1996, bei der ein Satellit über ein Halteseil am Shuttle befestigt war,
bewirkte ein Elektrizitätsanstieg im Multikilowatt-Halteseil / Energie-System, daß das Halteseil durchschmolz und riß.

Ich wurde gefragt, wie ein rotierendes Raumfahrzeug notwendige Manöver wie etwa Kurskorrekturen mit einer ΔV von etwa
20 m pro Sekunde durchführt, die typischerweise bei einem interplanetarischen Flug erforderlich sind. Tatsächlich ist das kein
großes Problem. Auch früher schon wurden Manöver von rotierenden Raumfahrzeugen ausgeführt: der *Pioneer Venus*-Orbiter und
die *Pioneer Venus*-Aufklärungssonde waren rotierende, interplanetarische Raumflugkörper mit präzisen Zielvorgaben auf der Venus.
Sie zündeten exakt aufeinander abgestimmte Korrekturtriebwerke, um eine Netto-ΔV in jeder benötigten Richtung zu erhalten.

Die verkettete Mars Direct-Missionseinheit würde exakt dasselbe tun. Will man innerhalb des rotierenden Flugkörpers des
Raumfahrzeugs eine ΔV in einer beliebigen Richtung erzeugen,
zündet man, sobald das Halteseil in die gewünschte Richtung
zeigt, in seiner Verlängerung wiederholt ein Korrekturtriebwerk.
Da das Seil gespannt ist, bewirkt die Zündung des Korrekturtriebwerks, die das Hab näher an die Oberstufe heranführt, eine Verrin-

gerung der Seilspannung. Solange der Impuls des Triebwerks geringer ist als die Zentrifugalkraft, wird das Seil gespannt bleiben – so einfach ist das. Da das verkettete Raumfahrzeugsystem in einer festgelegten Ebene rotiert, erfolgen Manöver in dieser Rotationsebene durch abgestimmte gleichzeitige Zündung der Korrekturtriebwerke. Umgekehrt werden Manöver außerhalb dieser Ebene durch einen ständigen Antrieb mit geringer Schubkraft senkrecht zur Rotationsebene erreicht.

Das Raumfahrzeug einer bemannten Marsmission verfügt über eine ausreichende Energieversorgung (zumindest einige Kilowatt), um eine effektive Sprech- und die unentbehrliche Flugtelemetriedatenkommunikation mit der Erde über eine Rundstrahlantenne zu erzielen. Eine Hochleistungsantenne, die die Erde während der Rotation des Schiffes aktiv nach Hochgeschwindigkeitsvideoübertragungen absucht, wäre für die Mission nicht wirklich von Bedeutung. Ist die Rotationsebene der Einheit permanent zur Sonne ausgerichtet, ist es überdies nicht notwendig, vom Raumfahrzeug verwendete, energieerzeugende Solarzellenträger mittels schwenkbarer Aufhängungen zu kontrollieren. Auch gibt es bereits Navigationsscannersensoren, die auch bei Rotationsraten von weit über 6 U.p.M. ausgezeichnet funktionieren. Diese können ebenfalls am Hab angebracht werden. Mit anderen Worten: Keines dieser Instrumente benötigt eine gegendrehende Plattform, um auf einem verketteten Raumfahrzeugsverband erfolgreich zu arbeiten.

Der Einsatz künstlicher Schwerkraft für ein Mars Direct-Raumfahrzeug ist also zweifellos möglich und versetzt dem Drachen Schwerelosigkeit endgültig den Todesstoß. Vor einigen Jahren konfrontierte ich anläßlich einer Konferenz einen NASA-Funktionär, der sich als Vorbereitung auf bemannte Marsmissionen für ein jahrzehntelanges Programm zur Erforschung der gesundheitlichen Auswirkungen auf den Menschen aussprach, mit der Frage, warum nicht einfach künstliche Schwerkraft eingesetzt würde. »Das können wir nicht tun«, antwortete er. »Unsere gesamten Daten basieren auf Schwerelosigkeit.« Sehen Sie, wo das Problem liegt?

Der Faktor Mensch

Einer der bizarreren Drachen auf der Landkarte von Marsreisenden ist der Problemkomplex Mensch. Einige Personen behaupten, die mit einer bemannten Marsmission verbundenen psychologischen Probleme wären einzigartig und würden möglicherweise das Projekt unmöglich machen. Sie versichern, daß für eine derartige Mission entweder ultraschnelle Raumfahrzeuge eingesetzt werden müßten, die die Reisezeit auf einige Wochen reduzierten, oder besonders geräumige und luxuriöse Schiffe, in denen eine vielköpfige Besatzung mit ausreichendem sozialem und physischem Raum untergebracht werden könnte. Solange keine solchen Zugeständnisse an den modernen amerikanischen Vorstadt-Lebensstil gemacht würden, würde die Mannschaft mit Sicherheit »verrückt« werden. Da unglücklicherweise weder das ultraschnelle Raumschiff noch der interplanetarische Club-Med-Kreuzer in die Praxis umgesetzt werden können, raten diese Interessengruppen, jegliche Marsmission so lange zurückzustellen, bis beträchtliche Summen auf dem Gebiet der »psychologischen Forschung« zur Lösung des Problems Mensch aufgewendet worden sind. (Wieder vernehmen wir das bereits bekannte Argument »Eine Marsmission ist undurchführbar, solange wir kein Geld erhalten haben ...«)

Lassen Sie uns diese Argumentation näher betrachten. In der von uns vorgeschlagenen Marsmission wird eine vierköpfige Besatzung auf dem Hinflug sechs Monate mehr oder weniger in einen zweigeschossigen Hab mit einem Privatraum für jedes Mannschaftsmitglied und einigen Gemeinschaftsräumlichkeiten eingeschlossen sein (Weltraumspaziergänge oder »Außenarbeiten« sind zu Erholungszwecken möglich, besonders wenn die Mission bei Schwerelosigkeit durchgeführt wird, doch diese Option wollen wir fürs erste beiseite lassen). Die gesamte Innenfläche beträgt etwa 101 m^2 und entspricht somit nach amerikanischen Standards der unteren Grenze einer Wohnung für vier Personen. Verglichen mit den begrenzten Unterkunftsverhältnissen eines Einwohners der japanischen Mittelklasse in Tokio erscheint das Hab geradezu geräumig.

Nach einer sechsmonatigen Reise wird die Mannschaft in ihrem Hab für einen anderthalbjährigen Aufenthalt auf dem Mars landen, wo ihr vor Ort zusätzlicher Wohnraum in der Kabine des ERV sowie in der Druckkabine des Erkundungsfahrzeugs zur Verfügung steht. Während des langen Aufenthalts auf der Marsoberfläche wird die Mannschaft außerhalb des Hab mit umfangreichen Forschungsarbeiten beschäftigt sein. Während der letzten sechs Monate der Reise muß sie sich auf die Kabine des ERV beschränken, die etwa die Hälfte der Wohnfläche des Hab bietet. Aufgrund der Verzögerung bei der Funksignalübertragung wird während der gesamten Mission kein normaler telefonischer Kontakt mit Personen auf der Erde möglich sein. Statt dessen werden Stimmaufnahmen, Videos, schriftliche Aufzeichnungen und Standfotos übertragen, auf deren Beantwortung die Astronauten wegen der Verzögerung während des Fluges zwischen einigen Sekunden und maximal etwa 40 Minuten warten müssen.

Es entspricht wohl der Wahrheit, daß der oben angeführte Missionsplan einige psychologische Härten für die Besatzung bereithält, wie sie heute kaum ein Zivilist im täglichen Leben erfährt. Doch lassen Sie uns die Situation mit jenen Belastungen vergleichen, denen gewöhnliche Menschen in der Vergangenheit ausgesetzt waren. Weltraumpsychologen sprechen gerne das Trauma von Besatzungsmitgliedern einer Marsmission an, die »drei Jahre fern von ihrem Zuhause« seien. Nun, mein Vater, mein Onkel und einige Millionen anderer Soldaten waren während des Zweiten Weltkriegs ebenfalls jahrelang »fern von ihrem Zuhause«, und das unter bedeutend härteren Bedingungen, als sie die Mannschaft von *Mars 1* zu erwarten hat (ein Unterstand am Anzio-Brückenkopf war eine weit unangenehmere Umgebung als das Hab auf der Marsoberfläche). Zusätzlich zu der ständigen Todesgefahr durch feindliche Angriffe mußten die Soldaten an der Front zudem Schwerarbeit, geringen Lohn, Kälte, Hitze, Insekten, Krankheiten, Läuseplagen und entsetzliche Verpflegung ertragen und dabei oft auch noch monatelang bei Schnee und Regen auf dem kalten, feuchten Boden schlafen. Bei der Mehrheit dieser Soldaten handelte es sich um einberufene Männer, die die ständigen, brutalen Erniedrigungen der militärischen Disziplin über sich ergehen lassen mußten. Tag und Nacht wurden sie von Unteroffizieren, die innerhalb von 90 Tagen ausgebildet worden waren, und anderen

Offizieren, die glaubten, ihr Rang habe sie zu Übermenschen gemacht, wie Dreck behandelt. Die erste Marsmission mag einige Risiken mit sich bringen – doch keinesfalls Armeen, Flottenverbände und Kriegsmaschinen, die alles in ihrer Macht Stehende tun, um die Mitglieder zu töten. Zudem wird die Crew auch keine lang andauernde, körperlich anstrengende Arbeit verrichten müssen. Insekten, Läuse und Krankheiten gehören ebenfalls nicht zum Programm. Ihre Verpflegung ist gut, und sie schläft in trockener Kleidung in angenehmen, warmen Betten. Während der interplanetarischen Reisen im Verlauf ihrer Mission wird sie wohl die Langeweile der Soldaten teilen, doch diese Bürde wird ihr durch eine Vielzahl von Büchern, Spielen, Schreibutensilien und anderen, für verschiedene Hobbys und Freizeitbeschäftigungen bestimmten Materialien wesentlich erleichtert. Zudem wissen sämtliche Besatzungsmitglieder, daß sie bis zu ihrer Rückkehr zur Erde ein Vermögen verdient haben werden. Verglichen mit den ständig gedemütigten Soldaten erfahren Marsastronauten allein durch das Wissen, daß sie »gemachte Leute« sind und von Millionen auf der Erde als Helden gefeiert werden, eine wesentlich höhere Motivation. Während des Krieges stand den Soldaten als Standardmethode zur Kommunikation mit ihren Angehörigen zu Hause die Feldpost mit Verzögerungen von mehreren Wochen zur Verfügung. Dagegen rührt die Tatsache, daß die Astronauten allenfalls 40 Minuten auf Antwort von ihren Lieben warten müssen, kaum zu Tränen.

Was ich damit ausdrücken will, ist folgendes: Vergessen wir einmal den Komfort der heutigen Industrienationen und betrachten wir die Menschheitsgeschichte. Überall werden wir Menschen begegnen, die sich ihr Schicksal nicht ausgesucht haben – sei es nun der Frontsoldat, ein untergetauchter Flüchtling, ein Gefangener, ein U-Bootmatrose, Forscher, Trapper oder Handelsseefahrer. Sie alle mußten über lange Zeitspannen hinweg Isolation, Entbehrungen und psychologischen Streß ertragen, die bei weitem jenes Maß überstiegen, mit dem sich die handverlesene Besatzung einer bemannten Marsmission konfrontiert sieht. Der Mensch ist widerstandsfähig, und das muß so sein. Wir haben Säbelzahntiger und Gletscher überlebt, tyrannische Herrscher und barbarische Invasionen, entsetzliche Hungersnöte und verheerende Seuchen. Wir alle haben Vorfahren, die das durchstehen mußten und es überwanden. Dasselbe kann gewiß auch von den freiwilligen und hochqualifizierten Crews der ersten bemannten Marsmissionen gesagt werden. Die menschliche Psyche wird sich nicht als schwächstes Glied in der Kette einer bemannten Marsmission herausstellen – ganz im Gegenteil: wahrscheinlich sogar als stärkstes.

Staubstürme

Der vierte Drache, der Marsstaubsturm, ist eigentlich der älteste und hat deshalb schon einiges von seinem bedrohlichen Image verloren, besonders da seine Hauptnutznießer, die Spezialisten auf dem Gebiet der Marsatmosphäre, nicht über denselben geübten kommerziellen Instinkt verfügen wie andere Kritiker. Dennoch schreckt er noch immer einige. Da es sich bei diesem speziellen Drachen eher um eine Übertreibung als um eine Einbildung handelt, verdient er es, hier erwähnt zu werden.

Bereits seit dem 19. Jahrhundert vermuteten Teleskopbeobachter gewaltige Staubstürme auf dem Mars. Die Roboterforschungsprogramme der Vereinigten Staaten und der Sowjetunion lieferten seit den 60er Jahren riesige Datenmengen, die diese Hypothese stützten. Der Orbit des Mars ist exzentrisch. Während des Sommers auf seiner südlichen Hemisphäre kommt er der Sonne um etwa 9 % näher als im Jahresdurchschnitt, wohingegen er sich im südlichen Winter um 9 % von ihr entfernt. Diese Verbindung aus erwarteter Sommeraufheizung und zusätzlicher Erwärmung durch die größere Nähe zur Sonne als üblich bewirkt auf der südlichen Hemisphäre des Planeten extreme jahreszeitliche Temperaturunterschiede (und auf der phasenverschobenen nördlichen Hemisphäre ausgesprochen milde Jahreszeiten). Während des eisigen südlichen Winters lösen sich enorme Mengen an Kohlendioxid aus der Atmosphäre über der Südpolkappe (die aus Trockeneis besteht) und dringen in den antarktischen Regolith ein. Diese zusätzliche Schicht gefrorenen und adsorbierten Kohlendioxids wird dann, wenn die starke Erwärmung des südlichen Frühsommers die Südpolarregionen trifft, zurück in die Atmosphäre abgegeben. Die plötzliche Gaszufuhr in die Atmosphäre des Planeten ist so gewaltig, daß sie den atmosphärischen Druck des Planeten innerhalb weniger Monate um 12 % steigert (wobei der gesamte Sommer-Winter-Druckunterschied knapp das Doppelte beträgt). Das verursacht gigantische Stürme, die eine beträchtliche Menge Staub aufnehmen und transportieren. Solche Staubstürme haben ihren Ursprung also im südlichen Frühsommer in der Nähe des Südpols und wandern dann nordwärts. Manchmal breiten sie sich so weit aus, daß sie den gesamten Planeten einhüllen. Die in diesen Stürmen gemessenen Windgeschwindigkeiten betrugen zwischen 50 und 100 km/h. Wenn der südliche Herbst naht, legen sich diese gelegentlich während des südlichen Sommers auftretenden Stürme nach und nach. Ähnlich wie beim Wetter auf der Erde gibt es auch hier eine gewisse Willkür – in manchen Jahren beobachtet man nahezu keine Sturmtätigkeit. Dann beherrschen die Stürme wieder den gesamten Planeten praktisch den ganzen südlichen Sommer über. Im allgemeinen kann im Norden während des Frühjahrs, Sommers und Herbstes dieser Hemisphäre klares Wetter erwartet werden.

Soweit die Tatsachen, die wahrlich bedrohlich wirken. Als im November 1971 der amerikanische *Mariner 9*-Orbiter und die sowjetischen *Mars 2*- und *Mars 3*-Planetensonden den Mars erreichten, wütete gerade ein globaler Staubsturm. Vier Monate lang lag die Oberfläche des Planeten unter einer Staubschicht verborgen, und *Mariner 9* konnte absolut nichts erkennen. Doch das beeinträchtigte die *Mariner 9*-Mission nicht sonderlich – der Orbiter wartete einfach in einer Marsumlaufbahn, bis die Sicht besser wurde, und bildete dann den gesamten Planeten ohne weitere Schwierigkeiten ab. Bei den sowjetischen Landungssonden verhielt sich der Fall vollkommen anders. Sie waren auf eine Landebasis nahe 45° südlicher Breite programmiert. Dort tauchten sie geradewegs ins Zentrum des Sogs hinab. Beide wurden zerstört.

Das Eintauchen in einen Marsstaubsturm ist bestimmt keine angenehme Sache. Doch man steht vor einer völlig anderen Situation, wenn man sich bei Aufkommen des Staubsturms bereits auf der Oberfläche befindet. Die Marsatmosphäre besitzt nur etwa 1 %

der Dichte der Erdatmosphäre. Der von einem Marssturm mit 100 km/h erzeugte dynamische Druck entspricht also nur etwa einer Brise von 10 km/h (6 Knoten) auf der Erde. Die Sonden *Viking 1* und *Viking 2* waren sechs beziehungsweise vier Jahre lang an der Oberfläche in Betrieb (ihre geplante Lebensdauer betrug 90 Tage) und während ihres Aufenthalts vielen Staubstürmen ausgesetzt. Dennoch wurden keinerlei Schäden an den Sonden oder ihren Instrumenten entdeckt. Der Staubsturm verhindert die Sicht aus der Umlaufbahn auf die Oberfläche, aber die lokale Sicht an der Oberfläche ist nicht ernsthaft beeinträchtigt. Der Staub verringert den Lichteinfall etwa im selben Maß, wie es bei einem bewölkten Tag auf der Erde geschieht, doch für einen Beobachter an der Oberfläche ist die Umgebung klar zu erkennen. Sollte eine Oberflächensonde ihre Energie über Solarzellen beziehen, könnten durch die Reduktion des Lichteinfalls während eines Staubsturms Probleme auftreten. Da Fotoelemente Licht auch dann noch in Elektrizität umwandeln können, nachdem sie mit Staub bedeckt wurden (eine klare Sicht auf die Sonne ist nicht erforderlich), käme es auf keinen Fall zu einem vollständigen Energieverlust. Statt dessen würde die zu erwartende Solarenergieproduktion bei einem typischen, heftigen Staubsturm um etwa 50% zurückgehen. Unter der Voraussetzung, daß das Energiesystem so konzipiert ist, daß es auch während eines Staubsturms ausreichend Energie für die Minimalanforderungen des Lebenserhaltungssystems zur Verfügung stellt, sollte die Situation zu bewältigen sein. Wenn jedoch entweder ein Nuklearreaktor oder ein Isotopengenerator die Basisenergieversorgung garantiert oder eine große Energiereserve in Form von vor Ort hergestelltem chemischem Treibstoff (der auch in chemischen Verbrennungsmotoren zum Antrieb eines Generators verwendet werden kann) verfügbar ist, kann man das Problem ganz vernachlässigen.

Einige Fachleute brachten ihre Besorgnis darüber zum Ausdruck, daß der von Stürmen abgelagerte Staub die Solarzellen oder andere optische Flächen wie Fenster oder Instrumente verdunkeln könnte, wenngleich dieses Problem bei der *Viking*-Sonde nicht auftrat. Offenbar ist die Gesamtmenge des bei Stürmen verbreiteten Staubes eher gering. In jedem Fall sind Staubablagerungen bei einer bemannten Marsmission kein besonderes Problem. Sollte eine Solarfläche tatsächlich mit Staub bedeckt werden, ist die Lösung denkbar einfach: Man schickt jemanden mit einem Besen hinaus.

Zusammenfassend ist zu sagen, daß die einzige wirklich ernstzunehmende, von Staubstürmen ausgehende Gefahr Objekte bedroht, die von aerodynamischen Kräften beeinflußt werden, wie etwa an Ballonen oder Fallschirmen hängende Landungssonden (da diese im Vergleich zu ihrem Gewicht ausgesprochen große »Segelflächen« haben). Benutzt ein Raumfahrzeug keinen Fallschirm zur Landung (Höhenbremsschirme wären ebenfalls in Ordnung), und das Mars Direct-Landungsfahrzeug hat dies auch nicht nötig, sollte es ebenso leicht sein, sich einen Weg durch einen Staubsturm zu bahnen, wie ein Flugzeug eine Wolke durchfliegen kann. Selbstverständlich bevorzugen die meisten Piloten eine Landung bei einwandfreien Sichtbedingungen. Dies ist auch der Grund, warum der Mars Direct-Plan das Einschwenken in eine Umlaufbahn vor der Landung vorsieht. Sollte zum Zeitpunkt des Eintreffens der Besatzungseinheit an der Landestelle Schlechtwetter herrschen, kann die Mannschaft wie die *Mariner 9* im Orbit warten, bis der Himmel wieder aufklart. Interessanterweise besteht im Jahrzehnt zwischen 2001 und 2010 die Möglichkeit, in jedem Abflugjahr Erde-Mars-Routen zu wählen, bei denen die Raumfahrzeuge den Mars während der Schönwettersaison erreichen.

Auch Staubstürme werden uns nicht vom Mars abhalten.

Kontamination

Der letzte der fünf Drachen, die die Landkarten von Marsmissionsplanern heimsuchen, die »Gefahr« der Kontamination, ist nicht bloß eine Illusion, sondern eine Halluzination.

Die Argumentation lautet folgendermaßen: Noch nie seien Erdorganismen Marsorganismen ausgesetzt gewesen, deshalb verfügten sie über keinerlei Abwehrmechanismen gegen Krankheitserreger vom Mars. Solange wir nicht garantieren könnten, daß der Mars frei von schädlichen Krankheiten sei, dürften wir keine Infektion der Besatzung mit einer solchen Gefahr riskieren. Falls sie sie nicht töte, würden die Krankheitserreger womöglich auf die Erde eingeschleppt und zerstörten nicht nur die menschliche Rasse, sondern die gesamte terrestrische Biosphäre.

Das Netteste, was angesichts einer solchen Meinung gesagt werden kann, ist, daß sie schlichtweg unsinnig ist. Vorweg sei geklärt, daß die Erde Marsorganismen – falls es sie auf oder nahe der Marsoberfläche tatsächlich gibt oder gab – bereits ausgesetzt war und weiterhin ist. Im Verlauf der vergangenen Milliarden Jahre wurden Millionen Tonnen an Oberflächenmaterial durch Meteoreinschläge auf dem Mars von der Oberfläche des Roten Planeten hochgeschleudert. Eine ansehnliche Menge dieses Materials flog durch das Weltall und landete auf der Erde. Diese Tatsache ist uns bekannt. Wissenschaftler sammelten nahezu 100 kg einer Meteoritenart namens SNC-Meteoriten[16] und verglichen die Isotopenverhältnisse ihrer Elemente mit denen, die die *Viking*-Landungssonde auf der Marsoberfläche gemessen hat. Die Kombinationen dieser Verhältnisse (zum Beispiel das Verhältnis von Kohlenstoff 12 zu Kohlenstoff 13, Sauerstoff 16 zu Sauerstoff 17 etc.) bilden einen unverwechselbaren Fingerabdruck, der beweist, daß diese Materialien vom Mars stammen. Zwar muß jeder dieser SNC-Meteoriten im allgemeinen Millionen von Jahren durch den Weltraum irren, bevor er die Erde erreicht. Trotzdem sind Fachleute der Ansicht, daß weder diese lange Reiseperiode im Vakuum noch die mit dem anfänglichen Ausstoß aus der Marsatmosphäre oder dem Wiedereintritt in die Erdatmosphäre verbundene Belastung ausreicht, um die Objekte zu sterilisieren, sollten sie ursprünglich tatsächlich bakterielle Sporen enthalten haben[17]. Zudem wurde anhand der Fundmenge berechnet, daß jährlich etwa 500 kg dieses Marsgesteins auf die Erde herabregnen. Sollte jemand also Angst vor Marskeimen haben, wäre es das beste, er verließe die Erde so rasch wie möglich, denn sie liegt, was biologische Kampfprojektile vom Mars anbelangt, direkt in der Schußlinie. Aber keine Panik – sie sind nicht besonders gefährlich. Das einzige bis heute bekannte Opfer des planetarischen Sperrfeuers ist ein Hund, der im Jahr 1911 in Nakhla, Ägypten, von herabfallendem Gestein getötet wurde. Statistisch gesehen, ist die Gefahr für einen Fußgänger, von einem aus dem Fenster eines oberen Stockwerks geworfenen Möbelstück getroffen zu werden, wesentlich größer.

Dessen ungeachtet existiert mit größter Wahrscheinlichkeit kein Leben auf der Marsoberfläche. Es gibt dort kein flüssiges Wasser – die durchschnittliche Temperatur und der atmosphärische Druck an der Oberfläche würden das nicht zulassen. Darüber hinaus ist der Planet mit oxidierendem Staub bedeckt und obendrein in ultraviolette Strahlung getaucht. Peroxide und ultraviolettes Licht werden auf der Erde allgemein zur Sterilisation verwendet. Wenn es heute tatsächlich Leben auf dem Mars gibt, so muß sich dieses mit an Sicherheit grenzender Gewißheit in einem außergewöhnlichen Umfeld, wie etwa in unterirdischen, hydrothermalen Reservoirs, niedergelassen haben.

Aber könnte solches Leben, wenn es erst von Astronauten zutage gefördert wird, nicht schädlich sein? Absolut nicht, denn Krankheitserreger sind speziell auf ihren Wirt abgestimmt. Wie alle anderen Organismen sind auch sie dem Leben in einer bestimmten Umgebung angepaßt. Im Fall menschlicher Krankheitserreger ist diese Umgebung das Innere des menschlichen Körpers oder einer nahe verwandten Spezies wie etwa eines anderen Säugetiers. Seit nahezu vier Milliarden Jahren stehen die Krankheitserreger, die den Menschen heutzutage bedrohen, bereits in einem biologischen Rüstungswettlauf mit den von unseren Vorfahren entwickelten Abwehrmechanismen. Ein Organismus, der aufgrund seiner Entwicklung unser Abwehrsystem nicht durchbrechen und nicht in jener mikrokosmischen freien Abschußzone, die unser Inneres für ihn darstellt, überleben kann, hat somit keine Chance, uns erfolgreich anzugreifen. Das ist der Grund, warum Menschen sich nicht mit der Ulmenkrankheit anstecken und Bäume keine Erkältungen bekommen. Ein auf dem Mars beheimateter Gastorganismus wäre zudem mit dem Menschen weit entfernter verwandt als eine Ulme. Tatsächlich haben wir jedoch keinen Beweis für die Existenz heutiger mikroskopischer Fauna und Flora auf dem Mars, aber jede Menge Gründe, daran zu glauben, daß es sie nicht gibt. Anders ausgedrückt: Ohne eingeborene Gastorganismen ist die Existenz von Krankheitserregern auf dem Mars unmöglich, und sollte es tatsächlich Gastorganismen geben, wäre der Gedanke an gemeinsame Krankheiten aufgrund der großen Unterschiede zwischen ihnen und terrestrischen Spezies absurd. Ebenso absurd ist die Vorstellung, selbständige Mikroben könnten vom Mars auf die Erde kommen und in einem freien Umfeld mit terrestrischen Mikroorganismen konkurrieren. Mikroorganismen sind an bestimmte Umgebungsbedingungen gewöhnt. Die Vorstellung, daß Organismen vom Mars terrestrische Spezien auf ihrem eigenen Boden schlagen, ist genauso unsinnig wie die Annahme, Haifische, die man in die afrikanischen Savannen bringt, könnten die Löwen als dominierende Raubtiere des lokalen Ökosystems ersetzen.

Sollten Sie nun den Eindruck haben, ich befaßte mich zu eingehend mit dieser Idee, so ist das teilweise auf ein NASA-Planungsmeeting zurückzuführen, das kürzlich im Rahmen der bevorstehenden (Roboter-)Marsmission zum Zweck der Gewinnung von Proben stattfand. Dabei schlug tatsächlich jemand vor, die angebliche öffentliche Besorgnis zu zerstreuen, indem sämtliche auf dem Mars entnommenen Proben vor ihrem Transport auf die Erde durch intensive Hitze sterilisiert werden. Obwohl ausgesprochen unwahrscheinlich, wäre eine Probe, die einen Beweis für Leben auf dem Mars liefert, der größte Schatz, den eine solche Mission erbringen könnte. Und doch würden ihn einige der bei diesem Treffen Anwesenden präventiv zerstören (und gleichzeitig auch einen Großteil der wertvollen mineralogischen Information der Probe). Der Vorschlag war so grotesk, daß ich vor den versammelten Wissenschaftlern mit der Frage konterte, ob der Betreffende auch ein lebensfähiges Dinosaurierei kochen würde, wenn er eines fände. Diese Frage ist nicht ganz so abwegig, denn immerhin sind Dinosaurier mit uns vergleichsweise nahe verwandt und hatten Krankheiten. Tatsächlich legt man beim Umgraben mit jeder Schaufel Erde eine Probe der krankheitsbelasteten Vergangenheit der Erde frei und bedroht somit die heutige Biosphäre. Dennoch tragen Paläontologen keine Seuchenschutzanzüge.

So wie die Entdeckung eines lebensfähigen Dinosauriereis einen wahren biologischen Schatz und keineswegs eine Bedrohung darstellte, wäre auch eine Probe lebender Marsorganismen ein unermeßlich wertvoller Fund und gewiß keine Gefährdung. Die Untersuchung von Marslebewesen würde uns die Möglichkeit bieten, zwischen den Eigenschaften zu unterscheiden, die für unser terrestrisches Leben typisch, und jenen, die für das Leben selbst kennzeichnend sind. Auf diese Weise könnten wir Grundsätzliches über die Natur des Lebens an sich lernen. Ein solches Grundlagenwissen lieferte die Basis für erstaunliche Fortschritte auf dem Gebiet der Gentechnik, der Landwirtschaft und der Medizin. Niemand wird jemals an Marskrankheiten sterben – doch es ist möglich, daß Tausende von Menschen, die heute an terrestrischen Erkrankungen sterben, geheilt worden wären, hielten wir nur eine Probe von Marsleben in unseren Händen.

Die Mondsirene: Warum wir keine Mondbasen benötigen, um zum Mars zu gelangen

Nun kommen wir zu einer vollkommen anderen Art von mythischer Kreatur, die den Weg zum Mars versperrt, einer, die nicht in Gestalt eines bedrohlichen Monsters oder furchteinflößenden Drachen erscheint, sondern im verlockenden Gewand einer lieblichen Göttin: Diana, die Sirene des Mondes, deren verführerischer Gesang wohl mehr Marsreisenplaner kentern ließ als alle anderen fünf Drachen zusammen.

Den Anhängern Dianas zufolge ist es eine Frage religiösen Glaubens, daß wir keine bemannte Marsexpedition unternehmen können, solange die Gottheit nicht durch den Bau einer beträchtlichen Anzahl von Tempeln – also Raumbasen – auf der Oberfläche des Mondes besänftigt wurde. Dies ist wohl eine lobenswerte Ausgangsgrundlage für eine heidnische Religion und zeigt zudem deutlich, wie weit wir es seit den Tagen des Römischen Reiches gebracht haben – doch die Tatsache bleibt, daß es dafür keine Begründung gibt.

Es ist unbestritten, daß wir aufgrund der niedrigen Gravitation und der zu vernachlässigenden Atmosphäre leichter eine Rakete von der Oberfläche des Mondes zum Mars entsenden könnten als von der Erde aus. Tatsache ist auch, daß das Mondgestein zu nahezu 50 Gewichtsprozent aus Sauerstoff besteht. Sobald die Technologien zum Brechen der Eisen- und Siliziumoxide, die den Großteil des Mondgesteins bilden, entwickelt sind, steht also in ausreichenden Mengen flüssiger Sauerstoff für das Betanken von Raumfahrzeugen auf der Mondoberfläche zur Verfügung. Unglücklicherweise ist der Treibstoff, der in diesem Sauerstoff verbrannt werden sollte, wie etwa Wasserstoff oder Methan, auf dem Mond grundsätzlich nicht vorhanden. Da der Sauerstoffgehalt verschiedener Raketentreibstoffmixturen zwischen 72 und 86 Gewichtsprozent variiert, kann der Mond prinzipiell als Basis für einen beträchtlichen Anteil der benötigten Raumfahrtlogistik verwendet werden. Doch dieser Analyse fehlen einige grundsätzliche Erwägungen zu Transportmöglichkeiten im Sonnensystem. Bevor ein Raumfahrzeug am Mond betankt werden kann, muß es dorthin gelangen. Nun beträgt die erforderliche ΔV, um aus dem LEO die Mondoberfläche zu erreichen, 6 km/s (3,2 km/s für die Trans-Mond-Injection, 0,8 km/s, um in einen niedrigen Mondorbit einzuschwenken, und 1,9 km/s, um auf dem luftlosen Mond zu landen). Andererseits beträgt die für einen Flug aus dem LEO zur Marsoberfläche benötigte ΔV nur etwa 4,5 km/s (4,0 km/s für die Trans-Mars-Injection, 0,1 km/s für Korrekturen nach dem Einschwenken in einen Marsorbit durch eine Widerstandsbremsung in der hohen Marsatmosphäre und 0,4 km/s, um nach dem Einsatz des Luftschilds – keines Fallschirms – eine aerodynamische Abbremsung zur Landung durchzuführen). Im Hinblick auf den Treibstoff ist es also weit einfacher, vom LEO direkt zum Mars zu fliegen, als vom LEO die Mondoberfläche zu erreichen. Das heißt, selbst wenn sich heute unendliche Mengen freiverfügbaren Raketentreibstoffs und Sauerstoffs in Tanks auf der Mondoberfläche befänden (und das tun sie nicht), ergäbe es absolut keinen Sinn, eine Rakete für eine Reise zum Mars erst zum Betanken dorthin zu schicken. Ein Betanken auf dem Mond auf unserem Weg zum Mars wäre etwa so vernünftig, wie ein Flugzeug auf seinem Flug von London nach Paris für die Aufnahme von Treibstoff in Hamburg zwischenlanden zu lassen. Auch wenn man den Tankvorgang von der Mondoberfläche in eine Mondumlaufbahn verlegte, änderte sich nicht viel. Noch immer muß man eine nahezu gleich große ΔV aufwenden, um das Raumfahrzeug aus dem LEO in eine Mondumlaufbahn zu bringen wie bei einer Entsendung zum Mars selbst. Dazu kommen der für die Herstellung des Sauerstoffs auf dem Mond benötigte Nachschub sowie die Geräte und der Treibstoff, die gebraucht werden, um diese großen Mengen Sauerstoff in die Mondumlaufbahn zu befördern (erst muß Wasserstoff oder Methan auf die Mondoberfläche transportiert werden, damit man diesen Treibstoff anschließend dazu verwenden kann, den Sauerstoff in die Umlaufbahn zu heben). So zeigt sich rasch, daß das gesamte Projekt nichts als ein logistischer Alptraum ist, der Kosten, Komplexität und Risiko einer bemannten Marsmission enorm erhöhen würde.

Wenn sich der Mond schon nicht als Marstransportbasis eignet, benötigt man ihn nach Ansicht von Dianas Anhängern doch als Testgelände und Trainingsort für die Vorbereitung auf eine Marsmission. Aber die Bedingungen auf dem Mond unterscheiden sich so grundsätzlich von jenen auf dem Mars, daß die Antarktis (oder sogar Wyoming) für das Training der Besatzung zweckdienlicher (und weit kostengünstiger) wäre. Der Mars besitzt eine Atmosphäre und einen 24-Stunden-Tag mit einer Tagestemperatur zwischen −50 °C und +10 °C. Der Mond hat keine Atmosphäre, einen 672-Stunden-Tag und eine Tagestemperatur von etwa +90 °C. Während die Erdgravitation 2,6 mal so hoch ist wie auf dem Mars, ist die des Mars 2,4 mal so hoch wie die des Mondes. Darüber hinaus unterscheidet sich auch die geplante Rohstoffnutzung auf dem Mars (Nutzung der Atmosphäre in chemischen, auf Gasbasis arbeitenden Geräten und Entnahme von Permafrost aus dem Boden) grundsätzlich von den Hochtemperatur-Gesteinsschmelztechniken, die man auf dem Mond wird anwenden müssen. Aufgrund seiner komplizierten hydrologischen und vulkanischen Geschichte werden die auf dem Mars benötigten geologischen Untersuchungsmethoden denen, die auf der Erde angewendet werden können, weit mehr ähneln als den auf dem Mond eingesetzten. Auch werden wir nicht lernen, auf dem Mars zu leben, indem wir auf dem Mond trainieren.

Der Mond bietet einige Nutzungsmöglichkeiten, besonders als Plattform für eine Astronomie, bei der eine koordinierte Anordnung optischer Teleskope (ein »optisches Interferometer«) eingesetzt wird, um eine Ultrahochauflösung von Ansichten des Universums insgesamt zu erzielen. Daher ist es sinnvoll, den größtmöglichen Nutzen aus einer Marsmission zu ziehen, indem man die benötigten Geräte so konzipiert, daß sie auch für den Transport von Menschen und Ausrüstungsgegenständen zum Mond geeignet sind. Wie bereits in Kapitel 3 besprochen, ist dies bei der Planung der Mars Direct-Mission der Fall. Auf dieselbe Weise, wie das Raumfahrzeug der *Apollo*-Mondmission zur Entwicklung der *Skylab*-Raumstation herangezogen werden konnte, wird es ein nützlicher Nebeneffekt der Mars Direct-Mission sein, daß wir, wann immer wir es wollen, die Möglichkeit haben, Observatorien auf dem Mond zu errichten.

Dennoch muß hier klargestellt werden, daß Mondbasen als Stützpunkte für bemannte Missionen zum Mars weder notwendig noch erstrebenswert sind. In bezug auf den Mars ist der Mond eine verhängnisvolle Sirene, eine Abzweigung in eine Sackgasse. Der ehemalige NASA-Leiter Thomas O. Paine wußte alles über diese Falle. In einer der letzten Reden seines Lebens sagte er: »Wie Napoleon Bonaparte einst seine Siegesstrategie im Krieg gegen Österreich erklärte: ›Wer Wien einnehmen will, muß Wien einnehmen!‹ Nun, wenn ihr zum Mars wollt, müßt ihr zum Mars aufbrechen!«

Gut gesprochen, Tom. Auf zum Mars!

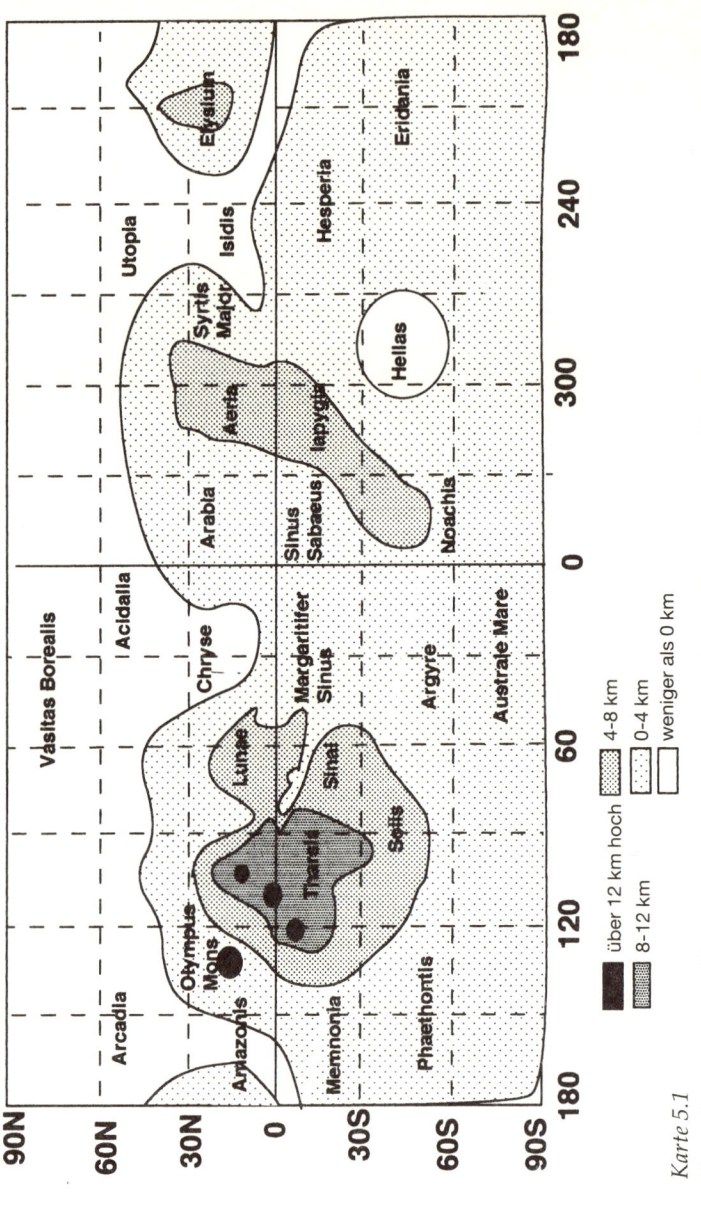

Karte 5.1
Vereinfachte topographische Karte des Mars, die die erhöhten Kontinente von Tharsis und Syrtis Major und die tiefer gelegene Region von Vasitas Borealis zeigt. Sie mag einstmals von einem weiten polaren Ozean bedeckt gewesen sein.

über 12 km hoch
8–12 km
4–8 km
0–4 km
weniger als 0 km

6
Die Erforschung des Mars

Wir entsenden keine bemannte Marsmission, um einen neuen Höhenrekord für den Luftfahrtalmanach aufzustellen. Wir reisen zum Mars, um einen Planeten zu erforschen, festzustellen, ob er in der Vergangenheit Leben barg, und um seine Eignung als zukünftige Heimat eines neuen Zweigs der menschlichen Zivilisation zu bewerten. Die Entsendung einiger weniger Robotersonden, wie hochentwickelt sie auch sein mögen, wird dieser Aufgabe niemals gewachsen sein. Das gilt auch für eine geringe Zahl bemannter Exkursionen zur Oberfläche des Roten Planeten, besonders wenn die Besatzung darauf beschränkt ist, in der Nähe ihrer Kurzzeitbasis zu verweilen. Nein, um etwas über den Mars zu lernen, müssen wir uns großflächig darauf bewegen.

Mit einer Oberfläche von 144 Millionen km² bietet der Rote Planet ein Forschungsgebiet, das der Gesamtheit aller Kontinente und Inseln der Erde entspricht. Darüber hinaus ist die Marsoberfläche unglaublich vielfältig. Sie umfaßt Cañons, Klüfte, Berge, ausgetrocknete Fluß- und Seebetten, ehemals überflutete Ebenen, Krater, Vulkane, Eisfelder, Trockeneisfelder und »chaotische Gelände«, um nur einige der Oberflächenmerkmale zu nennen. Das Institut für geologische Vermessung verzeichnet nicht weniger als 31 verschiedene Marsgeländeformen auf seiner »Vereinfachten geologischen Karte« – und das, bevor mit einer wirklich hochauflösenden Abbildung des Mars begonnen wurde. Einige seiner Geländeformen, wie etwa das 3000 km lange Valles Marineris, besitzen die Ausmaße eines Kontinents. Die eingehende Erforschung eines einzigen solchen Landschaftsmerkmals wird deshalb kontinentale Mobilität erfordern.

Die ausgetrockneten Flußbetten, die von *Mariner 9* auf dem Mars entdeckt wurden, beweisen, daß der Mars einst ein warmes, feuchtes Klima besaß, in dem Leben möglich war. Dies dürfte in seinen frühen Jahren gewesen sein, denn in seiner Jugend war die Kohlendioxidatmosphäre dichter und verursachte auf dem Planeten einen »Treibhauseffekt«. Die Venus verfügt heutzutage über eine dichte Kohlendioxidatmosphäre, die den Planeten in eine brütende Hitzehölle verwandelt hat. Angesichts der größeren Entfernung des Mars von der Sonne war eine dichte Kohlendioxid-Treibhausatmosphäre zur Schaffung gemäßigter Bedingungen notwendig, wie sie für die Entwicklung von Leben erforderlich sind.

Die meisten Marswissenschaftler teilen heute die Ansicht, daß diese Bedingungen auf dem Mars bedeutend länger herrschten, als die Erde zu ihrer Entwicklung benötigte. Die aktuellen Theorien über den Ursprung des Lebens betrachten dessen Auftreten als natürliche Entwicklung einer fortschreitenden Selbstorganisierung, die immer dort erscheint, wo die geeigneten physikalischen und chemischen Voraussetzungen herrschen. Sollte das tatsächlich der Fall sein, müßte es auf dem Mars Leben gegeben haben, da auf Erde und Mars zur Zeit des Ursprungs des irdischen Lebens ähnliche Verhältnisse herrschten. Im Verlauf geologischer Zeiträume verlor der Mars seine Treibhausatmosphäre und wurde zu jener kalten, trockenen Welt, die wir heute kennen. Dieser klimatische Verfall dürfte mit einiger Sicherheit das Leben von der Oberfläche verdrängt und möglicherweise ausgelöscht haben. Dennoch können mikroskopische Organismen makroskopische Fossilien hinterlassen. Einige davon haben wir auf der Erde gefunden. Sie werden bakterielle Stromatoliten genannt und stammen mit einem Alter von 3,7 Milliarden Jahren aus der tropischen Ära des Mars. Selbst wenn das Leben auf dem Roten Planeten heute vollkommen ausgestorben sein sollte, könnten Fossilien zurückgeblieben sein.

Alles, was wir über die Entwicklung von Leben wissen, ist, daß es auf einem Planeten auftrat – unserem. Wir haben keine Aussicht, Kenntnis darüber zu erlangen, ob es sich bei dieser Entwicklung um einen Zufall handelte, der einmal in einer Trillion Jahren vorkommt, oder ob es geschehen mußte. Zufälle treten bei einem Experiment auf, niemals jedoch zweimal hintereinander. Gelingt es uns nun, lebende Organismen oder einfach Fossilien auf dem Mars zu finden, wüßten wir, daß das Universum dem Leben gehört. Aus diesem Grund wird die Suche nach Leben – bestehendes oder fossilisiertes – höchste Priorität für die ersten Marsbesucher haben, da sich im Umfeld dieser Ergebnisse die Frage klärt, ob Leben ein universelles oder ein einmaliges Phänomen ist. Falls heute Leben auf dem Mars existiert, zeigen die Resultate der *Viking*-Missionen, daß es selten ist und daß seine Entdeckung mehr als nur ein wenig Suchen erfordern wird. Auch die Erfahrungen von Paläontologen mit der Erde beweisen, daß das Aufspüren von Fossilien einiges an Laufarbeit erfordern wird, da die Schaffung einer wahrnehmbaren Fossilie ein sehr unwahrscheinliches Ereignis ist. Führen Sie sich nur die Abfolge von Vorgängen vor Augen, die zur Schaffung eines Fossils nötig sind. Zuerst muß der Organismus unmittelbar nach seinem Tod von der Umwelt isoliert werden. Geschieht das nicht, wird er bald verrotten oder vielleicht von seinen früheren Artgenossen untersucht, die das, woraus er einmal bestand, für sich gewinnen wollen. Danach muß er in seiner Isolation von der Umwelt Millionen beziehungsweise Milliarden von Jahren verborgen bleiben und, kurz bevor Sie nach ihm suchen, wieder freigelegt werden. (Sollte er zu einem bedeutend früheren Zeitpunkt freigelegt werden, wird die Umwelt ihn zerstören, bevor Sie ihn entdecken können.) Rufen wir uns in Erinnerung, daß einst viele Millionen Triceratops und, in jüngerer Vergangenheit, Bisons die Ebenen Nordamerikas bevölkerten. Trotzdem geraten Wanderer nicht tagtäglich in Gefahr, zufällig über ihre versteinerten Skelette zu stolpern. Wer tatsächlich einen fossilisierten Dinosaurier oder Stromatoliten vom Mars finden will, muß sich auf eine gehörige Anzahl von Reisen vorbereiten. Und sollten Sie beweisen wollen, daß es sie dort *nicht* gibt, müssen Sie sogar noch mehr reisen, denn die Möglichkeit, ein negatives Ergebnis überzeugend zu demonstrieren, hängt von der gründlichen Untersuchung praktisch der gesamten Planetenoberfläche ab.

Die Beweglichkeitserfordernisse für die Erforschung des Mars sind denkbar einfach. Um einen Planeten zu erkunden, muß man sich auf seiner gesamten Ausdehnung bewegen können. Das ist ein einfacher, aber oftmals übersehener Punkt. Wie wird sich also die Besatzung unserer ersten bemannten Marsmission fortbewegen?

Der batteriebetriebene Mondrover, der während des *Apollo*-Programms eingesetzt wurde, verfügte über eine Reichweite von 20 km, wodurch sich ein Einsatzgebiet von 10 km im Umkreis des Landeplatzes ergab. Eine mit gleichwertigen Transportmöglichkeiten ausgestattete bemannte Marsexpedition wäre demnach, unabhängig von ihrer Aufenthaltsdauer, lediglich in der Lage, etwa 300 km^2 zu erforschen. Annähernd eine *halbe Million* derartiger Missionen wäre erforderlich, um die gesamte Marsoberfläche ein einziges Mal zu untersuchen. Auch wenn wir es für ausreichend hielten, nur eine begrenzte Anzahl verschiedener interessanter Stellen zu untersuchen, wäre die von einem derartigen Fahrzeug zur Verfügung gestellte, begrenzte Mobilität ein gravierendes Hindernis und würde die Kosten der Durchführung eines ernstzunehmenden bemannten Marsforschungsprogramms bedeutend steigern.

Tabelle 6.1 zeigt eine Liste interessanter Gebiete im Coprates-Dreieck in der Umgebung eines Landeplatzes bei 0° Länge und 65° westlicher Breite. Da sich diese Stelle nahezu am Äquator befindet (und dadurch vergleichsweise das gesamte Jahr über warm und sonnig ist) und in der näheren Umgebung eine große Vielfalt an interessanten Forschungszielen bietet, ist dieser Ort einer der führenden Kandidaten für die Landezone der ersten bemannten Marsexpedition.

Es läßt sich erkennen, daß selbst mit einer auf 100 km begrenzten Reichweite (das entspräche der zehnfachen Reichweite des *Apollo*-Mondfahrzeugs) zwölf Landungen nötig wären, um sämtliche hier angeführten 14 Stellen zu besuchen. Mit einer Oberflächenreichweite von 500 km wären vier Missionen erforderlich. Verglichen mit den zwölf Missionen, die von den Besatzungen bei 100 km Reichweite durchgeführt würden, hätten diese vier Missionen Zugang zu einer achtmal so großen Fläche.

Jede einzelne bemannte Marsmission wird voraussichtlich Milliarden von Dollar kosten. Nun entspricht es den Tatsachen, daß sich die Ausgaben durch die Einführung von Technologien wie den

Tabelle 6.1
Interessante Oberflächenmerkmale bei der Erforschung des Mars

Merkmal	Entfernung (km)	Richtung
Ophir-Kluft	<300	südwestlich
Juventae-Kluft	<300	südöstlich
Hang- und Felssohlenmaterial	<300	südlich
Material eines kraterüberzogenen		
Plateaus	<300	östlich
Mischmaterial	<300	östlich
Erodiertes Kratermaterial	<300	südlich
Hebes-Kluft	600	westlich
Zentrum von Lunae Planum	650	nördlich
Nördliche Ebenen	1200	nordwestlich
Kasei Vallis	1300	nördlich
Landeplatz *Viking 1*	1400	nordöstlich
Paläosee	1500	nordöstlich
Vulkanströme	2000	westlich
Pavonis Mons	2500	westlich

Thermonuklearantrieb beziehungweise kostengünstigere Träger-
stufen reduzieren lassen. Wenn derartige Bemühungen auch von
ganzem Herzen zu unterstützen sind, muß doch betont werden,
daß die Einführung solcher Technologien weitere Milliarden
kosten wird und die Gesamtausgaben einer Marsmission lediglich
um die Hälfte kürzen würde. Andererseits käme die Ausweitung
der Oberflächenmobilität wahrscheinlich günstiger und könnte
die Forschungsleistung einer Mission vermutlich auf das Hundert-
fache steigern.

Auf diese Weise zeigt sich, daß nichts für die Bestimmung der
Kosteneffektivität eines bemannten Marsforschungsprogramms
entscheidender ist als der an der Planetenoberfläche zur Verfügung
stehende Mobilitätsgrad.

Marsfahrzeuge

An Optionen zum Bau von Marsfahrzeugen mangelt es nicht. Räder, Schienenlaufflächen, Halbkettenantriebe und sogar motorisierte Beine sind reale Möglichkeiten der Fortbewegung. Doch die eigentliche Bedeutung kommt dem Antrieb zu, der das Fahrzeug bewegt.

Die einzigen bis heute in der Raumfahrt verwendeten Fahrzeuge waren die *Apollo*-Rover – drucklose, von Batterien angetriebene Elektrofahrzeuge. Wenn wir die modernsten Lithiumbatterien einsetzen (wie sie in Camcordern verwendet werden) und sie mit ausreichender Ladung versehen, um einen Rover 10 Stunden in Betrieb zu halten, könnte ein derartiges System pro Kilogramm Gewicht 10 Watt (W) Energie liefern. Nehmen wir an Stelle der Batterien hingegen wie beim Space Shuttle Wasserstoff/Sauerstoff-Brennstoffelemente zur Versorgung mit elektrischer Energie, könnte das Energie/Masse-Verhältnis des Systems auf 50 W/kg gesteigert werden. Das ist gewiß eine Verbesserung, doch sie verblaßt angesichts einer weit geläufigeren Technologie.

Verbrennungsmotoren können ein Energie/Masse-Verhältnis von 100 W/kg liefern. Das liegt 20 mal so hoch wie jenes der Wasserstoff/Sauerstoff-Brennstoffelemente und 100 mal so hoch wie das eines batteriebetriebenen Systems.

Verbrennungsmotoren bieten weit mehr Energie bei einer wesentlich geringeren Masse als jede andere Methode, und das ist von großer Bedeutung für unsere Marsfahrzeuge (es ist auch der Grund, weshalb sie bei dem überwiegenden Teil aller Fahrzeuganwendungen auf der Erde bevorzugt werden). Bei einer vorgegebenen Masse für das Lebenserhaltungssystem wird sich die Reichweite des Fahrzeugs proportional zu seiner Geschwindigkeit und diese wiederum proportional zum Energieverbrauch verhalten. Versucht man jedoch, das Energieniveau einer Konkurrenzoption dem einer Verbrennungsmaschine anzugleichen, wird das Gewicht dieser Konkurrenzoption bald exzessiv steigen. Nehmen wir zum Beispiel einen mit einem 50-kW-Antrieb (etwa 65 PS) versehenen Rover. Die Masse des erforderlichen Verbrennungsmotors würde lediglich etwa 50 kg betragen, wohingegen eine Brennstoffelementeinheit dieses Energieniveaus etwa 1000 kg wöge. Das mit einem Verbrennungsmotor angetriebene Fahrzeug könnte demnach, im Vergleich zu einem mit Brennstoffelementen angetriebenen Fahrzeug desselben Energieniveaus, 950 kg an zusätzlicher wissenschaftlicher Ausrüstung und Verpflegung transportieren und böte eine größere Lebensdauer, Leistungsfähigkeit und Reichweite.

Zudem gestattet die Tatsache, daß ein von einem Verbrennungsmotor angetriebenes Fahrzeug praktisch über unbegrenzte Energiemengen verfügt, der Einsatzmannschaft energieintensive, wissenschaftliche Exkursionen in einer größeren Entfernung von der Basis, die sonst unmöglich wären. Zum Beispiel ist es der Einsatzmannschaft eines mit einem Verbrennungsmotor ausgestatteten Fahrzeugs möglich, an einen entlegenen Ort zu fahren und dort 50 kW zum Betrieb einer Bohranlage aufzubringen, mit deren Hilfe der Wasserspiegel des Mars erreicht werden soll. Da der Energiebedarf proportional zur Datenübertragungskapazität wächst und daher bei dieser Variante weit höher sein kann, steigern sich zudem sowohl die Sicherheit der Mannschaft als auch der wissenschaftliche Ertrag der Außenarbeiten. Verbrennungsmotoren lassen sich überdies zur Lieferung großer Energiemengen, wie sie etwa beim Bau der Hauptbasis oder entfernter gelegener Anlagen benötigt werden (Bulldozer etc.), heranziehen. Das bedeutet im Klartext, die höhere Energiedichte von Verbrennungsmotoren ermöglicht einen gesteigerten Mobilitätsgrad bei weit kleineren, leichteren und leistungsfähigeren Fahrzeugen, was sich wiederum in insgesamt potenteren und kosteneffektiveren Marsforschungsprogrammen auswirkt. Will man auf dem Mars ernsthaft an eine Aufgabe herangehen, ist der Einsatz von Fahrzeugen notwendig, die mit Verbrennungsmotoren betrieben werden.

Die Sache hat jedoch einen Haken. Der Betrieb eines Verbrennungsmotors ist ausgesprochen treibstoffintensiv. Meiner Ansicht nach benötigt zum Beispiel ein 1 t schweres Erkundungsfahrzeug mit Druckkabine ungefähr 0,5 kg Methan / Sauerstoff-Treibstoff für einen Kilometer. Demnach würde der Verbrauch auf einer Exkursion von 800 km Fahrtstrecke etwa 400 kg Treibstoff betragen. Bei einer Durchschnittsgeschwindigkeit von 100 km pro Tag wäre lediglich ein Einsatz von 8 Tagen möglich. Im Verlauf eines 600tägigen Aufenthaltes wären jedoch zahlreiche solcher Exkursionen wünschenswert, um die verfügbare Zeit möglichst zu nutzen. Sollte der Rover in dieser Weise nur 300 der 600 Tage eingesetzt werden, wären dafür 15 t Treibstoff nötig. Müßte diese Menge zum Betrieb des Rovers von der Erde importiert werden, stünde man vor einer logistischen Katastrophe. Will man sich also die Vorteile eines von einem Verbrennungsmotor betriebenen Fahrzeugs auf dem Mars zunutze machen, muß man in der Lage sein, den benötigten Treibstoff auf dem Mars herzustellen.

Bei dem für das Marsfahrzeug verwendeten Verbrennungsmotorentyp könnte es sich um ein heutzutage auf der Erde übliches System handeln, wie etwa einen gewöhnlichen Verbrennungsmotor, einen Dieselmotor oder eine Gasturbine. Versucht man jedoch, einen Verbrennungsmotor mit einer reinen Raketentreibstoffmischung wie Methan/Sauerstoff zu betreiben, würde der Motor zu heiß werden, als daß jene Dauerhaftigkeit und Langlebigkeit garantiert werden könnten, die wir bei einem Fahrzeugmotor benötigen. Die Verdünnung dieses Treibstoffgemischs mit atmosphärischem Kohlendioxid mittels eines Ventilators überwindet allerdings auch dieses Problem. Das Kohlendioxid wirkt als reaktionsträger Puffer und reduziert die Flammentemperatur in derselben Weise, wie dies durch den Stickstoff der Luft auf der Erde geschieht.

Die Reichweite des mittels chemischer Verbrennung angetriebenen Erkundungsfahrzeugs wird hauptsächlich vom Energie/Masse-Verhältnis des verwendeten Treibstoffs abhängen. Obwohl prinzipiell jede Treibstoffkombination eingesetzt werden könnte, gebietet es die Transportlogistik, daß ein Großteil des verwendeten Treibstoffs aus auf dem Mars vorhandenem Rohstoff hergestellt werden soll. Eine Liste möglicher Kombinationen finden Sie in Tabelle 6.2.

Die Marsatmosphäre besteht zu 95 % aus Kohlendioxid, daher könnten die in Tabelle 6.2 angegebenen Wasserstoff/Kohlendioxid- (H_2/CO_2) und Hydrazin/Kohlendioxid (N_2H_4/CO_2) -Kombinationen für luftatmende Motoren etwa in derselben Weise wie Verbrennungsmotoren oder Düsentriebwerke auf der Erde ver-

Tabelle 6.2
Für den Einsatz in Marserkundungsfahrzeugen mögliche Treibstoffkombinationen

Treibstoffkombination	W-h/kg	Energiedichte W-h/l
Wasserstoff/Kohlendioxid	25 833	416
Hydrazin/Kohlendioxid	1329	1111
Wasserstoff/Sauerstoff	3750	1312
Kohlenmonoxid/Sauerstoff	1816	2144
Methanol/Sauerstoff	2129	2093
Methan/Sauerstoff	2800	2380

wendet werden. In diesen Fällen bestimmt das Energie/Masse-Verhältnis den Energieverbrauch pro Masse-Einheit der Nichtkohlendioxidkomponente des Brennstoffs, da das Kohlendioxid nicht vom Fahrzeug transportiert werden müßte. Man sieht sofort, daß der Wasserstoff/Kohlendioxid-Motor im Hinblick auf das Energie/Masse-Verhältnis sämtlichen anderen Optionen überlegen ist. Allerdings verursacht die Lagerung von Wasserstoff enorme Probleme, die möglicherweise den Einsatz eines solchen Systems für ein Oberflächenerkundungsfahrzeug unpraktisch machen. Unter Berücksichtigung dieser Tatsache erscheint das Methan/Sauerstoff-Gemisch aufgrund seiner hohen Energiedichte als beste Option. Das trifft sich gut, denn eine Methan/Sauerstoffkombination ist der auf dem Mars am einfachsten herstellbare Treibstoff, zudem auch der für den Raketenantrieb während des Abflugs vom Mars am besten geeignete. Wie bereits erwähnt, setzt der Mars Direct-Plan ein Methan/Sauerstoff-Gemisch als Treibstoff für das ERV ein. Aus diesem Grund kann dieselbe *In-situ*-Treibstoffproduktionsanlage (ISPP), die den Raketentreibstoff herstellt, auch für die Erzeugung unseres Rovertreibstoffs herangezogen werden.

Der Rover wird also mit einem mit Kohlendioxid verdünnten Methan/Sauerstoff-Gemisch betrieben. Abfallprodukte dieses Motors sind somit Kohlendioxid und Wasser. Das Kohlendioxid hat weiter keinen Wert, denn es kann jederzeit aus der Marsluft entnommen werden und wird daher als Abgas ausgestoßen. Beim Wasser verhält es sich etwas anders. Richtig konzipierte Marsfahrzeuge werden deshalb Kondensatoren mitführen, die es ihnen gestatten, die von ihrem Verbrennungsmotor hergestellte Wassermenge zu sammeln. (Das ist keine schwierige Aufgabe. Die in den 20er Jahren betriebenen Luftschiffe der US-Marine taten exakt dasselbe. Sie benötigten das als Abfallprodukt hergestellte Wasser als Ballast.) Nach Abschluß einer Roverexpedition wird das kondensierte Abwasser zur Basis zurückgebracht, dort mit Kohlendioxid versetzt und von der chemischen Anlage der Basis zu Methan/Sauerstoff-Treibstoff zurücksynthetisiert. Sollte es gelingen, 90 % des Wassers wiederzugewinnen, würde dieses System es den Rovern gestatten, denselben Treibstoff zehnmal wiederzuverwenden.

Wie steht es aber mit dem Lebenserhaltungssystem des Rovers? Solange man dieselben ISPP-Einheiten verwendet, die für die Treibstoffherstellung verantwortlich sind, kann aus dem Kohlendioxid, das 95 % der Marsatmosphäre bildet, an der Marsoberfläche in unbeschränkten Mengen Sauerstoff hergestellt werden. Allerdings finden sich Stickstoff und Argon gemeinsam nur zu 4,3 % in der Marsatmosphäre, was die Versorgung mit dem für die Atmung notwendigen Puffergas einigermaßen erschwert. (Kohlendioxid kann zwar als Puffergas für Motoren eingesetzt, aber nicht für die Atmung verwendet werden. In Konzentrationen über 1 % wirkt es auf den Menschen toxisch.) Daher ist es zwingend erforderlich, daß die Habs und die Druckkabinenfahrzeuge mit dem niedrigstmöglichen Puffergaspartialdruck arbeiten. Für die auf der Oberfläche stationierten Habs empfehle ich 5 psi (3,5 Pfund Sauerstoff und 1,5 Pfund Stickstoff). Diese Atmosphäre wurde bereits von den NASA-Astronauten während der Langzeit-*Skylab*-Missionen in den 70er Jahren eingesetzt.

Die *Apollo*-Mannschaften führten ihre zweiwöchigen Missionen in einer Atmosphäre mit 5 psi Sauerstoff *ohne* Puffergas durch. Da die längsten Roverexkursionen etwa diesem Zeitraum entsprechen, empfehle ich dasselbe für die Druckkabinenfahrzeuge. Diese Vorgehensweise bietet bedeutende Vorteile. Ein solcher Niederdruck-Rover würde keine Luftschleuse benötigen und könnte daher mit weit geringerem Gewicht gebaut werden. Sobald die Astronauten den Rover für Außenarbeiten verlassen wollen, legen sie einfach ihre Raumanzüge an, beseitigen die Sauerstoffatmosphäre in der Roverkabine, öffnen die Luke und steigen aus. Da sich kein Stickstoff im Luftgemisch befindet, kann diese Dekompression rasch durchgeführt werden. Ohne Stickstoff im Blut tritt keine Caissonkrankheit auf. Bei einem Rover-Innenvolumen von $10 \, \mathrm{m}^3$ gingen auf diese Weise bei jeder Dekompression 3,3 kg Sauerstoff verloren. Würde hingegen ein Teil der Innenatmosphäre des Rovers in einen dem Ventil vorgelagerten Sauerstoffdruckbehälter gepumpt, könnte der Sauerstoffverlust weiter verringert werden. In jedem Fall sind Verluste leicht mit Hilfe der *In-situ*-Produktion von Sauerstoff in der Basis auszugleichen. Der Niederdruck-Rover ermöglicht auch den Einsatz von Niederdruck-Raumanzügen (3,8 psi Sauerstoff, kein Puffergas, wie bei den *Apollo*-Missionen) für Außenarbeiten. So wäre keine Atmungseingewöhnungsphase zur Vorbereitung auf einen Aufenthalt außerhalb des Fahrzeugs erforderlich. Die Anzüge könnten besonders leicht und flexibel gestaltet werden. Damit ist die Bewegungsmöglichkeit während der an der Oberfläche durchgeführten wissenschaftlichen Arbeiten verbessert. (Die derzeitigen Shuttle-Raumanzüge sind praktisch Miniaturraumschiffe, die für einen Einsatz auf dem Mars viel zu schwer sind.) Da der Sauerstoff ersetzbar ist, wäre ein einfaches Einmal-System möglich, bei dem die ausgeatmete Luft direkt in die Umwelt entweicht (in der Art eines Unterwasser-Atmungsgeräts), was ebenfalls große Vereinfachungen für die Konstruktion eines Raumanzugs brächte. Diese Vereinfachung würde nicht nur der Reduktion der Raumanzugsmasse dienen, sondern auch Nützlichkeit, Wiederverwendbarkeit und Haltbarkeit erheblich steigern. Dadurch wären im Rahmen einer Marsoberflächenmission nicht einige Dutzend, sondern mehrere tausend Aufenthalte außerhalb des Raumfahrzeugs durchführbar.

Bei einer angenommenen Atmungsrate von 20 Litern pro Minute würde jeder Astronaut in einem derartigen Sauerstoff-Niederdruck-»Tauchanzug« während eines einstündigen Aufenthaltes außerhalb des Raumfahrzeugs 1,3 kg Sauerstoff verbrauchen. Wenn zwei Astronauten pro Rover-Exkursionstag jeweils zwei Aufenthalte außerhalb des Fahrzeugs durchführen, werden inklusive der zweimaligen Dekompression des Fahrzeugs 12 kg Sauerstoff verbraucht. Geht man davon aus, daß die Rover jeden Tag ihres 500tägigen Aufenthaltes an der Oberfläche in dieser Weise in Betrieb sind, würden insgesamt 6 t Sauerstoff verbraucht. Der Verlust einer derart großen Menge Sauerstoff wäre eine große Belastung, müßte er von der Erde zum Mars transportiert werden. Wird er jedoch auf dem Mars produziert, benötigte eine von einem 60-kWe-Reaktor betriebene ISPP-Anlage dafür lediglich 20 Tage.

Treibstoffproduktion auf dem Mars

An diesem Punkt der Diskussion sollte bereits klargeworden sein, daß sowohl die Möglichkeit, den Mars zu erschwinglichen Kosten zu erreichen, als auch die Gewißheit, dort etwas Sinnvolles zu tun, von einer Schlüsseltechnologie abhängt: der *In-situ*-Produktion von Treibstoff aus der Marsatmosphäre. Aber ist das wirklich durchführbar? Definitiv ja. Tatsächlich sind sämtliche, in den Mars Direct-Plan integrierten chemischen Prozesse seit mehr als einem Jahrhundert großflächig auf der Erde in Verwendung.

Der erste Schritt bei der Treibstoffherstellung besteht darin, die benötigten Rohstoffe herbeizuschaffen. Da die Wasserstoffkomponente der Zweifachtreibstoffmischung nur etwa 5 % des Treibstoffgesamtgewichts bildet, kann sie von der Erde importiert werden. Eine starke, mehrschichtige Isolierung der Treibstofftanks kann den Verdampfungsverlust des flüssigen Wasserstoffs während des bis zu acht Monaten dauernden interplanetarischen Transits ohne Notwendigkeit einer aktiven Kühlung auf 1 % pro Monat reduzieren. Da der Wasserstoff nicht direkt in einen Motor eingespeist wird, wird er zur Vermeidung von Leckagen mit der Zugabe einer kleinen Menge Methan in ein Gel verwandelt. Die Gliederung der Wasserstoffmenge reduziert zudem den Verdampfungsverlust weiter (um bis zu 40 %), da dadurch die Konvektion innerhalb des Tanks unterdrückt wird.

Die einzigen vom Mars benötigten Rohstoffe sind also Kohlenstoff und Sauerstoff, jene zwei häufigsten Elemente in der 95prozentigen Kohlendioxidatmosphäre des Mars, die überall auf dem Planeten als »Luft« zur Verfügung stehen. Der an den beiden *Viking*-Landeplätzen gemessene atmosphärische Druck variierte im Laufe eines Marsjahres zwischen 7 und 10 mbar (1 bar entspricht dem Luftdruck der Erde auf Meeresniveau, beziehungsweise entsprechen 14,7 psi 10 mbar, wobei 1 mbar 1 % des Luftdrucks der Erde auf Meeresniveau entspricht). Das auf Chryse Planitia, dem höhergelegenen Landeplatz von *Viking 1*, beobachtete Jahresmittel beträgt etwa 8 mbar. Die ersten Pumpen, die imstande waren, Gas dieses Drucks aufzunehmen und zu einem Arbeitsdruck von 1 Bar zu komprimieren, wurden 1709 von dem englischen Physiker Francis Hawksbee vorgestellt. Heute stehen weit bessere Pumpen zur Verfügung, doch ist der Einsatz einer Pumpe zur Komprimierung von Kohlendioxid nicht einmal notwendig. Statt dessen kann man sich eines absorbierenden Materials bedienen, das ähnlich wie ein Schwamm wirkt, jedoch statt Wasser Kohlendioxid aufsaugt. Man benötigt lediglich ein mit Aktivkohle oder Zeolith gefülltes Glas und setzt dieses nachts der Marsatmosphäre aus. Bei den kühlen Nachttemperaturen von –90 °C saugt das Material bis zu 20 % seines Eigengewichts an Kohlendioxid auf. Erwärmt man das Material tagsüber dann auf etwa 10 °C, entweicht das Kohlendioxid. Auf diese Weise kann man ohne irgendwelche beweglichen Teile und mit einem Mindestaufwand an Energie Kohlendioxidgas mit hohem Druck erzeugen. Tatsächlich kann man sogar die von anderen Komponenten der Treibstoffanlage hergestellte Abwärme für den Entgasungsprozeß heranziehen. Wir haben in meinem Labor bei Martin Marietta Astronautics ein derartiges System gebaut, das ganz ausgezeichnet arbeitete.

Aus Gründen der Qualitätskontrolle während des Treibstoffproduktionsprozesses sollten keine Substanzen unbekannter Zusammensetzung wie etwa Marsstaub in die chemischen Reaktoren eindringen können. Dies verhindern wir im ersten Schritt mit Hilfe eines Staubfilters, den man über die Einlaßöffnung des Materialbehälters beziehungsweise die Pumpenansaugöffnung legt, um den Großteil des Staubs fernzuhalten, und im zweiten Schritt

215

durch Komprimierung der Marsluft auf etwa 7 bar Druck. Komprimiert man Kohlendioxidgas bis zu diesem Druck und gestattet ihm danach die Angleichung an die Umgebungstemperatur, geht es in flüssigen Zustand über. (Auf der Erde können wir kein flüssiges Kohlendioxid sehen, da der Luftdruck zu niedrig ist.) Der Staub, der trotz der Pumpenfilter eindrang, geht in die Lösung über, während Stickstoff- und Argon-Bestandteil der Luft in gasförmigem Zustand verbleiben und auf diese Weise entfernt werden können, um entweder ausgestoßen oder – besser – als Puffergas für das Lebenserhaltungssystem gespeichert zu werden. Verdampft das Kohlendioxidgas dann aus dem Aufbewahrungstank, wird es zu 100 % Reinheit destilliert, da der gesamte Staub in der Lösung zurückbleibt. Auf diesem Prinzip beruhende Destillationsreinigungsprozesse werden auf der Erde bereits seit Mitte des 17. Jahrhunderts angewendet, seitdem Benjamin Franklin eine Entsalzungsanlage für den Einsatz in der britischen Marine vorgestellt hat.

Sobald reines Kohlendioxid gewonnen ist, wird der gesamte Ablauf vollkommen kontrollierbar und vorhersagbar, da es von nun an unmöglich ist, daß unbekannte Variablen vom Mars eingebracht werden. Mit der Entwicklung einer geeigneten Qualitätskontrolle während der Kohlendioxidgewinnung kann der übrige chemische Herstellungsvorgang unter denselben Bedingungen, wie sie auf dem Mars herrschen, auf der Erde nachvollzogen und seine Zuverlässigkeit durch ein intensives Bodenprüfprogramm garantiert werden. Nur wenige der anderen Schlüsselelemente einer bemannten Marsmission (Raketenantriebe, Widerstandsabbremsung, Fallschirme, Lebenserhaltungssysteme, Rendezvous beziehungsweise Techniken für den Zusammenbau in einem Orbit etc.) können in ähnlichem Ausmaß Vorausprüfungen unterzogen werden. Dadurch ist die *In-situ*-Treibstoffproduktion keineswegs das schwächste Glied in der Kette einer Marsmission, sondern kann im Gegenteil zu einem ihrer stärksten gemacht werden.

Sobald Kohlendioxid gewonnen ist, kann es rasch mit dem von der Erde mitgebrachten Wasserstoff in der Methanationsreaktion zusammengebracht werden. Diese Reaktion wird nach dem französischen Chemiker, der sie Ende des 19. Jahrhunderts eingehend untersuchte, auch Sabatier-Reaktion genannt. Dabei entstehen nach folgender Formel aus Kohlendioxid und Wasserstoff Methan und Wasser:

$$CO_2 + 4H_2 \rightarrow CH_4 + 2H_2O \qquad (1)$$

Diese Reaktion ist exotherm, das heißt, sie gibt Wärme ab und verläuft unter Beisein eines Nickel- oder Rutheniumkatalysators spontan (Nickel ist kostengünstiger, Ruthenium besser). Die Gleichgewichtskonstante, die die Vollständigkeit der Reaktion bestimmt, treibt sie kräftig nach rechts. Zusätzlich werden bei einem einmaligen Durchgang durch den Reaktor routinemäßig Produktionsergebnisse mit einem Nutzungsgrad von mehr als 99 % erzielt. Obwohl die Sabatier-Reaktion seit etwa 100 Jahren in der Industrie weitverbreitet angewendet wird, wurde sie von der NASA, der Luftwaffe und deren Auftragnehmern nochmals auf ihren Nutzen für die Lebenserhaltungssysteme von Raumstationen und bemannten orbitalen Laboratorien hin untersucht. Die Hamilton Standard Company hat beispielsweise eine Sabatier-Einheit für den Betrieb in der Raumstation entwickelt, die sie einem 4200stündigen Qualifikationstest unterzog.

Die Tatsache, daß es sich bei der Sabatier-Reaktion um eine exotherme Reaktion handelt, bedeutet, daß zu ihrem Ablauf keine Energie benötigt wird. Darüber hinaus sind ihre Reaktoren aus einfachen, robusten, kompakten Stahlrohren konstruiert, die ein Katalysatormaterial enthalten. Auf Grund der in einem Laborprogramm von Martin Marietta Astronautics erzielten Ergebnisse glaube ich, daß die Sabatier-Reaktoreinheit, die für die Methanproduktion der Mars Direct-Mission benötigt wird, aus nicht mehr als drei Reaktoren von 1 m Länge und einem Durchmesser von 10 cm bestehen müßte.

Während des Reaktionsablaufs (1) verflüssigt sich das hergestellte Methan durch thermischen Kontakt mit dem zugeführten superkalten Wasserstoff oder später (sobald der flüssige Wasserstoff erschöpft ist) durch den Einsatz eines mechanischen Kühlers. (Methan ist bei denselben schwach kryogenen Temperaturen flüssig wie flüssiger Sauerstoff.) Das hergestellte Wasser wird konden-

siert und in einen Lagertank geleitet, von wo es in eine Elektrolyse-
zelle gepumpt und der bekannten Elektrolysereaktion unterzogen
wird, bei der das Wasser in seine Komponenten – Wasserstoff und
Sauerstoff – aufgespalten wird:

$$2H_2O \rightarrow 2H_2 + O_2 \tag{2}$$

Der so gewonnene Sauerstoff wird gekühlt und gelagert, während
der Wasserstoff in der Sabatier-Reaktion (1) wiederverwendet
wird.

Die Elektrolyse ist vielen Lesern vielleicht noch aus dem Che-
mieunterricht in der Schule bekannt, wo sie ein beliebtes Demon-
strationsexperiment ist. Diese allgemeine Erfahrung mit der Elektrolysereaktion hat jedoch wohl den etwas irreführenden Eindruck
einer aus feuerfesten Glasbechern bestehenden, über den Tisch
verteilten Elektrolyseeinheit hinterlassen. Tatsächlich sind moderne Elektrolyseeinheiten außerordentlich kompakte, robuste
Objekte, die aus mehreren übereinandergelegten Schichten von
elektrolytimprägniertem, von einem Metallgeflecht getrenntem
Kunststoff bestehen. Die gesamte Anordnung wird an den Enden
von kräftigen metallenen Verschlußkappen zusammengepreßt, die
an seitlich entlang der Stapel laufenden Metallstangen befestigt
sind. Derartige Elektrolyseapparaturen für Festpolymerelektrolyte
(SPE*) wurden für den Einsatz in Atom-U-Booten weiterentwickelt
und haben bis heute mehr als sieben Millionen Betriebsstunden
aufzuweisen. Im Rahmen der Tests wurden die Elektrolyseeinheiten
extremen Belastungen ausgesetzt. Sowohl die Hamilton Standard
Company als auch das Life Sciences Institute haben leichtgewich-
tige Elektrolyseeinheiten für den Einsatz in einer Raumstation entwickelt. Diese Einheiten verfügen über die Leistungsfähigkeit, die
für die Treibstoffherstellung im Rahmen der Mars Sample Return-
Mission mit ISSP benötigt wird. Die von Hamilton Standard für die
Königlich-Britische Marine hergestellten FPE-Einheiten sind in
der Lage, die gesamte Treibstoffproduktion der bemannten Mars

---

* Solid Polymer Electrolyte

Direct-Mission zu bewältigen. Sie standen ohne Wartung bis zu 28 000 Stunden in Betrieb, was etwa dem Vierfachen der für die Mars Direct-Mission erforderlichen Betriebszeit entspricht. Die U-Boot-SPE-Einheiten sind besonders schwer, da sie auch als Ballast verwendet werden. Die für die Raumfahrtmissionen konstruierten SPE-Einheiten sind wesentlich leichter.

Wenn der gesamte Wasserstoff in den Reaktionen (1) und (2) zur Ankurbelung des Treibstoffproduktionsprozesses eingesetzt wird, dann wird jedes Kilogramm auf den Mars transportierten Wasserstoffs in 12 kg Methan/Sauerstoff-Treibstoffkombination mit einer Sauerstoff/Methan-Mischung im Verhältnis 2:1 umgewandelt. Die Verbrennung der Treibstoffkombination in diesem Verhältnis würde einen spezifischen Impuls von etwa 340 Sekunden liefern. Das ist bereits ganz annehmbar, doch das optimale Sauerstoff/Methan-Mischungsverhältnis liegt bei etwa 3,5:1, da dies einen spezifischen Impuls von 380 Sekunden liefert bei einer Wasserstoff-zu-Treibstoffkombination-Massenausbeute von 18:1. Dies entspricht jenem Leistungsverhältnis, das wir für eine optimale Planung der bemannten Mars Direct-Mission erreichen müssen.

Um zu diesem optimalen Leistungsverhältnis zu gelangen, muß zusätzlich zu dem durch die beiden Reaktionen (1) und (2) zur Verfügung gestellten Sauerstoff noch eine andere Sauerstoffquelle gefunden werden. Eine mögliche Lösung ist die direkte Reduktion von Kohlendioxid.

$$2CO_2 \rightarrow 2CO + O_2 \qquad (3)$$

Diese Reaktion kann durch Erhitzung von Kohlendioxid auf etwa 1100 °C erreicht werden, was eine teilweise Spaltung des Gases bewirkt. Jetzt wird der auf diese Weise hergestellte freie Sauerstoff unter Anlegung einer Spannung elektrochemisch durch eine aus Zirkonerde bestehende Keramikmembran gepumpt. Dadurch läßt sich das Sauerstoffprodukt vom übrigen Gas trennen. Die Verwendung dieser Reaktion zur Herstellung von Sauerstoff auf dem Mars wurde erstmals in den 70er Jahren von Dr. Robert Ash vom Jet Propulsion Laboratory vorgeschlagen. Seit dieser Zeit haben sich sowohl Ash (inzwischen an der Old Dominion University) als auch

Kumar Ramohalli und K. R. Sridhar (University of Arizona) laufend mit der Erforschung dieser Reaktion befaßt. Der Vorteil des Prozesses liegt darin, daß er von jedem anderen chemischen Vorgang vollkommen abgekoppelt ist und daß eine unbegrenzte Menge an Sauerstoff ohne Beigabe eines zusätzlichen Ausgangsmaterials hergestellt werden kann. Der Nachteil liegt in der Brüchigkeit der Zirkoniumröhren und ihrer geringen Leistung, so daß für die Anwendung im Rahmen der bemannten Mars Direct-Mission eine große Anzahl dieser Röhren erforderlich wäre. Zudem benötigt der Prozeß im Vergleich zur Wasserelektrolyse etwa fünfmal so viel Energie pro hergestellter Sauerstoffeinheit. Auch wenn kürzlich von der University of Arizona Leistungssteigerungen gemeldet wurden, befindet sich der Prozeß, so vielversprechend er auch sein mag, noch immer in der Experimentalphase.

Eine Alternative, bei der die Verfahrensreihe streng innerhalb der industriellen Chemie der Gaslichtära bliebe, wäre die (Chemikern) wohlbekannte »Wasser-Gas-Konvertierung« in umgekehrter Richtung (RWGS*). In diesem Fall wird ein Teil des in der Elektrolyseeinheit hergestellten Wasserstoffs in einer dritten Kammer gespeichert und dort mit Hilfe eines Eisen-Chrom-Katalysators zur Reaktion gebracht, wodurch nach folgender Formel Kohlenmonoxid und Wasser entstehen:

$$CO_2 + H_2 \rightarrow CO + H_2O \tag{4}$$

Diese Reaktion ist leicht endotherm, und sie läuft bei etwa 400 °C ab, einer Temperatur, die durchaus innerhalb des Bereichs der Sabatier-Reaktion liegt. Verknüpft man Reaktion (4) mit den Reaktionen (1) und (2), wird das gewünschte Methan/Sauerstoff-Gemischverhältnis erzielt, wobei die für die Reaktion (4) benötigte Energie von der Abwärme des Sabatier-Reaktors zur Verfügung gestellt wird. Die Reaktion (4) kann in einfachen Stahlrohren durchgeführt werden, was die Konstruktion eines solchen Reak-

---

* Reverse Water-Gas Shift

tors ziemlich robust macht. Der Nachteil von Reaktion (4) liegt darin, daß sie innerhalb des in Frage kommenden Temperaturbereichs nur eine Gleichgewichtskonstante von etwa 0,1 hat. Um die Reaktion in Schwung zu bringen (damit sie nach rechts abläuft), ist es notwendig, ständig einen Kühler zur Abfuhr des Wassers aus dem Reaktor laufen zu lassen. (Wasser ist eines der Produkte auf der rechten Seite der Gleichung (4). Solange es ständig abgeführt wird, läuft die Reaktion aufgrund chemischer Prinzipien nach rechts ab und produziert Wasser, als wollte sie versuchen, innerhalb des Reaktors die geeignete Gleichgewichtskonzentration beizubehalten.) Das ist gewiß machbar und stellt auch im Hinblick auf die Konstruktion der chemischen Einheit nur ein relativ bescheidenes Problem dar. Allerdings machen auch eine Reihe zumindest ebenso vielversprechender Alternativen Fortschritte. Eine der elegantesten wäre die einfache Kombination der Reaktionen (1) und (4) in einer einzigen Reaktion, wie nachstehend beschrieben:

$$3CO_2 + 6H_2 \rightarrow CH_4 + 4H_2O \tag{5}$$

Diese Reaktion ist schwach exotherm und würde in Verbindung mit Reaktion (2) ein Sauerstoff-Methangemisch im Verhältnis 4 : 1 produzieren. So erhielte man die optimale Treibstoff-Massenausbeute von 18 : 1 und gewänne zusätzlich eine große Menge an ebenfalls hergestelltem Sauerstoff als großzügige Reserve für das Lebenserhaltungssystem. Darüber hinaus würde auch sammelbares Kohlenmonoxid produziert, das möglicherweise in verschiedenen Verbrennungseinheiten oder Treibstoffzellen Verwendung finden könnte. Bezieht man die Gesamtmenge an hergestelltem Kohlenmonoxid und Sauerstoff ein, erhält man eine Treibstoff-Massenausbeute von über 34 : 1!

Eine weitere Methode der Gewinnung des zusätzlich erforderlichen Sauerstoffs besteht darin, einfach eine Menge des in Reaktion (1) produzierten Methans durch Pyrolyse in Kohlenstoff und Wasserstoff zu zerlegen.

$$CH_4 \rightarrow C + 2H_2 \tag{6}$$

Der auf diese Weise gewonnene Wasserstoff könnte wieder nach Gleichung (1) mit dem Kohlendioxid des Mars zur Reaktion gebracht werden. Nach einer Weile würde sich in der Kammer, in der Reaktion (6) durchgeführt wird, Graphit ansammeln. (Diese Reaktion ist die in der Industrie am weitesten verbreitete Methode zur Herstellung von pyrolytischem Graphit.) Sobald dies geschieht, wird die Methanzufuhr in den Reaktor gestoppt und die Kammer mit heißem Kohlendioxidgas durchgespült. Das reagiert mit Graphit, und es entsteht CO. Durch Entlüftung der Kammer wird diese gereinigt.

$$CO_2 + C \rightarrow 2CO \qquad\qquad\qquad\qquad (7)$$

Ein solcher, auf zwei Kammern basierender Plan, bei dem in einer dieser Kammern die Pyrolyse stattfindet, während die andere gereinigt wird, wurde mir von Jim McElroy und seiner Forschergruppe am Hamilton Standard Institute als einfachste Lösung zur Herstellung des zusätzlichen Sauerstoffs vorgeschlagen.

Manchmal ist es ausgesprochen einfach, das System einer chemischen Synthese auf dem Papier als eine Reihe von Gleichungen anzuführen, jedoch unvergleichlich schwieriger, eine Einheit zu entwerfen, in der diese Reaktionen auch in die Praxis umgesetzt werden können. Daß dies hier nicht der Fall ist, weiß ich, da ich ein Projekt zum Bau einer Mars-ISPP von Beginn an geleitet habe. Im Herbst 1993 traten David Kaplan und David Weaver vom JSC* der NASA an mich heran und fragten mich, ob Martin Marietta ein funktionierendes Modell jenes Mars-ISPP-Systems vorführen könne, das ich bei Konferenzen und in verschiedenen Publikationen beworben hatte. Die Sache hatte jedoch einen Haken. Die NASA konnte für dieses Projekt nur eine Summe von 47 000 Dollar zur Verfügung stellen – ein wirklich bescheidenes Budget für die Entwicklung und Vorführung einer neuen Raumfahrttechnologie. Außerdem sollten die Arbeiten im Januar 1994 abgeschlossen sein. Das war wirklich eine Herausforderung – bei Martin Marietta

* Johnson Sace Center

Astronautics kaufte man normalerweise für 47 000 Dollar höchstens einen Bericht mit ein paar Dias. Dennoch war ich davon überzeugt, daß die erforderliche Technologie einfach und das Projekt, dessen Verwirklichung in dem vorgegebenen Finanz- und Zeitrahmen unrealistisch erschien, grundsätzlich durchführbar war. So wurde die Herausforderung nach einigen Diskussionen mit dem Management von Martin Marietta angenommen. Im Oktober 1993 erhielt Martin Marietta Astronautics den Auftrag für das Projekt. David Kaplan stand als JSC-Programm-Manager in der Verantwortung, Steve Price als Projektmanager bei Martin Marietta und ich als Leiter für Forschung und Entwicklung.

Im Oktober 1993 wurde das System entworfen, und den Großteil des Novembers verbrachten wir damit, auf Bauteile zu warten, die per Post eintrafen. Ende November waren alle notwendigen Komponenten vorhanden, und wir begannen mit dem Bau einer originalgroßen, den Ansprüchen einer Mars Sample Return-Mission entsprechenden Anlage. Der Sabatier-Reaktor wurde von Grund auf im Institut montiert. Dafür füllten wir eine Metallröhre von 36 cm Länge und einem Durchmesser von 5 cm mit einem Rutheniumkatalysator, den wir uns von einem Versorgungsunternehmen für chemische Substanzen hatten kommen lassen. (Später fanden wir heraus, daß dies der zehnfachen Menge des von unserem System benötigten Katalysators entsprach, doch wir hatten einen straffen Zeitrahmen, der es uns nicht gestattete, irgend etwas zweimal zu bauen. Eine gewisse Überdimensionierung erschien uns daher ein gangbarer Weg.) Der Elektrolyseapparat war nur 25 cm groß, wog einschließlich des Wassers 3 kg und stammte aus der Wasserstoffversorgungseinheit eines Packard Instrument-Labors. Nickel-Chrom-Heizelemente, die zur Erwärmung des Sabatier-Reaktors auf Betriebstemperatur verwendet werden (danach kann durch die Hitze der chemischen Reaktionen die Temperatur ohne Zufuhr zusätzlicher Energie beibehalten werden), wurden angeschafft und rund um den Sabatier-Reaktor angeordnet. Wir entwickelten ein Kondensationssystem zur Trennung von Methan und Wasser und schlossen das gesamte System in einem Zyklus zusammen. An den strategisch wichtigen Punkten wurden an einen Computer angeschlossene Druck- und Temperatursensoren sowie Gasflußmesser eingefügt, damit das System über ein Datendisplay überwacht und kontrolliert werden konnte. Ende der zweiten Dezemberwoche war das System fertig und betriebsbereit. Am 15. Dezember wurde es erstmals eingeschaltet. Zu diesem Zeitpunkt lief nur der Sabatier-Reaktor. Nach zweistündigem Betrieb war der Wasserstand im Kondensationsgefäß beträchtlich gestiegen, ein Hinweis darauf, daß das System funktionierte. Anschließende Laboranalysen des aus dem Sabatier-Reaktor entströmenden Gases zeigten, daß es bei der Umwandlung des zugegebenen Wasserstoffs und Kohlendioxids zu Methan und Wasser einen Wirkungsgrad von 68 % erreichte.

In den darauffolgenden Tagen wurden verschiedene Einstellungen am System verändert, um seine Leistung zu steigern. Am 22. Dezember konnte ein Umwandlungsgrad von 85 % erzielt werden, wobei die Elektrolyseeinheit bereits den Wasserstoff für die Sabatier-Reaktion lieferte. Als am 5. Januar erstmals sämtliche integrierten Systeme in Betrieb waren, erreichten wir einen Wirkungsgrad von 92 %. Schließlich erzielten wir am 6. Januar 1994 bei Dauerbetrieb der gesamten Systemeinheit einen Umwandlungsgrad von 94 %.

Bei Abschluß des Probelaufs vom 6. Januar hatten wir alle Testziele erreicht, und es war noch immer genug Geld in der Kasse, um den Bericht zu schreiben.[18]

Zusätzliche kleine Geldbeträge, erst vom JSC und später vom Jet Propulsion Laboratory, gestatteten uns eine weitere Verbesserung und Ausarbeitung des Systems.

Sorptionseinheiten wurden hinzugefügt, um es dem System zu ermöglichen, Kohlendioxid aus einem Behälter mit Marsluft bei dem vor Ort herrschenden atmosphärischen Druck aufzunehmen. Der Sabatier-Reaktor, der seinen Wirkungsgrad auf 96 % gesteigert hatte, wurde auf ein Zehntel seiner Größe reduziert. Zudem wurde ein 2 kg schwerer Stirling-Umlaufkühler hinzugefügt, mit dessen Hilfe wir den gesamten hergestellten Sauerstoff verflüssigen und in einem kryogenen Dewar-Gefäß lagern konnten. Die Gesamtmasse sämtlicher Funktionskomponenten des Systems, das für eine Produktion von 400 kg Treibstoff für die Mars Sample Return-Mission ausgelegt war, betrug bei einer benötigten Gesamtleistung von weniger als 300 W etwa 20 kg.[19]

Der Mars Direct-Plan verspricht eine Besatzung innerhalb eines Jahrzehnts auf dem Roten Planeten zu landen. Dies wird möglich, da sich der Plan für die Rückkehr auf die Verwendung von Treibstoffen stützt, die aus den Rohstoffen des Mars vor Ort erzeugt werden. Das Habitat ist das thunfischdosenähnliche Objekt links. Die konische Rückkehreinheit steht rechts. (Illustration: Robert Murray, zur Verfügung gestellt von Lockheed Martin)

Als zusätzlicher Vorteil läßt sich die Hardware des Mars Direct-Programms, wie abgebildet, auch für Missionen zum Mond einsetzen. (Illustration: Robert Murray, zur Verfügung gestellt von Lockheed Martin)

Die Ares-Schwerlastträgerrakete, deren Antriebssystem sich von der Shuttle-Technologie ableitet, wird die Mannschaft und die Ausrüstung direkt zum Roten Planeten befördern. (Illustration: Robert Murray, zur Verfügung gestellt von Lockheed Martin)

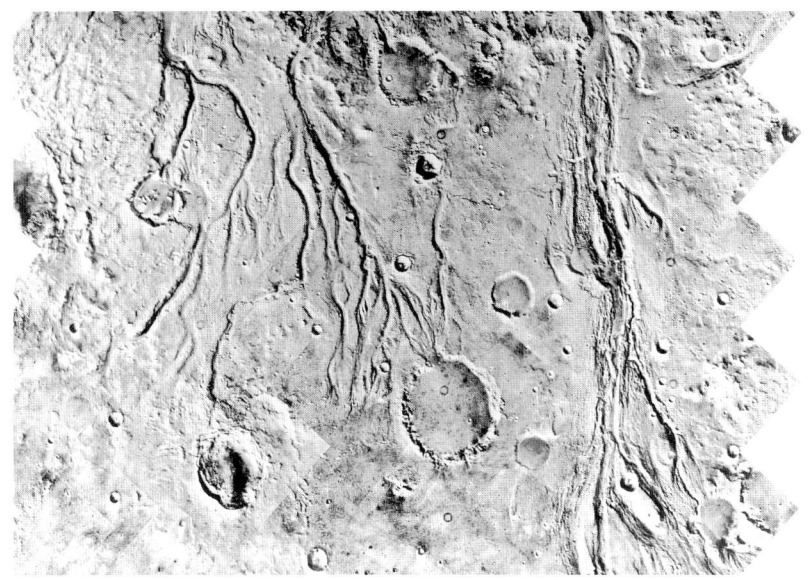

Vom Viking-Orbiter aufgenommene Bilder der Oberfläche erbringen den Beweis, daß der Mars eine wasserreiche Vergangenheit hat. Die Abbildung zeigt Stromtäler, die westlich des Landeplatzes von Viking 1 entdeckt und vom Wasser gegraben wurden. (Foto zur Verfügung gestellt von der NASA)

Wenn man annimmt, daß in ferner Vergangenheit auf Erde und Mars einst dasselbe Klima herrschte, besteht die Möglichkeit, daß sich auf dem Roten Planeten Leben entwickelte. In diesem Beispiel in Form von Mars-Stromatolithen. (Illustration: Michael Carroll)

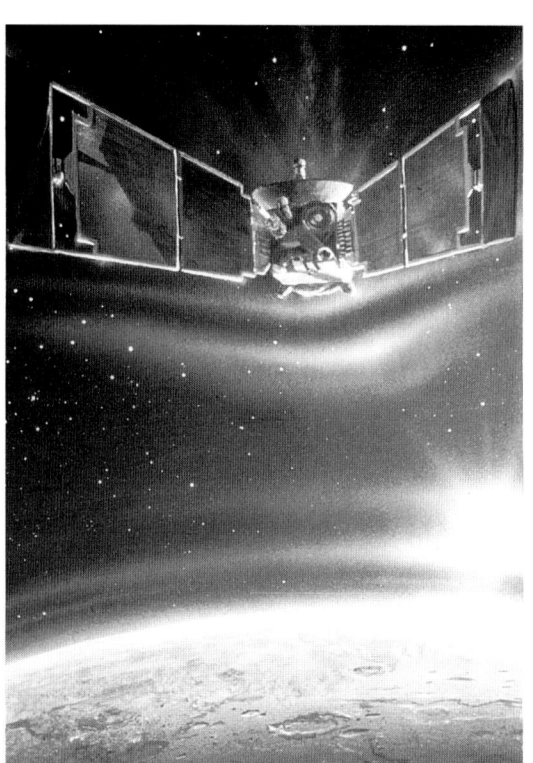

Der Mars Global Surveyor *beim sog*
Aerobrake, der Widerstandsbremsung
in der hohen Marsatmosphäre zum
Einschwenken in eine Umlaufbahn.
(Illustration: Michael Carroll, zur Ve
fügung gestellt von der NASA/JPL)

Zwei roboterunterstützte Missionen
starteten Ende 1996 zum Roten Plan
ten – der Mars Global Surveyor
und der Mars Pathfinder. *Die* Mars
Aerial Platform-Mission *könnte fü*
bemannte Missionen unschätzbare
Informationen liefern. Eine Mars
Sample Return-Mission, *die vor O*
hergestellten Treibstoff benutzt, kann
diese Technologie demonstrieren.

Die Mars Aerial Platform-Mission (MAP) wird Überdruckballons einsetzen, die
Kameras 100 Tage lang über die Oberfläche des Roten Planeten tragen können. (Illu-
stration: Robert Murray, zur Verfügung gestellt von Lockheed Martin)

*Die Mars Sample Return-
Mission bringt mehrere Kilogramm Boden zur Analyse auf
die Erde zurück. (Illustration:
Pat Rawlings, zur Verfügung
gestellt von der NASA/JSC)*

Mars-Semi-Direct Stufe 1: Treibstoffproduktion auf dem Mars. (Illustration zur Verfügung gestellt von der NASA/JSC)

Im Herbst 1992 brach die NASA mit dem Battlestar Galactica-*Konzept und stützte ihre weitere Arbeit auf das Mars-Semi-Direct-Projekt.*

Mars-Semi-Direct Stufe 2: Ankunft der Besatzung im Habitat (Illustration zur Verfügung gestellt von der NASA/JSC)

Mars-Semi-Direct Stufe 3:
Abflug der Besatzung
(Illustration zur Verfügung
gestellt von der NASA/JSC)

Mars-Semi-Direct Stufe 4:
Rendezvous mit der Rück-
kehreinheit ERV. (Illustration zur Verfügung gestellt
von der NASA/JSC)

Abbildung des Abflugs einer traditionellen Battlestar Galactica-*Marsmission von der* Erde. *(Illustration: Michael Carroll)*

Die ersten Marsmissionen werden sich auf die Suche nach Beweisen für gegenwärtiges oder vergangenes Leben sowie nach Ressourcen für die Zukunft konzentrieren. (Illustration: Pat Rawlings, zur Verfügung gestellt von der NASA)

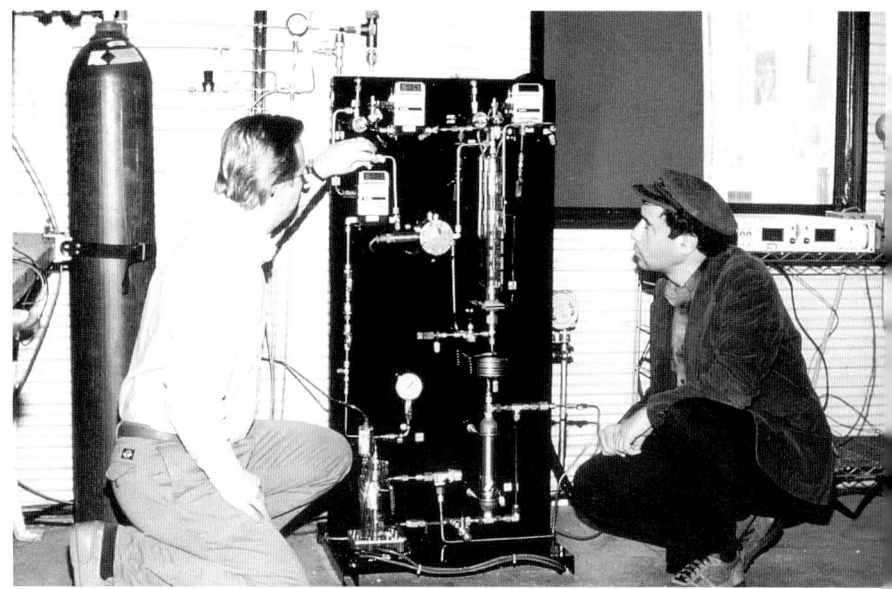

Larry Clark (links) und der Autor führen eine erste Überprüfung der In-situ-Treib-stoffproduktionsanlage (ISPP) durch, die im Auftrag des Johnson Space Center der NASA von einem Team bei Martin Marietta Astronautics entwickelt wurde. Dieses Demonstrationsmodell bewies eindeutig, daß die Herstellung von Treibstoff auf dem Mars möglich ist. (Foto zur Verfügung gestellt von der NASA)

MARS SAMPLE RETURN
WITH
SITU RESOURCE UTILIZATION

NASA ROBOTIC

Der NASA-Leiter Dan Goldin (rechts), hier abgebildet mit dem Autor und der Martin Marietta ISPP-Anlage, wurde ein Befürworter des Mars Direct-Plans. (Foto: R. Zubrin)

Der Autor erläutert dem Sprecher des Repräsentantenhauses, Newt Gingrich, die Strategie der Marsmission. (Foto: R. Zubrin)

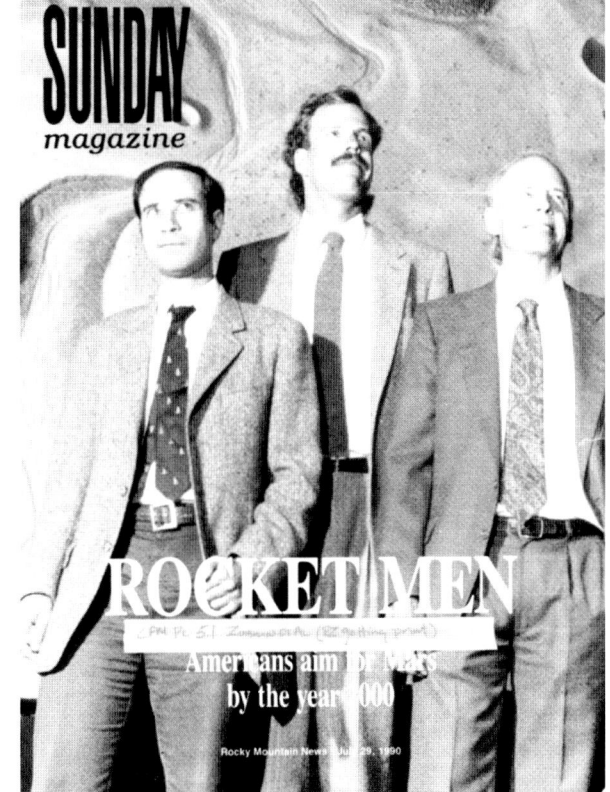

...er Mars Direct-Plan macht ...eitungsgeschichte. Dieses ...oto von Robert Zubrin (links), ...avid Baker (Mitte) und Ben ...lark (rechts) schmückte das ...over des Rocky Mountain ...ews Magazine, kurz nachdem ...aker und der Autor mit der ...orstellung des Plans auf Kon-...renzen im ganzen Land ...gonnen hatten. (Foto zur ...erfügung gestellt von Rocky ...ountain News)

Die Mars Direct-Habs können durch aufblasbare Tunnel verbunden werden. Auf diese Weise läßt sich rasch ein erstes Marsbasislager errichten. (Illustration: Carter Emmart)

Eine Rückkehreinheit (ERV) im Landeanflug auf eine wachsende Marsbasis. (Illustration: Michael Carroll)

Eine vollentwickelte Basis, die über einer areothermischen Energiequelle errichtet wurde. Sie dient als Prüfstation wichtiger etablierter Technologien für die Besiedlung des Mars. (Illustration: Carter Emmart)

Ein ballistisches Fluggerät vom Typ NIMF *(Illustration: Robert Murray, zur Verfügung gestellt von Lockheed Martin)*

Raketenflugzeug vom Typ NIMF. *(Illustration: Robert Murray, zur Verfügung gestellt von Lockheed Martin)*

NIMFs – *mit einheimischem Marstreibstoff betriebene Nuklearraketen – würden Marsforschern und später Marssiedlern entweder als Raketenflugzeuge oder als ballistische Fluggeräte uneingeschränkte Mobilität auf dem gesamten Planeten ermöglichen.*

Erkundungsteam auf einem teilweise durch Terraformen veränderten Mars. (Illustration: Michael Carroll)

Die neugeschaffene Welt. (Illustration: Michael Carroll)

Einst strömte flüssiges Wasser über den Mars, und mit den technischen Errungenschaften des 21. Jahrhunderts kann das wieder der Fall sein. Einige Dekaden Terraformung könnten den Mars in einen relativ warmen und leicht feuchten Planeten umwandeln, der eines Tages auch für Forscher geeignet wäre, die lediglich Atmungsgeräte tragen.

Studien ergaben, daß die Leistung des für die Anforderungen der Mars Direct-Mission benötigten ausgeweiteten Systems im Vergleich zur Masse noch wesentlich höher zu liegen käme, da sich die Systemmasse um den Prozentsatz der parasitären Elemente wie Durchflußmesser und Drucksensoren reduzieren würde. In jedem Fall wurde der Beweis geliefert, daß wir Raketentreibstoff und Sauerstoff auf dem Mars herstellen können.

Die Verbindung zur Basis

Der Einsatz von mit Verbrennungsmotoren ausgerüsteten Erkundungsfahrzeugen wird es den ersten Marsforschern gestatten, sich weit von ihrer Basis zu entfernen. Aber wenn sie das tun – wie können sie die Kommunikation aufrechterhalten? Da der Durchmesser des Mars etwas weniger als die Hälfte des Erddurchmessers beträgt, ist der Horizont entsprechend näher. Wäre das Gelände auf dem Mars etwa so flach wie Kansas, läge der Horizont nur etwa 40 km entfernt – und der Mars gleicht Kansas gewiß nicht. Bricht also das Forschungsteam irgendwo auf dem Mars zu einer Exkursion auf, überschreitet es den Horizont fast notgedrungen. Aus diesem Grund scheidet eine Direktverbindung aus. Wie wird es ihm gelingen, mit der Basis in Kontakt zu bleiben?

Eine Möglichkeit ist ein Relaissatellit in der Marsumlaufbahn, 17 065 km über dem Äquator. In dieser Höhe wird der Satellit den Mars mit einer Geschwindigkeit von 1,45 km/s in 24,6 Stunden umkreisen. Da diese Zeit einem Marstag entspricht, macht der Satellit die Bewegung des Planeten mit, bewegt sich also aus der Sicht eines Beobachters am Boden nicht. Ein solcher »synchroner« Satellit auf dem Mars entspricht exakt den heute in der Kommunikationstechnik auf der Erde eingesetzten geosynchronen Satelliten. Landet unsere Marsexpedition am Äquator, wird sich der Satellit Tag und Nacht direkt über ihr befinden und so die Verbindung von der Basis zu jedermann und allem in einem Umkreis von nahezu 5 000 km vom Landeplatz – das entspricht etwa der Hälfte der gesamten Planetenoberfläche – herstellen.

Doch Kommunikationssatelliten kosten Geld und, was noch wichtiger ist, funktionieren nicht immer störungsfrei. Was geschieht, wenn der Satellit ausfällt, während sich das Forschungsteam 400 km von der Basis entfernt aufhält? Die Sicherheitsvorkehrung ist ein einfaches Funkgerät. Da der Mars über eine Ionosphäre (eine Schicht geladener Teilchen in einem hochgelegenen Bereich der Atmosphäre) verfügt, die zur Reflexion von Funksignalen herangezogen werden kann, ist wie auf der Erde eine globale Boden-Boden-Kommunikation über Kurzwelle möglich. Aufgrund der von *Mariner 9* und den *Viking*-Orbitern und -Landern durchgeführten Messungen wissen wir vieles über die Eigenschaften der Marsionosphäre. Sie beginnt in einer Höhe von etwa 120 km und besteht aus einer Ionenpopulation von 90 % O_2^+ und 10 % CO_2^+ und einer gleichen Anzahl freier, durch Photoionisation entstandener Elektronen. Tagsüber erreicht die Elektronendichte in einer Höhe von ungefähr 135 km eine Spitzenkonzentration von etwa $200000/cm^3$. Nachts sinkt die Dichte auf einen Niedrigstwert von rund $5000/cm^3$ in etwa 120 km Höhe. Diese Werte liegen ungefähr bei einem 25stel der Elektronendichte der Erdionosphäre. Da die benutzbare Maximalfrequenz von Kurzwellenfunkgeräten jedoch der Quadratwurzel der Elektronendichte entspricht, befindet sich die benutzbare Maximalfrequenz auf dem Mars bei einem Fünftel der auf der Erde erreichbaren. Während sich also der Funktionsbereich von Funkgeräten auf der Erde bis zu Frequenzen von 20 MHz erstreckt, können auf dem Mars tagsüber lediglich Frequenzen bis 4 MHz und nachts bis 700 kHz verwendet werden. Für die Übersendung von Bildmaterial oder anderen Hochgeschwindigkeitsdatenübertragungen ist der letzte Wert wohl etwas niedrig, er reicht jedoch noch immer für technische Telemetrie und Sprechverbindung. Tatsächlich wird gerade dieser Frequenzbereich (AM-Funk) auf der Erde gern für die kommerzielle Ausstrahlung von Popmusik, Talkradios und anderen Kommunikationsformen verwendet.

Auch wenn die Kurzwellenkommunikation auf dem Mars auf einer etwas niedrigeren Frequenz als auf der Erde abläuft, wird dieser Nachteil (höhere Frequenzen ermöglichen höhere Übertragungsgeschwindigkeiten) durch die Tatsache, daß die Marsionosphäre weit weniger von Funkrauschen belastet ist, mehr als ausgeglichen. Der Energieverbrauch für Kurzwellenfunkübertragungen wird auf der Erde durch das von weit entfernten Unwettern, eine Vielzahl von Funkern, militärischen Funkübertragungen und Popmusikstationen verursachte Funkrauschen in die Höhe getrieben. Diese Probleme wären auf dem Mars nicht vorhanden.

Einige heute in Gebrauch befindliche Funksysteme beschwören das Bild von schweren, unhandlichen, für die mobile Kommunikation ungeeigneten Geräten herauf. Doch es wurde bereits eine moderne Kurzwellentechnik für militärische Zwecke entwickelt, die sich ausgezeichnet für den mobilen Einsatz auf dem Mars eignen würde. Ein Beispiel dafür ist das von Defense Systems Inc. entworfene, moderne Miniaturhochfrequenzsystem (AMHFS*). Das ist ein Zweiweg-Sende-/Empfangssystem, bei dem jede Einheit eine Masse von 0,8 kg und ein Volumen von 0,7 l hat. Somit ist es klein genug, um nicht nur im Innern der Rover befördert zu werden, sondern auch von jedem Astronauten während der Außenarbeiten. Von seiner Leistungsfähigkeit auf der Erde ausgehend, ist dieses System in der Lage, auf der von der Sonne erleuchteten Seite des Mars flächendeckend bei einer Geschwindigkeit von 2,4 Kilobyte pro Sekunde (KB/s) und einer Strahlungsleistung von 10 W beziehungsweise 30 W elektrischer Leistung zu senden. Diese Übertragungsgeschwindigkeit reicht für technische Telemetrie, E-Mail, Echtzeit-Sprechverbindungen geringer Qualität oder Hochqualitätssprechverbindungen in Paket-Übermittlung aus. Um jene hochqualitative Echtzeit-Sprechverbindung wie bei Telefonen auf der Erde zu erreichen, würde man die 20fache Datenübertragungsgeschwindigkeit und somit 600 W Leistung benötigen, die leicht im Rover erzeugt werden könnte. Sollte sich die Marsionosphäre in der Praxis als so ruhig herausstellen, wie in der Theorie vorhergesagt, läßt sich dieser Energiebedarf noch kräftig reduzieren. (Der gescheiterte russische *Mars 96*-Orbiter führte ein Ionosphärenradarsondierungsgerät mit sich, das uns die Daten liefern sollte, die wir für eine genauere Bewertung des Energiebedarf für Kurzwellenübertragungen auf dem Mars benötigen.)

---

* **A**dvanced **M**iniature **H**igh **F**requency **S**ystem

Jedenfalls wird das AMHFS eine adaptive Ortungstechnik zum automatischen Absuchen des Funkspektrums einsetzen, um die geeignetste Frequenz für Echtzeit-Übertragung zu finden. Danach erfolgt zwischen den beiden in Kommunikation stehenden Einheiten ein »Handshake«, durch den die Verbindung angezeigt und die korrekte Datenübertragung bestätigt wird. Auf diese Weise kann sich das AMHFS auch bei unvorhersehbaren oder während der Übertragung wechselnden ionosphärischen Bedingungen auf die Verhältnisse einstellen und den besten Übertragungskanal finden und beibehalten. Das AMHFS kompensiert mit Hilfe seiner Elektronik die Antennenlänge für die Einstellung auf eine gewählte Kommunikationswellenlänge. Auf diese Weise kann dieselbe 6 m lange Peitschenantenne sowohl für Übertragungen bei 0,5 MHz als auch bei 5 MHz verwendet werden. Bei den eingesetzten Antennen handelt es sich um leichte, einfachgewundene Federn, sogenannte »Stacers«, die, wenn sie für einen Einsatz freigegeben werden, herausschnellen.

Die Anwendung eines Kurzwellenkommunikationssystems bietet den Marsforschern einen weiteren Vorteil. Dasselbe System kann auch für die Untergrunderkundung eingesetzt werden. Ein Funksignal von 3 MHz hat eine Wellenlänge von 100 m. Im trockenen Umfeld des Mars ist zu erwarten, daß solche Signale, wenn sie direkt nach unten gerichtet werden, etwa 10 Wellenlängen tief in den Boden eindringen. Das entspricht einer Tiefe von 1000 m. Viele führende Marsgeologen sind der Ansicht, daß der Mars etwa 500 m bis 1000 m unter der Oberfläche flüssiges Wasser führt. Auch wenn das nicht flächendeckend der Fall sein sollte, gibt es doch mit einiger Gewißheit Stellen, an denen Einschlüsse von Eis unter der Oberfläche durch Bodenwärme aufschmelzen und heiße, unter der Oberfläche befindliche Flüssigkeitsreservoirs bilden. (Vom geologischen Standpunkt aus betrachtet, lebt der Mars. Die riesigen Vulkane in Tharsis werden auf weniger als 200 Millionen Jahre geschätzt. Angesichts des Alters des Planeten selbst von 4,5 Milliarden Jahren, könnten sie genausogut erst gestern ausgebrochen sein.)

Ein mit einem Kurzwellenfunkgerät ausgestattetes Forschungsteam könnte im Zuge seiner Exkursionen Radarimpulse in den Boden senden. Sollte sich innerhalb einer Tiefe von etwa 1 km unter der Oberfläche flüssiges Wasser befinden, würde das Signal aufgrund der höheren elektrischen Leitfähigkeit des Wassers im Vergleich zu dem umliegenden trockenen Boden beziehungsweise Eis stark reflektiert zum Empfänger im Rover zurückgesandt. Die zeitliche Verzögerung zwischen Sendung und Empfang des Signals gestattete der Besatzung Aufschlüsse über die Tiefe des Reservoirs. Sollte man dabei dicht unter der Oberfläche auf ein Heißwasserbecken stoßen, wäre es an der Zeit, das Bohrwerkzeug hervorzuholen. Immerhin ist Wasser der Träger allen Lebens.

Navigation auf dem Mars

Zusätzlich zur Aufrechterhaltung der Kommunikationsverbindung mit der Basis werden die Marsforscher auch vor das Problem der Navigation gestellt. Obgleich durch die orbitale Abbildung gute Landkarten vom Mars vorhanden sind, liegt die hauptsächliche Schwierigkeit für die Besatzung eines Marsrovers in der Feststellung ihres eigenen Standorts. Dies ist nicht nur für die Standortdokumentation verschiedener wissenschaftlicher Fundstücke wichtig, sondern in weit höherem Maß, um zu verhindern, daß man sich verirrt. Wie in der nordafrikanischen Wüste während des Zweiten Weltkriegs bedeutet der Verlust der Orientierung auch in den Marswüsten den Tod. Ein auf der Basis montierter Leitstrahlsender könnte der Besatzung den Weg zurück weisen, doch seine Reichweite wird von dem nahen Horizont (in nur 40 km Entfernung) begrenzt. Selbstverständlich könnte die Besatzung eines Rovers, kurz bevor sie die Reichweitengrenze des Leitstrahlsenders erreicht, auf einem Hügel einen weiteren setzen und diesen Vorgang mehrmals wiederholen, um den Rückweg zu markieren. Doch derlei Techniken sind recht einschränkend und können – wenn man an das Märchen denkt, in dem die Brotkrumen, die als Wegmarkierung dienten, von Vögeln aufgefressen wurden – zu Katastrophen führen, sollte einer dieser als Wegmarken eingesetzten Leitstrahlsender ausfallen. Aber welche anderen Navigationstechniken stehen der Roverbesatzung zur Verfügung?
Einem Raumfahrttechniker fällt natürlich zuallererst die Verwendung von Navigationssatelliten ein. Stationiert man einen

Satelliten in einer niedrigen polaren Umlaufbahn um den Mars, ist seine Breite zu jedem Zeitpunkt bekannt. Montiert man nun einen Leitstrahlsender an diesem Satelliten (der 1996 gestartete *Mars Global Surveyor* verfügt über einen solchen), kann die Roverbesatzung auf diesen hören und die Breite ihres Standorts durch Vergleich des Zeitpunktes der stärksten Annäherung mit der im Computer des Rovers aufgezeichneten Reiseroute des Satelliten bestimmen. Die Annäherungsgeschwindigkeit des Satelliten an die Position des Rovers wird dann am höchsten sein, wenn der Rover sich direkt auf der Bodenspur des Satelliten befindet, und weit geringer, sobald er eine seitliche Position zu dieser einnimmt. Mißt man die von der Annäherungs- und Entfernungsgeschwindigkeit des Satellitensenders verursachte Dopplerverschiebung, läßt sich feststellen, wie weit östlich beziehungsweise westlich sich der Rover von der Nord-Süd-Bodenspur des Satelliten befindet. Der Vergleich mit der im Computer eingespeicherten Information, die die Längenposition des Satelliten als Funktion der Zeit spezifiziert, ermöglicht es der Besatzung, ihre eigene Längenposition zu bestimmen.

Diese hochentwickelten Techniken arbeiten äußerst präzise. Eine ähnliche Methode wendet man auch auf der Erde an, wobei mittels des Argos-Satellitensystems die Bewegungen von Falken und Elchen mit einer Genauigkeit von 1 km aufgezeichnet werden (mit dem Unterschied, daß in diesem Fall der Elch den Sender trägt und sich der Empfänger im Satelliten befindet, wo auch die erforderlichen Berechnungen durchgeführt werden). Dennoch birgt auch diese Vorgehensweise eine Anzahl Probleme. Der Satellit befindet sich auf einer etwa zweistündigen Umlaufbahn, und der Mars dreht sich unter ihm. Aus diesem Grund wird der Beobachter auf der Oberfläche ihn nur einmal tagsüber und einmal nachts treffen. Ein einzelner Satellit würde also nur alle zwölf Stunden eine Positionsbestimmung gestatten. Dem kann abgeholfen werden, indem man mehrere Satelliten auf Nord-Süd-Routen rund um den Planeten kreisen läßt, doch dann wird es eine wirklich kostspielige Angelegenheit. Was geschieht aber, wenn der Satellitensender, der Roverempfänger oder der Rovercomputer ausfallen? Gibt es zuverlässigere, nicht so hoch entwickelte Navigationstechniken, die dann als Sicherheitssystem dienen können?

Der Magnetkompaß war auf Erden lange Zeit das Navigationsgerät der Seefahrer. Unglücklicherweise können Kompasse auf dem Mars nicht verwendet werden, da er praktisch über kein Magnetfeld verfügt. Dagegen kann die althergebrachte Technik der Astronavigation auf dem Roten Planeten wesentlich einfacher eingesetzt werden, als das auf der Erde möglich ist.

Wer jemals Astronavigation betrieben hat, weiß, daß die Bestimmung der Längenposition leicht, die der Breite jedoch schwierig ist. Zur Festlegung der Längenposition ist lediglich der Winkel zwischen Himmelspol und Horizont zu messen. Dieser Winkel gibt die Länge, auch Periode genannt, an. Auf der nördlichen Erdhemisphäre ist diese Messung einfach durchzuführen, da der Himmelspol mit einer Genauigkeit von 1° vom Polarstern, Polaris, angegeben wird. Die Richtung des Polarsterns ist gleichzeitig eine genauere Angabe über die Nordrichtung, als sie mit einem Kompaß möglich ist. Besitzt auch der Mars einen hervorstechenden Polarstern? Nicht wirklich, doch sein Himmelspol, mit einer Rektaszension von 21,18 Stunden und einer nördlichen Deklination von 52,89° ist dennoch einfach zu finden, da er etwa in der Mitte der Strecke zwischen den beiden hell leuchtenden Sternen Deneb und Alpha Cephei liegt. Somit ist in einer klaren Nacht (die über der Marswüste mit größerer Häufigkeit vorkommt als auf der regnerischen, nebelverhangenen Erde) die Breitenposition auf dem Mars mit einem Sextanten ohne weiteres zu bestimmen.

Wie steht es jedoch mit der Länge? Auf der Erde kann die Länge mit Hilfe einer genauen Uhr, die auf eine Standardzeit wie etwa die Mittlere Greenwich-Zeit eingestellt ist, durch Messung der Sonnenaufgangszeit und Vergleich mit der in einem Almanach für diesen Tag und den Greenwich-Meridian (den Nullmeridian, als 0° Länge) angegebenen Sonnenaufgangszeit auf Ihrer Breite festgelegt werden. Gibt der Almanach beispielsweise an, daß die Sonne auf Ihrer Breite auf dem Nullmeridian am 21. März um 6 Uhr morgens aufgeht und Sie den Sonnenaufgang auf Ihrer auf Mittlere Greenwich-Zeit eingestellten Uhr um 7 Uhr morgens beobachteten, wüßten Sie, daß Sie sich auf 15° westlicher Länge befinden, da sich die Erde mit einer Geschwindigkeit von 360° in 24 Stunden beziehungsweise 15° pro Stunde dreht.

Die Methode funktioniert auf der Erde ausnehmend gut, doch auf dem Mars noch weit besser, da er zusätzlich zur Sonne auch noch über zwei sich rasch bewegende, asteroidenähnliche Monde verfügt, Phobos und Deimos, die ebenfalls für die Längenbestimmung herangezogen werden können. Der von der Marsoberfläche aus innere Mond Phobos hätte eine Sternhelligkeit von −10, womit er ungefähr 300mal so hell leuchtet wie die Venus, wenn sie zum Zeitpunkt ihrer größten Helligkeit von der Erde aus betrachtet würde, wogegen Deimos über eine Sternhelligkeit von −7 verfügt, was etwa der 20fachen Helligkeit der Venus entspricht. Sieht man von Staubstürmen ab, sind diese beiden Satelliten von der Marsoberfläche nicht nur nachts, sondern auch tagsüber immer klar zu erkennen. Beide Monde folgen Umlaufbahnen, die nahezu exakt über dem Äquator liegen. Mißt man nun zum Zeitpunkt ihres höchsten Standes am Himmel ihren Winkelabstand vom Zenit, können sie auch mitten am Tag zur Bestimmung der Breite herangezogen werden. Phobos umkreist den Mars in einem Zeitraum von 7 Stunden und 39 Minuten, Deimos in 30 Stunden und 19 Minuten. Zwischen Sonne, Phobos und Deimos steht dem Marsnavigator eine große Zahl von Sonnen- und Mondaufgängen zur Verfügung, die er für den Vergleich mit seinem Almanach und seiner Uhr heranziehen kann, denn jeder Aufgang ermöglicht ihm die Bestimmung seiner Länge. Mit geringem Rechenaufwand, der für einen geübten Navigator das ABC ist, kann ein mit einem Sextanten, einer Uhr und einem Almanach ausgestatteter Beobachter auf dem Mars immer dann, wenn zwei der drei Objekte (Sonne, Phobos und Deimos) am Himmel sichtbar sind, seine Breite und Länge gleichzeitig bestimmen.

Anzumerken wäre, daß auf der Erde eine Seemeile (etwa 1,82 km) einer Minute (1/60 eines Grades) Breite entspricht. Definieren wir nun eine Seemeile auf dem Mars in gleicher Weise als eine Minute Breite, ergibt sich eine Marsseemeile mit nahezu einem Kilometer (genau 983 m). So stimmt auf dem Mars das Einheitssystem der Seefahrt tatsächlich mit dem metrischen System überein!

Zeitmessung auf dem Mars

In der Forschungsliteratur wurde eingehend über auf dem Mars einsetzbare Zeitmeßsysteme diskutiert. Nachdem wir uns mit der Oberflächennavigation befaßt haben, wollen wir jetzt auch auf diesen Aspekt eingehen. Wie wir bereits wissen, dauert ein Marstag 24 Stunden und 39,6 Minuten, gemessen in Erdzeit. Der Großteil der bisher vorgeschlagenen Zeitmeßsysteme behält üblicherweise die Erdzeiteinheiten bei und schiebt lediglich einen Stundenbruchteil nach Mitternacht ein.[20] Als Alternative wurden hin und wieder vollkommen neuartige, auf dem Dezimalsystem basierende Uhren mit einer Reihe von ungewohnten Zeiteinheiten vorgeschlagen.[21]

Die vorigen Absätze sollten aufgezeigt haben, daß der Einsatz einer Uhr mit ungleichen Stunden für die Navigation oder Astronomie auf der Marsoberfläche ein wahrer Alptraum wäre. Andererseits könnte auch eine auf Dezimalteilung oder anderen neuen Einheiten basierende Uhr zu Verwirrungen führen. In jedem Fall würde sie eine komplette Überarbeitung des auf dem Mars für die Vermessung der Oberfläche eingesetzten geographischen Koordinatensystems erforderlich machen (das auf dem 60-Grad-, -Minuten- und -Sekundensystem, wie es zur Kartographierung der Erde verwendet wird, basiert). Die Lösung in der Praxis ist einfach – man muß nur den Marstag in 24 Marsstunden, jede dieser Stunden in 60 Marsminuten und jede dieser Minuten in 60 Marssekunden unterteilen. Der Umrechnungsfaktor zwischen Marstagen, -stunden, -minuten und -sekunden sowie ihren terrestrischen Äquivalenten betrüge somit stets 1,0275. Eine auf dem Mars angegebene Tageszeit, zum Beispiel 6.00 Uhr morgens, hätte somit in bezug auf die Orientierung des Planeten zur Sonne dieselbe physikalische Bedeutung wie auf der Erde. Auf diese Weise blieben alle auf der Erde verwendeten Gleichungen der Astronavigation präzise gültig. Das heißt, unabhängig davon, ob man sich auf dem Mars oder der Erde befindet, würde 1 Stunde Zeit jeweils 15° Länge, 1 Minute Zeit 15 Minuten Länge und 1 Sekunde Zeit 15 Sekunden Länge entsprechen.

Eine solche Uhr würde alle in der Praxis auftretenden Probleme der täglichen Zeitmessung auf dem Mars lösen. Tatsächlich wird diese Messung bereits heute von Missionsplanern im Jet Propulsion Laboratory eingesetzt, die etwa die Route eines zukünftigen Marsorbiters als einen *6:00 A.M. – 6:00 P.M.* (6.00 Uhr morgens – 18.00 Uhr abends) *orbit* bezeichnen. Damit meinen sie einen Satelliten, der der Aufgang-Untergang-Lichtgrenze des Mars folgt. Dies bedeutet, die Zeitangabe *6.00 A.M.* bezieht sich auf das lokale Zeitsystem des Mars, wie oben beschrieben, und die 12 Stunden, die diese Zeitangabe von *6.00 P.M.* trennen, beziehen sich auf Marsstunden. Unglücklicherweise trifft eine solche Uhr bei einigen Physikern auf Ablehnung, die die terrestrische Sekunde als sakrosankte Einheit der physikalischen Zeit betrachten. Sie sollten sich keine Sorgen machen – Marskristallographen und andere, die hohen Präzisionsgrad bei der Ablesung von Messungen und Frequenzen benötigen, werden ihre Meßergebnisse auch weiterhin in terrestrischen Sekunden angeben. Das internationale Standardsystem physikalischer Einheiten bleibt intakt. Für Forschungstätigkeiten auf dem Mars ist die terrestrische Sekunde als Zeiteinheit um nichts hilfreicher als der terrestrische Tag und muß somit ihrem Marspendant weichen.

Telerobotik: Erweiterung der Reichweite der Besatzung

Aus Sicherheitsgründen bleiben im allgemeinen zwei Besatzungsmitglieder in der Basis, während sich zwei andere (ein Wissenschaftler und ein Techniker) auf einer Roverexkursion befinden. Auf diese Weise kann die Reservebesatzung in einem Reservegerät zu Hilfe eilen (zum Beispiel in einem offenen Fahrzeug), falls der Rover in Schwierigkeiten gerät. Üblicherweise halten sich zumindest zwei Personen ständig in der Basis auf und in den Perioden zwischen Roverexkursionen (die einen bis zehn Tage dauern) alle vier Besatzungsmitglieder. Zweifellos gibt es eine Menge nützlicher Tätigkeiten, die in der Basis durchgeführt werden können, denken wir nur an die Analyse von Proben, die Durchführung verschiedener wissenschaftlicher und technischer Experimente sowie den Ausbau und die notwendige Wartung der Ausrüstungsgegenstände. Da die Hauptfunktion der ersten Marsmission allerdings die Forschung ist, wäre es ausgesprochen förderlich, könnten die in der Basis stationierten Besatzungsmitglieder einen Teil ihrer Zeit der Erkundung widmen. Dies ist auch möglich, sofern die Expedition mit einem Kontingent von Telerobotern ausgestattet ist.

Diese Mars-Teleroboter sind kleine, mit Rädern oder Ketten ausgestattete Fahrzeuge, die über Fernsehkameras, Mikroskope und andere wissenschaftliche Instrumente sowie über Greifarme und ein Funkgerät verfügen. Sie werden über ein Kurzwellenfunkgerät oder einen areosynchronen Relaissatelliten von der Marsbasis aus kontrolliert. Über Fernsteuerung können Befehle rasch weitergeleitet werden, da die Funkverbindungsverzögerung vernachlässigbar ist. (Zwischen Erde und Mars beträgt sie bis zu 40 Minuten. Eine effektive, von der Erde aus gesteuerte Teleroboteroperation ist daher nicht möglich). Die Teleroboter könnten von der Roverbesatzung während ihrer Exkursion ausgesetzt werden. Sie ermöglichen es der Basismannschaft, verschiedene Orte, die die Roverbesatzung als interessant klassifiziert, jedoch aus Zeitgründen nicht selbst untersuchen kann, detaillierter zu erforschen. Zudem könnten die Teleroboter in Gebieten eingesetzt werden, die für den Menschen zu eng oder zu riskant wären, wie etwa Höhlen und schmale Spalten.

Aber auch die Basismannschaft selbst kann Teleroboter aussetzen, indem sie sie mittels Ballons aufsteigen und in einigen tausend Kilometern Entfernung landen läßt. (Es ist zu erwarten, daß ein Ballon auf dem Mars an einem einzigen Tag eine Flugstrecke von 2000 km zurücklegen kann). Selbstverständlich ist die Flugroute nicht kontrollierbar, doch anhand von Windmusteraufzeichnungen des Mars, die vorab von Missionen wie MAP (Mars Aerial Platform) durchgeführt würden, könnte die Strecke des mittels eines Ballons beförderten Teleroboters gut vorhergesagt werden. Während des Teleroboterflugs senden die eingebauten Kameras Echtzeit-Luftaufnahmen an die Basismannschaft, die mit den Augen des Teleroboters sieht und so den besten Zeitpunkt und Landeplatz für das System wählen kann. Bei der Landung löst sich der Teleroboter entweder von dem Ballon und vertraut sich auf Dauer der gewählten Landeregion an, oder er versucht – bei geringer Windstärke –, den Anker des Ballons in einer Felsformation zu verhaken. Im zweiten Fall kann der Teleroboter den Ballon zurücklassen, einige Stunden die Umgebung untersuchen, sich danach wieder selbständig an den Ballon ankoppeln, den Anker lichten und zu einem weiter entfernten Ort aufbrechen. Weder Klippen noch Cañons, noch niedrige Berge werden den fliegenden Telerobotern den Weg versperren. Von dem ersten Marsbasislager ausgesetzt und ohne Verzögerung gesteuert, werden sie weite Landstriche des Planeten wissenschaftlichen Untersuchungen zugänglich machen.

Ein an einem fernen Ort ausgesetzter Teleroboter ist beinahe so gut, wie einen Menschen dort zu haben. Doch es bleibt natürlich nur die zweitbeste Lösung. Für eine umfassende Erkundung des Mars müssen wir menschliche Forscher über den gesamten Planeten entsenden. Wie soll das geschehen? Bis zu einem gewissen Grad ist dieses Ziel zu erreichen, indem wir jede weitere Mars Direct-Mission an einem anderen Ort landen lassen und der Forschung so eine zusätzliche Region eröffnen. Obwohl diese Vorgehensweise notwendig ist, um kurzfristig eine weite Fläche des Mars erkunden zu können, stellt sie sich langfristig als ineffizient heraus, da sie den nachfolgenden Missionen keinen Zugriff auf die von früheren Missionen zurückgelassenen Einrichtungen ermöglicht. Deshalb sollten nach einer anfänglichen Reihe von Forschungsmissionen die nachfolgenden Landungen an einem einzigen Ort erfolgen, um so eine größere Basis aufzubauen. Unter anderem verfügt eine derartige Basis über die notwendigen Ressourcen zur Versorgung weit größerer Teams von Marsastronauten und ermöglicht den Einsatz bemannter, raketenbetriebener Fluggeräte. Erst dadurch erschließt sich den Forschern eine globale Reichweite für ihre Untersuchungen des Roten Planeten. Im nächsten Kapitel werden wir uns der Entwicklung der Verwendung einer solchen Basis zuwenden.

Unter der Lupe: Ein Kalender für den Planeten Mars

Die Marssiedler werden einen Kalender benötigen, der an die physikalischen und saisonabhängigen Verhältnisse auf dem Roten Planeten angepaßt ist. Die Verwendung des terrestrischen Kalenders ist nicht zweckmäßig. Wenn ich Ihnen nun sage, daß heute der 1. Februar ist, werden Sie wissen, daß Minneapolis friert, während in Sydney Hochsommer herrscht – aber was sagt Ihnen dieses Datum über die Verhältnisse auf dem Mars? Tatsächlich besteht aufgrund der laufenden und geplanten, unbemannten Forschungsmissionen bereits jetzt die Notwendigkeit eines Marskalenders und eines geeigneten Zeitmeßsystems. Da wir die Jahreszeiten der Erde kennen, können wir mit Leichtigkeit für jedes beliebige Datum in der Zukunft eine Vorhersage treffen – ohne einen Marskalender wird dies in bezug auf den Mars ausgesprochen schwierig. Daher sollten wir gleich an die Lösung dieses Problems gehen.

Ausgangspunkt ist folgender: Ein Marsjahr besteht aus 669 Marstagen oder Sol. Wie wir bereits wissen, ist die korrekte Methode zur Zeitmessung innerhalb dieser Tage die Verwendung von Einheiten, die 1,0275mal so lang sind wie ihre terrestrischen Pendants. Allerdings ist dieselbe Aufteilung bei den Monaten nicht möglich, da die Planetenumlaufbahn elliptisch ist und es somit Jahreszeiten unterschiedlicher Länge gibt.

Um nun die Jahreszeiten vorhersagen zu können, darf ein Kalender nicht den Orbit des Planeten in eine gleiche Anzahl von Tagen aufteilen, sondern muß ihn in gleiche Sonnenumlaufabschnitte gliedern. Wenn wir Monate als sinnvolle Einheiten verwenden und an der terrestrischen Definition, daß ein Monat der zwölfte Teil eines Jahres ist, festhalten, entspricht ein Monat einem Winkel von 30° auf dem Weg um die Sonne. Aber welche Bezeichnungen sollen wir ihm geben? Die Benutzung der gebräuchlichen terrestrischen Monatsnamen könnte zu Verwirrungen führen, ein vollkommen neuartiges System wäre dagegen absolut willkürlich. Doch es gibt eine Reihe von Namen, die der Menschheit seit langem bekannt sind und nicht nur für den Mars, sondern für jeden Planeten in unserem Sonnensystem eine echte physikalische Bedeutung haben – die Tierkreiszeichen.

Sämtliche Sternzeichenkonstellationen liegen in der Bewegungsebene all dieser Planeten.

Aufgrund ihrer geozentrischen Weltanschauung bezeichneten die Astrologen des Altertums die Monate nach der Tierkreiskonstellation, in der die Sonne, von der Erde aus betrachtet, zu stehen schien. Eine interplanetarische Kultur müßte allerdings einen heliozentrischen – also auf die Sonne bezogenen – Blickpunkt annehmen. Aus diesem Grund habe ich die Namen der Marsmonate nach dem jeweiligen Sternbild des Mars *von der Sonne aus* gewählt. Auf diese Weise wäre das Zeichen des jeweiligen Monats von den Marssiedlern während der Mitternachtsstunden hoch am Himmel zu sehen.

Unter Planetenwissenschaftlern ist es gängig, den Jahresbeginn in die Frühjahrs-Tagundnachtgleiche zu legen (den Frühjahrsbeginn auf der nördlichen Hemisphäre, 21. März auf der Erde). In Übereinstimmung mit diesem Brauch beginnt das Marsjahr mit dem Monat der Zwillinge und endet mit dem Monat des Stiers. Das vollständige Marsjahr wird in Tabelle 6.3 angegeben.

Tabelle 6.3
Das Marsjahr

Monat	Solanzahl	Beginnt mit der Sol-Nr.	Besondere Merkmale
Zwillinge	61	1	1. Zwillinge, Frühjahrs-Tagundnachtgleiche
Krebs	65	62	
Löwe	66	127	24. Löwe, Mars im Aphel
Jungfrau	65	193	1. Jungfrau, Sommersonnenwende
Waage	60	258	
Skorpion	54	318	
Schütze	50	372	1. Schütze, Herbst-Tagundnachtgleiche
Steinbock	47	422	Beginn der Staubsturmsaison
Wassermann	46	469	16. Wassermann, Mars im Perihel
Fische	48	515	1. Fische, Wintersonnenwende
Widder	51	563	Ende der Staubsturmsaison
Stier	56	614	56. Stier, Silvester auf dem Mars

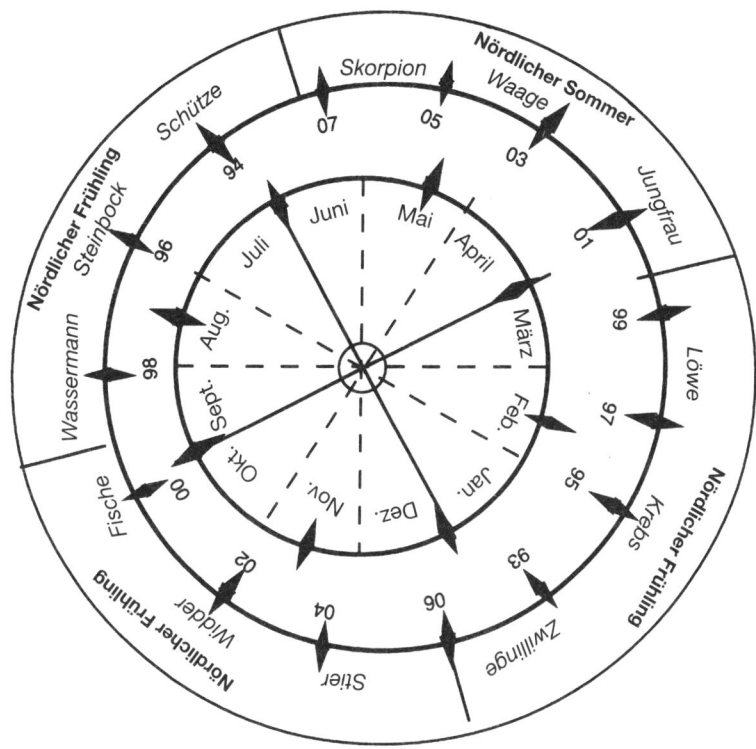

Abbildung 6.1
Der Mars-Areogator

Zur Umrechnung von Erddaten in Marsdaten erfand ich ein Schema, das ich Areogator nenne. Eine Kopie davon sehen Sie weiter unten. Sie können es einsetzen, um zu einem bestimmten Erdmonat den jeweiligen Marsmonat (und somit auch die Jahreszeit) und umgekehrt zu finden. Außerdem dient es zur Bestimmung der relativen Positionen und Winkel von Erde und Mars in bezug auf die Sonne sowie der Stellung des Mars am Himmel, von der Erde aus gesehen, oder umgekehrt zu jedem Zeitpunkt in Vergangenheit und Zukunft.

Nehmen wir an, Sie wollen die Position des Mars in einem bestimmten Jahr, zum Beispiel 1997, erfahren. Legen Sie dazu einen Pfennig (er stellt den Mars dar) auf die Raute des Marsorbits, die

239

mit »97« gekennzeichnet ist, und ein Zweipfennigstück (stellt die Erde dar) auf die Raute des Erdorbits von Anfang Januar. Diese Anordnung entspricht den relativen Positionen von Erde und Mars rund um den 1. Januar 1997. Wie Sie erkennen können, wird es zu dieser Zeit auf der nördlichen Hemisphäre des Mars Spätfrühjahr, Anfang Löwe sein. Um in der Zeit weiterzuschreiten, bewegen Sie einfach Ihr Marssymbol (den Pfennig) und Ihr Erdsymbol (das Zweipfennigstück) jeweils eine Raute weiter. Schieben Sie nun beide Symbole drei Rauten weiter, bis die Erde den 1. Juli erreicht, den Zeitpunkt der Ankunft von *Mars Pathfinder* auf dem Mars. Wie Sie ablesen können, wird es beim Eintreffen des *Mars Pathfinder* in der nördlichen Hemisphäre des Mars gerade Anfang Skorpion, also Mitte des Sommers sein. Zählen Sie nun vorwärts, so entdecken Sie, daß noch drei weitere Rauten kommen, ehe der Mars in den Monat Steinbock eintritt, der den Beginn der Staubsturmsaison markiert. Dies entspricht dem November 1997. Der *Mars Pathfinder* sollte also etwa vier Erdmonate gutes Wetter zur Verfügung haben, ehe die Stürme aufkommen.

Ich habe Markierungen für alle Jahre zwischen 1993 und 2007 in den Areogator aufgenommen. Wollen Sie nun die relativen Positionen von Erde und Mars vor oder nach den angegebenen Jahren erfahren, müssen sie lediglich ein Vielfaches von 15 von den an den Markierungen angegebenen Zahlen abziehen (in anderen Worten, 1975 entspricht 1990, dieses Jahr entspricht wiederum 2005, 2020 ist 2035 etc.), weil sich das Erde-Mars-Verhältnis in einem synodischen Zyklus von 15 Jahren wiederholt.

Wenn Sie erfahren wollen, in welchem Sternbild sich der Mars aufhält, ziehen Sie eine gerade Linie zwischen Mars und Erde und verschieben diese anschließend parallel durch die Sonne. So erkennen Sie, daß sich der Mars im Februar 1993 im Monat Krebs befunden hat. Da die Sternbilder in bezug auf die Sonnensystemdimensionen unendlich weit entfernt sind, ist dies das Sternbild, in dem der Mars zu dieser Zeit von einem Beobachter von der Erde aus gesehen wurde. Zur selben Zeit hätte ein auf dem Mars befindlicher Astronom die Erde im Schützen gesehen.

Wie Sie bemerkt haben, gibt es zwischen den Rauten auf dem Marsorbit nicht dieselben Abstände. Das liegt daran, daß der

Mars sich auf einer elliptischen Bahn um die Sonne bewegt und seine Geschwindigkeit einmal erhöht und dann wieder verlangsamt. Für all diejenigen, die sich eigene Areogatoren herstellen wollen: Die korrekten Lagen der Rauten sind 0° und plus oder minus 28,8°, 56,5°, 82,4°, 106,2°, 129°, 149,6° und 170,2° vom Perihel aus (der nähesten Position des Mars zur Sonne). Das Perihel tritt Mitte des Monats Wassermann in derselben Richtung auf, in der sich die Erde am 1. September in bezug auf die Sonne befindet.

Für ein vollständiges Datierungssystem ist es nicht nur wichtig, den Monat und das Jahr zu kennen, sondern auch zu wissen, welches Jahr es im absoluten Sinn ist. Wie Sie sehen, entspricht der Beginn des Monats Zwillinge auch der Marsposition rund um den 1. Januar des Jahres, das mit den Eigenschaften von 2006 (1946, 1961, 1976, 1991, 2021 etc.) übereinstimmt. Das früheste solche Jahr, das sämtlichen zum Mars entsandten Raumsonden vorangeht, ist 1961. Deshalb habe ich es als Beginn des Marskalenders gewählt. Basierend auf diesem System finden Sie im folgenden einige der wichtigsten Daten der Marsgeschichte.

Tabelle 6.4
Wichtige Daten der Marsgeschichte

Ereignis	Erddatum	Marsdatum
Kalenderbeginn	1. Januar 1961	1. Zwillinge I
Mariner 4 passiert den Mars	15. Juli 1965	25.Waage III
Mariner 6 passiert den Mars	31. Juli 1969	16. Schütze V
Mariner 7 passiert den Mars	5. August 1969	20. Schütze V
Mariner 9 erreicht den Orbit	14. November 1971	20. Fische VI
Mars 2 und *3* landen	2. Dezember 1971	38. Fische VI
Viking 1 erreicht den Orbit	19. Juni 1976	41. Löwe IX
Viking 1 landet	20. Juli 1976	6. Jungfrau IX
Viking 2 landet	3. September 1976	49. Jungfrau IX
Mars Observer verschwindet	21. August 1993	16. Waage XVII

Wer an der Berechnung exakter Daten interessiert ist, findet im folgenden die verwendete Gleichung:

241

Marsjahr = 1 + 8 : 15 (Erdjahr -1961)

Um diese Gleichung benützen zu können, muß das Erddatum erst in Dezimalform angegeben werden. Für den 1. Juli 1973 wäre dies 1973,5. Die Gleichung wird Ihnen dann das Marsjahr in Dezimalform liefern. Für den 1. Juli 1973 wäre das entsprechende Marsjahr 7,667. Das bedeutet, es handelt sich um das Marsjahr VII. Multipliziert man die Zahlen hinter dem Komma, also 0,667, mit 669 (der Anzahl von Tagen in einem Marsjahr), erhält man Sol Nummer 446. Wie aus Tabelle 6.3 ersichtlich, entspricht dies dem 15. Steinbock.

Ich bin der festen Überzeugung, daß wir über die Technologie verfügen, die die Landung einer bemannten Marsmission innerhalb von zehn Jahren ab dem Zeitpunkt der Entscheidung für den Start des Programms gestattet. Jetzt haben wir das Jahr 1997. Wenn wir den Start in den Oktober 2007 legen, wird die erste bemannte Mission den Mars am 9. April 2008 erreichen. Auf dem Mars wird dieses Datum dem 15. Löwe XXVI entsprechen. Somit fiele die Landung mitten in das nördliche Marsfrühjahr. Mit klarem Himmel und geringen Winden wird das Wetter auf dem Mars ausgezeichnet sein und geradezu nach einer Landung verlangen. Es wäre exakt die richtige Zeit.

.

7
Die Errichtung einer Marsbasis

Die ersten bemannten Marsmissionen dienen der Erforschung, Vermessung und Beantwortung der Frage, ob der Rote Planet Leben birgt. Im Zuge einer fortschreitenden, eingehenden Erforschung wird diese Frage auf die eine oder andere Weise beantwortet werden und eine andere in den Mittelpunkt treten – nicht, ob Leben auf dem Mars *existierte*, sondern ob es auf dem Mars *existieren wird*. Wie wir bereits erkennen konnten, ist der Mars in unserem Sonnensystem einzigartig. In diesem und dem nächsten Kapitel erfahren wir, daß er nicht nur weit vielfältiger ist als unsere anderen Nachbarplaneten, sondern auch der einzige Planet außer der Erde, der über sämtliche nicht nur für das Leben selbst, sondern auch für eine Kolonisation benötigten Rohstoffe und Energiequellen verfügt.

Der Mars ist nicht bloß Reiseziel für Forscher oder Objekt wissenschaftlicher Untersuchungen. Er ist eine *Welt*, neben der alle anderen bekannten extraterrestrischen Himmelskörper wie öde Armutsgebiete erscheinen. Auf dem Mars stehen Rohmaterialien zur Verfügung, die es ermöglichen, Nahrung anzubauen, Kunststoffe herzustellen, Metalle zu gewinnen und enorme Energiemengen zu erzeugen. Es gibt kein von unserer heutigen Gesellschaft verwendetes Element, das nicht auch in ausreichender Menge auf dem Mars gefunden werden würde. Zudem liegen die Umgebungsbedingungen, was Strahlung, Sonnenlicht und die Tag-/Nachttemperaturschwankungen betrifft, in Grenzen, die für verschiedene Stufen menschlicher Besiedlung an der Oberfläche annehmbar sind. Der Rohstoffreichtum des Mars könnte den Roten Planeten eines Tages nicht nur zur Heimat einiger weniger Forscher, sondern einer dynamischen Gesellschaft von Millionen von Siedlern werden lassen, die einen neuen Lebensstil in einer neuen Welt erschaffen werden.

Rohstoffe sind keine nützlichen Materialien, solange wir keine Technologien zu ihrer Gewinnung entwickeln. Sollte es tatsächlich einmal zu menschlichen Ansiedlungen auf dem Mars oder auch nur der Errichtung einer ständigen wissenschaftlichen Einrichtung kommen, müßten wir auf dem Roten Planeten neue Rohstoffnutzungstechnologien entwickeln und testen. Um dies zu bewerkstelligen, benötigen wir eine solide Basis auf dem Planeten, in der wir intensive Forschungsprogramme auf den Gebieten Landwirtschaft, Bauwesen, Chemie und Fertigungstechnik durchführen können. Die Basis eröffnet uns überdies die Möglichkeit, raketengetriebene Fluggeräte mit globaler Reichweite einzusetzen und auf diese Weise unsere Forschungstätigkeit in der Entdeckung mineralischer Rohstoffe und wissenschaftlich interessanter Orte über den gesamten Planeten auszudehnen.

Nach einer Anzahl von Forschungsmissionen wird der ideale Ort für die Entwicklung der Basis gewählt. Dann geht das Marsprogramm von der Erkundung in seine zweite Phase, die Errichtungsphase, über. Während sich die anfänglichen Mars Direct-Forschungsmissionen mit der Verwendung der Marsluft zur Herstellung von Treibstoff und Sauerstoff befaßten, geht man in der Errichtungsphase über diese elementare Stufe der Nutzung vorhandener Ressourcen hinaus. Die Besatzung einer permanenten Marsbasis wird bereits in der Lage sein, eine steigende Zahl verschiedener Techniken zur Umwandlung von Marsrohstoffen in nützliche Ressourcen einzusetzen. Durch die Errichtung einer ausreichend großen Marsbasis werden wir lernen, vor Ort vorhandenes Wasser zu gewinnen, Feldfrüchte in Treibhäusern zu ziehen, Keramik, Glas, Metall und Kunststoff herzustellen, Unterkünfte und aufblasbare Konstruktionen zu bauen und jede Art nützlicher Materialien, Werkzeuge und Bauwerke zu fertigen. Im Gegensatz zur anfänglichen Forschungsphase, in der kleine Besatzungen von vier Personen aus spartanischen Basiscamps heraus große Flächen der Marsoberfläche untersuchen, benötigen wir für die Errichtungsphase eine Arbeitseinheit mit einer größeren Personenanzahl von etwa 50 Mitgliedern, die mit einer Vielzahl von Ausrüstungsgegenständen und ausreichenden Energiequellen ausgestattet sein müssen. Kurz gesagt: Der Zweck der Errichtungsphase ist die Entwicklung und Beherrschung jener Techniken, die auf dem Mars zur Herstellung von Nahrungsmitteln, Kleidung, Unterkünften und allem anderen für eine Kolonisation des Roten Planeten Erforderlichen benötigt werden.

Gründung der Basis

Im Zuge des Mars Direct-Plans eröffnen bemannte Missionen Jahr für Jahr neue Gebiete der Erforschung und möglichen Besiedlung des Mars. Eventuell wird sich einer dieser Vorposten als geeignetster Standort für die erste permanente Marsbasis herausstellen. Sobald dieser Ort gefunden ist, werden sämtliche neuen Besatzungen ihre Raumfahrzeuge an diesem Platz landen. Der Mars Direct-Plan sieht vor, daß die während des Flugs als Unterkunft der Mannschaft dienenden Habitate nach der Landung auf dem Planeten zurückgelassen werden. Dadurch wird im Verlauf der Mission ein Hab nach dem anderen zu einer Basisinfrastruktur hinzugefügt. Die Landebeine der Habs können mit Rädern versehen werden, so daß sie sich mit Hilfe von Seilen und Winden nach ihrer Landung am Basisstandort (der aufgrund seiner verkehrsgünstigen Lage gewählt wurde) zueinanderrollen und entweder direkt oder über aufblasbare Tunnels miteinander verbinden lassen. Alternativ dazu wird die zweite Generation von Habs mit einer Landekonstruktion ausgestattet, deren Beine sich nicht nur nach oben und unten bewegen (wie bei allen Landungskonstruktionen der Fall), sondern auch seitwärts. So sind die sechsbeinigen Habs in der Lage zu wandern, wie es die Marsianer in H. G. Wells *Krieg der Welten* taten. Für welche Methode man sich letztlich auch entscheidet – diese Techniken gestatten den raschen Bau einer ersten Marsbasis von ansehnlicher Größe als untereinander verbundenes Netzwerk von thunfischdosenförmigen Mars Direct-Habs.

Obwohl die Unterkunft in diesen Thunfischdosen für jene eisernen Männer und Frauen der ersten Marsforschungsmissionen ausreichen wird, bietet sie keine Grundlage für eine große wissenschaftliche Population in einer ständigen Marsbasis. Völlig nutzlos ist sie als Ausgangspunkt für ein Marskolonialisationsprogramm. Um die Selbstentwicklung der Basis und die aller zukünftigen Einrichtungen zu gewährleisten, wird es eine der ersten Aufgaben sein, an die Errichtung weitläufiger Wohngebäude zu gehen. Dafür greifen wir ebenfalls auf die Nutzung vorhandener Reserven zurück, wie es schon bei den ersten Missionen geschehen ist. Auch diese neuen Konstruktionen werden aus Materialien errichtet, die auf dem Mars vorhanden sind.

Backsteingewölbe

In einer Reihe Ende der 80er Jahre veröffentlichter Publikationen analysierte der Ingenieur Bruce MacKenzie dieses Problem eingehend und kam zu dem Schluß, daß Ziegel das geeignetste vor Ort verfügbare Material zum Bau der ersten weitläufigen Gebäude auf dem Mars sei.[22] Mutet dieser wenig hochtechnologische Vorschlag auf den ersten Blick auch seltsam an, bietet er doch eine Menge Vorzüge. Die Herstellung von Ziegeln ist denkbar einfach. Aus diesem Grund wurden die ersten Städte der Erde aus Ziegeln erbaut, und aus demselben Grund könnten Ziegel buchstäblich zum Grundstein der ersten menschlichen Siedlung auf dem Mars werden.

Um Ziegel zu produzieren, benötigt man lediglich feines Bodenmaterial, das man befeuchtet, mit leichtem Druck in eine Form füllt, trocknet und anschließend brennt. Hohe Temperaturen sind dafür nicht erforderlich – in vielen Teilen der Welt sind noch immer sonnengebrannte Ziegel in Gebrauch, und auch mit einer Ofentemperatur von 300 °C lassen sich ganz gute Ziegel herstellen, besonders wenn man dem Lehm Zusatzmaterial wie etwa zerkleinertes Fallschirmgewebe zur Steigerung der Haftung untermischt. (Vielleicht erinnern Sie sich an die biblische Beschreibung der Ägypter, die dem Lehm zur Herstellung von Ziegeln Stroh beimischten. Dies ist vom bautechnischen Standpunkt aus sehr günstig; ein frühes Beispiel für Verbundwerkstoffe.) Aber auch eine Brenntem-

246

peratur von 900 °C, wie sie für die Produktion moderner, erstklassiger Ziegel benötigt wird, kann auf dem Mars zur Verfügung gestellt werden, indem man entweder einen mit Solarreflektoren betriebenen Ofen oder die Abwärme des Nuklearreaktors der Basis verwendet. Für diesen Prozeß ist auch Wasser erforderlich. Wenn der Brennofen gut konstruiert ist, läßt sich nahezu das gesamte verwendete Wasser, das bei der Trocknung bei 200 °C vor dem eigentlichen Brennen aus dem Ziegel entweicht, zurückgewinnen. Zudem ist auf dem Mars nahezu überall ausgezeichnetes Rohmaterial für die Ziegelherstellung in Form von eisenreichem, lehmartigem Feinmaterial vorhanden, das den Großteil der Oberfläche bis in eine Tiefe von mehreren -zig Zentimetern bedeckt. Mit Wasser vermischt, kann der rötliche Staub auch zur Erzeugung von Mörtel als Bindemittel zwischen den Ziegeln verwendet werden. Die vom Chemiker Robert Boyd bei Martin Marietta Astronautics in den späten 80er Jahren durchgeführten Experimente mit einer der Marserde ähnlichen Substanz bewiesen, daß durch einfaches Befeuchten und Trocknen von Marsstaub Duricrete hergestellt werden kann, der etwa über die halbe Festigkeit terrestrischen Betons verfügt.[23] Die Ergebnisse der *Viking*-Missionen zeigen, daß der Marsboden einen hohen Anteil an Kalzium (etwa 5 %) und Schwefel (2,9 %) aufweist. Die Analyse der SNC-Meteoriten, die bekanntlich vom Mars stammen, hat außerdem ergeben, daß diese Elemente auf dem Roten Planeten in Form von Gips ($CaSO_4*2H_2O$) vorkommen. Auf der Erde wird dieses Rohmaterial zur Erzeugung von Verputz verwendet, es kann jedoch auch gebrannt und zu Löschkalk verarbeitet werden. Fügt man es dem Mörtel hinzu, erhält man konventionellen Portland-Zement, der eine wesentlich höhere Zugfestigkeit als der ursprüngliche Mörtel aufweist.

Baumaterialien haben verschiedene Zug- und Druckfestigkeiten, die ihr Vermögen, einer Zug- beziehungsweise Druckbelastung zu widerstehen, entsprechend benennen. Ein Seil oder ein Tau kann über eine hohe Zugfestigkeit verfügen, besitzt jedoch keinerlei Druckfestigkeit. Ein Stahlträger verfügt über ein ausreichendes Maß an beidem. Ziegelwände und Säulen andererseits bieten hohe Druckfestigkeiten, aber nur geringe Zugfestigkeit. Es ist kaum möglich, sie durch Druckbelastung zum Einsturz zu bringen, zur Verbindung von Bauelementen sind sie allerdings nutzlos. Dennoch stehen vor mehr als 3000 Jahren im antiken Ägypten aus Ziegelstein und Mörtel errichtete Bauwerke noch heute. Ziegelbauten auf dem Mars könnten sich als ebenso dauerhaft herausstellen, sofern die Architekten die Grundregel der gesamten antiken Architektur beachten: aus Ziegeln errichtete Bauwerke ständig unter Druck zu halten.

Zum Errichten von unter Druck stehenden Ziegelbauten auf dem Mars hebt man einen Graben aus und errichtet über diesem ein Gewölbe nach römischem Vorbild, oder besser eine Reihe solcher Gewölbe oder sogar ein römisches Atrium wie in Figur 7.1. Die Gewölbe werden dann mit Bodenmaterial bedeckt, so daß sie unter einer großen, nach unten wirkenden Last liegen, und erst dann mit atmungsfähiger Luft befüllt (die entweder von der sauerstoffproduzierenden chemischen Anlage hergestellt wird, wie in Kapitel 6 beschrieben, oder von den im weiteren Verlauf dieses Kapitels noch zu erläuternden Treibhäusern). Wie dick die Auflage sein muß, hängt von dem verwendeten Luftdruck ab. Wenn wir bei unserem vorgeschlagenen Marsstandard von 5 psi bleiben (3,5 psi Sauerstoff und 1,5 psi Stickstoff wie im *Skylab*), wird ein Druck von etwa 3,5 t pro Quadratmeter auf die Gewölbe wirken. Nehmen wir nun für das Marsmaterial die vierfache Wasserdichte als durchschnittliche Dichte an, wäre eine Marssand-Auflage von 2,5 m Dicke über den Gewölben ausreichend, um die gesamte Struktur unter Druck zu halten. (Ich erinnere daran, daß die Marsgravitation nur 0,38 der Erdgravitation beträgt. Bei terrestrischen Gravitationsbedingungen würde schon 1 m genügen.)

Eine Sandschicht dieser Dicke bietet auch einen massiven Schutz gegen Strahlung und reduziert die von den Bewohnern dieser unterirdischen Siedlung aufgenommene kosmische Strahlungsdosis etwa auf das terrestrische Maß. Darüber hinaus stellt sie eine ausgezeichnete Wärmeisolation dar und bewirkt, daß die großen Tag-/Nachttemperaturunterschiede an der Marsoberfläche von den unterirdischen Bewohnern nahezu nicht bemerkt werden und der Gesamtenergiebedarf für die Beheizung der Unterkunft drastisch reduziert werden kann. Eine solche Ziegel-/Sandkonstruktion gestattet einen langsamen Luftdurchlaß. Doch dem kann

(a)

(b)

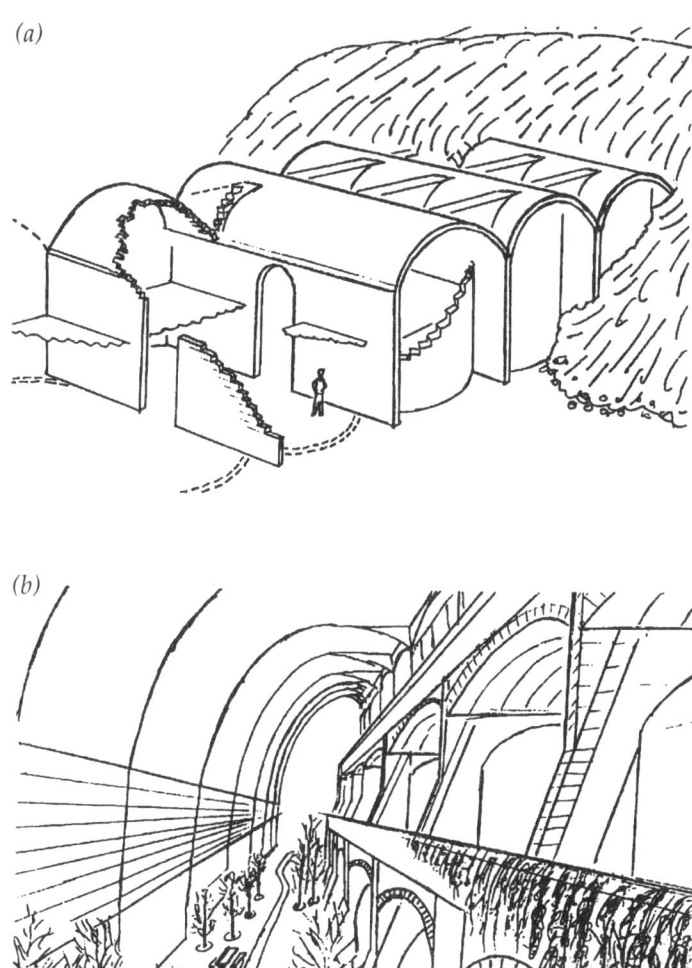

Abbildung 7.1
Gewölbe im römischen Stil, entweder einzeln oder in Reihen (a) angeordnet,
könnten zur Errichtung langer, unterirdischer, unter Druck stehender Unterkünfte auf dem Mars verwendet werden, die sogar geräumige Atrien (b) umfassen. (Illustration: MacKenzie, 1987)

durch Verwendung einer dünnen Kunststoffdichtungsschicht, die entweder auf die Wände aufgesprüht oder in Form von »Tapeten« angebracht wird, abgeholfen werden. Da die relativ feuchte, aus dem Gebäude austretende Luft in den Diffusionsbahnen des umliegenden Bodens zur Bildung von Permafrost oder Eis führt, sollten sich die Durchtrittsstellen im Lauf der Zeit von selbst schließen. Abbildung 7.1 zeigt, daß durch Einsatz dieser relativ einfachen und grundsätzlich antiken Techniken unter Druck stehende Gebäude vom Ausmaß eines Einkaufszentrums auf dem Mars errichtet werden könnten.

Leben in einer Kuppel

Verglichen mit dem Leben in den thunfischdosenähnlichen Mars Direct-Habs, bildet die Unterbringung in einem unterirdischen Einkaufszentrum bereits einen großen Fortschritt (meine Tochter Sarah würde angesichts der Möglichkeit, in einem Einkaufszentrum zu leben, regelrecht in die Luft springen). Doch wir sind in der Lage, noch Besseres zu bauen. Wir müssen uns nicht unterirdisch vergraben, um uns vor Strahlung zu schützen (wie auf dem Mond), da die Marsatmosphäre dicht genug ist, um Menschen, die an der Oberfläche leben, vor dem Sonnenwind abzuschirmen. Die Oberfläche des Planeten steht uns offen. Auch während der Aufbauphase können bereits riesige, aufblasbare Gebilde aus transparenter Plastikfolie errichtet werden, die von dünnen, aus Hartplastik bestehenden und gegen ultraviolette Strahlung sowie mechanische Beanspruchung beständigen, geodätischen Kuppeln geschützt sind. Auf diese Weise ließe sich rasch ein weitläufiges, sowohl für die Unterbringung von Personen als auch eventuell für den Anbau von Feldfrüchten geeignetes Areal bilden. Nebenbei möchte ich anmerken, daß selbst ohne das Problem der Sonneneruptionen und des monatlangen Tageszyklus derartig einfache, transparente Oberflächengebilde auf dem Mond unpraktisch wären, da es im Innern zu unerträglich hohen Temperaturen käme. Im Gegensatz dazu bewirkt der durch solche Kuppeln erzeugte, starke Treibhauseffekt auf dem Mars die Schaffung eines gemäßigten Klimas im Innern.

Während der Bauphase der Basis könnten Kuppeln dieses Typs mit einem Durchmesser von bis zu 50 m und einer für das menschliche Leben notwendigen Atmosphäre von 5 psi errichtet werden. Wir verwenden am besten hochfesten Kunststoff wie etwa Kevlar (mit einer Gewebestreckspannung von 200 000 psi – dies entspricht der doppelten Streckspannung von Stahl). Eine solche Kuppel aus einer 1 mm dicken Folie ist dreimal so fest wie notwendig und platzt deshalb nicht. Sie wiegt nur etwa 8 t (einschließlich ihrer unterirdischen Hemisphäre). Weitere 4 t wären für ihre drucklose Plexiglasverkleidung erforderlich. (Es ist nahezu unmöglich, daß eine Unterkunftskuppel aus reißfestem Kevlargewebe einen größeren Schaden erleidet. Selbst wenn jemand eine großkalibrige Kugel durch eine Kuppel mit 50 m Durchmesser schösse, würden über zwei Wochen vergehen, ehe die Luft ausgetreten wäre. So bliebe ausreichend Zeit für Reparaturen.) In den ersten Besiedlungsjahren könnten solche Kuppeln vorgefertigt von der Erde importiert, später auf dem Mars hergestellt werden. (Da die Masse der unter Druck stehenden Kuppel im Verhältnis zur dritten Potenz des Radius und die der drucklosen Verkleidung zum Quadrat des Radius wächst, hätte eine 100-m-Kuppel eine Masse von 64 t und benötigte eine Plexiglasverkleidung von 16 t etc.)

Das Hauptproblem beim Einsatz solcher Kuppeln stellt das Fundament dar. Die natürliche Form eines unter Druck stehenden, flexiblen Behälters ist die Kugel, da sich der Druck gleichmäßig in alle Richtungen verteilt. Obwohl einfach und robust, ist die Kugelform ein entmutigendes Problem, wenn man sie als Basis für eine Unterkunftskuppel verwenden möchte, da für die Errichtung der Kuppel umfangreiche Grabungsarbeiten notwendig wären. Stellen Sie sich vor, Sie graben einen Wasserball so in den Sand ein, daß seine untere Hälfte im Sand verborgen und seine obere frei ist. Sie heben dabei eine Grube von der Größe der unteren Halbkugel aus. Am Strand mag das einfach sein, doch bei einer 50-m-Kuppel auf dem Mars sieht es schon anders aus. Entschließt man sich zu dieser Vorgehensweise, gräbt man erst eine passende Grube, plaziert dann die untere Halbkugel darin und verwendet das Aushubmaterial im Innern zur Auffüllung der unteren Halbkugel. Das Ergebnis ist ein großer Raum von 50 m Durchmesser und 25 m Höhe vom

Boden bis zur Decke der Kuppel (Abbildung 7.2a). Wunderschön anzusehen, doch mit Aushub- und Auffüllungsarbeiten von 260 000 t Bodenmaterial verbunden. Selbstverständlich bedeutete die Entdeckung eines natürlichen Kraters der richtigen Größe einen außerordentlich guten Start, doch es ist sehr unwahrscheinlich, daß die Natur am gewünschten Landeort einen, geschweige denn zwei oder mehr Krater zur Verfügung stellt.

Dieses Problem wird umgangen, sobald man für die obere und untere Hemisphäre verschiedene Krümmungsradien verwendet. Wenn man ein Zehnpfennigstück auf ein Fünfmarkstück legt, erkennt man, was ich meine. Das Fünfmarkstück hat einen größeren Radius und somit auch einen größeren Krümmungsradius als das Zehnpfennigstück. Der Bogen, der von der unteren Hälfte des Fünfmarkstücks beschrieben wird, ist weit flacher als der der unteren Hälfte des Zehnpfennigstücks. Um nun unser Aushubproblem zu lösen, könnten wir statt einer richtigen Halbkugel für den unterirdischen Teil der Kuppel einen Kugelabschnitt mit einem größeren Krümmungsradius als bei der oberen Hemisphäre verwenden (Abbildung 7.2b), was die benötigten Grabungsarbeiten deutlich verringern würde. Verwenden wir zum Beispiel für die oberirdische Kuppel eine echte Halbkugel mit einem Durchmesser von 50 m (einem Krümmungsradius von 25 m), so könnten wir für den unterirdischen Teil einen Kugelabschnitt mit einem Krümmungsradius von 50 m wählen. In diesem Fall müßte anstelle eines 25 m tiefen Lochs nur ein flaches Becken von 3,35 m Tiefe zur Aufnahme der Kuppel gegraben werden, wodurch sich die bewegte Menge des Aushubs von 260 000 auf 6500 t reduzierte. Dies macht den Vorschlag durchführbar. Setzt man Geräte ein, die stündlich einen herkömmlichen Kipper mit einem Fassungsvermögen von 20 m^3 Erde zu beladen in der Lage sind, wären diese Grabungstätigkeiten in zehn achtstündigen Schichten zu erledigen.

Eine weitere Alternative ist die Errichtung einer halbkugelförmigen Zeltunterkunft. Bei einer kugelförmigen Kuppel müssen wir die untere Hälfte mit Material auffüllen, bei einem Zelt lediglich den kreisförmigen Rand beziehungsweise Saum tief im Untergrund verankern (Abbildung 7.2c). Auch in diesem Fall sind umfangreiche Grabungsarbeiten nötig, da eine Kuppel mit einem Durchmesser von 50 m und einem Druck von 5 psi einen Gesamtauftrieb von 6926 t erfahren würde. Das entspricht einer Kraft von 44 t pro Meter Umfang, um die Kuppel von der Marsoberfläche loszureißen. Würde der Kuppelrand in einem 3 m breiten Streifen rund um den Umfang befestigt werden, müßten die Anker (unter der Annahme, daß die Bodendichte dem Vierfachen der Wasserdichte entspricht) in einer Tiefe von 10 m unter der Oberfläche befestigt werden, um auf diese Weise an jeder Ankerplatte rund um den Saum eine ausreichende Masse für die Absicherung der Kuppel zu erhalten. Um diese Anker zu setzen, hebt man einen 3 m breiten, 10 m tiefen Graben mit einem Umfang von 157 m aus, in den man den Saum einlegt, und füllt den Graben oberhalb der Ankerplatten des Saums wieder auf. Den Graben auszuheben bedeutet eine Massebewegung von 18 000 t Bodenmaterial. Es ist jedoch möglich, denselben Effekt mit weit geringerem Aufwand zu erreichen, indem man einen relativ schmalen, niedrigen, kreisrunden Graben aushebt (von zum Beispiel 1 m Breite und 3 m Tiefe – das entspricht einer Massebewegung von 1900 t). Dann legt man den Saum hinein und befestigt ihn mit langen, tief eindringenden, mit Haken versehenen Pfählen im Untergrund. Die Pfähle sind mit Rohren ausgerüstet, in denen heißer Dampf tief in den Untergrund gepreßt wird, wo er wahrscheinlich zu einem soliden und starken Permafrost-Befestigungsring um die Pfähle gefriert und so die Kuppel sicher an ihrem Platz hält.

Als vierte Alternative bietet sich wieder eine Kugel an, die diesmal jedoch nicht vergraben wird. Statt dessen befestigen wir – wie in Abbildung 7.2d gezeigt – an einer Reihe von Kevlartrossen, die die Kugel entlang verschiedener Breiten umlaufen, Decks. Im Fall einer Kugel mit einem Durchmesser von 50 m könnten wir zum Beispiel das erste Deck 4 m über dem Kugelboden, das nächste in 7 m Höhe, dann in 10 und 13 m Höhe usw. befestigen, bis wir mit jeweils 3 m übereinanderliegenden Decks bei Deck Nr. 15 eine Höhe von 46 m über der Oberfläche erreichen. Die Gesamtwohnfläche ist in einem derart unterteilten Gebäude mit etwa 21 000 m^2 enorm. Wegen der leichten Bauweise sollten keine schweren Lasten eingebracht werden, weswegen am besten leichte Raumteiler aus schalldämmendem Kunststoffschaum zur Unterteilung der Decks in Apartments, Labors, Cafeteria, Trainingsräume, Auditorien und so weiter verwendet werden. Der Zugang zu diesem Gebäude erfolgt zum Beispiel über einen Tunnel, der zu einer Luftschleuse am »Südpol« der Kugel führt. Ein Erdwall um die Kugelbasis könnte

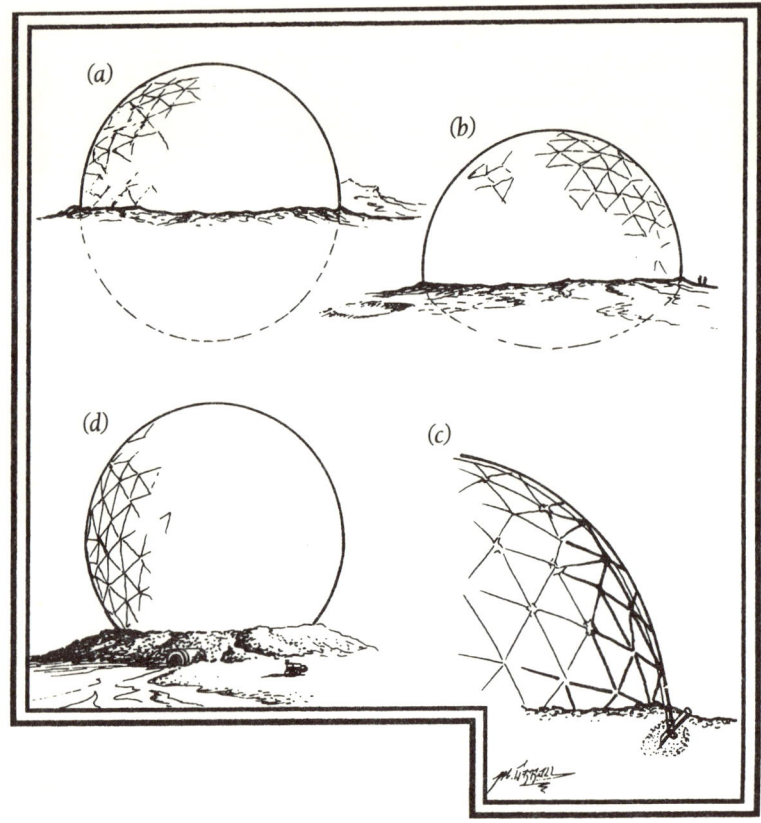

Abbildung 7.2
Kuppelkonstruktionsmethoden an der Marsoberfläche: (a) die untere Hälfte einer kugelförmigen Kuppel wird vergraben; (b) der untere Teil einer Kuppel, der den doppelten Kurvenradius des oberen Teils aufweist, wird vergraben; (c) Verankerung einer zeltartigen Kuppel; (d) kugelförmiger Wohnkomplex, der sich vollständig über der Oberfläche befindet und mit hängenden Kevlar-Decks ausgestattet ist. (Illustration: Michael Carroll)

durch die Aufnahme des Eigengewichts der Kugel zur Verteilung der Lasten auf den Boden beitragen. Die Errichtung einer zentralen Ziegelsäule erhöht die Belastbarkeit jedes Decks und ermöglicht den Einbau eines Aufzugs im Gebäude. Da sich diese freistehende Kugel hoch über die Marsoberfläche erhebt, ist die zu ihrem Schutz erforderliche, drucklose, geodätische Plexiglasverkleidung weit größer zu dimensionieren als in den vorigen Entwürfen. Sie wiegt aber dennoch nur etwa 16 t.

Die Errichtung großer, bewohnbarer Kuppeln auf der Marsoberfläche erfordert die Beherrschung neuer, keineswegs einfacher Bautechniken in einer ungewohnten Umgebung. Deshalb ist es leicht möglich, daß die erste Marsarchitektur, bei der einfache, unterirdische Ziegelgewölbe vorherrschen, der römischen Architektur ähnelt. Sobald jedoch die entsprechenden Produktions- und Bautechniken zur Verfügung stehen, könnten innerhalb kürzester Zeit ganze Netzwerke von 50-m- bis 100-m-Kuppeln hergestellt und errichtet werden. Auf diese Weise erschließen wir weite Gebiete der Oberfläche für die menschliche Besiedlung und die Landwirtschaft, als Gebiete, in denen keine Raumanzüge getragen werden müssen. In an der Oberfläche befestigten Kuppeln (Abbildung 7.2 a, b, c) könnten Menschen in relativ konventionellen Häusern leben (allerdings benötigen sie keine Dächer), die aus – wie könnte es anders sein – Ziegeln errichtet wurden. Falls man rein agrarisch genutzte Flächen bevorzugt, werden die Kuppeln mit wesentlich reduziertem Gewicht hergestellt, da Pflanzen einen Luftdruck von nicht mehr als 0,7 psi benötigen. Wegen ihrer geringeren Anforderungen an Druck und Zuverlässigkeit ist es wahrscheinlich, daß die Marskuppeln ihre erste Anwendung in der Treibhauslandwirtschaft finden und sich später zu großen Freiluft-Oberflächensiedlungen entwickeln werden.

Die Herstellung von Kunststoffen

Wie der Familienfreund der von Dustin Hoffman verkörperten Figur in *Die Reifeprüfung* erklärt, werden die Schlüsselmaterialien des modernen Lebens aus Kunststoff hergestellt. Geh in die Kunst-

stoffindustrie und deine Zukunft ist gesichert, mein Junge ... Da
der Mars ebenso wie die Erde über reichliche Vorkommen an ge-
diegenem Kohlenstoff und Wasserstoff verfügt, bestehen auch dort
Möglichkeiten, diesem Rat zu folgen.

Der wichtigste Produktionszweig auf dem Mars wäre die Herstellung von synthetischem Äthylen, die als Erweiterung der in
Kapitel 6 beschriebenen Wasser-Gas-Rekonvertierung (RWGS*)
zur Gewinnung von Sauerstoff durchgeführt werden kann. Rufen
wir uns die RWGS-Reaktion in Erinnerung:

$$H_2 + CO_2 \rightarrow H_2O + CO \qquad (1)$$

Mit Hilfe dieser Reaktion ist es möglich, unseren gesamten benötig-
ten Sauerstoff auf dem Mars herzustellen, indem wir das in der
Marsatmosphäre vorkommende Kohlendioxid mit Wasserstoff zur
Reaktion bringen, das Kohlenmonoxid entfernen und das übrig-
bleibende Wasser der Elektrolyse zuführen. Den produzierten Sauer-
stoff lagern wir und verwenden den Wasserstoff wieder für die
Herstellung von Wasser. Auf diese Weise gewinnen wir weiteren
Sauerstoff – und so weiter.

Verändern wir nun den Ablauf ein wenig. Statt Wasserstoff und
Kohlendioxid im Verhältnis 1:1 einzuspeisen, wie in Gleichung (1)
vorgeschlagen, führen wir sie im Verhältnis 3:1 zu. Auf diese Weise
erhalten wir

$$6H_2 + 2CO_2 \rightarrow 2H_2O + 2CO + 4H_2 \qquad (2)$$

(Ich weiß, daß sich die in Gleichung (2) angegebenen Proportionen
auch halbieren lassen und das Ergebnis dasselbe bliebe, aber haben
Sie Nachsicht mit mir.) Nun nehmen wir das in (2) gewonnene
Wasser und kondensieren es. Ob wir es der Elektrolyse unterwer-
fen, hängt davon ab, ob wir Wasser oder Wasserstoff und Sauerstoff als Endprodukt haben wollen. Die wichtigste Frage ist aber,
was wir mit den übrigen Produkten anfangen, nachdem das Wasser entfernt wurde. Wenn wir wollen, können wir die restliche

---

* Reverse Water-Gas Shift

Mischung aus Kohlenmonoxid und Wasserstoff in einen anderen Reaktor überleiten, wo sie mit Hilfe eines eisenhaltigen Katalysators folgendermaßen reagiert:

$$2CO + 4H_2 \rightarrow C_2H_4 + 2H_2O \qquad (3)$$

Geschafft! C_2H_4 ist *Äthylen*, ein großartiger Treibstoff und Schlüsselprodukt für die gesamte Erdöl- und Kunststoffindustrie. Da Reaktion (3) wie die bereits in Kapitel 6 behandelte Sabatier-Reaktion zur Herstellung von Methan stark exotherm ist, kann sie als Wärmequelle die benötigte Energie für die Steuerung der endothermen RWGS liefern. Zudem verfügt sie über eine hohe Gleichgewichtskonstante, wodurch sich große Äthylenmengen erzielen lassen. Auch wenn dieses System etwas komplizierter ist, bietet es doch gegenüber einer einfachen Sabatier-Reaktion Vorteile.

Erstens benötigt Äthylen nur *zwei* Wasserstoffatome pro Kohlenstoff, Methan aber *vier*. Daher reduziert der Einsatz von Äthylen als Treibstoff anstelle von Methan den Wasserstoffimport beziehungsweise -bedarf zur Treibstoffproduktion um die Hälfte. Zweitens hat Äthylen einen Siedepunkt (bei 1 Atmosphäre Druck) von –104 °C, der weit über dem von Methan mit –183 °C liegt. Daher ist Äthylen mit einigen Atmosphären Druck bei den durchschnittlichen Umgebungstemperaturen des Mars ohne Kühlung lagerfähig, wohingegen die kritische Temperatur von Methan unter den nächtlichen Temperaturen auf dem Mars liegt. Auf diese Weise läßt sich Äthylen im Gegensatz zu Methan auf dem Mars ohne kryogene Kühleinrichtungen verflüssigen. Dadurch halbiert sich der für die Kühlung benötigte Energiebedarf für die Äthylen / Sauerstoff-Treibstoffproduktion gegenüber der Methan / Sauerstoff-Produktion. Darüber hinaus reduziert sich auch größtenteils die Notwendigkeit, die Äthylentanks zu isolieren, was den Einsatz des Treibstoffs wesentlich erleichtert. Drittens liegt die Dichte von flüssigem Äthylen um 50 % über der von flüssigem Methan, wodurch in die Mars-Aufstiegsstufen (MAV*) und Rover, die anstelle von Methan Äthylentreibstoff verwenden, kleinere und

---

* Mars Ascent Vehicle

somit leichtere Treibstofftanks eingebaut werden können. Viertens ist Äthylen neben seiner Verwendung als Treibstoff für Raketen, Rover oder Schweißgeräte auch für verschiedene andere Anwendungen einsetzbar. Es wird als Anästhetikum, als Reifungsmittel für Früchte und zur Verringerung der Ruhezeit von Samen verwendet. Alle diese Eigenschaften werden bei der Entwicklung einer Marsbasis nützlich sein.

So wunderbar das auch ist – im Vergleich mit der herausragenden Rolle, die Äthylen als Ausgangsmaterial für eine Reihe von Prozessen bei der Herstellung von Polyäthylen, Polypropylen und einer Vielzahl anderer Kunststoffe spielt, beeindruckt es kaum. Diese Kunststoffe können ebenso zu Folien und Geweben für den Bau riesiger, aufblasbarer Gebäude (einschließlich Wohnkuppeln) wie zur Herstellung von Kleidung, Säcken, Isolationsmaterial, Reifen und einer Reihe anderer Produkte verarbeitet werden. Man kann sie aber auch als steifes Material hoher Dichte zur Herstellung von Flaschen und anderen, besonders großen oder kleinen wasserdichten Gefäßen, von Geschirr, Werkzeugen, Geräten, medizinischen Apparaten und einer Vielzahl anderer kleiner, aber notwendiger Objekte wie zum Beispiel Schachteln verwenden. Zudem lassen sie sich sowohl als transparentes wie als opakes Material in starren Formen jeder Größe und Gestalt einsetzen. Auch Schmiermittel, Dichtungsmittel, Klebstoffe und Klebebänder lassen sich daraus herstellen – die Liste ist nahezu endlos. Die Entwicklung einer Produktionsanlage für Kunststoffe auf Äthylenbasis auf dem Mars wird auch bei der Eröffnung sämtlicher anderer, für die menschliche Besiedlung des Roten Planeten notwendiger Möglichkeiten und Fähigkeiten enorme Vorteile bieten.

Heutzutage gehören Kunststoffe zu den wichtigsten Materialien des modernen Lebens. Aufgrund des allgegenwärtigen Vorkommens von Kohlenstoff und Wasserstoff können sie auf dem Mars hergestellt werden. Dies sollte all jenen zu denken geben, die glauben, daß die Aussichten der Mondbesiedlung besser seien als die der Marskolonisation. Auf dem Mond sind keine bedeutenden Mengen von Kohlenstoff oder Wasserstoff verfügbar. Diese kommen dort nur in millionstel Anteilen vor, etwa so wie Gold in Meerwasser. Eine kostengünstige Produktion von Kunststoffen wird deshalb auf dem Mond niemals möglich sein. Tatsächlich werden Kunststoffe auf dem Mond noch eine lange Zeit buchstäblich in Gold aufgewogen werden.

Die Herstellung von Keramik und Glas

Auch lehmartige Mineralien sind in den Böden an der Marsoberfläche im Überfluß vorhanden und erlauben die Produktion von Keramik, also von Töpferwaren und ähnlichem. Das auf dem Mars am weitesten verbreitete von den *Viking*-Landern gemessene Material war Siliziumdioxid (SiO_2). Es bildete einen 40prozentigen Gewichtsanteil sämtlicher von *Viking 1* und 2 untersuchten Bodenproben. Auf der Erde ist es der Grundstoff für Glas, das deshalb auf dem Mars durch einfache Sandschmelztechniken, wie sie auf der Erde seit Jahrtausenden eingesetzt werden, leicht hergestellt werden kann. Ein Nachteil für die Glasindustrie auf dem Mars ist die Tatsache, daß die zweithäufigste Verbindung (etwa 17% in den *Viking*-Proben) Eisenoxid (Fe_2O_3), ist. Will man hochwertige optische Gläser herstellen, muß der als Ausgangsmaterial dienende Sand nahezu eisenfrei sein. Doch Sand mit dieser Eigenschaft dürfte auf dem Mars kaum zu finden sein. Setzt man sich also auf dem Mars die Fabrikation optischen Glases zum Ziel, muß man erst das Eisenoxid entfernen. Dies kann dadurch geschehen, daß man das Eisenoxid mit dem heißen »Abfallprodukt« Kohlenmonoxid aus dem RWGS-Reaktor zu metallischem Eisen und Kohlendioxid reduziert und das Eisenmetallprodukt anschließend mit einem Magneten entfernt. Ich gestehe, daß diese Methode mühsam ist, doch das Eisen kann für andere Zwecke, wie etwa die Stahlproduktion, auf die ich in Kürze zurückkomme, aufbewahrt werden. Da die Basis höchstwahrscheinlich einen größeren Bedarf an Stahl als an optischem Glas haben wird, sollte kein Mangel an eisenfreiem Material für die Glasherstellung mehr bestehen, sobald die Glashütte der Basis eine Weile in Betrieb ist. Anzumerken wäre noch, daß hochwertiges optisches Glas für eine Vielzahl von Glasprodukten wie etwa Fiberglas, das sich ausgezeichnet für verschiedene Konstruktionen eignet, gar nicht benötigt wird.

Die Wassergewinnung

>*»Ein Problem, wichtiger als die tägliche Arbeit, das Frauenwahl-*
>*recht und die Fragen des Ostens zusammen, würde die Gedanken*
>*eines Marsbewohners ständig beschäftigen – das Problem des Was-*
>*sers. Die Frage, wie kann eine ausreichende Menge Wasser für das*
>*Überleben zur Verfügung gestellt werden, wäre das größte gemein-*
>*same Problem des Tages.«*

> Percival Lowell, *Mars*, 1895

Auch wenn Percival Lowell in vielem nicht recht behalten hat, bewies er doch mit seiner Bemerkung über Wasser auf dem Mars Weitblick. Alles, von der Herstellung des Raketentreibstoffs, des Rovertreibstoffs und des Sauerstoffs über die Produktion von Kunststoffen, Ziegeln, Mörtel und Töpferwaren bis hin zum Anbau von Feldfrüchten und zum Versiegeln von Fugen und zum Härten des Bodens durch künstlichen Permafrost, also sämtliche bisher diskutierten Möglichkeiten, den Mars der menschlichen Erforschung und Besiedlung zugänglich zu machen, hängen von Wasser ab. Da es aus logistischen Gründen ein hoffnungslos unattraktives Unternehmen ist, Wasser zum Mars zu transportieren, werden wir es uns auf unseren ersten Missionen leisten, Wasser *herzustellen.* Wir bringen lediglich den elfprozentigen Wasserstoffanteil von der Erde mit und mischen ihn mit dem Sauerstoff aus der Kohlendioxid-atmosphäre des Mars. Doch sobald wir in die Aufbauphase eintreten, müssen wir über diese Technik hinausgehen. Der durch erhöhte Aktivität gesteigerte Treibstoffverbrauch sowie die Vielfalt zusätzlicher Nutzungen im Bereich der Bautechnik und Chemie und vor allem der landwirtschaftliche Bedarf, der während der Errichtungsphase auftritt, steigern die Nachfrage nach Wasser auf dem Mars weit über den Punkt hinaus, an dem der Wasserstofftransport von der Erde noch eine realisierbare Option darstellt. Sollte sich jemals eine menschliche Zivilisation auf dem Mars entwickeln, müssen wir Wege finden, an vorhandenes Wasser heranzukommen.

Es wäre demnach weise, unsere Basis in der Nähe einer möglichen Wasserfundstelle anzulegen. Auf dem Mars ist das wahrscheinlich die nördliche Hemisphäre. Betrachtet man den Planeten, so sieht man ein weitläufiges Areal mit abgesenkter Topographie im Bereich der Marsarktis, das wenige Krater aufweist. Es ist anzunehmen, daß dieses riesige Becken in der jüngeren Marsgeschichte mit Wasser gefüllt war, das die Oberfläche etwa während der ersten Milliarde von Jahren seit der Entstehung vor Meteoreinschlägen bewahrte. Der letzte Überrest dieses historischen Ozeans ist die nördliche Polkappe, die aus Wassereis (nach heutigen Schätzungen etwa 2 Millionen Kubikkilometer[24]) besteht. Zudem zeigen Aufnahmen aus dem Orbit, daß die nördlichen Regionen weit mehr trockene Flußbetten und Abflußkanäle aufweisen als der Süden. Es ist anzunehmen, daß nach der letzten Flutung dieser Kanäle Eis- oder Permafrost-Ablagerungen an ihren Mündungen zurückblieben. Diese Lagerstätten könnten noch immer existieren, unserem Blick durch eine Sedimentschicht entzogen. Auch aus dem Orbit durchgeführte Luftfeuchtigkeitsmessungen lassen keinen Zweifel daran, daß die nördliche Hemisphäre feuchter ist als die südliche, wobei die feuchteste Jahreszeit das nördliche Frühjahr ist. Aber auch aus einem anderen Grund ist das Vorkommen großer Wassermengen in der Vergangenheit der Nordhalbkugel für zukünftige Marssiedler wichtig. Hydrologische Aktivität ist der Schlüssel für die Bildung einer Vielzahl von Mineralerzen. Hätte Horace Greeley* auf dem Mars gelebt, dann hätte er für junge Marsbewohner, die ihr Glück suchen, einen sehr einfachen Rat gehabt – geht nach Norden.

Es gibt verschiedene Möglichkeiten, auf dem Mars zu Wasser zu gelangen. Die erste und wahrscheinlich attraktivste (wenn auch problematischste) Methode ist, Wasser zu finden. Wie in Kapitel 6 angesprochen, könnte es auf dem Mars unterirdische, durch vulkanische Tätigkeit erhitzte Ansammlungen flüssigen Wassers geben. Bis zu einer Tiefe von 1 km unter der Oberfläche können Roverbesatzungen, die mit einem den Boden durchdringenden Radargerät ausgerüstet sind, solche Ansammlungen entdecken. Die Rovercrews müßten aber nicht ziellos suchen. Untersuchungen niedrig-

---

* Horace Greeley (1811-1872), amerikanischer Journalist, gab seinen jungen Landsleuten den Ratschlag: »Go West, young man, and grow up with the country« (»Geh nach Westen, junger Mann, und wachse mit dem Land.«)

auflösender Radargeräte aus dem Orbit oder von an Ballonen schwebenden Sonden machen vorab die besten Sondierungsstellen ausfindig. Stoßen wir auf eine solche Ansammlung und bohren wir sie an, sollte das unter Druck stehende Wasser wie eine texanische Ölquelle aus dem Boden geschossen kommen. Sobald das Wasser jedoch auf die kalte Marsluft mit ihrem geringen atmosphärischen Druck trifft, wird es nicht lange warm bleiben. In Abhängigkeit von seiner Austrittsgeschwindigkeit wird es möglicherweise zu Eiskristallen gefrieren und im Umkreis von etwa 100 m auf den Boden fallen. Binnen kürzester Zeit könnte sich so ein Schneevulkan von beträchtlicher Größe bilden. Allerdings wäre die auf solch spektakuläre Weise erfolgte Wassergewinnung auch eine große Vergeudung, da die hydrothermale Quelle ein bedeutender Energielieferant ist. Bezüglich der Verfügbarkeit von Wasser wäre es eine recht gute Lösung, die Basis über einem heißen artesischen Brunnen zu errichten.

Selbstverständlich kann es auch sein, daß sich die Dinge nicht so positiv entwickeln. Was, wenn sich keine unterirdische Ansammlung flüssigen Wassers innerhalb der Reichweite unserer Bohrgeräte findet? Die nächstbesten Aussichten böte der Fund von Salzlaken. Gesättigte Salzlösungen sind bereits bei –55 °C flüssig. Dies bedeutet: Selbst ohne Bodenwärme könnten solche, durch eine geringe Sediment- oder Eisschicht vor Verdunstung geschützte flüssige Salzlaken auch heute noch auf dem Mars nahe der Oberfläche vorhanden sein. Abgesehen davon, daß sie eine gute Wasserquelle böten, wären Salzlösungen auch als potentielle Fundstellen noch auf dem Mars existierenden Lebens interessant. Ohwohl dort bis heute keine Salzlösungen entdeckt wurden, ist das Vorhandensein von Salzen belegt. Einige Wissenschaftler glauben , daß die auf Oberflächenfotos vom Mars abgebildeten, leicht farbigen Ränder entlang bestimmter Becken große Salzlagerstätten darstellen, die, nachdem die Marsseen verschwunden waren, an den Uferlinien zurückblieben.

Nach den Salzlaken wäre Eis die nächstbeste Wasserquelle. Es gibt große Vorkommen von Wassereis auf der nördlichen Polkappe des Mars, doch dort wollen wir unsere Basis nicht errichten. Auch wenn wir südlich des 75. nördlichen Breitengrads noch keine weitläufigen, dauerhaften Eisansammlungen beobachteten, sollte theoretisch nördlich des 40. nördlichen Breitengrads unterirdisches Eis in nur 1 m Tiefe dauerhaft vorhanden sein. Zudem wären auch lokale Anomalien möglich. In Colorado kann an der Nordseite eines Hauses Winter sein, während an der Südseite sommerliche Bedingungen herrschen, und es ist auch an einem strahlend schönen Tag mitten im August keineswegs ungewöhnlich, in einer schattigen Vertiefung an der Nordseite eines Hügels eine Schneeansammlung zu finden. Zweifellos können somit auch in Regionen, in denen es laut planetarischen Klimamodellen unmöglich ist, in kühlen Spalten, Lavaröhren oder Höhlen an der Nordseite von Hügeln Eisreste aufgefunden werden.

Um uns dieser Ansammlungen zu bedienen, müssen wir allerdings Dynamit mitbringen, denn Eis ist bei den auf dem Mars herrschenden Temperaturen ein außerordentlich hartes Material. Die Entdeckung eines reinen Eislagers in einer nichtpolaren Region wäre ein seltener Fund. Weit wahrscheinlicher ist, daß Marsforscher auf Permafrost oder gefrorenen Schlamm stoßen. Permafrost kann von großer Festigkeit sein. Deshalb ist er für einige Anwendungen auf dem Mars ein ideales Baumaterial. Ein Permafrost-Ziegel wäre weit widerstandsfähiger als ein gebrannter roter Lehmziegel. Zudem benötigt man für seine Herstellung keinen Ofen; auch die Verwendung von Mörtel, um Ziegel miteinander zu verbinden, entfiele. Er wäre eine fertige Gesteinsmischung, der lediglich Wasser hinzugefügt werden müßte. Allerdings brauchte man zu seinem Abbau jede Menge Dynamit.

Wenden wir uns nun den etwas profaneren industriellen Methoden des Wasserabbaus zu. Der Marsboden enthält Wasser. Dies ist bekannt, da an beiden *Viking*-Landeplätzen wahllos gezogene Bodenproben der obersten 10 cm Erde bei Erhitzung auf 500 °C etwa 1 % ihres Gewichts in Form von Wasser freigaben. Das ist nicht übel, doch wird das Ergebnis des Tests verzerrt, weil der Oberflächenboden der trockenste überhaupt ist. Zudem wurden die Proben nur für 30 Sekunden erhitzt und davor bereits tagelang in unversiegelten Behältern bei 15 °C aufbewahrt. Da 15 °C weit über der Durchschnittstemperatur des Mars liegt, ist die Wahrscheinlichkeit sehr groß, daß bedeutende Wassermengen bereits vor dem Test durch Ausgasung verlorengegangen sind. Auf der

Grundlage der *Viking*-Ergebnisse ist es realistisch, den *durchschnitt-lichen* Wassergehalt des Marsbodens (Regolith*) mit zumindest 3 % anzunehmen. Wahrscheinlich sind einige Böden weit feuchter als der Durchschnitt. Zum Beispiel finden sich auf dem Mars Salze, die bis zu 10 % Wasser durch Hydratation speichern. Auch die auf dem Mars weitverbreiteten Tone haben ausgezeichnete Wasserabsorpti-onsfähigkeiten. In den SNC-Meteoriten wurden zum Beispiel smektische Tone entdeckt. Smektischer Ton wird allgemein »Quell-ton« genannt, da er durch Absorption einige -zig Gewichts-prozent Wasser aufnehmen kann und während dieses Prozesses aufquillt. Zudem wurde in vielen SNC-Meteoriten auch Gips ($CaSO_4*2H_2O$) gefunden. Wahrscheinlich ist Gips auf dem Mars weitverbreitet, denn die Schwefel- und Kalziumkonzentrationen, die an beiden *Viking*-Landeplätzen gemessen wurden, lagen weit höher als die jeweiligen Bodendurchschnittswerte auf der Erde (40mal beziehungsweise dreimal so hoch). Gips kann bis zu 20 % seines Gewichts Wasser enthalten.

Ob es nun 3 % oder 20 % sind – alles, was man benötigt, um die-ses Wasser aus dem Boden zu holen, ist Hitze. Die erzeugt man auf zweierlei Art – entweder bringt man das Bodenmaterial zum Heiz-gerät oder das Heizgerät zum Bodenmaterial. Die erste Methode wird in Abbildung 7.3 dargestellt. Ein mit relativ feuchtem Boden beladener Lastwagen kippt seine Ladung auf ein Förderband, das in einen Ofen führt. Darin wird das Material auf etwa 500 °C auf-geheizt, wodurch das absorbierte Wasser ausgast. Der auf diese Weise gewonnene Dampf wird in einem Kondensator gesammelt, während das dehydrierte Material abgelagert wird. Auch wenn uns der so entstehende »Schlackenhügel« nicht gefällt, ist die Ener-getik dieses Systems nicht schlecht. Verwendet man Regolith mit einem dreiprozentigen Wassergehalt, beträgt der Energiebedarf für den Betrieb des Systems etwa 3,5 kWh (Kilowattstunden) Hitze pro gewonnenem Kilogramm Wasser.[25] Benützt man die Elektrizität eines 100-kWe(Kilowatt Elektrizität)-Reaktors zum Betreiben eines Ofens, könnte man bei diesem Verhältnis 700 Liter Wasser pro

---

* »Regolith« ist ein astrogeologischer Begriff für Bodenmaterial eines Planeten, d. i. , was auf der Erde als »Erde« (engl. soil) bezeichnet wird.

Abbildung 7.3
Ein System mit Lastwagen, Ofen und Schlackenhügel für die Extraktion von
Wasser aus Regolith. (Illustration: Michael Carroll)

Tag produzieren. Wenn wir die Abwärme des Reaktors zur Erhitzung des Regoliths heranziehen, gewinnen wir bis zu 14 000 Liter pro Tag. (Thermoelektrische Generatoren, die von Nuklearenergiequellen gespeist werden, wie sie heute in der Raumfahrt verwendet werden, haben nur eine Effektivität von 5 % bei der Umwandlung ihrer Energie in Elektrizität, die restlichen 95 % werden als »Abwärme« ausgestoßen.) Die Anhäufung des getrockneten Materials bleibt dennoch ärgerlich. Bei einer Wasserproduktion von 14 000 Liter täglich würden wir 462 000 kg getrocknete »Schlacke« pro Tag auftürmen. Möglicherweise wäre das sogar annehmbar – immerhin entspricht es lediglich 120 m^3 oder sechs Wagenladungen Material. Vielleicht ist die Schlacke für irgend etwas zu gebrauchen, vielleicht können wir sie auch einfach in einen nahegelegenen Krater kippen.

Wollen wir allerdings keine solchen Mengen an Bodenmaterial bewegen, bringen wir als Alternative eben das Heizgerät an den Gewinnungsort. Ein Vorschlag wäre, einen mobilen Ofen über das Gelände fahren zu lassen, der das Regolith aufnimmt, es erhitzt, den Dampf kondensiert und das getrocknete Material beim Weiterfahren wieder auswirft.[20] Wahrscheinlich setzt man für dieses

System keinen Nuklearreaktor ein, sondern einen thermoelektrischen Radioisotopengenerator (RTG*), wie er bereits von *Voyager*, *Viking*, *Galileo* und anderen Raumsonden im äußeren Sonnensystem verwendet wurde. Ein Standard-RTG liefert 300 W Elektrizität. Dies reicht für den Antrieb des Gefährts und eine Abwärme von 6 kW, mit der pro Tag 42 Liter Wasser aus einem Ausgangsmaterial mit dreiprozentigem Wassergehalt gewonnen werden können. Derartige Einheiten wären besonders für kleine Crews bei Außenarbeiten geeignet oder als zusätzliches Ausrüstungsgerät für frühe Forschungsmissionen (eine tägliche Wassergewinnung von 42 Litern würde im Verlauf eines 500tägigen Aufenthaltes während einer Mars Direct-Mission insgesamt 21 000 Liter ergeben). Doch die Produktionsleistung ist im Vergleich zum Bedarf einer stark expandierenden Marsbasis zu gering. Selbstverständlich ließe sich das gesamte benötigte Wasser durch den Betrieb einer größeren Anzahl dieser Geräte herstellen, aber all diese RTGs wären teuer, und es bliebe noch immer ein großer Aufwand für die Bewegung von Bodenmaterial, Steine und Felsen und sämtlicher eingesetzter Apparaturen. Gibt es keine bessere Methode?

Eine andere Möglichkeit ist die Verwendung einer Mikrowelleneinheit zur Erhitzung des Regoliths unterhalb des Wagens. Das Wasser tritt aus dem Boden aus und steigt in Form von Dampf auf. Der Wagen führt eine Art Zelt mit einem flexiblen Saum mit, der entlang seines Umfangs über den Boden streicht. Dieser Saum dient als ausreichende Isolierung, um den Wasserdampf so lange zurückzuhalten, bis er an der Decke des Zeltes gefriert und zur weiteren Verwendung eingesammelt wird. Der Vorteil dieses Verfahrens ist, daß keinerlei Grabungsarbeiten erforderlich sind. Außerdem lassen sich die Mikrowellen so einstellen, daß der Großteil ihrer Energie für die Erhitzung der Wassermoleküle verwendet wird, anstatt daß Energie wahllos zur Aufheizung von Wasser und Regolith vergeudet wird. Unglücklicherweise gibt der aufsteigende Dampf einen gewissen Teil seiner Wärme wieder an das Regolith ab, so daß schlußendlich doch wieder ein Teil der Hitze

---

* Radioisotope Thermoelectric Generator

verschwendet wird (aber längst nicht so viel wie bei rein thermischen Heizsystemen).

Die 6000 W Abwärme des RTG können nicht zum Betrieb des Systems verwendet werden, sondern lediglich die 300 W elektrischer Leistung der Einheit. Selbst wenn 1 W Mikrowellenenergie bei der Extraktion von Wasser aus dem Boden zweimal so effizient ist wie thermische Energie, erhält man nur ein Zehntel der Fördermenge, da thermische Energie in der 20fachen Menge vorhanden ist. Auch wenn die Wasserkonzentration hoch und der Boden zu hart wären, um ihn zu brechen (wie bei Permafrost), würde dieses System zwar besser arbeiten als ein mobiles Grabungsgerät, doch seine Leistung wäre noch immer ziemlich gering. Nehmen wir an, wir setzen es über einer Permafrostablagerung mit einem Wasseranteil von 30 Gewichtsprozent ein, und es wäre 1 kWeh zur Gewinnung von 1 Liter Wasser nötig. Im Verlauf eines Marstages (24,6 terrestrische Stunden) könnte das von einem 300-W-RTG angetriebene Mikrowellengefährt etwa 7,4 Liter Wasser extrahieren. Die einzige Möglichkeit zur Leistungssteigerung bestünde in der Verwendung größerer Energiemengen. Man könnte das Gefährt zum Beispiel über ein langes Kabel mit dem Atomreaktor der Basis verbinden und 100 kWe einspeisen. In diesem Fall würden pro Tag 2220 Liter Wasser produziert, die Mobilität jedoch ginge verloren.

Mir erscheint es als günstigere Lösung, ein transparentes Zelt über einem bestimmten Gebiet auf dem Mars aufzustellen und es mit Hilfe des im Innern natürlich ablaufenden Treibhauseffekts aufheizen zu lassen. Die Treibhausaufheizung ist durch großflächige, leichte Reflektoren zu steigern, die rund um das Zelt aufgestellt werden und – um den Effekt der Solaraufheizung in dem eingeschlossenen Areal zu maximieren – mit dem Sonnenstand mitgeführt werden. Das Regolith im Innern würde zwar gewiß nicht auf 500 °C aufgeheizt werden, immerhin aber weit über die Durchschnittstemperatur. Die Wärme brächte einen Teil des vom Boden absorbierten Wassers zum Ausgasen, und die freigewordene Feuchtigkeit würde als Eis auf einer kalten Platte in einer Ecke des Zeltes aufbewahrt werden (ähnlich wie das Eis, das sich in einem herkömmlichen Kühlschrank bildet). Um die Effektivität dieses Systems abschätzen zu können, muß man den durchschnittlichen Sonneneinfall von 500 Watt pro Quadratmeter (W/m^2) auf dem Mars in Betracht ziehen. Handelt es sich bei dem Zelt um eine Halbkugel mit 25 m Durchmesser und geht man von einer Aufheizung von zusätzlichen 200 W/m^2 im Innern des Zeltes durch den Treibhauseffekt und die Sonnenreflektorenanordnung aus, beträgt die gesamte effektive Energie des Systems 98 kW. Das reicht aus, um im Verlauf eines Achtstundentages 224 Liter Wasser aus einem Boden mit 3 % Wassergehalt zu extrahieren. Diese Wassermenge stünde innerhalb des ersten halben Zentimeters Erdreich im Zelt

Abbildung 7.4
Mobile Methoden zur Extraktion von Wasser aus dem Marsboden: (a) Bodenschlucker auf Rädern; (b) mobiles Mikrowellensystem mit Saum; (c) tragbare Treibhauskuppel mit Kondensator. (Illustration: Michael Carroll)

zur Verfügung. Ein Zelt aus 0,1 mm dickem Polyäthylen besitzt eine Masse von nur 100 kg (wiegt demnach auf dem Mars 38 kg). Es kann daher täglich von der Rovercrew an einen anderen Standort gebracht werden. Sobald das Zelt weiterwandert, nimmt das Regolith auf natürliche Weise wieder Wasser auf. So ist es möglich, dasselbe Feld wiederholt »abzuernten«.

Eine ganz andere Lösung wäre die Gewinnung von Wasser aus der Marsatmosphäre. Das Problem dabei: Die Luft auf dem Mars ist sehr trocken – bei normalen Bedingungen muß man 1 Million m^3 Marsluft für die Extraktion von 1 Liter Wasser bearbeiten. In einer mittlerweile klassischen Publikation schlugen der Ingenieur Tom Meyer und der Marswissenschaftler Chris McKay ein mechanisches Kompressorsystem vor, das genau dies tut.[26] Die Autoren geben an, daß jeder produzierte Liter Wasser etwa 103 kWh an elektrischer Energie benötige. Verglichen mit den Ergebnissen der oben beschriebenen Systeme zur Extraktion von Wasser aus dem Boden (etwa 3,5 kWh thermische Energie pro Kilogramm), scheint diese Methode unattraktiv zu sein. Doch man muß hervorheben, daß das Kompressorsystem zusätzlich eine Menge nützliches Argon und Stickstoff aus der Atmosphäre gewinnt, die für das Lebenserhaltungssystem der Basis verwendet werden können.

Adam Bruckner, Steven Coons und John Williams von der University of Washington stellten vor kurzem eine Studie vor, bei der die Luft nicht komprimiert, sondern einfach mit Hilfe eines Ventilators gegen ein Zeolith-Sorptionsbett geblasen wird.[27] Zeolith ist ein extrem wirksames Trockenmittel und kann dazu eingesetzt werden, den atmosphärischen Wasserdampfgehalt auf wenige milliardstel der jeweiligen Gasmenge zu reduzieren, was sogar weit unter der Luftfeuchtigkeit des Mars liegt. Bei den auf dem Mars herrschenden Temperaturen wird Zeolith bis zu 20 % seines Eigengewichts an Wasser absorbieren. Sobald der Zeolith gesättigt ist, kann man das Wasser durch Hitzeeinwirkung bei einem Energieaufwand von etwa 2 kWh thermischer Energie pro Kilogramm ausdampfen und den nun getrockneten Zeolith wiederverwenden. Da es nicht notwendig ist, die Luft zu komprimieren, und sie lediglich bewegt wird, ist für den mechanischen Ventilator wesentlich weniger Energie erforderlich als für das pumpenbetriebene System von Meyer und McKay.

Die dafür benötigte Energiemenge läge etwa bei weiteren 2 kWh elektrischer Energie pro Kilogramm produziertem Wasser. Die Energiekosten wären also mit Systemen, die Wasser aus dem Boden extrahieren, vergleichbar. Das Hauptproblem sämtlicher Systeme, bei denen Wasser aus der Atmosphäre gewonnen wird, ist die Tatsache, daß sie relativ groß sein müssen, um eine brauchbare Leistung zu liefern. Beispielsweise würde ein System mit einem Eingangsrohr von 10 m^2 Schnittfläche und einem Ventilator, der eine Eingangsluftgeschwindigkeit von 100 m pro Sekunde (360 Kilometer pro Stunde) erzeugen kann, gerade etwa 90 Liter Wasser pro Tag produzieren. Da die Anlage nicht mobil sein muß, können die für den Ventilator benötigten 8 kWe von der Energieversorgung der Basis zur Verfügung gestellt werden. Weil aber keine Grabungsarbeiten erforderlich sind, ist das System für eine Vollautomation geeignet. Zudem läßt sich das Rohmaterial Luft unbeschränkt erneuern, was atmosphärische Wassergewinnungssysteme recht attraktiv macht.

Auch wenn Wasser nicht in solchen Mengen auf dem Mars verfügbar ist wie in Lowells Visionen von wasserführenden Kanälen, die den Planeten überziehen, so doch in ausreichendem Maß, um einen Vorposten zu versorgen. Zweifellos wird ein Großteil des Wassers, das aus der trockenen Marsatmosphäre gewonnen wird, dazu verwendet werden, dem Roten Planeten einen Hauch von Grün zu verleihen.

Der grüne Daumen für den Roten Planeten

Angesichts der Kosten interplanetarischer Transporte ist es zwingend notwendig, daß größere Siedlungen auf anderen Welten irgendwann ihre eigenen Nahrungsmittel produzieren. In dieser Hinsicht bietet der Mars gegenüber dem Mond der Erde und sämtlichen bekannten extraterrestrischen Himmelskörpern große Vorteile. Alle vier Hauptelemente organischer Substanzen – Wasserstoff, Kohlenstoff, Stickstoff und Sauerstoff – sind vorhanden. Man hielt dem entgegen, daß Asteroiden wahrscheinlich kohlenstoffhaltigere Substanzen aufwiesen und die *Clementine*-Mission Hinweise darauf erbracht habe, daß der Mond in ständig im Schatten liegenden Gebieten nahe dem Südpol Eislagerstätten aufweist. Diese Argumente gehen am Hauptsächlichen vorbei. Denn das größte Problem des Mondes und sämtlicher luftloser Planetenkörper und vorgeschlagener künstlicher, im freien Raum angesiedelter Kolonien (siehe Gerard O'Neill[28]) besteht darin, daß auf ihnen kein Sonnenlicht in der für das Wachstum von Feldfrüchten nötigen Form vorhanden ist. Das ist ein außerordentlich wichtiger Umstand, der oft nicht berücksichtigt wird. Pflanzen brauchen eine hohe Energiemenge, die einzig das Sonnenlicht liefern kann. Beispielsweise wird 1 km^2 Ackerland auf der Erde mittags von etwa 1000 MW Sonnenlicht bestrahlt, einer Energiemenge, die dem Verbrauch einer amerikanischen Stadt mit einer Million Einwohnern entspricht. Für die Agrarproduktion eines kleinen Landes wie El Salvador wird eine Energiemenge an Sonnenlicht benötigt, die die gesamte Leistung sämtlicher Kraftwerke der Erde übersteigt.

Auch wenn Pflanzen eine Reduktion auf ein Fünftel der aufgenommenen Lichtmenge des terrestrischen Standards ertragen und dennoch wachsen, bleibt die Situation dieselbe: Die Energetik des Pflanzenwachstums macht es unmöglich, Feldfrüchte in bedeutendem Ausmaß mit künstlich erzeugtem Licht zu ziehen. Außerdem wird das auf dem Mond oder im Weltraum verfügbare Sonnenlicht nicht durch eine Atmosphäre abgeschirmt. (Auf dem Mond ergibt sich noch ein weiteres Dilemma – der 28tägige Hell-Dunkel-Zyklus ist für Pflanzen unerträglich.) Wollte man Pflanzen in einem dünnwandigen Treibhaus auf der Oberfläche des Mondes oder eines Asteroiden ziehen, würden sie vom Sonnenwind getötet werden. Um ein sicheres Pflanzenwachstum in solch einer Umgebung zu gewährleisten, müßten die Treibhauswände aus 10 cm dickem Glas gefertigt werden, eine Konstruktionsvorgabe, die die Entwicklung bedeutender Agrarflächen unglaublich teuer werden ließe. Der Einsatz von Reflektoren und anderen lichtkanalisierenden Vorrichtungen würde dieses Problem auch nicht lösen, da die Reflektorflächen enorm sein müßten, nämlich ebenso groß wie die Fläche des Anbaugebiets. Wollte man eine bedeutende Anbaufläche mit Licht versorgen, würden sich dadurch wiederum absurde bautechnische Probleme ergeben.

Die Marsatmosphäre hingegen ist ausreichend dicht, um an der Oberfläche gedeihende Feldfrüchte vor den Auswirkungen von Sonneneruptionen zu schützen. Wie wir gesehen haben, lassen sich dort innerhalb kürzester Zeit große, aufblasbare Treibhäuser errichten, die von geodätischen Kuppeln geschützt werden, wodurch rasch weitläufige Anbauflächen mit gemäßigtem Klima geschaffen werden können. Die Sonneneinstrahlung auf dem Mars beträgt etwa 43 % von der auf der Erde. Das ist für die Photosynthese bestens geeignet. Erhöhte man die Kohlendioxidkonzentration in den Kuppeln auf Werte, die höher liegen als die auf der Erde vorherrschenden, könnte man diese noch beschleunigen. Wie bereits angesprochen, benötigt man für den Bau einer Wohnkuppel mit einem Durchmesser von 50 m und einem Druck von 5 psi ein 1 mm dickes, mit Kevlar verstärktes Kuppelgewebe. Allerdings brauchen Pflanzen nur 0,7 psi oder 50 mbar atmosphärischen Druck mit 20 mbar Stickstoff, 20 mbar Sauerstoff, 6 mbar Wasserdampf und weniger als 1 mbar Kohlendioxid in der Atmosphäre. Ein Gewebe von 0,2 mm Stärke wäre für eine 50-m-Kuppel ausreichend, würden wir sie ausschließlich als Treibhaus einsetzen. Eine solche Kuppel, die etwa 2000 m² (einen halben Morgen) Ackerland überwölbt, hätte eine Materialmasse von etwa einer Tonne, doch ihre Plexiglasschutzhülle wöge noch immer 4 t. (Die geodätische Plexiglas-Verkleidungsmasse könnte auf die Hälfte reduziert werden, wenn man die obere Hälfte der Kuppel nicht als konventionelle Halbkugel, sondern in Form einer Linsenhälfte ausbildet. Eine linsenförmige obere Hemisphäre würde auch die Konstruktion der Schutzkuppel erleichtern, da sie nicht so hoch würde. Außerdem könnte auf diese Weise die Zeit drastisch gesenkt werden, die die Pflanzen benötigen, um die Kuppelatmosphäre mit Sauerstoff anzureichern.

Der Mensch erträgt im Gegensatz zu den Pflanzen keinen Druck von 0,7 psi; ein solcher ist ihm zu niedrig. Deshalb müßten im Innern dieser Art von Treibhäusern Raumanzüge getragen werden. Erhöht man den Kuppeldruck auf 2,5 psi, wären Raumanzüge nicht mehr notwendig. Solange die Basis nicht an einem ernsten Mangel an Ackerland leidet, ist es wahrscheinlich am sinnvollsten, die Treibhauskuppeln mit 5 psi Druck auszulegen wie die Wohnkuppeln. Auf diese Weise ist es möglich, Tunnels zu bauen, in denen sich Menschen ohne Raumanzüge frei zwischen den Kuppeln bewegen können, ohne sich erst einem Kompressions-/Dekompressionsvorgang unterziehen zu müssen. Die einheitlichen Konstruktionselemente würden zudem die Massenproduktion erleichtern und erlaubten es den Bewohnern, in die Treibhauskuppeln auszuweichen, sollte die Populationsdichte das erfordern. Der Hauptunterschied zwischen den beiden Kuppeltypen ist der zulässige Kohlendioxidteildruck. In den Wohnkuppeln wird er auf das terrestrische Niveau von etwa 0,4 mbar beschränkt. In den Treibhäusern herrscht mit etwa 7 mbar (Marsumgebungsdruck) ein weit höherer Kohlendioxiddruck. Er soll das Wachstum der Feldfrüchte steigern. (Auf der Erde leiden die Pflanzen an Kohlendioxidmangel.) Wie bereits aufgezeigt, gibt es eine Vielzahl potentieller Techniken für die umfassende Versorgung der Treibhäuser mit Wasser. So ist es auf dem Mars möglich, die Grundvoraussetzungen für die Landwirtschaft – gut beleuchtetes, bewässertes Land – zu schaffen.

Wie fruchtbar ist der Boden des Mars? Das läßt sich nur schwer beantworten, doch soweit wir wissen, eignet er sich voraussichtlich hervorragend zum Anbau von Pflanzen, tatsächlich sogar erheblich besser als der Großteil der Böden der Erde. In Tabelle 7.1 zeigen wir einen Vergleich von Pflanzennährstoffelementen in terrestrischen Böden und Marsböden. Die Daten für die Marsböden beruhen auf den Ergebnissen von *Viking* und der Analyse der SNC-Meteoriten.[25]

Tabelle 7.1 zeigt uns, daß bei einem Großteil der Pflanzenbodennährstoffe Marsböden fruchtbarer sind als Erdböden. Die Hauptfrage ist der Stickstoff, der nicht eingeschätzt werden konnte. Die baulichen Beschränkungen des *Viking*-Röntgenfluoreszenzgeräts, das zur Analyse der elementaren Zusammensetzung des Bodens eingesetzt wurde, ließen das nicht zu. Allerdings ist Stickstoff in der Atmosphäre vorhanden, und sollte sich der Boden tatsächlich als stickstoffarm herausstellen, könnten Ammoniak und andere Stickstoffdünger synthetisch hergestellt werden. Dieselben Sabatier-Reaktoren, die auch für die Methantreibstoffproduktion verwendet werden, lassen sich, wenn man Stickstoff und Wasserstoff als Ausgangsmaterial benützt, ebenfalls zur Gewinnung von Ammo-

Tabelle 7.1
Vergleich der Pflanzennährstoffelemente in Böden auf Erde und Mars

Element	Erdboden (Durchschnitt)	Marsboden (geschätzter) Durchschnitt)
Stickstoff	0,14 %	unbekannt
Phosphor	0,06 %	0,30 %
Kalium	0,83 %	0,08 %
Kalzium	1,37 %	4,10 %
Magnesium	0,50 %	3,60 %
Schwefel	0,07 %	2,90 %
Eisen	3,80 %	15,00 %
Mangan	0,06 %	0,40 %
Zink	50 ppm*	72 ppm
Kupfer	30 ppm	40 ppm
Bor	10 ppm	unbekannt
Molybdän	2 ppm	0,4 ppm

niak einsetzen. Derartige Reaktoren sind auf der Erde die Hauptquelle der Düngemittelproduktion. Ausgehend von unserem heutigen Verständnis der Planetenbildung, sollte der Mars etwa mit demselben Stickstoffverhältnis entstanden sein wie die Erde. Der Großteil davon befindet sich wohl noch vor Ort, zweifellos in Form von im Boden gebundenen Nitraten.

Natürliche Nitratlagerstätten sollten sich auf dem Mars finden lassen. Wenn sie abgebaut werden, versorgen sie die Basis ausreichend mit Düngemitteln. Das andere Pflanzennährstoffelement, an dem es den durchschnittlichen Marsböden zu mangeln scheint, ist Kalium. Es läßt sich wahrscheinlich in hohen Konzentrationen in den Salzlagerstätten entlang der heute trockenen Ufer früherer Wasservorkommen finden.

Auch die physikalischen Eigenschaften der Marsböden dürften sich gut für den Pflanzenwuchs eignen, da die global verteilte Erdschicht locker gepackt und porös zu sein scheint und sich somit mechanisch ausgezeichnet für den Anbau von Pflanzen bearbeiten

---

* *parts per million = Teile je Million Teile*

läßt. Wie früher bereits angesprochen, enthalten Marsböden zudem Quelltone. Das sind gute Nachrichten für zukünftige Marsbauern, da Quelltone ausgesprochen effektiv in der Pufferung und Stabilisierung des Boden-pH-Wertes in einem leicht sauren Bereich sind und auch aufgrund ihrer hohen Austauschkapazität eine große Reserve an austauschbaren Nährstoffionen im Boden bilden.

Wie oben angegeben, werden die Treibhäuser auf dem Mars mit einem Druck von 5 psi (340 mbar), etwa einem Drittel des atmosphärischen Luftdrucks der Erde auf Meereshöhe, ausgestattet. Da die Gravitation auf dem Mars ein Drittel der Erdschwerkraft beträgt, wird die Beibehaltung dieser Luftdichte sogar Insektenflug gestatten, was die Bestäubung durch Bienen erlaubt. Anfänglich werden die Kuppeln einfach mit Marsluft (95 % Kohlendioxid) unter Druck gesetzt und nur einige wenige Millibar künstlich hergestellter Sauerstoff beigefügt, um die Pflanzenatmung zu ermöglichen. Die Marspflanzen werden somit in einer stark kohlendioxidhaltigen Treibhausumgebung heranwachsen, die auch der photosynthetischen Leistung zugute kommt. In der kohlendioxidarmen Umgebung der Erde wandeln Pflanzen Sonnenlicht mit einem Wirkungsgrad von nur etwa 1 % in chemisch gebundene Energie um. (Die ökologische Nettoeffizienz von Wäldern und natürlichem Grasland ist mit 0,1 % weit geringer, da hierbei die Zersetzung abgestorbener Pflanzenteile gestattet wird. Die Pflanzen selbst erbringen eine wesentlich höhere Leistung, derer wir uns in der Landwirtschaft durch Abernten der Feldfrüchte vor der Zersetzung durch Bakterien auch bedienen.) Eine realistische Schätzung für die Effizienz der Photosynthese in einer stark mit Kohlendioxid angereicherten Umgebung könnte bei etwa 3 % liegen. Unter der Annahme, daß es sich bei der Kuppel mit einem Durchmesser von 50 m um eine echte Halbkugel handelt, würden derartig leistungsstarke, den Boden bedeckende Pflanzen in etwa 310 Tagen praktisch das gesamte eingeschlossene Kohlendioxid in Sauerstoff umwandeln. Setzt man eine linsenförmige Kuppel ein (mit einem Kurvenradius von 50 m anstelle der natürlichen 25 m), reduziert sich die Zeitspanne auf lediglich acht Tage. Das von *Viking* im Marsboden entdeckte Oxidationsmittel stellt kein Problem dar, da es bei Kontakt mit Wasser zu reduziertem Material und freiem Sauerstoff zerfällt. Die Treibhäuser bilden in ihrem Innern ein warmes, feuchtes Klima. Die Zirkulation dieser Feuchtigkeit bewirkt, daß die Treibhausböden ihren Sauerstoff rasch freigeben.

Wir alle kennen die Argumente von Vegetariern, weshalb man auf den Genuß von Fleisch verzichten solle. Eines davon ist, daß aus einem Morgen Ackerland wesentlich mehr Nahrung für den Menschen gewonnen werden könne als aus einem Morgen Weidefläche. Auf der Erde sind diese Argumente umstritten, denn der Großteil des Hungers auf unserem Planeten wird nicht durch einen globalen Engpaß an Nahrungsmitteln hervorgerufen, sondern durch die Armut der Hungernden. In einem Umfeld, wie es sich uns auf dem Mars bietet, in dem der Mensch nicht einfach bestellbares Land in Besitz nehmen kann, sondern es mit Hilfe von Kuppeln und dergleichen gewinnen muß, hat die These vom Vegetariertum allerdings nicht zu unterschätzende Vorzüge. Die Landwirtschaft auf dem Mars hat große Aussichten auf eine hohe Effizienz. Die Aufnahme großer Mengen Rinder, Schafe, Ziegen, Kaninchen, Hühner und anderer warmblütiger Pflanzenfresser in die Nahrungskette wäre hingegen ausgesprochen ineffizient. Der Großteil der Energie, die ein Tier mit den Pflanzen aufnimmt, wird allein zur Beibehaltung seiner Körpertemperatur aufgewendet; nur ein kleiner Anteil davon erreicht uns. (Vor einigen Jahren veröffentlichte ein Autor und Wissenschaftler eine Reihe von Büchern, in denen er die Idee, Ziegen als Schlüsseltiere zukünftiger Viehwirtschaft im Weltraum zu verwenden, propagierte. Sie seien von geeigneter Größe, Allesfresser, würden sich rasch vermehren und könnten zur Milchgewinnung herangezogen werden und so weiter, argumentierte er. Ich bin zwar in der Stadt geboren, verbrachte aber die letzten Jahre auf dem Land. Dort sah ich, wozu Ziegen imstande sind. Lassen Sie niemals eine Ziege in Ihre Kevlarkuppel: Sie wird sie auffressen.)

Andererseits wird von sämtlichen für den Anbau interessanten Pflanzen nicht einmal die Hälfte vom Menschen gegessen. Zum Beispiel essen wir von Mais, Reis oder Weizen weder Wurzeln noch Stiele oder Blätter. Statt dessen werden diese Teile dem Boden wieder untergepflügt, vornehmlich um auf diese Weise das Erdreich

276

fruchtbar zu erhalten. Wäre dies jedoch unser wahres Ziel, würden wir die gesamte Pflanze unterpflügen – eigentlich vergeuden wir doch lediglich Energie. Wollen wir effizient handeln, müssen wir einen Weg finden, die nicht direkt eßbaren Teile der Pflanzen zu verwenden. Nützen uns die Ziegen jetzt? Vielleicht einige wenige – um die Kinder zu unterhalten und die Sicherheitspatrouillen zu beschäftigen, weil die Tiere in der leichten Marsgravitation drei Meter hohe Zäune überspringen können.

Nein, es gibt bessere Möglichkeiten. Eine davon: Pilze. An der Purdue University isolierte ein von der NASA finanziertes Zentrum zur Erforschung der Landwirtschaft im Weltraum Pilzarten, die auf den Abfallprodukten von Pflanzen wachsen und 70 % ihres Materials in eßbare Proteine von einer der Sojabohne vergleichbaren hohen Qualität umwandeln (dies liegt weit über der Effizienz von Ziegen). Die rasch wachsenden Pilze benötigen kein Licht, sondern lediglich einen dunklen, warmen Raum, die Überreste der Maisstauden und ein wenig Sauerstoff. Mit anderen Worten: Es ist möglich, eine Pilzfarm im Wandschrank anzulegen. Dieses Beispiel einer für die extremen Erfordernisse der Raumfahrt entwickelten Technologie kann ebensogut für grundlegende menschliche Bedürfnisse auf der Erde angewendet werden. Sollte Ihnen der Genuß von Pilzen und Bohnen zu langweilig sein, gibt es immer noch Hoffnung in Form kaltblütiger Pflanzenfresser – wie etwa den Tilapiafisch –, die eine beträchtliche Effizienz bei der Umwandlung von Pflanzenabfällen in hochwertiges Protein aufweisen. Fischzucht auf dem Mars? Warum nicht? Für die Züchtung von Tilapias benötigt man keine großen Aquarien, und sie werden auch nicht ausbrechen und Ihre Kuppel auffressen.

Obstplantagen wären für die Produktion von Früchten ebenfalls wünschenswert. Auf diese Weise stünde gegebenenfalls auch Holz zur Verfügung, das in ursprünglicher Form für die Erzeugung von Möbeln und ähnlichem verwendet oder als Alternative dazu gemeinsam mit anderen Zelluloseabfällen aus der Landwirtschaft der Kunststoffindustrie zugeführt werden könnte, wo es die Vielfalt an herstellbaren Kunststoffen wesentlich bereichern würde.

Metallgewinnung auf dem Mars

Metallgewinnung ist die Grundlage jeder technischen Zivilisation. Der Mars stellt ausreichende Ressourcen für die Produktion zur Verfügung. Tatsächlich ist er in dieser Hinsicht wesentlich reicher ausgestattet als die Erde.

Stahl

Eisen ist das am leichtesten zugängliche, industriell verwendbare Metall auf dem Mars. Das auf der Erde wichtigste kommerziell eingesetzte Eisenerz ist Hämatit (Fe_2O_3). Dieser Rohstoff findet sich auf dem Mars in solchen Mengen, daß er dem Roten Planeten seine Farbe und damit auch seinen Namen gegeben hat. Die Reduktion von Hämatit zu reinem Eisen ist unkompliziert und wird, wie dem Alten Testament und den Schriften von Homer entnommen werden kann, auf der Erde seit etwa 3000 Jahren praktiziert. Es gibt zumindest zwei Verfahren, die für den Einsatz auf dem Mars in Frage kommen. Wie bereits früher in diesem Kapitel besprochen, wird bei dem ersten das vom Wasser-Gas-Rekonvertierungsreaktor der Basis – siehe oben, RWGS*-Reaktion (1) – als Abfallprodukt anfallende Kohlenmonoxid wie folgt eingesetzt:

$$Fe_2O_3 + 3CO \rightarrow 2Fe + 3CO_2 \tag{4}$$

Das andere verwendet den bei der Elektrolyse des Wassers hergestellten Wasserstoff.

$$Fe_2O_3 + 3H_2 \rightarrow 2Fe + 3H_2O \tag{5}$$

Da die beiden Reaktionen (4) und (5) exotherm sind, benötigen sie nach dem Aufheizen des Reaktors auf seine Starttemperatur zu ihrem Ablauf keine zusätzliche Energie. Im Fall von Reaktion (5) kann der erforderliche Wasserstoff durch Elektrolyse von Überschußwasser gewonnen werden, wodurch Hämatit die einzige

---

* Reverse Water-Gas Shift

Nettozufuhr in das System ist. Kohlenstoff, Mangan, Phosphor und Silizium, die vier wichtigsten Legierungselemente für Stahl, sind auf dem Mars in ansehnlichen Mengen vorhanden, zusätzliche Legierungselemente wie Chrom, Nickel und Vanadium ebenfalls. Sobald also mit der Eisenproduktion begonnen wird, kann das Metall mit den geeigneten Mengen dieser Elemente legiert und buchstäblich jede gewünschte Art Stahl oder Edelstahl hergestellt werden.

Da Kohlenmonoxid als Nebenprodukt der RWGS-Reaktoren in der Marsbasis in großen Mengen verfügbar ist, eröffnen sich interessante Möglichkeiten für neue Niedertemperaturmetallgußtechniken auf dem Mars. Aus Eisen und Kohlenmonoxid kann beispielsweise bei 110 °C Eisencarbonyl ($Fe (CO)_5$) hergestellt werden, das bei Zimmertemperatur flüssig ist. Wird das Eisencarbonyl in eine Form gegossen und bis auf etwa 200 °C erhitzt, spaltet es sich auf. Hierbei wird Kohlenmonoxid freigesetzt, das für andere Zwecke weiterverwendet werden kann. In der Gußform bleibt reines Eisen zurück.

Durch Einleiten von Carbonyldampf kann man das Eisen zudem in Schichten ablagern und auf diese Weise hohle Objekte kompliziertester Formen schaffen. Ähnliche Carbonyle lassen sich auch mit Kohlenmonoxid und Nickel, Chrom, Osmium, Iridium, Ruthenium, Rhenium, Kobalt und Wolfram herstellen. Jedes dieser Carbonyle zerfällt unter geringfügig anderen Bedingungen, wodurch eine Mischung von Metallcarbonylen durch aufeinanderfolgende Spaltung (jeweils ein Metall nach dem anderen) in ihre reinen Komponenten zerlegt werden kann.[29]

Aluminium

Das nach dem Stahl auf der Erde zweitwichtigste Metall ist Aluminium. Wir finden es auch auf dem Mars; dort bildet es etwa einen Gewichtsanteil von 4 % des Oberflächenmaterials. Leider kommt es wie auf der Erde auch auf dem Mars im allgemeinen in Form des ausgesprochen harten Aluminiumoxids (Al_2O_3) vor. Um auf der Erde aus Aluminiumoxid Aluminium herzustellen, wird das Aluminiumoxid bei 1000 °C zu geschmolzenem Kryolith aufgelöst und anschließend mit Kohlenstoffelektroden, die während des Prozesses verbraucht werden (der Kryolith bleibt unbeschädigt), elektrolysiert. Auf dem Mars könnten die benötigten Kohlenstoffelektroden durch Pyrolyse des Methans, das im Sabatier-Reaktor der Basis gewonnen wird (s. Kapitel 6), produziert werden. Dieser Prozeß läuft folgendermaßen ab:

$$Al_2O_3 + 3C \rightarrow 2Al + 3CO \tag{6}$$

Neben der Komplexität des Vorgangs selbst liegt das Hauptproblem bei Reaktion (6) zur Gewinnung von Aluminium darin, daß sie stark endotherm ist. Für die Herstellung eines einzigen Kilogramms Aluminium benötigt man etwa 20 kWh Elektrizität. Das ist der Grund dafür, warum auf der Erde Aluminiumhütten vorwiegend in Gegenden errichtet werden, in denen Energie sehr günstig zu erhalten ist, wie beispielsweise im nordwestlichen Pazifikraum der USA. Während der Errichtungsphase der Bauwerke wird Energie auf dem Mars keinesfalls billig sein. Bei einem Bedarf von 20 kWh / kg könnte man mit einem 100-kWe-Atomreaktor lediglich 123 kg Aluminium pro Tag herstellen. Aus diesem Grund wird nicht Aluminium, sondern Stahl das hauptsächliche Baumaterial für hochfeste Konstruktionen sein, obwohl Stahl aufgrund der geringeren Gravitation auf dem Mars etwa dasselbe wiegt wie Aluminium auf der Erde! Aluminium bleibt für besondere Anwendungen reserviert, wie etwa elektrische Leitungen oder Komponenten für Flugsysteme, bei denen es auf hohe elektrische Leitfähigkeit beziehungsweise geringes Gewicht ankommt.

Silizium

Im modernen Zeitalter eroberte sich Silizium aufgrund seiner zentralen Rolle bei der Herstellung verschiedener Elektronikbauteile nach Stahl und Aluminium seinen Platz als drittwichtigstes Metall. Auf dem Mars wird seine Bedeutung weiter steigen, da Silizium uns die Gelegenheit bietet, Photoelemente zu produzieren. So sind wir in der Lage, die Energieversorgung der Basis ständig auszubauen. Das Ausgangsmaterial für die Herstellung von Siliziummetall, Siliziumdioxid (SiO_2), ist in der Marskruste mit einem Gewichtsanteil von 45 % vertreten. Um Silizium zu gewinnen, mischt man Siliziumdioxid mit Kohlenstoff und erhitzt die beiden Ausgangsstoffe in einem elektrischen Ofen. Die sich ergebende Reaktion ist:

$$SiO_2 + 2C \rightarrow Si + 2CO \qquad (7)$$

Wieder sehen wir, daß das benötigte Reduktionselement Kohlenstoff ein Nebenprodukt der Treibstoffherstellung ist. Reaktion (7) ist stark endotherm, jedoch keineswegs in solchem Ausmaß wie die Aluminiumoxidreaktion (6). Die bei der Reduktion von Silizium aufgewandte Energiemenge läßt sich aufgrund des weit geringeren Quantums, das von diesem Material benötigt wird, ebenfalls nicht mit der der Aluminiumherstellung vergleichen.

Für einige Zwecke ist das in Reaktion (6) hergestellte Silizium gut genug. Man kann es zum Beispiel für die Produktion von Siliziumkarbid, einem festen, hitzebeständigen Material verwenden (es wurde für die Kacheln der Hitzeverkleidung beim Space Shuttle eingesetzt). Dennoch ist klar, daß jede Hämatitverunreinigung im Ausgangsmaterial des Reaktors Eisenverunreinigungen im Siliziumprodukt bewirkt. Um hyperreines Silizium herzustellen, wie es für Computerchips und Solarzellen benötigt wird, ist ein weiterer Schritt erforderlich. Hierbei badet man das unreine Siliziumprodukt in heißem Wasserstoffgas, wodurch das Silizium in Siliziumwasserstoff (SiH_4) umgewandelt wird. Bei Raumtemperatur oder darüber ist Siliziumwasserstoff gasförmig, weshalb er leicht von sämtlichen anderen Metallhybriden, die in festem Zustand vorliegen, getrennt werden kann. Um vollkommen reines Silizium zu erhalten, muß man den Siliziumwasserstoff lediglich in einen anderen Reaktor leiten, wo man ihn bei hohen Temperaturen in reines Silizium und Wasserstoff aufspaltet, der wiederum zur Herstellung weiteren Siliziumwasserstoffs eingesetzt wird. Das Silizium kann dann mit Phosphor oder anderen ausgewählten Beimengungen versetzt werden, damit man exakt die benötigte Art von Halbleitern zu produzieren vermag.

Anstatt den Siliziumwasserstoff aufzuspalten, kann man ihn als Alternative durch Abkühlung auf unter −112 °C verflüssigen. Diese

Temperatur liegt nur 20 °C unter der normalen Marsnachttemperatur, ist also leicht zu erreichen. Die auf diese Weise hergestellte Flüssigkeit läßt sich über lange Perioden ohne Schwierigkeiten in isolierten Tanks lagern. Weshalb es sich empfiehlt, flüssigen Siliziumwasserstoff zu lagern? Er läßt sich mit Kohlendioxid verbrennen. Sämtliche bisher besprochenen Marstreibstoffkombinationen, wie Methan und Sauerstoff, die zum Antrieb eines Fahrzeugs dienen, müssen von diesem in einem Tank für Treibstoff und einem für Oxidationsmittel mitgeführt werden. Auf der Erde gehen wir nicht so vor. Ob es sich um Benzin für das Auto oder Holz für den Kamin handelt – hier sorgen wir lediglich für den Brennstoff. Als Oxidationsmittel wird der Sauerstoff der Luft verwendet. Da die Reaktionsmischung üblicherweise einen Anteil von 75 % Oxidationsmittel enthält, ist diese Methode eindeutig die effizientere. Nun, in der Marsatmosphäre gibt es ausgesprochen wenig freien Sauerstoff, sie besteht hauptsächlich aus Kohlendioxid. Nicht viele Substanzen verbrennen mit Kohlendioxid, doch Silizium tut es gemäß folgender Formel:

$$SiH_4 + 2CO_2 \rightarrow SiO_2 + 2C + 2H_2O \qquad (8)$$

Die Treibstoffmasse in Reaktion (8) enthält zu 73 % Kohlendioxid und nur zu 27 % Silizium. Da einige der Produkte in festem Zustand vorliegen, kann man sie nicht in Verbrennungsmotoren einsetzen. Sie lassen sich aber zur Beheizung des Kessels einer Dampfmaschine und als Raketentreibstoff in Staustrahltriebwerken verwenden. Erfolgt die Verbrennung wie in Reaktion (8), produziert ein Silizium / Kohlendioxid-Raketentriebwerk einen spezifischen Impuls von etwa 280 Sekunden. Am Boden wirkt das nicht sonderlich beeindruckend, wenn man sich nicht vor Augen führt, daß man nur 27 % des Treibstoffs transportieren muß. Stellen wir uns ein kleines, hüpfendes, raketenbetriebenes Fahrzeug vor, das wiederholt abhebt und landet und auf diese Weise seine Ladung Teleroboter zu vorgewählten Zielorten bringt, die durch unbefahrbares Terrain voneinander getrennt sind. Es müßte nicht seinen gesamten Treibstoffbedarf mitführen. Statt dessen kann es sich bei der Landung mit Kohlendioxid wiederbefüllen, indem es einfach eine Pumpe laufen läßt. Aus diesem Grund wäre der effektive spezifische Impuls dieses Systems nicht 280 Sekunden, sondern 280 Sekunden multipliziert mit 3,75, der Gesamttreibstoffmenge an Silizium. Das Ergebnis: ein effektiver spezifischer Impuls von 1050 Sekunden – ein beispielloser Wert in der chemischen Raketenantriebstechnik.

Auch Diboran, B_2H_6, verbrennt mit Kohlendioxid mit einem spezifischen Impuls von 300 Sekunden, bei einem Mischungsverhältnis von drei Teilen Kohlendioxid zu einem Teil Diboran.[30] Ein mit einem Diboran/Kohlendioxid-Raketenantrieb ausgestattetes Kurzstreckenfluggerät könnte daher einen effektiven spezifischen Impuls von 1200 Sekunden liefern, was sogar noch besser als das oben beschriebene Silizium/Kohlendioxid-System wäre. Abgesehen von dem außerordentlich komplexen Vorgang der Diboranherstellung, kommt Bor auf dem Mars sehr selten vor, wohingegen Silizium überall zu finden ist. Während kleinere Mengen an Diboran zu Beginn des Programms auf den Mars transportiert werden könnten, wenn man eine hohe Leistung des Kurzstreckenfluggeräts zu erzielen trachtet (der Einsatz eines Diboran/Kohlendioxid-Systems wäre beispielsweise der beste Weg, um eine robotergesteuerte Mars Sample Return-Mission durchzuführen), wird das vor Ort verfügbare Silizium mit einiger Sicherheit Diboran ersetzen, sobald es in der Basis hergestellt werden kann.

Nebenbei bemerkt, gab es immer wieder den Vorschlag, Silizium auf dem Mond herzustellen, um es als Ausgangsprodukt für die Fabrikation großer Mengen von Solarzellen zu verwenden. Diese Idee hat jedoch einige Schönheitsfehler. Es entspricht zwar der Wahrheit, daß Siliziumdioxid auf dem Mond in großen Mengen vorhanden ist, doch fehlen Kohlenstoff und Wasserstoff, die zur Umwandlung in Siliziummetall erforderlich sind. Obwohl auch in dem oben beschriebenen Verfahren von einer Wiederverwendung dieser Reagenzien ausgegangen wird, erfolgt sie in der Praxis immer nur unvollkommen. Will man also Siliziummetall oder jedes beliebige andere Metall auf dem Mond herstellen, wird man über kurz oder lang Unmengen an Kohlenstoff und Wasserstoff importieren müssen. Auf dem Mars hingegen sind diese Elemente vor Ort verfügbar.

Kupfer

Als letztes Beispiel für die Errichtung einer Metall-Schlüsselindustrie auf der Marsbasis wollen wir uns mit Kupfer befassen. Das auf dem Mond fehlende Kupfer wurde in den SNC-Meteoriten in etwa denselben Konzentrationen gefunden wie in den Böden der Erde. Mit etwa 0,005% liegt dieser Anteil recht niedrig. Will man Kupfer in ausreichenden Mengen gewinnen, extrahiert man es nicht aus dem Boden. Statt dessen ist es notwendig, Lagerstätten zu finden, an denen es sich in Form von Kupfererz konzentriert hat. Kommerziell gesehen, sind Kupfersulfide auf der Erde die bedeutendsten Quellen von Kupfererz. Wie wir gesehen haben, kommt Schwefel auf dem Mars häufiger vor als auf der Erde. Es ist wahrscheinlich, daß Kupfererzlagerstätten auf dem Mars in Form von Kupfersulfidansammlungen, die an der Basis von Lavaströmen gebildet wurden, vorhanden sind. Sobald es gefunden ist, läßt sich Kupfer leicht durch Schmelz- und Laugeverfahren, wie sie auf der Erde seit dem Altertum angewendet werden, reduzieren.

Am Beispiel des Kupfers zeigt sich, daß der einzige Weg, geochemisch selten vorkommende Elemente zu gewinnen, nur durch Abbau lokal konzentrierten, hochgradigen Mineralerzes erfolgen kann. Allerdings findet man solche Erze nur in Gegenden, in denen komplexe hydrologische und vulkanische Prozesse aufgetreten sind, die dazu führten, daß diese Elemente sich in lokalen Erzlagerstätten konzentrierten. In unserem Sonnensystem sind solche Prozesse nur auf der Erde und dem Mars vorgekommen. Da sie auch auf dem Mars stattgefunden haben, sollten wir imstande sein, konzentrierte Erze nahezu aller Metalle, die für den Aufbau einer modernen Zivilisation benötigt werden, zu finden, kommen sie nun selten oder häufig vor.

Die Energiefrage

Das Vorhandensein großer Mengen sowohl thermischer als auch elektrischer Energie ist der Schlüssel für die Durchführung sämtlicher Herstellungsprozesse, der die Entwicklung einer ausgedehnten Marsbasis ermöglicht. Auch wenn das ein unpopulärer

Gedanke ist: Der günstigste Weg, diese Energie während der ersten Jahre der Basisentwicklung zur Verfügung zu stellen, besteht darin, sie in Form von auf der Erde hergestellten Atomreaktoren zu importieren. Die Hauptenergieversorgungsquellen unserer heutigen terrestrischen Zivilisation sind Wasserkraft, fossiler Treibstoff und Holzverbrennung sowie Atomkraft. Geothermische Wärme liegt mit einigem Abstand an vierter Stelle, und weit dahinter finden sich Solarkraft und Wind, die beide eine untergeordnete Rolle spielen. Wasserkraftwerke und Verbrennungsanlagen für fossile Brennstoffe sind auf dem Mars keine Optionen für Energiequellen. Langfristig gesehen, bieten sich ausgezeichnete Aussichten für die Energiegewinnung durch Kernfusion, da das auf dem Mars herrschende Verhältnis von Deuterium (dem schweren Isotop des Wasserstoffs, das für den Betrieb von Fusionsreaktoren benötigt wird) zu gewöhnlichem Wasserstoff fünfmal so hoch ist wie auf der Erde. Unglücklicherweise stehen uns heute noch keine Fusionsreaktoren zur Verfügung. So bleibt die Fission (Atomspaltung) in der Anfangsphase die einzige Option für eine ausreichend große Energiequelle.

Ein Atomreaktor mit einer Leistung von 100 kWe und 2000 kW thermischer Abwärme, der über 10 Jahre hinweg 24 Stunden pro Tag in Betrieb ist, wiegt etwa 4000 kg (also gerade 4 t), und ist somit leicht genug, um von der Erde importiert zu werden. Im Gegensatz dazu würde eine Solarzellenanlage, die dieselbe 24-Stunden-Leistung an elektrischer Energie liefert (aber nur 1/20 der thermischen Leistung) für dieselbe Lebensdauer etwa 27000 kg wiegen und eine Fläche von 6000 m² bedecken (dies entspricht etwa 2/3 eines Fußballfeldes). Wollen wir allerdings auch dieselbe *thermische* Leistung (zur Herstellung von Ziegeln und Wasser) erzeugen, würde die benötigte Solarzellenanlage 540000 kg wiegen und 13 Fußballfelder bedecken. Diese Materialmenge ist ganz offensichtlich zu groß, als daß man sie von der Erde importieren könnte. Die Vorteile der Atomkraft für die Erschließung des Mars sind so gewaltig, daß die von der Clinton-Regierung unternommenen Bemühungen, das amerikanische Weltraumforschungs- und entwicklungsprogramm auf dem Gebiet Atomkraft zu stoppen, heftig kritisiert werden müssen. Wenn wir die Atomkraft im Weltraum aufgeben, geben wir eine ganze Welt auf!

Obwohl für die Energieversorgung der Basis anfänglich auch Atomkraft benötigt wird, kann sich das ändern, sobald die Basis ausreichend entwickelt ist. Zu einem gewissen Zeitpunkt wäre es möglich, Sonnenenergiesysteme aus den auf dem Mars vorhandenen Rohstoffen zu bauen. Gibt es erst einmal Leben auf dem Mars, ist es vielleicht einfacher, einige hundert Tonnen vor Ort verfügbaren Materials einzusetzen, als 4 t Ausrüstung von der Erde zu importieren.

Sonnen- und Windnutzung

Zwei Arten von Sonnenenergiesystemen können auf dem Mars hergestellt werden – dynamische und photovoltaische. Dynamische Solarsysteme nutzen einfache Technologien. Ihre Funktionsweise basiert auf dem Einsatz eines Parabolspiegels zur Konzentration des Sonnenlichts auf einen Kessel, in dem eine Flüssigkeit erhitzt wird, die durch ihre Ausdehnung eine Generatorturbine antreibt. Diese Systeme können recht effizient sein (sie erreichen einen Wirkungsgrad von etwa 25 %), doch bis zum heutigen Tag haben sie bei Weltraumprogrammen keinen großen Anklang gefunden. Die Tatsache, daß sie auf bewegliche Teile angewiesen sind, hat bei vielen Beobachtern den Eindruck erweckt, sie seien nicht besonders zuverlässig. Allerdings stünden auf einer permanent besetzten Marsbasis Techniker zur Verfügung, die diese Systeme warten und ausgefallene Systemkomponenten reparieren beziehungsweise austauschen könnten. Das gegen dynamische Systeme vorgebrachte Argument der Unzuverlässigkeit verliert im Umfeld einer Marsbasis an Bedeutung. Da es sich hierbei um wenig komplexe Anordnungen von Spiegeln, Gefäßen und ähnlichen Vorrichtungen handelt, leuchtet es ein, daß solche Systeme auf dem Mars hergestellt werden könnten. Die Spiegel könnten beispielsweise aus aufblasbarem Kunststoff gefertigt und mit einer dünnen Aluminiumschicht überzogen werden, damit man sie als Reflektoren verwenden kann. Die Rohre und Gefäße sowie die Turbinenwelle und die Turbinenschaufeln lassen sich aus Stahl konstruieren. Um aber tatsächlich einen Leistungsgrad von 25 % zu erreichen, müssen die Turbinen mit Toleranzen gefertigt werden, die realistischerweise auf einer Marsbasis nicht erzielbar sind. Doch das ist gewiß kein Hindernis. Wenn nötig, sind auch geringere Toleranzwerte und ein Wirkungsgrad von 15% akzeptabel. Zusätzlich zu diesen Vorteilen verfügen dynamische Kreislaufsysteme über die attraktive Eigenschaft, einen guten Anteil nützlicher Prozeßwärme zu erzeugen, der etwa dem Vier- bis Sechsfachen ihrer elektrischen Leistung entspricht. Dynamische Solarsysteme erfordern allerdings klaren Himmel. Damit die Parabolspiegel Licht auch tatsächlich effektiv konzentrieren, muß die gesamte Lichtmenge von *einer* Quelle kommen – direkt von der Sonne. Sie darf nicht von diffusen, über den gesamten Marshimmel verstreuten Lichtquellen herrühren. Die *Viking*-Daten haben ergeben, daß solche klaren Himmelsverhältnisse, wie sie für den effektiven Betrieb eines dynamischen Solarsystems nötig sind, nur während des nördlichen Frühlings und Sommers zu erwarten sind. Während des anderen Halbjahres werden solardynamische Konzentratoren voraussichtlich recht wenig Energie liefern. Für einige Zwecke mag eine derartige, jahreszeitlich veränderliche Verfügbarkeit von Energie ausreichen. Zum Beispiel ist es nicht zwingend notwendig, das ganze Jahr über Metalle zu erzeugen. Sollte die Sonnenenergie jedoch zur Hauptenergieversorgungsquelle der Basis werden, ist eine zuverlässigere Technologie erforderlich.

Photovoltaische Platten wären möglicherweise solch eine Technologie. Wie bereits angesprochen, kann reines Silizium, das Schlüsselmaterial für die Herstellung solcher Platten, ebenso wie Aluminium oder Kupfer für die Leitungen sowie Kunststoff für die Isolierung der Leitungen auf dem Mars gewonnen werden. Mit dem Ziel der Kostenreduktion wurden in jüngster Zeit vereinfachte Methoden zur Herstellung von Solarkollektoren in Form riesiger, einfacher Platten für die Anwendung auf der Erde entwickelt. Verlagert man diese Methoden auf den Mars, ist die Vor-Ort-Erzeugung von photovoltaischen Systemen in großem Umfang möglich. Überraschenderweise stellt sich heraus, daß die Leistung von photovoltaischen Platten auf dem Mars durch den Staub in der Marsatmosphäre nur geringfügig beeinträchtigt wird.[31,32] Sofern man sich nicht mitten in einem schlimmen Staubsturm befindet, streut der für den nördlichen Herbst- und Winterhimmel typische

Staubgehalt zwar den Großteil des auf den Mars einfallenden Sonnenlichts, reduziert aber kaum sein Eindringen. Im Gegensatz zu solardynamischen Reflektoren ist bei photovoltaischen Platten die Richtung des einfallenden Lichts nicht von Bedeutung. Somit ist anzunehmen, daß dieses System das ganze Jahr über ziemlich gut arbeitet. Der Wirkungsgrad fällt mit nur etwa 12 % relativ gering aus, und das System liefert über die elektrische Leistung hinaus auch keine Prozeßwärme, doch das muß man in Kauf nehmen. Zudem kann die Systemleistung durch den auf den Kollektoren liegenden Staub bedeutend eingeschränkt werden. Doch dieses Problem läßt sich von der menschlichen Besatzung mit Hilfe eines Besens oder durch Ausstattung der Kollektoren mit speziellen Scheibenwischern lösen.

Windkraft könnte ebenfalls zur Lieferung der Basisenergie herangezogen werden. Seit Jahrhunderten sind Windmühlen auf der Erde in Betrieb, und ihre unkomplizierte Bauart macht sie zu attraktiven Entwicklungsprodukten für eine Herstellung in der Marsbasis. Da die großen Staubstürme unregelmäßig auftreten, eignen sie sich nicht wirklich als Energiequelle. Zudem beträgt die Marsluftdichte nur etwa 1 % der Luftdichte der Erde und die an den *Viking*-Landeplätzen gemessenen Oberflächenwinde nur etwa 5 m pro Sekunde (18 km/h). Diese Werte sind für eine Windkraftnutzung nicht geeignet. Allerdings wurden in größeren Höhen über der Oberfläche typische Winde mit 30 m/s (108 km/h) gemessen, die etwa dieselbe Energiemenge pro Windmühlenfläche liefern könnten wie eine Brise von 6 m/s (knapp 22 km/h) auf der Erde. Das reicht für eine Energiegewinnung aus Windkraft völlig. Die Schlüsselfrage in der Windenergiegewinnung ist also, wie weit über der Oberfläche die Windmühlen angebracht werden müßten, um über der stagnierenden Oberflächengrenzschicht zu liegen. Zum gegenwärtigen Zeitpunkt wissen wir das nicht. In jedem Fall würde die Antwort jedoch lokal variieren. Welcher Wert sich auch ergäbe, wir dürfen nicht vergessen, daß wir die Windmühle auf dem Mars in einem Gravitationsfeld aufstellen, das nur 38 % der Erdgravitation entspricht. Deshalb können Windmühlentürme bis in eine Höhe gebaut werden, die für Erdbewohner undenkbar ist.

Die Gewinnung areothermischer (geothermischer) Energie

»Seit etwa 1930 wurden Internate von Grundschulen und höheren Schulen in den ländlichen Regionen Islands, wann immer sich die Gelegenheit bot, an Standorten errichtet, an denen geothermische Energie vorhanden ist. In diesen Zentren werden die Schulgebäude und Wohnheime der Schüler und des Lehrkörpers geothermisch beheizt. Sie sind in der Regel mit einem Swimmingpool ausgestattet und versorgen sich autonom mit Gemüse (Tomaten, Gurken, Blumenkohl etc.), die in eigenen Treibhäusern reifen. Heutzutage gibt es viele solche Schulen in verschiedenen Landesteilen, die auch oft während der Sommerferien als Touristenhotels verwendet werden. Nicht selten bildeten diese Zentren den Kern neuer Versorgungseinrichtungen in den ländlichen Gebieten.«

S. S. Einarson
Geothermal District Heating, 1973

Sonnenenergie und Windkraft sind Mittel zur potentiellen Gewinnung von Hunderten Kilowatt Elektrizität mit Anlagen, die lokal hergestellt werden können. Sie sind ausgesprochen attraktiv, da sie nahezu überall eingesetzt und errichtet werden können und somit eine dezentralisierte Energiegewinnung ermöglichen. Dies wird sich auf dem Mars als nützlich erweisen, da dort die Versorgung weit verstreuter Einrichtungen erforderlich ist und die Infrastruktur, die für den Energietransport über weite Strecken benötigt wird, noch für lange Zeit nicht zur Verfügung steht. Doch der relativ bescheidene Gesamtwirkungsgrad dieser Energiequellen macht potentere Optionen wünschenswert. Wie der britische Wissenschaftler Martyn Fogg darlegte[33], ist eine solche Option auf dem Mars in Form von geothermischer (areothermischer) Energie vorhanden.

Die Gewinnung solcher Energie erfolgt durch Nutzung der hohen Temperaturen, die tief im Untergrund herrschen, zum Aufheizen von Flüssigkeiten wie Wasser. Der so erzeugte Dampf wird zum Antrieb einer Generatorturbine eingesetzt. Auf der Erde ist geothermische Energie nach Verbrennungsenergie, Wasserkraft und Atomkraft die viertgrößte Energiequelle, wobei sie etwa 0,1 % des gesamten Energiebedarfs der Menschheit liefert. Island gewinnt den Großteil seiner Energie – über 500 MWt – aus Erdwärme.

Ein geothermisches Kraftwerk auf der Erde produziert üblicherweise zwischen 1 und 10 MWe – nicht viel im Vergleich mit anderen terrestrischen Kraftwerken, aber reichlich im Hinblick auf den Bedarf der Marsbasis. Geothermische Kraftwerke dieser Art lassen sich auf der Erde innerhalb von sechs Monaten ab der ersten Bohrung errichten und in Betrieb nehmen und erreichen mit ihrer Einsatzzeit von 97% einen Wert, der nur noch von Wasserkraftwerken überboten wird. Über die Versorgung mit großen Energiemengen hinaus ist eine solche Anlage zudem imstande, eine Marsbasis mit einem ebenso wertvollen Gut zu beliefern – einer beträchtlichen Menge flüssigen Wassers. Auf der Erde haben geothermische Kraftwerke den Nachteil, daß sie an jenen Orten errichtet werden müssen, an denen natürliche geothermische Hitzequellen vorkommen. Da wir die Standorte unserer Städte bereits gewählt haben, ist das nicht immer sinnvoll. Die Siedlungen auf dem Mars hingegen müssen erst errichtet werden. Angesichts der Bedeutung einer areothermischen Energie- und Wasserversorgung würde wahrscheinlich die Entdeckung einer solchen Quelle den Standort der Marsbasis vorgeben.

Eine areothermische Energieversorgung wäre für die Marssiedler also von enormem Vorteil. Die Frage, die sich nun stellt, lautet: Ist sie möglich? Es mag überraschen, aber das kann mit einiger Gewißheit mit ja beantwortet werden.

Auf dem Mars finden sich riesige Gebiete mit vulkanischen Zügen – wie beispielsweise in Tharsis –, deren Alter auf weniger als 200 Millionen Jahre geschätzt wird. Etwa 4% der Planetenoberfläche (ungefähr 5 Millionen km^2, hauptsächlich in den nördlichen Gebieten von Elysium, Arkadien und Amazonien sowie in der äquatorialen Tharsis-Region gelegen) wird von Marsgeologen als »oberamazonisch« klassifiziert. Das bedeutet, daß die Oberfläche dieser Bereiche irgendwann in den vergangenen 500 Millionen Jahren entweder durch Vulkantätigkeit oder Überflutung verändert wurde. Zeitalter, die 200 bis 500 Millionen Jahre zurückliegen, mögen Ihnen wie graue Vorzeit erscheinen, doch angesichts der Tatsache, daß der Mars 4 Milliarden Jahre alt ist, gelten sie fast als Gegenwart. Vom geologischen Standpunkt aus bezeichnet man eine Zeit, die auf dem Mars 200 Millionen Jahre zurückliegt, mit »heute«. Sollte es damals Vulkantätigkeit gegeben haben, ist es sehr wahrscheinlich, daß die Vulkane auch jetzt noch aktiv sind.

Wie bereits angesprochen, besitzt der Mars ausgedehnte Wasservorräte und, zumindest an einigen Stellen, flüssige Grundwasservorkommen innerhalb von 1 km unter der Oberfläche. Wenn nun ein Gebiet in der jüngeren Vergangenheit vulkanisch aktiv war, könnte dessen Wasser heiß genug sein, um als mögliche Energiequelle zu dienen.

Betrachten wir nur die oberamazonischen Regionen als geeignete Kandidaten und verteilen wir ihre Entstehung gleichmäßig über einen Zeitraum von 500 Millionen Jahren, dann erkennen wir, daß 10% (oder 0,5 Millionen km^2) möglicherweise jünger als 50 Millionen Jahre sind. 1% (oder 50000 km^2) ist möglicherweise jünger als 5 Millionen Jahre, und 0,1% (oder 5000 km^2) war in den letzten 500000 Jahren aktiv.

Geothermische Energie muß nicht in einem vulkanisch aktiven Gebiet gewonnen werden. Der Boden bleibt lange Zeit, nachdem die vulkanische Tätigkeit nachgelassen hat, heiß. In seiner zukunftsweisenden Publikation über geothermische Energie auf dem Mars präsentiert Martyn Fogg Berechnungen von Temperaturprofilen verschiedener Marsgebiete als eine Funktion der Zeit seit der letzten Aktivität in dieser Region. Seine Ergebnisse werden in Tabelle 7.2 zusammengefaßt:

Tabelle 7.2
Eigenschaften geothermischer Felder auf dem Mars

	0,5	5	10	20	50	>150
Zeit seit der letzten Aktivität (in Millionen Jahren)						
Tiefe, um 0 °C zu erreichen (km)	0,29	0,65	0,91	1,29	2,04	3,53
Tiefe, um 60 °C zu erreichen (km)	0,62	1,38	1,95	2,76	4,35	7,53
Tiefe, um 100 °C zu erreichen (km)	0,84	1,87	2,64	3,73	5,88	~10
Tiefe, um 200 °C zu erreichen (km)	1,38	3,09	4,36	6,17	9,73	~17
Tiefe, um 300 °C zu erreichen (km)	1,92	4,30	6,09	8,61	~13	~24
Wahrscheinlich verfügbare Fläche (in 1000 km^2)	5	50	100	200	500	reichlich

Als Anhaltspunkt sei gesagt, daß heute auf der Erde unter Einsatz neuester Technik Bohrungen bis in eine Tiefe von 10 km vorgenommen werden können. Auf dem Mars sind wahrscheinlich auch tiefere Bohrungen möglich, weil der Boden aufgrund der geringeren Gravitation weniger fest sein sollte. Da das Gebiet, in dem innerhalb der letzten fünf Millionen Jahre starke geothermische Aktivität auftrat, ziemlich groß ist, könnte es in diesen Regionen gelingen, mit Brunnen von einigen wenigen Kilometern Tiefe sehr heißes Wasser zu fördern. Sobald das Wasser an die Oberfläche gebracht worden ist, wird es in Dampf übergehen und zum Antrieb einer Turbine zur Erzeugung von elektrischer Energie eingesetzt. Diese Methode wird auf dem Mars sogar noch effizienter arbeiten als auf der Erde, da der geringe atmosphärische Druck eine größere Ausbreitung des Dampfes gestattet, ehe er kondensiert. Ein Teil des in diesem Prozeß gewonnenen »Abwassers« wird für die Versorgung der Basis mit der benötigten Wassermenge abgezapft, der Rest in die Tiefe zurückgeführt, um die unterirdische, wasserführende Schicht wieder aufzufüllen.

Geothermische Energie kann weder auf dem Mond noch auf Asteroiden gewonnen werden. Von allen extraterrestrischen Himmelskörpern unseres Sonnensystems ist einzig der Mars in der Lage, eine solch reiche Energiequelle für die Versorgung einer menschlichen Ansiedlung zur Verfügung zu stellen.

Die Optionen Nutzung von Sonnenenergie und Windkraft in entlegenen Kraftwerken und Gewinnung geothermischer Energie als Hauptenergiequelle der Basis zeigen, daß eine Marsbasis, die nach einem gelungenen Start mit Hilfe eines Atomreaktors eine Reihe von Technologien zur Verwendung lokaler Ressourcen zu beherrschen gelernt hat, imstande ist, ihre Energieversorgung aus eigener Anstrengung zu erweitern. Je mehr Energie zur Verfügung steht, desto schneller erfolgt das Wachstum. Je schneller die Basis wächst, desto mehr Energie wird sie produzieren können. Sobald es möglich ist, auf dem Mars Sonnenenergie, Windkraft und besonders areothermische Energie zu nutzen, wird das Wachstum der Basis exponentiell erfolgen.

Die Verwendung der Basis zur Ausweitung der Mobilität auf dem Mars

Wird die globale Erforschung des Mars während der Entwicklungsphase der Basis eingestellt? Ganz im Gegenteil. Wie gut der Standort der Basis auch gewählt sein mag, ist doch mit Sicherheit anzunehmen, daß einige wichtige, für ihre Entwicklung benötigten Rohstoffe ausschließlich einige zehn, hundert oder tausend Kilometer von ihr entfernt verfügbar sind. Die globale Suche nach diesen Rohstoffen sowie ihr Transport ist eine wichtige, für das Wachstum der Basis notwendige Voraussetzung. In einer symbiotischen Beziehung schafft die Basis selbst die Möglichkeiten für eine derart weitreichende Mobilität.

Die Situation ist in gewisser Weise mit der Ausweitung der menschlichen Erforschung der Antarktis zu vergleichen. Vor 1957 wurde deren Erkundung in einer Vielzahl von Expeditionen durchgeführt, bei der jedes Forscherteam im allgemeinen das eigene Schiff als Basis benutzte. Im Internationalen Geophysikalischen Jahr wurde dann der Beschluß gefaßt und in die Tat umgesetzt, eine große, ständig bemannte Basis am McMurdo-Sund zu errichten. Heute stellt diese Basis Einrichtungen zur Verfügung, die den Einsatz von Kraftfahrzeugen, Hubschraubern und Flugzeugen ermöglichen und den Antarktisforschern den Zutritt zu jedem Teil des Kontinents eröffnen. Durch die Konzentration der Ressourcen an einem einzigen Ort wurden die Voraussetzungen für eine weit umfassendere Forschungstätigkeit geschaffen, als sie unter Beibehaltung der traditionellen Schlittenhund- und Skiexkursionen von verschiedenen Expeditionsschiffen aus durchführbar gewesen wäre.

Die Marsoberfläche ist jedoch weit rauher als selbst die Antarktis. Daher ist es für eine echte Langstreckenmobilität auf dem Mars nötig, daß geflogen werden kann. Zwar lassen sich Ballons und Unterschallflugzeuge für den Transport von kleinen Robotereinheiten durch den windigen Marshimmel einsetzen. Doch raketenbetriebene, für sämtliche Witterungsbedingungen taugliche Fluggeräte sind die einzigen Systeme, die für den Transport von Menschen ausreichende Zuverlässigkeit bieten. Hierbei kann es sich entweder um rein ballistische Fluggeräte handeln, die aus der

Marsatmosphäre hinausschnellen, um von einer Seite des Planeten zur anderen zu gelangen, oder um mit Flügeln versehene Raketenfluggeräte, die imstande sind, sich mit Überschallgeschwindigkeit fortzubewegen. Beide Systemtypen verbrauchen riesige Mengen Treibstoff, und an ihren Betrieb ist nicht zu denken, solange die benötigten Treibstoffmengen nicht auf dem Mars hergestellt werden können.

Betrachten wir beispielsweise ein bemanntes ballistisches Marsfluggerät mit einer Masse von 10 t, das von einem Methan/Sauerstoff-Raketentriebwerk mit einem spezifischen Impuls von 380 Sekunden angetrieben wird. Nehmen wir an, wir wollen 2600 km zurücklegen (das entspricht auf dem Mars einer Strecke von 45° Breite oder Länge), dann landen und schließlich ohne zusätzliche Ladung zurückkehren. Zur Durchführung dieses Manövers benötigt das Fluggerät ein Masseverhältnis von etwa 7, der Gesamttreibstoffverbrauch wird demnach bei 60 t liegen. Setzen wir für diese Strecke ein 15 t schweres Raketenflugzeug (die Flügel werden das Gewicht des Raketenfluggerätes steigern) mit einer Gleitzahl von 4 ein, beträgt das Masseverhältnis etwa 5, wodurch wiederum 60 t Treibstoff erforderlich sind. Es ist klar, daß diese Art von Fluggeräten auf dem Mars nicht oft in Betrieb genommen werden kann, wenn der für ihren Antrieb benötigte Methan/Sauerstoff-Treibstoff oder auch nur das für die Herstellung dieses Treibstoffgemisches benötigte Wasserstoff-Ausgangsmaterial von der Erde importiert werden müssen.

Die Notwendigkeit, ausreichend Treibstoff für den Hin- und Rückflug eines Forschungseinsatzes mitzuführen, beschränkt die Reichweite chemisch angetriebener Raketen auf dem Mars auf etwa 4000 km. Diese Grenze kann überschritten werden, wenn das Fluggerät nach seiner Landung in der Lage ist, seinen Treibstoff selbst herzustellen. Bei chemischen Zweifachtreibstoffen ist dies nicht möglich, da ihre Erzeugung zuviel Energie benötigt (etwa 5 kWh pro Kilogramm) und dadurch eine Energieversorgungseinheit eingesetzt werden müßte, die zu schwer ist, als daß das System flugfähig gemacht werden könnte.

Vor einiger Zeit präsentierte ich ein Konzept für eine Nuklearrakete, die mit auf dem Mars erzeugtem Treibstoff betrieben wird, kurz NIMF* genannt, welche dieses Problem löst.[34,35] Bei der NIMF wird unaufbereitetes Kohlendioxid aus der Marsluft als Treibstoff verwendet und von einer an Bord befindlichen Thermonuklearrakete (NTR**) erhitzt, um einen heißen Raketenausstoß zu erhalten. Da NTRs ihre Hitze nicht in Elektrizität umwandeln, fällt die gesamte Energieumwandlungseinheit, die sonst den Großteil der Masse eines Atomreaktors ausmacht, weg, wodurch diese Systeme klein und leicht gebaut werden können. Verwendet man nun als Treibstoff einfaches, unaufbereitetes Kohlendioxid, das mit geringem Energieaufwand (0,5 kWe-h/kg) durch direkte Kompression aus der Atmosphäre gewonnen wird, ist nur wenig elektrische Energie an Bord nötig. Die gesamte Anlage zur chemischen Synthese entfällt somit ebenfalls. Heißes Kohlendioxid ist kein hochklassiger Raketentreibstoff und mehr als ein spezifischer Impuls von etwa 260 Sekunden nicht zu erwarten. Doch ein Prospektor benötigt ein Maultier, das sich auch von den Büschen im Gebirge ernähren kann. Allzu leicht erregbare Rennpferde, die ausschließlich Gourmetfutter zu sich nehmen, sind im hügeligen Gelände unbrauchbar. Die NIMF ist das ideale Erkundungsfluggerät, da sie mit dem vor Ort verfügbaren Rohstoff betrieben werden kann. Raketenflugzeuge, die mit dieser Art von Antriebssystem ausgerüstet sind, eröffnen Marsforschern die vollständige, globale Mobilität. Sie können in einem Fluggerät um den Planeten hüpfen, das sich bei jeder Landung selbst auftankt. Ballistische Fluggeräte und Raketenflugzeuge vom Typ NIMF finden Sie im Bildteil dargestellt.

Die Vorteile der Funktionsweise der NIMFs sind mannigfaltig. Trotz des geringen spezifischen Impulses gestattet die Tatsache, daß die NIMF ihren Treibstoffvorrat für den Rückflug nicht mitführen muß, dem Fluggerät vollständige globale Mobilität. Dagegen ist selbst das beste chemische System in seiner Reichweite beschränkt. Darüber hinaus bieten die NIMFs auch noch einen weiteren Vorteil. Da sie ihren Treibstoff selbständig herstellen, belasten sie die Energieressourcen der Basis in weit geringerem Maß,

---

* Nuclear Rocket Using Indigenous Martian Fuel
** Nuclear Thermal Rocket

als chemische Systeme dies tun. Die Herstellung der 60 t Methan/ Sauerstoff-Gemisch, das chemische Raketenantriebssysteme benötigen (wie zu Anfang dieses Abschnitts beschrieben), würde einen in der Basis stationierten 100-kWe-Reaktor 123 Tage lang auslasten. Eine NIMF-Exkursion kostet die Energieversorgung der Basis nichts und greift auch nicht deren Sauerstoff- und Wasservorräte an. Die einzigen Aufwendungen der Basis wären die Versorgung der Mannschaft sowie die Wartungs- und Reparaturarbeiten. Ein weiterer Vorteil der NIMFs auf dem Mars ist deren Fähigkeit, große Nutzlasten rasch durch Boden-Boden-Flüge über den gesamten Planeten bewegen zu können. Sollten 20 t Kupfersulfid benötigt werden, könnte ein 40 t schweres NIMF auf die andere Seite des Planeten fliegen und das gewünschte Material holen. Kein anderes System bietet diese Leistung.

Ich darf daran erinnern, daß ich mich vor der Entwicklung der Mars Direct-Missionsarchitektur für eine bemannte Marsmission ausgesprochen habe, die auf einer Schwergewichtsträgerrakete, einem Thermonuklearraketenantrieb (NTR) für die Trans-Mars-Injection und dem Einsatz einer NIMF (damit sich die Forscher auf dem Mars hüpfend bewegen können), basierte (Kapitel 3). Ich verabschiedete mich von diesem Konzept, da ich erkannte, daß die für die NTRs und NIMFs erforderlichen Technologien viel zu fortgeschritten waren, als daß sie die Grundlage der ersten Marsforschungsmissionen bilden könnten. Die Missionen, die durch Einsatz dieser Technologien möglich geworden wären, waren ausgesprochen attraktiv, doch der Terminplan für ihre Entwicklung hätte die erste Mission weit über einen programmatisch überschaubaren Zeitpunkt hinausgeschoben. Dennoch bleibt es eine Tatsache, daß die NIMF-Technologie eine Reihe außerordentlich vielversprechender Möglichkeiten für die Entwicklung der Marsbasis bietet. Im Rahmen eines ausgeweiteten Marsprogramms wäre es sinnvoll, entsprechende Anstrengungen zu unternehmen, um NIMF-Fluggeräte ins Spiel zu bringen. Sie stünden dann in wenigen Jahren in der Errichtungsphase der Basis zur Verfügung und eröffneten ihr den Zugang zu Rohstoffen auf dem gesamten Planeten.

Der Beginn der Kolonisation

Die ersten Forschungsastronauten würden 18 Monate auf dem Mars verbringen und auf das erste gute Startfenster für ihre Rückkehr warten. Doch mit der Entwicklung der Basis und der Verbesserung der Lebensbedingungen entschließen sich zukünftige Astronauten vielleicht, ihren Aufenthalt über die ursprünglichen anderthalb Jahre hinaus, für die sie sich verpflichtet hatten, auf vier, sechs oder mehr Jahre zu verlängern. Die Sponsoren der Basis – auf diesen Faktor gehen wir später ein – werden Astronauten, die diese Option wählen, wahrscheinlich großzügige finanzielle Vergütungen bieten. Immerhin bringt der Hin- und Rücktransport von Menschen die größten Kosten für die Basis mit sich. Je länger die Basis in Betrieb ist, desto mehr Anreize gibt es, neue Formen interplanetarischen Transports zur Reduktion der Logistikkosten zu entwickeln. Möglicherweise übernimmt die Regierung diese Aufgabe, vielleicht wird sie aber auch durch die Öffnung der Transportflüge zwischen Erde und Basis für den privaten Wettbewerb erfüllt. In jedem Fall werden der Flug zum Mars und der Unterhalt der Bewohner – sobald sie sich einmal in der Marsbasis befinden – immer kostengünstiger. Wenn die Zahl der Ankommenden ununterbrochen steigt und sich ihr Aufenthalt verlängert, gleicht die Basis bald einer Stadt.

Damit nimmt die Kolonisation des Mars ihren Anfang.

8
Die Kolonisation des Mars

»*Sobald dieser Vorschlag publik wurde, erhoben sich unter den Menschen verschiedene Meinungen, und viele Ängste & Zweifel kamen unter ihnen auf. Erfüllt von ihren Wünschen & Hoffnungen, versuchten sie, die anderen aufzurütteln und zu ermutigen, auf daß sie sich derselben Sache verpflichteten und sie vorantrieben; andere stellten sich aufgrund ihrer Ängste gegen sie und versuchten, sich von ihr abzuwenden, sprachen sich gegen viele Dinge aus, und das keineswegs in unvernünftiger oder nicht glaubwürdiger Weise. An sich war es ein großartiger Entwurf und doch auch voller unvorstellbarer Gefahren & Bedrohungen ...*«*

Gouverneur William Bradford,
Of Plimoth Plantation, 1621

In den vorangegangenen Kapiteln befaßten wir uns hauptsächlich aus technischer Sicht mit der Erschließung des Mars für die menschliche Besiedlung. Wir haben gesehen, daß die ersten menschlichen Forscher unter Einsatz der Technik des 20. Jahrhunderts den Mars innerhalb von etwa zehn Jahren zu Kosten, die eindeutig im Bereich der finanziellen Möglichkeiten der amerikanischen Regierung liegen, erreichen könnten. Weiter haben wir gesehen, daß sich mit einer vergleichbar geringen Ausweitung dieser Bemühungen eine Basis auf dem Mars errichten ließe, die innerhalb weniger Jahrzehnte nach der ersten Landung Dutzende, wenn nicht gar Hunderte von Menschen aufnehmen könnte. Diese Menschen werden lernen, jene Techniken für die Nutzung lokaler Ressourcen zu beherrschen, die eines Tages dazu führen könnten, daß der Mars Millionen von Menschen zur Heimat wird.

Nun kommen wir zum springenden Punkt: der Besiedlungsphase. Kann der Mars tatsächlich kolonisiert werden? Vom technischen Standpunkt aus betrachtet gibt es wenig Zweifel, daß wir eines Tages auf dem Mars alles tun können, was wir wollen. Das gilt, wie wir im folgenden Kapitel sehen werden, auch für das Terraformen des Mars, also die Rückverwandlung des Planeten von einer eisigen, kargen Welt in einen warmen, feuchten Planeten. Aber welche Summen können wir dafür aufwenden? Während die Forschungs- und Basiserrichtungsphase mit Hilfe von Finanzmitteln der amerikanischen Regierung durchgeführt werden kann und wahrscheinlich auch muß, treten im Verlauf der Besiedlungsphase erneut ökonomische Aspekte in den Vordergrund. Es ist anzunehmen, daß die Ausgaben für die Versorgung der Marsbasis mit bis zu einigen hundert Bewohnern vermutlich von der US-Regierung abgedeckt werden können. Bei der Entwicklung einer eigenen Gesellschaft auf dem Mars von Hunderten oder Tausenden von Siedlern gelingt dies gewiß nicht mehr. Um lebensfähig zu sein, muß eine echte Marszivilisation entweder vollkommen autark sein (bis in die ferne Zukunft sehr unwahrscheinlich) oder ein exportierbares Gut erzeugen, das die Zahlung der benötigten Importe ausgleicht.

Von dieser Frage wird die Zukunft des Mars – und nicht nur die der menschlichen Zivilisation auf dem Mars, sondern die der Natur des Planeten selbst – abhängen. Sollte es möglich sein, eine lebensfähige Marszivilisation aufzubauen, werden ihre Bevölkerung und deren Fähigkeiten, den Planeten urbar zu machen, ständig wachsen. Der Mars war einst ein gemäßigt milder Planet und könnte es mit einigen Anstrengungen, auf die wir im folgenden Kapitel näher eingehen, wieder werden. Vorläufig reicht es jedoch aus, wenn wir uns vor Augen führen, daß die Möglichkeit beziehungsweise die Unmöglichkeit der Urbarmachung des Mars die Hauptfrage für die ökonomische Durchführbarkeit der Marskolonisation darstellt.

Deshalb kommen wir gleich zum zentralen Einwand gegen eine menschliche Besiedlung und Urbarmachung des Mars: Projekte dieser Art mögen zwar technisch realisierbar sein, doch gebe es keine Aussichten, daß sie auch finanzierbar seien. Oberflächlich bertachtet sind die Argumente, die diese Position stützen, überzeugend. Der Mars ist tatsächlich weit entfernt, schwierig zu erreichen und bildet eine feindliche Umgebung, die scheinbar keinerlei Rohstoffe von ökonomischem Wert besitzt. Diese Einwände erscheinen unerschütterlich, aber ich möchte darauf hinweisen, daß sie in der Vergangenheit auch als »überzeugende« Gründe gegen eine europäische Besiedlung Nordamerikas und Australiens vorgebracht wurden. Gewiß unterscheiden sich die technologischen und ökonomischen Probleme einer Marskolonisation im 20. Jahrhundert gewaltig von jenen, die im Zuge der Kolonisation der Neuen Welt zu überwinden waren. Trotzdem behaupte ich, daß diesen Argumenten dieselbe falsche Logik und derselbe Mangel an Verständnis zugrunde liegen, die zu der ständig wiederholten Fehleinschätzung des Wertes kolonialer Siedlungen (im Gegensatz zu Handelsplätzen, Plantagen und anderen industriellen Einrichtungen) verschiedener europäischer Regierungen in den 400 Jahren nach Kolumbus führten.

Während der Epoche ihrer globalen Vorherrschaft ignorierten die Spanier Nordamerika. Sie sahen es als weite, wertlose Wildnis. Als Cornwallis 1781 durch eine Blockade zur Unterwerfung in Yorktown gezwungen wurde, verlagerten die Briten ihre Flotte in die Karibik, um einige wenige ertragreiche Zuckeranbauinseln von den Franzosen zu erobern. 1803 verkaufte Napoleon Bonaparte ein Drittel der heutigen USA für 2 Millionen Dollar. 1867 verschleuderte der Zar Alaska für ein Butterbrot. Die Existenz Australiens war Europa über 200 Jahre lang bekannt, bevor die erste Kolonie gegründet wurde, und doch bemühte sich bis 1830 keine europäische Herrschaftsmacht, Anspruch auf den Kontinent zu erheben. Heute sind diese Beispiele kurzsichtiger Staatsführung Legende. Doch ihre Häufigkeit beweist die hartnäckige Blindheit politischer Führungen gegenüber der wahren Quelle von Reichtum und Macht. Ich bin der Meinung, daß heute in 200 Jahren die derzeitige Apathie der Regierungen dem Wert extraterrestrischer Himmelskörper – insbesondere dem Mars – gegenüber in einem ähnlichen Licht betrachtet werden wird.

Es ist kaum möglich vorauszusehen, welche Unternehmen in 20 Jahren ökonomisch lebensfähig sein werden, geschweige denn in 50 oder 100 Jahren. Dennoch unternehme ich in diesem Kapitel den Versuch, Ihnen aufzuzeigen, wie und warum die Wirtschaft der Marskolonie zum Funktionieren gebracht werden kann, und warum der Erfolg dieser Kolonisationsbemühungen letztlich der Schlüssel für die Ausweitung der Menschheit auf unser gesamtes Planetensystem ist. Obwohl ich immer wieder auf historische Analogien zurückgreife, sind meine Argumente nicht vorrangig historischer Natur, sondern basieren auf dem vorliegenden Marsprojekt, seinen einzigartigen Merkmalen, Ressourcen und technologischen Anforderungen sowie seinen Beziehungen zu anderen wichtigen Himmelskörpern unseres Sonnensystems.

Die Einzigartigkeit des Mars

Bei der Vorstellung eines neuen Unternehmens, wie zum Beispiel eines Geschäftsplans, ist es im allgemeinen notwendig, eine Versammlung einzuberufen und die Vorteile des Produkts beziehungsweise der Dienstleistung aufzulisten. Was haben wir zu bieten, das die Konkurrenz nicht kann? Nun gut: Was hat der Mars zu bieten?

Der Mars ist unter sämtlichen extraterrestrischen Himmelskörpern unseres Sonnensystems einzigartig, da er über alle Rohstoffe verfügt, die nicht nur für die Erhaltung des Lebens, sondern für einen neuen Zweig menschlicher Zivilisation erforderlich sind. Diese Einzigartigkeit läßt sich am deutlichsten veranschaulichen, wenn wir den Mars dem am häufigsten als Alternative für eine extraterrestrische menschliche Kolonisation genannten Standort gegenüberstellen, dem irdischen Mond.

Im Gegensatz zum Mond ist der Mars reich an Kohlenstoff, Stickstoff, Wasserstoff und Sauerstoff – Rohstoffe, die alle in biologisch leicht zugänglicher Form wie etwa Kohlendioxidgas, Stickstoffgas, Wassereis und Permafrost vorliegen. Kohlenstoff, Stickstoff und Wasserstoff sind auf dem Mond lediglich in Millionstelanteilen vorhanden. Sauerstoff kommt dort zwar reichlich vor, aber nur in fest gebundenen Oxiden wie Siliziumdioxid (SiO_2), Eisenoxid (Fe_2O_3), Magnesiumoxid (MgO) und Aluminiumoxid (Al_2O_3), deren Reduktionsprozeß einen hohen Energieaufwand erforderte.

Wäre der Mars eben und all sein Eis und Permafrost zu flüssigem Wasser geschmolzen, dann wäre er nach unserem heutigen Wissensstand von einem Ozean von mehr als 100 m Tiefe bedeckt. Hierin unterscheidet er sich stark vom Mond, der so trocken ist, daß Mondsiedler, fänden sie Beton, diesen vermutlich abbauen würden, um an das darin enthaltene Wasser zu gelangen. Sollte es dennoch möglich sein, Pflanzen in Treibhäusern auf dem Mond zu ziehen (eine unwahrscheinliche Vorstellung, wie wir bereits gesehen haben), müßte der Großteil ihrer Biomasserohstoffe importiert werden. Dem Mond mangelt es zudem an der Hälfte aller für eine industrialisierte Gesellschaft interessanten Metalle (z. B. Kupfer) sowie einigen anderen wichtigen Elementen wie Schwefel und Phosphor. Auf dem Mars sind sämtliche dafür erforderlichen Elemente im Übermaß vorhanden. Darüber hinaus liefen auf dem Mars wie auf der Erde hydrologische und vulkanische Prozesse ab, die mit großer Wahrscheinlichkeit verschiedene Elemente lokal zu hochgradigen Mineralerzen konzentrierten. Tatsächlich wurde die geologische Geschichte des Mars mit der Afrikas verglichen[36], wobei als Folge daraus einige sehr optimistische Schlüsse in bezug auf seinen Mineralreichtum gezogen wurden. In der Geschichte des Mondes findet sich hingegen praktisch keine hydrologische und keine vulkanische Tätigkeit. Aus diesem Grund besteht er grundsätzlich aus wertlosem Fels mit geringen Konzentrationen von abbauwürdigen Erzen.

Energie läßt sich sowohl auf dem Mond als auch auf dem Mars mittels Sonnenkollektoren gewinnen. Doch auch hier werden die Vorteile des klareren Mondhimmels und der im Vergleich zum Mars geringeren Entfernung zur Sonne durch die Nachteile annähernd aufgewogen, die sich aus den hohen Anforderungen zur Energiespeicherung aufgrund des 28tägigen Hell-Dunkel-Zyklus des Mondes ergeben. Will man nämlich derartige Sonnenkollektoren *herstellen,* um eine sich autonom ausweitende Energiebasis zu schaffen, bietet der Mars große Vorteile, da nur er über immense Vorräte an Kohlenstoff und Wasserstoff verfügt, wie sie zur Erzeugung reinen Siliziums und im weiteren zur Produktion photovoltaischer Platten und anderer Elektronikbauteile erforderlich sind. Zusätzlich ist auf dem Mars die Energiegewinnung aus Windkraft gegeben, was auf dem Mond nicht der Fall ist. Doch sowohl Sonnenenergie als auch Windkraft erbringen relativ bescheidene Energiepotentiale – hier und da einige zehn bis höchstens einige hundert Kilowatt. Zur Errichtung einer pulsierenden Zivilisation benötigt man jedoch eine mächtigere Energiequelle, und diese steht auf dem Mars sowohl kurz- als auch mittelfristig in Form von areothermischen Energiereserven zur Verfügung. Sie bieten für eine große Zahl vor Ort hergestellter Kraftwerksstationen in einer Größenordnung von 10 MWe (10 000 kW) ein ausreichendes Potential. Langfristig wird der Mars seine energiereiche Wirtschaft auf die Ausbeutung seiner größten heimischen Ressourcen gründen, auf den Treibstoff Deuterium für Fusionsreaktoren. Deuterium kommt dort fünfmal so häufig vor wie auf der Erde und einige zehn- bis tausendmal so häufig wie auf dem Mond.

Wie in Kapitel 7 besprochen, liegt das Hauptproblem des Mondes jedoch darin, daß dort wie auf allen anderen luftlosen Planeten und vorgeschlagenen künstlichen Kolonien im freien Weltraum das Sonnenlicht nicht in einer für das Pflanzenwachstum geeigneten Form verfügbar ist. Ein einziger Morgen Pflanzenanbaufläche benötigt auf der Erde 4 MW Energie aus Sonnenlicht, 1 km^2 1000 MW. Die gesamte Weltproduktion an elektrischer Energie reichte nicht aus, um die Farmen des Bundesstaates Rhode Island, eines Landwirtschaftsgiganten, mit Licht zu versorgen. Der Anbau von Feldfrüchten mit elektrisch hergestelltem Licht ist aus ökonomischer Sicht schlichtweg hoffnungslos. Der Einsatz des natürlichen Sonnenlichts auf dem Mond oder einem anderen luftlosen Himmelskörper im Weltraum ist unmöglich, solange man nicht die Wände der Treibhäuser mit einer dicken Isolationsschicht gegen Sonnenwind schützt. Diese Anforderungen bringen allerdings eine enorme Kostensteigerung für die Gewinnung von Ackerland mit sich. Und selbst wenn man dies tut, würde es auf dem Mond wenig nützen, da Pflanzen nicht in einem 28tägigen Hell-Dunkel-Zyklus gedeihen können.

Auf dem Mars ist die Atmosphäre dicht genug, um Pflanzen, die an der Oberfläche wachsen, gegen Sonnenwind zu schützen. Aus diesem Grund lassen sich dünnwandige, aufblasbare Kunststofftreibhäuser, die von einer drucklosen, UV-resistenten Schutzkuppel aus Hartplastik umgeben sind, rasch zur Gewinnung von Anbauflächen an der Oberfläche einsetzen. Selbst wenn wir von den Problemen der Sonneneruptionen und des einmonatigen Tageszyklus absehen, wären solch einfache Treibhäuser für den Mond nicht geeignet, da es in ihrem Innern zu unerträglich hohen Temperaturen käme. Auf dem Mars würde hingegen der starke Treibhauseffekt in derartigen Kuppeln genau jene Verhältnisse schaffen, wie sie für ein gemäßigtes Klima im Innern benötigt werden. Solche Kuppeln mit einem Durchmesser von 50 m sind überdies leicht genug, daß man sie anfänglich von der Erde importieren und später aus vor Ort verfügbaren Rohstoffen auf dem Mars selbst herstellen könnte. Da sämtliche zur Herstellung von Kunststoffen benötigten Ausgangsstoffe auf dem Mars vorkommen, könnten in kürzester Zeit ganze Netze solcher 50- und 100-m-Kuppeln erzeugt und errichtet werden. So erschließt man große Gebiete an der Oberfläche, in denen die Siedler keine Schutzanzüge tragen müßten, sowohl für Wohneinheiten als auch für die Landwirtschaft. Wie wir in Kapitel 9 sehen werden, ist dies nur der Beginn, denn möglicherweise gelingt es dem Menschen, die Atmosphäre des Mars durch die erzwungene Ausgasung des Regoliths im Rahmen eines behutsam durchgeführten Programms zur künstlichen Erwärmung wesentlich zu verdichten. Ist dies einmal erreicht, könnten die Wohnkuppeln praktisch in jeder Größe errichtet werden, da sie keinem Druckgefälle zwischen ihrem Innern und der Umgebung mehr standhalten müssen. Dann wird es auch möglich sein, speziell gezüchtete Feldfrüchte außerhalb der Kuppeln anzubauen.

Das Wichtigste ist jedoch, daß Marskolonisten im Gegensatz zu Kolonisten auf jedem anderen bekannten extraterrestrischen Himmelskörper in der Lage sein werden, nicht in Tunneln, sondern an der Oberfläche zu leben, sich frei zu bewegen und ihre Äcker im Licht des Tages zu bestellen. Der Mars ist ein Ort, an dem Menschen leben, zu einer großen Gemeinschaft heranwachsen und sich mit verschiedenen, aus vor Ort vorhandenen Rohstoffen hergestellten Produkten selbst versorgen können. Deshalb bietet er ein geeignetes Umfeld für die Entwicklung einer echten Zivilisation und nicht bloß für die Errichtung einer Bergbau- und Forschungsstation. Letztlich ist für den interplanetarischen Handel die Tatsache von Bedeutung, daß der Mars und die Erde die beiden einzigen Orte im Sonnensystem sind, an denen es dem Menschen möglich ist, Feldfrüchte für den Export anzubauen.

Der interplanetarische Handel

Da der Mars über das bei weitem größte Potential für eine zukünftige Unabhängigkeit verfügt, stellt er das ideale Ziel im Sonnensystem dar. Doch selbst bei einer optimistischen Entwicklung robotergestützter Produktionstechniken wird er nicht über ausreichende Arbeitskräfte zur Schaffung einer vollkommenen Unabhängigkeit verfügen, solange seine Bevölkerung nicht auf einige Millionen Menschen anwächst. Deshalb wird es für den Mars einige Jahrhunderte lang notwendig und erstrebenswert sein, Spezialgüter von der Erde zu importieren. Der Umfang dieser Güter könnte in seiner Masse ziemlich begrenzt werden, da selbst von High-Tech-Geräten nur geringe Anteile (in bezug auf das Gewicht) tatsächlich sehr komplex sind. Dennoch müssen auch diese kleinen, hochentwickelten Teile bezahlt werden, deren Preis sich durch die enormen Kosten des Raketenstarts auf der Erde und des interplanetarischen Transports zusätzlich erhöht. Was ließe sich als Gegengeschäft vom Mars auf die Erde exportieren?

Diese Frage ist der Grund, weshalb viele eine Marskolonisation für undurchführbar oder zumindest für eine schlechtere Option als die Mondbesiedlung erachten. Zum Beispiel wurde die Tatsache hochgespielt, daß der Mond über natürliche Helium 3-Vorkommen verfügt, ein Isotop, das auf der Erde nicht vorhanden ist und als Treibstoff der zweiten Generation von thermonuklearen Fusionsreaktoren von unschätzbarem Wert ist. Auf dem Mars sind keine Helium 3-Vorkommen bekannt. Andererseits könnte er aufgrund seiner komplexen geologischen Geschichte Mineralerzlagerstätten mit weit höheren Konzentrationen wertvoller, leicht verfügbarer Metallerze aufweisen, als dies auf der Erde zur Zeit der Fall ist (die terrestrischen Erze wurden vom Menschen in den letzten 5000 Jahren kräftig ausgebeutet).

In einer Dokumentation, an der ich vor wenigen Jahren neben David Baker als Co-Autor beteiligt war, wurde folgendes bewiesen: Falls auf dem Mars konzentrierte Vorkommen von Metallen von gleichem oder höherem Wert als Silber (wie Silber, Germanium, Hafnium, Lanthan, Cer, Rhenium, Samarium, Gallium, Gadolinium, Gold, Palladium, Iridium, Rubidium, Platin, Rhodium, Europium und eine Reihe anderer) vorhanden sind, können diese mit einem beträchtlichen Profit zur Erde transportiert werden.[37] Wiedereinsetzbare und damit kostengünstige, auf der Marsoberfläche stationierte Raumfahrzeuge mit einem Einstufenantrieb bis in die Umlaufbahn wie etwa NIMFs (s. Kapitel 7) oder auf dem Mars hergestellte chemische SSTOs könnten Nutzlasten für den Transport zur Erde in den Marsorbit heben, aus dem sie mittels wiederverwendbarer, interplanetarischer Raumfahrzeuge mit Sonnensegel- beziehungsweise Magnetsegelantrieb auf den Weg gebracht werden. (Diese fortgeschrittenen Antriebssysteme werden in einem eigenen Abschnitt am Ende dieses Kapitels besprochen.) Doch noch ist das Vorhandensein solch wertvoller Metallerze reine Hypothese.

Aber es gibt einen kommerziell interessanten Rohstoff, der auf dem Mars überall in großen Mengen vorkommt – Deuterium. Deuterium, das schwere Isotop des Wasserstoffs, tritt auf der Erde in einem Verhältnis von 166:1000000 Wasserstoffatomen auf. Auf dem Mars dagegen beträgt das Verhältnis 833:1000000 Wasserstoffatomen. Deuterium ist nicht nur der Schlüsseltreibstoff sowohl der ersten als auch der zweiten Generation von Fusionsreaktoren, sondern bildet auch einen wesentlichen Rohstoff in der heutigen Atomindustrie. Steht genug davon zur Verfügung, kann ein Fissionsreaktor mit schwerem Wasser anstelle von gewöhnlichem, leichtem Wasser gedämpft werden. Ein mit schwerem Wasser moderierter Reaktor ist imstande, mit natürlichem Uran zu arbeiten, ohne daß eine Anreicherung erforderlich wäre. Atomkraftwerke kanadischen Typs, auch als »CANDUs« bekannt, funktionieren bereits heute nach diesem Prinzip. Das Problem ist nur, daß man zur Herstellung von einem Kilogramm Deuterium 30 t gewöhnliches, leichtes Wasser elektrolysieren muß. Dieses Verfahren ist – sofern man nicht auf Unmengen billiger, durch Wasserkraft gewonnener Energie zurückgreifen kann – unerschwinglich teuer. (Aus diesem Grund mußte im Zweiten Weltkrieg das deutsche Atombombenprojekt die Produktion seines schweren Wassers nahe an die riesigen norwegischen Wasserkraftwerke bei Vemork verlegen. Durch eine Reihe von Luftangriffen zerstörten amerikanische B-17 und norwegische Widerstandskommandos 1943 das Werk und setzten damit dem deutschen Atombombenprogramm wirkungsvoll ein Ende.) Doch selbst mit günstiger Energie ist Deuterium ausgesprochen kostspielig. Sein derzeitiger Marktwert auf der Erde beträgt etwa 10 000 Dollar pro Kilogramm, womit es etwa 50mal so wertvoll ist wie Silber oder 70 % des Wertes von Gold besitzt. Dies ist die heutige Situation vor einer Kernfusionswirtschaft. Sobald Fusionsreaktoren großflächig in Betrieb genommen werden, steigen auch die Preise für Deuterium.

Wie in den vorigen Kapiteln erläutert, wird die Marsbasis den Großteil ihrer Energie für die Wasserelektrolyse zum Betrieb verschiedener Lebenserhaltungssysteme und chemisch-synthetischer Prozesse einsetzen. Fügt man bei der Wasserstoffproduktion durch elektrolytische Verfahren eine Deuterium / Wasserstoff-Trennungsstufe vor der Rückführung des Wasserstoffs in die chemischen Reaktoren ein, könnte pro 6 t elektrolysiertem Marswasser etwa 1 kg Deuterium als Nebenprodukt gewonnen werden. Pro Person und (Erd-) Jahr werden auf dem Mars etwa 10 t Wasser elektrolysiert werden müssen. Beträgt nun die für verschiedene Rohstoffverarbeitungsverfahren benötigte, zu elektrolysierende Wassermenge das Doppelte, würden für eine Marskolonie von 200 000 Personen pro Jahr 6 Millionen t Wasser für die Elektrolyse anfallen. Daraus ergäbe sich eine Gewinnung von 1000 t Deuterium pro Jahr – genug für die Erzeugung von 11 Terrawatt (TW) Elektrizität. Das entspricht dem aktuellen Verbrauch der gesamten Weltbevölkerung. Zu derzeitigen Deuteriumpreisen entspräche dies einem jährlichen Exporteinkommenspotential von 10 Milliarden Dollar. (Neuseeland zum Beispiel verbuchte 1994 ein Gesamtexportvolumen von 11,2 Milliarden Dollar bei einer Bevölkerung von 3,4 Millionen Menschen.) Rechnet man diese Menge zu einem heutigen Durchschnittspreis von 5 Cents / kWh Elektrizität um, ergäbe der Gegenwert der auf der Erde mit diesem Deuterium hergestellten Energie etwa 5 Billionen Dollar pro Jahr.

Ideen wären ein weiteres mögliches Exportprodukt der Marskolonisten. Der Arbeitskräftemangel, der im kolonialen Amerika und im Amerika des 19. Jahrhunderts herrschte, förderte den Einfallsreichtum der Amerikaner. Genauso könnte die extreme Personalknappheit in Kombination mit einer technischen Zivilisation dazu führen, daß der Einfallsreichtum der Marskolonisten Welle auf Welle von Erfindungen im Bereich der Energieproduktion, der Automatisation, der Robotik, der Biotechnik und von vielem mehr hervorbringt. Diese auf der Erde zu lizensierenden Erfindungen könnten den Mars finanzieren und gleichzeitig die terrestrischen Lebensstandards so kraftvoll revolutionieren und steigern, wie der amerikanische Erfindungsreichtum des 19. Jahrhunderts Europa und schließlich auch den Rest der Welt veränderte.

Aus der Notwendigkeit einer Grenzlandkultur hervorgehende Erfindungen können den Mars reich werden lassen – doch Einfallsreichtum und direkter Export auf die Erde sind nicht die einzigen Möglichkeiten für die Marsbewohner, ihr Glück zu machen. Ein zweiter Weg führt über die Unterstützung von Bergbauoperationen im Asteroidengürtel, jenem schmalen Band mineralienreicher Himmelskörper zwischen den Umlaufbahnen von Mars und Jupiter.

Um dies zu erläutern, ist es notwendig, das Energieverhältnis zwischen Erde, Mond, Mars und dem Asteroidengürtel zu berücksichtigen. Der Asteroidengürtel spielt deshalb hier eine Rolle, weil von ihm bekannt ist, daß es dort große Vorkommen hochgradigen Metallerzes in einer Umgebung niedriger Gravitation gibt, was den Export zur Erde erleichtert.[29] John Lewis von der University of Arizona betrachtete beispielsweise den Fall eines ganz gewöhnlichen Asteroiden von gerade 1 km Durchmesser. Dieser Asteroid hätte eine Masse von 2 Milliarden t, von denen 200 Millionen t auf Eisen entfielen, 30 t auf hochqualitatives Nickel, 1,5 t auf das wichtige Metall Kobalt und 7500 t auf eine Mischung von zur Platingruppe gehörenden Metallen, deren Durchschnittswert bei gegenwärtigen Preisen in der Größenordnung von 20 000 Dollar pro Kilogramm läge. Das ergäbe allein für das Platin 150 Milliarden

Dollar. Über diese Angaben gibt es wenig Zweifel, da uns eine Menge Asteroidenproben in Form von Meteoriten vorliegen. Im allgemeinen enthält meteoritisches Eisen zwischen 6 und 30% Nickel, zwischen 0,5 und 1% Kobalt Metalle der Platingruppe in Konzentrationen von zumindest dem Zehnfachen des besten terrestrischen Erzes. Da Asteroiden darüber hinaus zu einem guten Teil aus Kohlenstoff und Sauerstoff bestehen, können all diese Rohstoffe vom Asteroiden getrennt und für jede Variation von auf Kohlenmonoxid basierenden chemischen Prozessen zur Aufbereitung von Metallen auf dem Mars (wie in Kapitel 7 beschrieben) eingesetzt werden.

Heutzutage sind uns etwa 5000 Asteroiden bekannt, von denen sich 98% im »Hauptgürtel« zwischen Mars und Jupiter befinden. Ihre durchschnittliche Entfernung von der Sonne beträgt etwa 2,7 astronomische Einheiten (AE).* Diese Hauptgürtelgruppe umfaßt sämtliche bekannten Asteroiden innerhalb der Umlaufbahn des Jupiters mit einem Durchmesser von mehr als 10 km, Hunderte mit einem Durchmesser von mehr als 100 km und einen von 914 km Durchmesser. Mit Ausnahme einiger winziger Objekte, die sich zwischen Sonne und Erde bewegen, und einer Handvoll, die jenseits des Jupiters entdeckt wurden, kreisen die übrigen 2% auf Umlaufbahnen, die zwischen Erde und Mars liegen. Diese 2% verzerren jedoch durch ihre weit bessere Sichtbarkeit aufgrund ihrer relativen Nähe zu Erde und Sonne die Proportion zwischen solchen »erdnahen« Asteroiden und denen des Hauptgürtels. Eine angemessene Schätzung wäre, daß die Hauptgürtelasteroiden in ihrer Masse die erdnahe Gruppe zumindest in einem Verhältnis von 1000:1 übertreffen. Von den »erdnahen« Asteroiden kreisen rund 90% näher am Mars als an der Erde.

Lewis' Beispiel macht deutlich, daß die Gesamtheit dieser Asteroiden ein enormes wirtschaftliches Potential darstellt. Zwar nahm die Bedeutung der erdnahen Gruppe in jüngster Zeit zu – vor allem aufgrund der Einsicht, daß einer dieser Asteroiden voraussichtlich eines Tages die menschliche Rasse durch einen Ein-

---

* Der mittlere Abstand der Erde von der Sonne (149,6 Millionen km) ist als Astronische Einheit (AE) definiert.

schlag auf unserem Planeten auslöschen wird, wenn wir keine schlagkräftigen Weltraumtechnologien entwickeln. Doch das Verhältnis zwischen den beiden Klassen macht deutlich, daß für Bergbauzwecke die Asteroiden des Hauptgürtels die eigentlichen Ziele sind.

Selbstverständlich werden die zwischen den Asteroiden arbeitenden Bergleute nicht in der Lage sein, ihre Versorgung vor Ort zu sichern. Es ist demnach erforderlich, entweder von der Erde oder vom Mars Nahrungsmittel und andere benötigte Güter zu importieren. Wie die folgende Tabelle zeigt, besitzt der Mars einen überwältigenden strategischen Vorteil als Standort für die Durchführung dieser Art von Handel. Er ergibt sich aus der Tatsache, daß die für das Erreichen des Asteroidengürtels vom Mars aus erforderlichen Delta-Geschwindigkeiten des Raketenantriebs weit unter denen der Erde liegen und somit das Masseverhältnis (Verhältnis zwischen Masse des vollgetankten Raumfahrzeugs zu seiner Trockenmasse) bei einem Start vom Mars aus weit geringer ist.

In Tabelle 8.1 wird Ceres als typisches Ziel innerhalb des Asteroidenhauptgürtels gewählt, da er der größte Asteroid ist und direkt im Herzen des Gürtels liegt. Allerdings werden Sie bemerken, daß ich auch den Erdmond als möglichen Zielort angegeben habe. Obwohl er der Erde bedeutend näher ist, läßt sich erkennen, daß er im Hinblick auf den Treibstoff vom Mars aus weit leichter erreichbar ist als von der Erde aus! Das erforderliche Masseverhältnis für einen Flug vom Mars zum Mond beträgt lediglich 12,5, während es von der Erde aus 57,6 beträgt. Dieser Unterschied würde sich bei jeder Reise von Erde oder Mars zu nahezu jedem »erdnahen« Asteroiden noch deutlicher zeigen.

Mit Ausnahme der beiden letzten basieren sämtliche in Tabelle 8.1 angegebenen Daten auf einem mit Methan/Sauerstoff (CH_4/O_2) angetriebenen Transportsystem mit einem spezifischen Impuls (Isp) von 380 Sekunden und den für Routen, auf denen chemische Antriebssysteme mit hoher Schubkraft eingesetzt werden, geeigneten Delta-Geschwindigkeiten. Diese Antriebssysteme wurden gewählt, da das Methan/Sauerstoff-Gemisch der chemische Treibstoff mit der höchsten Leistung ist, der sich im Weltraum aufbewahren und sowohl auf der Erde als auch auf dem Mars und auf

Tabelle 8.1
Der Transport im inneren Sonnensystem

	Erde		Mars	
	ΔV (km/s)	Massever-hältnis	ΔV (km/s)	Massever-hältnis
Oberfläche bis niedrige Umlaufbahn	9,0	11,40	4,0	2,90
Oberfläche bis Austritt	12,0	25,60	5,5	4,40
Niedrige Umlaufbahn zu Mondoberfläche	6,0	5,10	5,4	4,30
Oberfläche zu Mondoberfläche	15,0	57,60	9,4	12,50
Niedrige Umlaufbahn zu Ceres	9,6	13,40	4,9	3,80
Oberfläche zu Ceres	18,6	152,50	8,9	11,10
Ceres zu Planet	4,8	3,7	2,7	2,10
NEP*-Hin- u. Rückflug niedrige Umlaufbahn zu Ceres	40,0	2,30	15,0	1,35
Chemischer Antrieb bis niedrige Umlaufbahn, NEP-Hin- u. Rückflug zu Ceres	9/40	26,20	4/15	3,90

einem kohlenstoffhaltigen Asteroiden leicht herstellen läßt. Eine Wasserstoff/Sauerstoff-Treibstoffkombination besitzt zwar einen höheren Isp (450 Sekunden), beide Komponenten sind aber im Weltraum nicht über längere Zeiträume lagerbar. Zudem wäre sie für ein preiswertes wiederverwendbares Weltraumtransportsystem ein unpassender Treibstoff, da ihre Kosten weit über denen eines Methan/Sauerstoff-Treibstoffs liegen. Außerdem ist es aufgrund seines enormen Volumens schwierig, sie in die Umlaufbahn zu transportieren, wenn man ein wiederverwendbares Raumfahrzeug mit Einstufenantrieb bis in die Umlaufbahn (SSTO) einsetzt

---

* Nuclear Electric Propulsion (nuklearelektrischer Antrieb)

(aus diesem Grund wird dies als wirklich billiges Oberfläche-zu-Umlaufbahn-System ausgeschlossen). Die letzten beiden Eintragungen der Tabelle basieren auf einem nuklearelektrischen Antrieb (NEP) mit Argon als Arbeitsgas – der sowohl auf der Erde als auch auf dem Mars verfügbar ist – mit einem Isp von 5000 Sekunden im Weltraum und einem Methan / Sauerstoff-Gemisch für den Flug von der Planetenoberfläche bis in eine niedrige Umlaufbahn. Auch wenn derartige SSTO- und NEP-Systeme heute futuristisch anmuten, bilden sie einen konservativen Ausgangspunkt für die interplanetarische Transporttechnologie jener Zeit, über die wir sprechen.

Setzen wir ausschließlich chemische Systeme ein, ist das für den Transport der Trockenmasse zum Asteroidengürtel erforderliche Masseverhältnis von der Erde 14mal größer als jenes vom Mars. Dadurch ergibt sich für einen Flug vom Mars zu Ceres im Vergleich zu einem von der Erde aus ein noch (weit) höheres Verhältnis von Nutzlastmasse zu Startmasse. Tatsächlich können wir anhand der Tabelle 8.1 mit einiger Gewißheit sagen, daß ein vernünftiger Handel zwischen der Erde und Ceres (oder einem anderen Himmelskörper im Asteroidenhauptgürtel) unter Verwendung von chemischem Treibstoff wahrscheinlich unmöglich ist, wohingegen er vom Mars aus relativ leicht wäre. Auch läßt sich erkennen, daß es einen nahezu fünffachen Vorteil im Masseverhältnis beim Transport von Nutzlasten vom Mars zum Mond der Erde gegenüber einem Transport von der Erde zum Mond gibt.

Verwendet man nuklearelektrische Antriebssysteme, ändert sich die Situation zwar ein wenig, aber nicht viel. Der Mars hat der Erde gegenüber als Startbasis zum Asteroidenhauptgürtel noch immer einen siebenfachen Vorteil, was sich beim Verhältnis von Nutzlastmasse zu Startmasse bei einem Abflug vom Mars im Vergleich zur Erde nahezu in einer Verdoppelung auswirkt.

Bisher handelte es sich nur um Masseverhältnisse, die, wie bereits an anderer Stelle angemerkt, den Vorteilen des Mars nicht gerecht werden. Lassen Sie uns deshalb einige vollständige Missionen von der Erde beziehungsweise dem Mars zu Ceres betrachten. Diese werden in Tabelle 8.2 angegeben, wo wir sowohl rein chemische als auch kombinierte chemische / NEP-Transportsysteme einbeziehen wollen. Bei beiden Missionstypen werden 50 t Nutzlast transportiert. Zusätzlich führen sowohl die NEP- als auch die chemischen Antriebssysteme Treibstofftanks mit, deren Masse ich mit 7% des Treibstoffs, den sie enthalten, angenommen habe. Für die Oberfläche-Orbit-Raumfahrzeuge unterstellte ich Methan/Sauerstoff-SSTO-Raketen und bemaß die Trockenmasse der Raumfahrzeuge ohne Tanks (für Hitzeschutz, Raketen, Landefahrwerk etc.) ebenfalls mit 50 t, der angegebenen Nutzlast. Chemische interplanetarische Transportsysteme lassen sich zierlicher bauen, weshalb ich ihre trockene träge Masse ohne Tanks mit 20% ihrer Nutzlast festsetzte. Die NEP-Antriebssysteme in Tabelle 8.2 benötigen 10 Megawatt Elektrizität (MWe) für den Mars-Ceres-Transport und 30 MWe von der Erde aus, wobei jedes NEP-System ein Verhältnis von 5 t/MWe aufweist. Die unterschiedlichen Energiegrade bewirken, daß beide Systeme ungefähr dasselbe Energie/Masse-Verhältnis haben. Dennoch muß das NEP-System, das von der Erde aus startet, seine Triebwerke die 2,4fache Zeit feuern. Will man den Energiegrad des von der Erde startenden NEP-Raumfahrzeugs steigern, so daß seine Brenndauer der eines auf dem Mars startenden Systems gleicht, würde die Masse der von der Erde startenden Mission gegen unendlich gehen. In Tabelle 8.2 sind die Massezahlen für die gesamte Mission angegeben. Es ist selbstverständlich, daß der gesamte Startbedarf wahrscheinlich auf mehrere Startraketen aufgeteilt werden müßte.

Damit wird klar, daß die Startmasse zur Entsendung von Nutzlast zu Ceres für Missionen, die vom Mars starten, nur ein Fünfzigstel der Masse ausmacht, die von der Erde aus startende beanspruchen, unabhängig davon, ob die eingesetzte Technik sich allein auf chemische Antriebssysteme oder auf eine Kombination aus chemischen Trägerraketen und nuklearelektrischem Antrieb für den interplanetarischen Transfer stützt. Wenn man Trägerraketen einsetzt, die 1000 t in eine niedrige Umlaufbahn heben können, wären für die Ausstattung einer Methan/Sauerstoff-Frachtmission von der Erde aus 107 Starts nötig, bei einem Abflug vom Mars hingegen nur zwei. Selbst wenn die Kosten für Treibstoff und Start auf dem Mars im Vergleich zur Erde das Zehnfache betrügen, wäre es noch immer überaus vorteilhaft, vom Mars aus zu starten. All diese Analysen gehen davon aus, daß die Raumfahrzeuge ohne Fracht

Tabelle 8.2
Masse von Frachtmissionen zum Asteroidenhauptgürtel (in Tonnen)

| | Abflug von der Erde | | Abflug vom Mars | |
	CH_4/O_2	Chem./NEP	CH_4/O_2	Chem./NEP
Antriebssystem				
Nutzlast	50	50	50	50
Interplanetarisches	10	150	10	50
Raumfahrzeug				
Interplanetarische Tanks	85	19	15	3
Interplanetarischer	1220	268	205	37
Treibstoff				
Gesamtmasse in niedriger	1365	487	280	140
Umlaufbahn				
Trockene träge Masse				
der Startrakete	1365	337	280	90
Tanks der Startrakete	6790	1758	88	28
Treibstoff der Startrakete	97000	25127	1250	401
Gesamte Bodenstartmasse	106520	27559	1898	609

vom Asteroidengürtel zurückkehren. Eine auf der Erde startende Mission wird sogar noch unrealistischer, wenn man in den Missionsanforderungen die zusätzlichen Lasten durch den Transport des Treibstoffs von der Erde berücksichtigt, der benötigt wird, um größere Mengen von Asteroidenmetall ohne Auftanken auf dem Mars zur Erde zurückzufliegen.

Daraus ergibt sich die einfache Schlußfolgerung: Alles, was man für eine Entsendung zum Asteroidengürtel benötigt und was auf dem Mars hergestellt werden kann, *wird* auf dem Mars hergestellt.

Damit zeichnen sich die Konturen eines zukünftigen interplanetarischen Handels deutlich ab. Es wird einen »Dreieckshandel« geben, bei dem die Erde den Mars mit High-Tech-Gütern versorgt und der Mars den Asteroidengürtel (möglicherweise auch den Mond) mit weniger hochentwickelten Fertigprodukten und Grundnahrungsmitteln; die Asteroiden senden Metalle (und der Mond eventuell Helium 3) zur Erde. Dieser Dreieckshandel ähnelt dem zwischen Großbritannien, seinen nordamerikanischen Kolonien

und den Westindischen Inseln während der Kolonialzeit. Großbritannien sandte Fertigprodukte nach Nordamerika, die amerikanischen Kolonien Nahrungsmittel und benötigte Handwerksgüter
auf die Westindischen Inseln und die Westindischen Inseln landwirtschaftliche Produkte wie Zucker zurück nach Großbritannien.
Ein ähnlicher Dreieckshandel erfolgte auch zwischen Großbritannien, Australien und den Gewürzinseln und bildete die Basis des
britischen Handels mit dem Ostindischen Archipel während des
19. Jahrhunderts.

Die Besiedlung des Mars

Die Schwierigkeiten des interplanetarischen Verkehrs mögen eine
Marskolonisation visionär erscheinen lassen. Doch der Definition
nach ist eine Kolonisation eine Reise in eine Richtung, und eben-
dies ermöglicht den Transport einer größeren Zahl von Personen,
die eine Kolonie in einer neuen Welt für ihr Gelingen benötigt.

Betrachten wir zwei vorstellbare Modelle menschlicher Auswanderung auf den Mars, ein von der Regierung unterstütztes und
ein privat gefördertes Modell.

Sollte finanzielle Unterstützung von seiten der Regierung vorhanden sein, stehen die technischen Mittel, die für eine Auswanderung in bedeutendem Ausmaß erforderlich sind, grundsätzlich
bereits heute zur Verfügung. In Abbildung 8.1 sehen wir ein derartiges Konzept, das für den Transport von Auswanderern zum Mars
verwendet werden könnte. Eine aus einem Shuttle entwickelte
Schwerlastträgerrakete hebt 145 t in den niedrigen Erdorbit (eine
Saturn V verfügt etwa über diese Leistung). Danach befördert eine
Thermonuklearrakete (wie sie in den Vereinigten Staaten in den
60er Jahren im Zuge des NERVA-Programms vorgestellt wurde)
ein 70 t schweres »Habcraft« (»Wohnraumschiff«) auf eine sieben-
monatige Reise zum Mars. Bei der Ankunft benutzt das Habcraft
seinen konischen Hitzeschild für die Widerstandsabbremsung in
der hohen Marsatmosphäre, um seine Geschwindigkeit zu reduzieren und landet schließlich mit Hilfe seiner Methan / Sauerstoff-
Raketen.

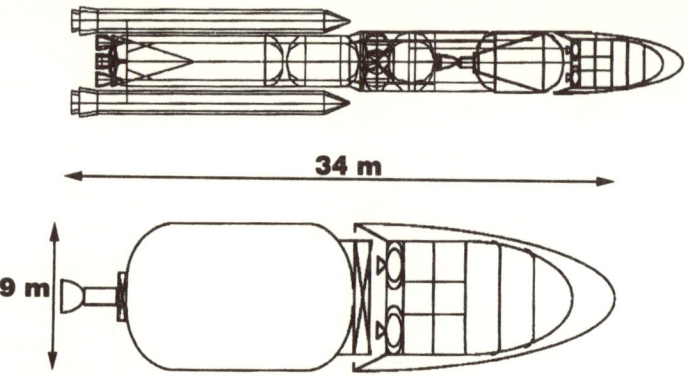

Abbildung 8.1
Eine mit einer NTR ausgestattete Schwerlastträgerstufe für den Transport
von 24 Kolonisten von der Erde zum Roten Planeten.

Das Habcraft hat einen Durchmesser von 8 m und umfaßt insgesamt vier Wohndecks mit einer Gesamtwohnfläche von 200 m², die für 24 Personen im Weltraum und auf dem Mars Platz bieten. Eine zusätzliche Erweiterungsfläche steht im fünften (höchstgelegenen) Deck zur Verfügung, sobald die dort untergebrachte Fracht nach der Ankunft entladen ist. Auf diese Weise ließen sich mit einem einzigen Raketenstart 24 Personen samt Unterkunft und Hilfsmitteln in einer Richtung von der Erde auf den Mars transportieren.

Nehmen wir zum Beispiel an, daß ab dem Jahr 2030 durchschnittlich vier solcher Raketen pro Jahr von der Erde starten. Unter Berücksichtigung verschiedener vernünftiger demographischer Annahmen läßt sich die Bevölkerungskurve des Mars berechnen. Die Ergebnisse sind in Graphik 8.1 abzulesen. Sie zeigt, daß wir mit diesem Grad an Bemühungen (und einer Technologie, die auf dem Niveau des ausgehenden 20. Jahrhunderts eingefroren ist) im 21. Jahrhundert ein menschliches Bevölkerungswachstum auf dem Mars erwarten dürfen, das etwa einem Fünftel des Wachstums des kolonialen Amerika im 17. und 18. Jahrhundert entspricht.

Dies ist an sich bereits ein sehr aussagekräftiges Ergebnis. Es bedeutet, daß die Entfernung zum Mars und die damit verbundenen Transportherausforderungen keineswegs ein echtes Hindernis

316

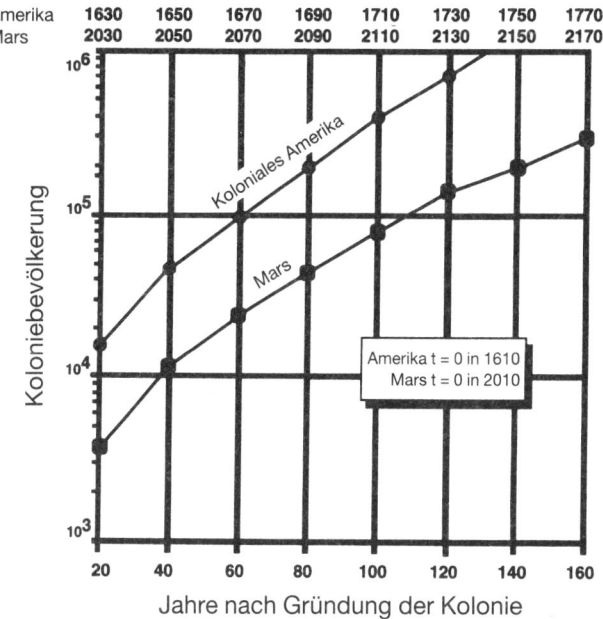

Graphik 8.1
Die Kolonisation des Mars im Vergleich zu Nordamerika. Die Analyse geht von 100 Auswanderern pro Jahr ab 2010 – 50 männlich, 50 weiblich – und einem jährlichen Bevölkerungswachstum von 2 % aus. Das Alter aller Auswanderer liegt zwischen 20 und 40 Jahren. Die durchschnittliche Kinderzahl pro Idealfamilie beträgt auf dem Mars 3,5. Die Sterblichkeitsrate liegt bei 0,1 % pro Jahr im Alter zwischen 0 und 59, bei 1 % zwischen 60 und 79 Jahren und bei 10 % pro Jahr für die über 80jährigen.

für den Beginn einer menschlichen Zivilisation auf dem Roten Planeten darstellen. Statt dessen bilden die in Kapitel 7 besprochenen Fragen der Ressourcenverwendung, der Nahrungsmittelproduktion, der Errichtung von Unterkünften und der Herstellung von einer Vielzahl nützlicher Güter an der Marsoberfläche die Schlüsselprobleme. Auch wenn die projektierte Bevölkerungswachstumsrate mit einem Fünftel des kolonialen Amerika etwas gering erscheint, ist sie historisch gesehen doch bedeutend. Darüber hinaus sind die Kosten für ein Programm von 1 Milliarde Dollar pro Start, also 4 Milliarden Dollar pro Jahr, für einen bestimmten Zeitraum von jeder größeren Macht der Erde aufzubringen, die ein Interesse daran hat, den Samen für ihre Nachkommenschaft auf dem Mars zu pflanzen.

Bei einem finanziellen Aufwand von 1 Milliarde Dollar pro Start betrügen die Kosten pro Auswanderer 40 Millionen. Ein so hoher Preis ist vielleicht für Regierungen erschwinglich (für einen bestimmten Zeitraum), doch keinesfalls für Einzelgruppen oder Privatgruppen. Soll der Mars jemals von der dynamischen Energie einer großen Zahl durch persönliche Auswahl motivierter Auswanderer profitieren, die gewillt sind, einer neuen Welt ihren Stempel aufzudrücken, müßten sich die Transportkosten bedeutend unter diesen Wert senken lassen. Um herauszufinden, wie weit sie sich voraussichtlich reduzieren lassen, betrachten wir ein Alternativmodell.

Kehren wir zu unseren Methan/Sauerstoff-SSTO-Raketen zurück, die zum Frachttransport von der Erdoberfläche in die untere Erdumlaufbahn (LEO) eingesetzt werden. Für jedes Kilogramm in den Orbit beförderter Nutzlast sind etwa 70 kg Treibstoff erforderlich. Die Kosten des Methan/Sauerstoff-Treibstoffs betragen etwa 0,20 Dollar/kg, wodurch sich die Treibstoffkosten pro in den Orbit transportiertem Kilogramm auf 14 Dollar belaufen. Nehmen wir nun an, daß die gesamten Betriebskosten des Systems das Siebenfache der Treibstoffkosten ausmachen (dies entspricht ungefähr dem Doppelten des Verhältnisses von Gesamtkosten zu Treibstoffkosten von Fluglinien), betrügen die Transportkosten in den LEO etwa 100 Dollar pro Kilogramm. Gehen wir weiter davon aus, zwischen Erde und Mars kreise ein Raumfahrzeug auf einer beständigen Bahn, das imstande sei, Wasser und Sauerstoff mit einem Wirkungsgrad von 95 % wiederzuverwerten. Derartige interplanetarische »Cycler«, wie sie vom Piloten der *Apollo 11*, Buzz Aldrin, als Basis für ein ständiges Erde-Mars-Transportsystem vorgeschlagen wurden, stellten großzügige Unterkünfte für eine Vielzahl von Auswanderern zur Verfügung, da sie nur einmal gestartet werden müßten und dann in einem praktisch unendlichen Flug Reisen von 2,2 Jahren Dauer zwischen Erde und Mars ausführen würden. Jeder Passagier (100 kg inklusive persönlicher Gegenstände) auf solch einem Linienflug wird während des 200 Tage dauernden Fluges zum Mars ungefähr 400 kg zu seiner/ihrer persönlichen Versorgung mit Nahrungsmitteln, Wasser und Sauerstoff mitzuführen haben.

Somit müßten 500 kg durch eine Delta-V-Geschwindigkeit (ΔV) von ungefähr 4,3 km/s transportiert werden, um den Auswanderer aus dem LEO zu dem kreisenden, interplanetarischen Raumfahrzeug zu fliegen. Die Kapsel, die für den Transport des Auswanderers aus dem LEO zum Cycler und von diesem zur Marsoberfläche eingesetzt würde, hätte wahrscheinlich eine Masse von 500 kg pro Passagier. Dadurch ergibt sich, daß für jeden Passagier insgesamt 1000 kg zu dem Cycler zu befördern wären, was bei einem Isp von 380 Sekunden für das Methan/Sauerstoff-Antriebssystem der Transferkapseln einen Transport von 3200 kg in den LEO bedeuten würde. Bei Transportkosten von 100 Dollar/kg in den LEO und unter der Annahme, daß sich das zwischen Erdbahn und Marsbahn pendelnde interplanetarische Raumfahrzeug (Cycler) im Verlauf einer Vielzahl von Missionen selbst amortisiert, ergeben sich pro Passagier zum Mars Kosten von 320 000 Dollar.

Falls sich die Annahmen, von denen ich in der oben angeführten Berechnung ausgegangen bin, ändern, könnte der kalkulierte Preis für ein Ticket bedeutend steigen oder sinken. Zum Beispiel würde die Verwendung von luftatmenden Überschallstaustrahltriebwerken (Scramjets) für einen bedeutenden Teil der ΔV zwischen Erde und Orbit die Kosten für den Transport in den LEO ungefähr auf ein Drittel reduzieren. Eine elektrisch angetriebene Fähre könnte eine chemisch erzeugte ΔV von lediglich 1,3 km/s erforderlich machen und durch die Verdoppelung der Nutzlast die Kosten weiter reduzieren. Voraussetzung: Sie hebt die Transferkapsel bis kurz vor dem Austritt aus dem Gravitationsfeld der Erde empor und wirft sie danach ab, damit sie mit Hilfe der hohen Schubkraft ihrer chemischen Triebwerksstufe und einem knappen Flyby an der Erde den Orbit verlassen und den Cycler erreichen kann. Verwendet der Cycler ein Magnetsegel (siehe »Unter der Lupe«) statt die natürlichen, allein durch die Gravitation bestimmten interplanetarischen Orbits, kann die für ein Rendezvous mit dem kreisenden Raumfahrzeug benötigte hyperbolische Geschwindigkeit, mit der die Erde verlassen wird, im Grunde null betragen. So wird es möglich, den gesamten Flug aus dem LEO bis zum Cycler mit elektrischem Antrieb oder vielleicht sogar mit Sonnen- oder Magnetsegeln durchzuführen. Auch eine Steigerung des Wirkungsgrads des Lebenserhaltungssystems im Cycler von einem Ausgangsniveau von 95% wiederverwertetem Wasser und Sauerstoff auf 99% würde den zu transportierenden Nahrungsmittelbedarf pro Passagier und somit auch die Transportkosten senken. So könnte man erwarten, daß die Transportkosten von der Erde zum Mars auf etwa 30000 Dollar pro Passagier fallen. Die Auswirkungen der schrittweisen Einführung der einzelnen Innovationen auf die Kosten werden in Tabelle 8.3 angegeben.

Tabelle 8.3
Mögliche Kostenreduktionen eines Erde-Mars-Transportsystems

	Ausgangssituation	Innovation	Reduktionsfaktor der Transportkosten zum Mars	Ticket zum Mars (1996) in Dollar
Basismission	–	–	1,0	320000
Erde zu Orbit	Raketen	Scramjets	0,3	96000
Recyclinggrad des Lebenserhaltungssystems	95%	99%	0,7	67000
Antriebssystem für Austritt aus dem LEO	CH_4/O_2	NEA	0,6	40000
Antrieb des Cyclers	natürlich	Magnetsegel	0,7	28000

Dennoch sind die für einen frühen Auswanderer angegebenen Transportkosten von 320000 Dollar vorerst ausschlaggebend – keineswegs ein Betrag, den man leichthin ausgibt, immerhin annähernd der Preis eines ansehnlichen Hauses der oberen Mittelklasse in amerikanischen Vorstädten oder die Lebensersparnisse einer gutsituierten Mittelklassefamilie. Eine größere Gruppe von Personen könnte einen solchen Betrag allerdings aufbringen, wenn sie das will. Doch warum sollte sie das wollen? Einfach deshalb, weil die geringe Größe der Marsbevölkerung und die hohen Transportkosten selbst garantieren, daß die Arbeitskraft auf dem Mars weit höher bezahlt wird als auf der Erde. Aus diesem Grund ist anzunehmen, daß das Lohnniveau auf dem Mars weit über dem der Erde liegen wird. Während 320000 Dollar auf der Erde dem sechsfachen Jahresgehalt eines Technikers entsprechen, erhielte er diesen Betrag auf dem Mars in nur einem oder zwei Jahren. Dieses Lohngefälle, das die Unterschiede zwischen Europa und Amerika während des Großteils der letzten vier Jahrhunderte widerspiegelt, könnte eine Emigration auf den Mars für den einzelnen sowohl erstrebenswert als auch möglich machen.

Vom 17. bis zum 19. Jahrhundert legten unzählige europäische Familien nach klassischem Muster ihre Geldmittel zusammen, um einem Familienmitglied die Auswanderung nach Amerika zu ermöglichen. Dieser Auswanderer sollte eines Tages genug Geld verdienen, um den Rest der Familie nachzuholen. Heutzutage wird dieselbe Methode von Menschen aus der Dritten Welt, deren Gehälter in den Ursprungsländern eigentlich keine Flugreisen erlauben, zur Finanzierung von Auswanderungsreisen angewendet. Da nach der Reise ein für die Bezahlung der Passage notwendiges Einkommen vorhanden ist, kann für die Finanzierung des Fluges ein Kredit aufgenommen werden. So ging man in der Vergangenheit vor und kann es auch in der Zukunft tun.

Wie bereits angesprochen, wird der auf dem Mars herrschende Mangel an Arbeitskräften die Zivilisation des Roten Planeten sowohl in technischer als auch in sozialer Hinsicht vorantreiben. Wenn Sie das Fünffache der auf der Erde üblichen Löhne bezahlen, werden Sie nicht den geringsten Anteil der Zeit ihrer Arbeitskräfte mit unsinniger Arbeit oder dem Ausfüllen von Formularen verschwenden. Sie werden auch niemanden, der einen dringend benötigten Beruf ausüben kann, daran hindern, nur weil er oder sie nicht die Mühe eines institutionellen Hindernislaufes auf sich genommen hat. Die Marszivilisation wird also extrem praktisch veranlagt sein, weil ihr gar nichts anderes übrigbleibt. Dieser erzwungene Pragmatismus wird dem Mars enorme Vorteile im Wettbewerb mit der weniger unter Druck stehenden und daher auch traditionsverbundeneren, auf der Erde zurückbleibenden Gesellschaft bieten. Wenn die Notwendigkeit die Mutter der Erfindung ist, wird der Mars ihre Wiege sein. Eine auf höchstes technisches Niveau und Pragmatismus gegründete Pioniergesellschaft, deren Bevölkerung aufgrund ihres persönlichen Einsatzwillens ausgewählt wurde, wird notgedrungen zur Brutstätte von Erfindungen, die nicht nur den Bedürfnissen auf dem Mars dienen, sondern auch der Erdbevölkerung zugute kommen werden. Einerseits werden sie dem Mars durch Lizenzen auf der Erde Einkommen bringen, andererseits die natürliche Tendenz zur Stagnation der an Arbeitskräften reichen irdischen Gesellschaft aufbrechen. Dieser Verjüngungsprozeß, auf den ich im letzten Kapitel zurückkommen werde, wird letztendlich der größte Vorteil sein, den die Kolonisation des Mars der Erde bieten kann. Jene terrestrischen Gesellschaften, die über die engsten sozialen, kulturellen, sprachlichen und wirtschaftlichen Verbindungen zur Marsbevölkerung verfügen, werden am meisten davon profitieren.

Immobilienhandel auf dem Mars

Das Immobilienangebot auf dem Mars kann in zwei Kategorien eingeteilt werden: bewohnbar und offen. Unter bewohnbaren Immobilien verstehe ich ein Gelände, das sich innerhalb einer Kuppel befindet, die es dem menschlichen Siedler erlaubt, in einer relativ konventionellen Umgebung ohne Schutzanzug zu leben. Offene Immobilien sind solche, die sich außerhalb der Kuppeln befinden. Es ist selbstverständlich, daß bewohnbare Immobilien weit wertvoller sind als offene. Dennoch können Immobilien beider Kategorien gekauft und verkauft werden. Zudem ist damit zu rechnen, daß der Wert beider Immobilienarten auf dem Mars steigt, sobald die Transportkosten sinken.

Das einzige bisher auf dem Mars verfügbare Land ist offenes Gelände. Obwohl es davon eine ungeheure Menge gibt – 144 Millionen km^2 – erscheint es vielleicht vollkommen wertlos, weil es derzeit nicht genutzt werden kann. Dem ist aber nicht so. Bereits 100 Jahre, bevor Siedler in Kentucky eintrafen, wurden dort riesige Landflächen gegen enorme Beträge ge- und verkauft. Alles zu Entwicklungszwecken, obwohl im 16. Jahrhundert das Amerika jenseits der Appalachen ebensogut der Mars hätte sein können. Doch zwei Dinge machten diese weit entfernten Gebiete wertvoll und deshalb verkäuflich. Einerseits glaubten zumindest einige wenige daran, daß das Land eines Tages nutzbar wäre, andererseits existierte eine rechtliche Vereinbarung in Form eines Patents für Länder der britischen Krone, die den Privatbesitz von Ländereien jenseits der Appalachen gestattete. Könnte ein Mechanismus in Gang gebracht werden, der das Privatbesitzrecht auf dem Mars durchsetzt, wäre wahrscheinlich schon heute der Handel mit Marsimmobilien möglich. Ein derartiger Mechanismus müßte nicht über Vollzugsbeamte auf dem Mars verfügen (eine Raumpatrouille ist nicht nötig). Statt dessen reichte das Patentregister oder Grundbuch einer ausreichend mächtigen Nation wie der Vereinigten Staaten von Amerika völlig aus. Erteilten die USA beispielsweise einer Privatgruppe, die eine Landfläche auf dem Mars mit einer gewissen Genauigkeit vermessen hat, ein Bergbaupatent, könnten solche Ansprüche bereits heute auf Basis ihres zukünftigen spekulativen Wertes gehandelt (und möglicherweise für die Privatfinanzierung von robotergesteuerten Forschungssonden in naher Zukunft herangezogen) werden. Darüber hinaus wären solche Ansprüche international und im gesamten Sonnensystem durchsetzbar, indem die US-Zollbehörde einfach jeden US-Import von Material, das unter Mißachtung des Anspruchs gewonnen wurde, mit einem Strafzoll belegte, unabhängig von dem Ort, an dem der Import getätigt wurde, und davon, ob er direkt oder indirekt erfolgte. Dieser Mechanismus würde nicht zwangsläufig auf eine Souveränität der USA über den Mars hinauslaufen. Die Erklärung von Ideen zu intellektuellem Eigentum, die heute im amerikanischen Amt für Patente und Urheberrechte vorgenommen wird, macht die Regierung der USA auch nicht automatisch zum Herrscher über das Universum der Ideen. Aber ob es nun die Vereinigten Staaten, die NATO, die Vereinten Nationen oder die Republik Mars betrifft – ein Abkommen ist notwendig, um wertlosem Gelände Eigentumswert zu verleihen.

Sobald dies geschehen ist, stellen selbst die nicht erschlossenen, offenen Immobilien auf dem Mars eine gewaltige Kapitalquelle für die Finanzierung der Anfangsentwicklung einer Marsbesiedlung dar. Zu einem Durchschnittspreis von 10 Dollar pro Morgen könnte der Mars einen Wert von 358 Milliarden Dollar erreichen. Sollte er urbar gemacht werden, wäre eine Verhundertfachung des Preises für offenes Land zu erwarten, wodurch der Wert der Immobilienfläche auf dem Planeten auf 36 Billionen Dollar stiege. In der Annahme, daß eine Terraform-Methode gefunden wird, deren Gesamtkosten weit unter dem angegebenen Preis lägen, besäße jeder Eigentümer auf dem Mars einen guten Grund, die Entwicklung seiner Immobilie mit Hilfe planetarischer Technologien voranzutreiben.

Selbstverständlich werden nicht alle offenen Immobilien denselben Wert haben. Gebiete mit Vorkommen wertvoller Minerale, Wasser, einem geothermischen Energiepotential oder anderen Ressourcen und solche, die näher an den Wohngebieten liegen, werden wesentlich teurer sein. Wie alle irdischen Landspekulanten der Vergangenheit werden aus diesem Grund auch die Eigentümer offener, unerforschter Immobilien auf dem Mars ihren gesamten Einfluß geltend machen, um die Erkundung der von ihnen kontrollierten Ländereien voranzutreiben und ihre Besiedlung zu fördern.

Bewohnbare, von einer Kuppel geschützte Immobilien werden weit wertvoller sein als offenes Land. Jede Kuppel mit einem Durchmesser von 100 m und einer Masse von 80 t würde eine Fläche von etwa 2 Morgen überwölben. Nehmen wir an, daß in einer solchen Kuppel Wohneinheiten für 20 Familien errichtet werden und jede Familie bereit ist, für ihre Wohnfläche (20 m Seitenlänge) 50 000 Dollar zu bezahlen, würde der Gesamtwert der Immobilie, die von einer einzigen Kuppel umschlossen wird, 1 Million Dollar betragen. Bei diesem Tarif sollte sich die Schaffung bewohnbaren Landes durch die Massenproduktion und Errichtung einer großen Anzahl von Kuppeln zur Unterbringung der Wellen von Einwanderern als eines der größten Geschäfte auf dem Mars und eine Haupteinkommensquelle der Kolonie herausstellen.

Das Bevölkerungswachstum auf der Erde wird im 21. Jahrhundert die Preise für Immobilien in die Höhe treiben. Für die Menschen ist es immer schwieriger, ein eigenes Haus zu besitzen. Gleichzeitig läßt die fortschreitende Bürokratisierung des täglichen Lebens aufgeschlossenen Geistern immer weniger Raum, ihre Kreativität und Initiative zu entfalten. Vorschriften, die Bestehendes »beschützen«, sind für diejenigen, die Neues schaffen wollen, eine immer größere Last. Eine begrenzte Welt wird die Chancen aller einschränken und Verhaltensnormen und kulturelle Richtlinien, die für viele unannehmbar sind, zu fördern versuchen. Wenn sich die Spannungen in Revolten und Kriegen entladen, wird es Verlierer geben. Sehen wir uns in unserer heutigen Welt um. Dutzende kleiner Nationen in Asien, Afrika, dem Nahen Osten, der früheren Sowjetunion und Europa grenzen an größere, die heute oder in der Vergangenheit dem Wunsch nachgaben, ihre Nachbarn zu unterjochen. Immer wieder wird es Kriege und Verlierer geben – und Millionen von Emigranten, die gewillt sind, harte Herausforderungen anzunehmen und ein neues Leben als Pioniere zu beginnen, statt ihre Unterwerfung zu akzeptieren. Man wird einen Planeten brauchen, der eine Zuflucht bietet. Der Mars ist bereit.

Historische Analogien

Die erste Analogie, auf die ich aufmerksam machen möchte, ist folgende: Der Mars stellt für das neue Zeitalter der Erforschung das dar, was Nordamerika für das letzte war. Der Mond der Erde, nahe an unserem Heimatplaneten, aber arm an Ressourcen, ist mit Grönland vergleichbar. Andere Ziele, wie der Asteroidengürtel, mögen reich an Gütern für einen potentiellen, zukünftigen Export zur Erde sein, doch fehlen ihnen die Voraussetzungen für die Schaffung einer vollentwickelten, einheimischen Gesellschaft – sie sind also mit den Westindischen Inseln zu vergleichen. Nur der Mars verfügt über sämtliche Rohstoffe, die für die Entwicklung einer einheimischen Zivilisation erforderlich sind, und nur der Mars ist ein belebbares Ziel für eine dauerhafte Kolonisation. Wie Amerika mit seinem geographischen Verhältnis zu Großbritannien und den Westindischen Inseln besitzt auch der Mars aufgrund seiner Lage

Vorteile, die es ihm erlauben, in nützlicher Weise an der Rohstoff-
gewinnung zugunsten der Erde teilzunehmen.

Doch entgegen den kurzsichtigen Berechnungen europäischer
Staatsmänner und Finanzexperten beruhte der wahre Wert Amerikas weder auf seiner Rolle als logistische Basis für den Zucker- und
Gewürzhandel mit den Westindischen Inseln noch auf dem Pelz-
handel im Landesinneren, noch auf der Tatsache, daß es einen
potentiellen Markt für Fertigprodukte bot. Der wahre Wert Amerikas lag darin, daß es eine zukünftige Heimat für einen neuen
Zweig menschlicher Zivilisation darstellte, die ihre humanistische
Vergangenheit und ihren Pioniergeist vereinigte, um den kraftvollsten Motor menschlichen Fortschritts und wirtschaftlichen Wachstums zu entwickeln, den die Welt jemals gesehen hat. Der Reichtum Amerikas liegt in der Tatsache begründet, daß das Land
Menschen ernähren konnte und daß sich die richtige Sorte von
Menschen entschloß, in dieses Land aufzubrechen. Jedes Merkmal
amerikanischen Pionierlebens, das zur Schaffung einer praktisch
orientierten Kultur innovativer Menschen führte, wird sich auf
dem Mars hundertfach umsetzen lassen.

Der Mars ist ein rauherer Ort als jeder auf Erden. Doch vorausgesetzt, man überlebt die anstrengenden Prüfungen, sind die här-
testen Schulen immer die besten. Die Marsbewohner werden es
schaffen.

Unter der Lupe:
Zukünftiger interplanetarischer Transport

Das Reiseziel bestimmt das Transportmittel. Wie die Erschließung
der Neuen Welt eine Revolution im europäischen Schiffbau mit sich
brachte, wird die Errichtung einer Marsbasis die Entwicklung neuer
Weltraumantriebssysteme beschleunigen, die die Kolonisation des
Mars kommerziell durchführbar machen. Diese neuen Systeme –
weitaus leistungsfähiger als alle, die uns heute zur Verfügung stehen – existieren bereits seit längerer Zeit auf dem Reißbrett und warten nur darauf, daß die Notwendigkeit sie zum Leben erweckt. Lassen Sie uns sehen, was die Zukunft für uns bereithalten könnte.

Luftatmende Startsysteme

Die heutigen Startsysteme auf Raketenbasis besitzen, was den Frachttransport anbelangt, nur 2 % des Wirkungsgrades eines Düsenflugzeugs. Der Grund dafür ist einfach – Raketen müssen ihr Oxidationsmittel selbst mitführen, während Jets ihres aus der Luft beziehen. Da das Oxidationsmittel bis zu 75 % des gesamten Treibstoffgewichts beträgt, reduziert sich die Leistung eines Raketentriebwerks enorm. Startraketen durchfliegen auf dem Weg in den Orbit Ozeane von Oxidationsmitteln. Warum nutzen sie diese nicht?

Unglücklicherweise führten technische Schwierigkeiten, gepaart mit einem Mangel an Willen, zu einer Verzögerung der Entwicklung hypersonischer, luftatmender Antriebssysteme. Bei verschiedenen Cruise Missiles eingesetzte Staustrahltriebwerke können Mach 5,5 erreichen. Doch jenseits dieser Geschwindigkeit wird es unmöglich, die in die Triebwerke eintretende Luft auf Unterschallgeschwindigkeit abzubremsen, ohne die Luft durch diesen Vorgang zu stark aufzuheizen. So muß die Verbrennung im Innern der Rakete bei einer Überschallströmung stattfinden. Ein Triebwerk, das dazu imstande ist, gehört einer neuen Spezies an, dem Scramjet. Er bedeutet in seinem Bereich einen ebenso großen Fortschritt gegenüber existierenden Düsentriebwerken, wie es das Düsentriebwerk gegenüber dem Propeller war. Das National Aerospace Plane Program (NAPP) – 1993 aufgrund vermeintlich mangelnder Notwendigkeit gestrichen – führte umfangreiche Computerberechnungen durch, die bewiesen, daß Scramjets funktionieren würden. Eine technologisch etwas weniger herausfordernde Annäherung, die vieles von den Vorzügen der Scramjets erreichen kann, ist die Staustrahlrakete. Diese Rakete nimmt einen Teil des benötigten Oxidationsmittels während des Aufwärtsflugs aus der Atmosphäre auf. Staustrahlraketen mit einem spezifischen Impuls von über 1000 Sekunden wurden 1966 am Prüfstand der Marquart Company vorgeführt. Unglücklicherweise führte eine Meinungsänderung innerhalb der Regierung zum Abbruch des Programms, bevor die Raketen im Flug getestet werden konnten.

Die Verwendung von Scramjets oder Staustrahlraketen auf

einem großen Teil der Startroute eines Raumfahrzeugs mit Einstu-
fenantriebssystem (SSTO) in eine niedrige Umlaufbahn (LEO) würde
die Nutzlast des Raumfahrzeugs wesentlich steigern. Genau das
würde den Logistikanforderungen einer sich entwickelnden Marssiedlung, die nach immer günstigeren Transportmöglichkeiten für
große Mengen an Nutzlast bis in den Orbit und darüber hinaus
verlangt, Rechnung tragen. Die Kolonisation des Mars ist somit ein
zentraler Punkt in der Entwicklung von Technologien, die uns
einen kostengünstigeren Zugang zum Weltraum gewähren.

Elektrische Antriebssysteme

Das Schlüsselmaß für die Leistung einer Rakete ist ihr spezifischer
Impuls, die Anzahl von Sekunden, die es ein Pfund an Treibstoff in
ein Pfund Schubkraft umwandeln kann. Die besten heutzutage zur
Verfügung stehenden chemischen Raketen besitzen einen spezifischen Impuls von etwa 450 Sekunden, wohingegen Thermo-
nuklearraketen (NTRs) ungefähr 900 Sekunden erreichen.
     Doch es gibt noch einen anderen Weg, einen hohen spezifischen
Impuls zu erzielen. Dabei ionisiert man ein Gas, indem man seinen
Atomen einige Elektronen entreißt und es dann mittels der Anzie-
hungs- und Abstoßungskräfte eines elektrisch geladenen Gitters
beschleunigt. Diese Technik ist als elektrischer Antrieb oder Ionenantrieb bekannt. Durch den Einsatz eines elektrischen Antriebs lassen sich spezifische Impulse von mehreren tausend Sekunden
erzielen, ohne daß das ausströmende Gas eine allzu hohe Temperatur erreicht. Dies ist keine Theorie, sondern eine Tatsache –
Ionenantriebe werden heutzutage bereits als Lagekontrolltrieb-
werke verwendet, um Satelliten in ihrer Position zu halten. Ein
120 t schweres Raumfahrzeug würde beispielsweise eine Energie
von 5 MW (ungefähr die 70fache Menge, die für eine internationale
Raumstation geplant ist) benötigen, um eine Schubkraft von 280
Newton (ungefähr 60 Pfund) mit einem spezifischen Impuls von
5000 Sekunden zu erzeugen. Selbst wenn wir annehmen, daß es
soviel Energie besitzt, könnte es die ΔV von 30 km/s, die für den
Flug aus dem LEO zum Mars und zurück nötig ist, nur durch einen
kontinuierlichen Antrieb von etwa einem Jahr Dauer erzielen. Ein

solches Raumfahrzeug mit nuklearelektrischem Antriebssystem (NEP) könnte diese unglaubliche ΔV mit einem Masseverhältnis von nur ungefähr 1,82 erreichen. Die Bahnen, denen elektrisch angetriebene Raumfahrzeuge folgen müssen, erfordern im allgemeinen eher mehr ΔV (typischerweise etwa die doppelte) als chemische Antriebssysteme, um von einem Ort im Sonnensystem an einen anderen zu gelangen, doch da der Isp ungefähr zehnmal so hoch liegt wie bei chemischem Antrieb, kommt man dennoch früher ans Ziel.

Ionentriebwerke gibt es bereits in Einheiten mit einer Leistung von einigen Kilowatt. Ihr Ausbau auf Megawatt-Leistungen, wie sie für NEP-Transportsysteme benötigt werden, ist grundsätzlich keine große Herausforderung. Das eigentliche Problem bei der Verwirklichung von NEP-Antriebssystemen war bislang der Mangel an Geldmitteln und dauerhaftem Engagement.

Sonnensegel

> *»Es müßte Schiffe mit Segeln geben, die für die himmlischen Lüfte geeignet sind ...«*
>
> Johannes Kepler, 1609

Bereits vor fast 400 Jahren beobachtete unser Freund Kepler, daß der Schweif eines Kometen immer von der Sonne abgewandt war, ob er sich nun auf die Sonne zu oder von ihr wegbewegte. Dies brachte ihn zu der Annahme, daß das von der Sonne ausgehende Licht eine Kraft ausübe, die den Schweif eines Kometen in die entgegengesetzte Richtung lenke. Er hatte recht – auch wenn die Tatsache, daß Licht Kraft ausübt, bis in das Jahr 1901 auf einen Beweis warten mußte.

Wenn nun das Sonnenlicht den Schweif eines Kometen umlenken kann, warum benützen wir es dann nicht, um Raumfahrzeuge zu bewegen? Warum können wir nicht einfach riesige Spiegel an unserem Raumfahrzeug anbringen oder Sonnensegel, wenn Sie so wollen, und es dem Sonnenlicht überlassen, auf sie einzuwirken und Antriebskraft zu erzeugen? Die Antwort lautet: Es ist möglich, doch man benötigt eine enorme Menge an Sonnenlicht, um einen brauchbaren Antrieb zu erzielen. Zum Beispiel würde die Sonne auf ein Sonnensegel in der Größe eines Quadratkilometers bei 1 AE – der Distanz zwischen Erde und Sonne – eine Gesamtantriebskraft von 10 Newton (oder etwa 2,2 Pfund) ausüben. Um ein Sonnensegel in ein verwendbares Antriebssystem umzuformen, müßte man es aus besonders dünnem Material herstellen und riesige Flächen damit bedecken. Nehmen wir an, wir erzeugen ein 1 km^2 großes Segel mit einer Stärke von 0,01 mm (10 Mikrometer), was etwa dem Viertel der Stärke eines Küchenabfallbeutels entspricht. Das Segel wiegt 10 t und braucht ungefähr ein Jahr, um sich auf 32 km/s zu beschleunigen. Befördert das Segel eine Nutzlast in der Größenordnung seines Eigengewichts, verringert sich seine Geschwindigkeit um die Hälfte. Dennoch ist ein 10 Mikrometer starkes Sonnensegel eine Möglichkeit für ein effektives Antriebssystem für den Transport von der Erde zum Mars. Wenn es uns gelänge, ein 10 Mikrometer starkes Segel zu konstruieren, könnten wir tatsächlich fliegen …

Noch niemand hat jemals eine mit einem Sonnensegel angetriebene Mission durchgeführt. Aber in den 70er Jahren wurden am Jet Propulsion Laboratory der NASA ernsthafte Studien betrieben, ein Sonnensegel für den Antrieb einer Sonde zum Halleyschen Kometen während dessen Erscheinen 1986 einzusetzen. Unglücklicherweise wurde der Vorschlag nicht in die Tat umgesetzt, da der Kongreß die nötigen Geldmittel für die Mission nicht zur Verfügung stellte. Doch Amateurgruppen wie die World Space Foundation von Robert Staehle und die französische Union pour la Promotion de la Propulsion Photonique haben solche Sonnensegel gebaut. Sie hatten gehofft, im Jahr 1992, dem Jubiläumsjahr der Entdeckung Amerikas durch Kolumbus, eine Sonnensegelregatta zum Mond fliegen zu können. Aber es ist ihnen bisher nicht gelungen, eine Mitfluggelegenheit auf einer Startrakete zu bekommen, die es ihnen ermöglicht, ihr Raumfahrzeug in den Weltraum zu befördern.

Sonnensegel bringen außerdem einige technische Probleme mit sich. Sie müssen zusammengepackt, ausgepackt und ausgebreitet werden, ohne Schaden zu nehmen. Dabei sind riesige Konstruktionen aus besonders dünnem Material zu kontrollieren. Dennoch muß gesagt werden, daß das Haupthindernis für die Demonstration von Sonnensegeln keineswegs technische Schwierigkeiten waren, sondern die Weigerung sämtlicher Raumfahrtbehörden der Welt, ausreichende Geldmittel zu ihrer Entwicklung und Prüfung zur Verfügung zu stellen. Wir können nur hoffen, daß die Marsbewohner es besser machen werden.

Magnetsegel

Sonnenlicht ist nicht die einzige kräftige Brise, die von der Sonne ausgeht. Es gibt noch eine andere, die als Sonnenwind bekannt ist.

Der Sonnenwind ist eine Flut von Plasma, Protonen und Elektronen, die konstant mit einer Geschwindigkeit von ungefähr 500 km/s von der Sonne aus in alle Richtungen strömt. Auf der Erde treffen wir sie nicht an, da wir durch deren Magnetosphäre geschützt sind. Wenn die Erdmagnetosphäre den Sonnenwind blockiert, muß dabei ein Widerstand und in der Folge eine fühlbare Kraft entstehen. Warum bauen wir nicht eine künstliche Magnetosphäre um ein Raumfahrzeug auf und benutzen denselben Effekt als Antrieb? Auf diese Idee des Boeing-Ingenieurs Dana Andrews stieß ich 1988. Der Einfall kam zur rechten Zeit. 1987 hatte man Hochtemperatursupraleiter entwickelt. Diese Leiter sind für die praktische Umsetzung eines magnetischen Antriebssystems entscheidend, da Niedrigtemperatursupraleiter zu schwere Kühlungseinrichtungen und gewöhnliche Leiter zuviel Energie benötigen. Die von Sonnenwinden ausgehende Kraftmenge pro Quadratkilometer ist sogar noch weit geringer als die, die durch Sonnenlicht entsteht, doch die von einem Magnetfeld abgeblockte Fläche kann weit größer konzipiert werden als jedes solide Sonnensegel.

Zusammen leiteten Dana und ich Gleichungen ab und erstellten Computersimulationen der Krafteinwirkung des Sonnenwindes auf ein Raumfahrzeug, das von einem starken Magnetfeld umgeben wird. Unsere Ergebnisse: Wenn es möglich ist, Hochtemperatursupraleiterkabel herzustellen, die elektrischen Strom mit derselben Dichte leiten wie die besten Niedrigtemperatursupraleiter aus Niob-Titan (NbTi), nämlich ungefähr 1 Million Ampere pro Quadratzentimeter, dann sind wir in der Lage, Magnetsegel zu erzeugen, deren Verhältnis von Schubkraft zu Gewicht *100mal* so gut ist wie jenes eines 10 Mikrometer starken Sonnensegels.[38] Zudem wäre ein Magnetsegel im Gegensatz zu einem ultradünnen Sonnensegel sehr leicht einzusetzen. Es bestünde nicht aus dünner Kunststoff-Folie, sondern aus einem robusten Kabel, das sich, sobald elektrischer Strom angelegt wird, durch magnetische Kräfte selbst zu einem Reifen »aufbläst«. Um den Strom in das Kabel einzuspeisen, benötigt man Energie, doch da supraleitende Drähte keinen elektrischen Widerstand bieten, ist keine zusätzliche Energie für das Aufrechterhalten des Stromflusses erforderlich, sobald der Strom durch das Kabel fließt. Zusätzlich würde das Magnetsegel das Raumfahrzeug vollkommen gegen Sonneneruptionen abschirmen.

Ein Magnetsegel kann in der der Sonne abgewandten Richtung ausreichende Kräfte ausüben, um der Anziehungskraft der Sonne entgegenzuwirken. Andererseits erlaubt es uns aufgrund der Reduktion der Strommenge, jeden gewünschten Anteil der Gravitationskraft der Sonne zu neutralisieren. Ohne hier weiter ins Detail zu gehen, sei angemerkt, daß diese Eigenschaft es einem Raumfahrzeug erlauben würde, mit der Erde die Sonne zu umkreisen und sich nur durch entsprechende Stromregulierung im Magnetsegel auf eine Bahn zu bringen, auf der es zu jedem beliebigen Planeten im Sonnensystem reisen kann. All dies ist ohne ein einziges Gramm Treibstoff möglich.

Noch sind Magnetsegel nicht in die Praxis umsetzbar, da die dafür benötigten Hochtemperatursupraleitungskabel nicht existieren. Doch die Forschung schreitet auch in diesem Bereich rasch voran. Ich glaube, es ist eine berechtigte Annahme, wenn ich behaupte, daß solche Kabel, die für die Herstellung von exzellenten Magnetsegeln erforderlich sind, in zehn oder zwanzig Jahren allgemein verfügbar sein werden.

Fusion

Kernfusionsreaktoren basieren auf der Verwendung von Magnetfeldern, mit deren Hilfe das Plasma einer bestimmten Art ultraheißer geladener Teilchen in einer Vakuumkammer eingesperrt wird, in der sie kollidieren und reagieren können. Da hochenergetische Teilchen die Fähigkeit haben, sich allmählich ihren Weg aus der magnetischen Falle freizukämpfen, muß die Reaktorkammer eine gewisse Mindestgröße aufweisen, um die Flucht der Teilchen so lange hinauszuzögern, bis es zu einer Reaktion kommt. Diese Mindestmaßanforderung macht Fusionskraftwerke für Niederleistungsanwendungen unattraktiv, doch in der Welt der Zukunft, in der der Energiebedarf der Menschheit zehn- bis hundertfach so hoch liegen wird wie heute, wird die Kernfusion die bei weitem günstigste Lösung sein.

Über ihre Funktion als Energieversorgungsbasis für ein beständiges gesellschaftliches Wachstum hinaus lassen sich Fusionsreaktoren auch in weiterentwickelten Antriebssystemen für Raumfahrzeuge einsetzen, besonders da im Weltraum das für die Reaktion benötigte Vakuum in jedem beliebigen Ausmaß frei verfügbar ist. Die Deuterium / Helium 3 (D / He3)-Reaktion liefert die größte Leistung, da dieser Treibstoff von allen in der Natur vorkommenden Substanzen das höchste Verhältnis von Energie zu Masse aufweist. Doch auch die weit kostengünstigere, rein mit Deuterium gespeiste Reaktion (D-D) erreicht im Vergleich einen Wirkungsgrad von 60 %. Ein auf einer kontrollierten Fusionsreaktion basierendes Raketentriebwerk könnte so funktionieren, daß es dem Plasma an einem Ende der Magnetfalle den Austritt gestattet, dem ausgetretenen Plasma gewöhnlichen Wasserstoff zufügt und die ausgeströmte Mischung mit Hilfe einer magnetischen Düse vom Raumschiff wegleitet. Je mehr Wasserstoff hinzugefügt wird, desto mehr Schubkraft wird erzeugt; allerdings nimmt auch die Ausströmgeschwindigkeit ab. Für eine Reise zum Mars oder in das äußere Sonnensystem enthält die Ausströmung etwa 99 % gewöhnlichen Wasserstoff. Die Ausströmungsgeschwindigkeit liegt bei über 100 km / s (10 000 Sekunden Isp). Fügt man keinerlei Wasserstoff hinzu, könnte die Fusionskonfiguration theoretisch Ausströmungsgeschwindigkeiten von bis zu 18 000 km / s (1,8 Millionen Sekunden Isp) hervorbringen oder 6 % der Lichtgeschwindigkeit bei Einsatz eines Deuterium / Helium-3-Treibstoffs, beziehungsweise 4 % der Lichtgeschwindigkeit bei Einsatz reinen Deuteriums! Obwohl das Schubkraftniveau für Flüge innerhalb des Sonnensystems zu gering wäre, würde die enorme Ausströmungsgeschwindigkeit Reisen zu nahegelegenen Sternen mit Flugdauern von weniger als einem Jahrhundert ermöglichen. Ein durch Fusionsreaktion angetriebenes Sternenschiff würde lediglich für seine Beschleunigung Treibstoff verbrennen müssen, da die Abbremsung durch Ausbreitung eines Magnetsegels erfolgen könnte, mit dessen Hilfe gegenüber dem interstellaren Plasma eine Widerstandskraft aufgebaut würde.

Schließlich ermöglichte der Fusionsantrieb Reisen zum Mars innerhalb von Wochen, anstatt von Monaten, Reisen zu Jupiter und Saturn innerhalb von Monaten, anstatt von Jahren, und Reisen zu anderen Sonnensystemen innerhalb von Jahrzehnten, anstatt von Jahrtausenden. Es mag sein, daß sich Fusionsantriebe für Raumfahrzeuge als Nebenprodukt terrestrischer Kraftwerke entwickeln, doch der umgekehrte Vorgang ist zumindest ebenso wahrscheinlich. Erinnern wir uns daran, daß die ersten zuverlässigen Dampfmaschinen zum Antrieb von Dampfschiffen und die ersten eigentlichen Atomkraftwerke für Atom-U-Boote gebaut wurden. Mobile Systeme machen, im Gegensatz zu statischen Systemen, ständig höherentwickelte Techniken erforderlich. Für den Verbraucher ist ein Kilowatt ein Kilowatt, ob es nun durch Kernfusion oder die Verbrennung von Kohle hergestellt wurde. Doch ein durch Kernfusion angetriebenes Raumfahrzeug bietet gänzlich neue und gegenüber weniger entwickelten Techniken dramatisch überlegene Möglichkeiten. Daher ist es gut möglich, daß die Raumfahrttechnik zum kraftvollsten Motor für die Einführung der Fusionstechnik wird, indem sie den Bedürfnissen von Geschäftsleuten, die sich dem Handel zwischen Erde und Mars widmen, nach ständig schnelleren Transportmitteln entgegenkommt.

Derzeit schreiten die weltweiten Fusionsforschungsprogramme im Schneckentempo voran. Sie werden durch Budgetkürzungen kurzsichtiger Politiker behindert, die weder über die Fähigkeit noch die Neigung verfügen, die Notwendigkeiten der Zukunft anzugehen.

Werden wir dazu gezwungen, die Probleme der Fusionstechnologieentwicklung in Angriff zu nehmen, könnte das Wachstum der Marszivilisation durchaus die Basis für das Überleben unserer technologischen Gesellschaft bieten.

9
Das Terraformen des Mars

»Gott schuf die Welt, doch die Holländer schufen Holland.«
Sprichwort aus den Niederlanden

Bisher konzentrierten wir uns in diesem Buch auf die Perspektiven einer relativ unspektakulären Erforschung und Besiedlung des Mars. Im folgenden beschäftigen wir uns mit der größten Herausforderung, die der Rote Planet an die Menschheit stellt – dem Terraformen. [39,40] Können wir den Mars so umformen, daß er bewohnbar wird?

Auf den ersten Blick scheint diese Idee im höchsten Maß phantastisch, reinste Science Fiction. Doch vor nicht allzu langer Zeit hielt man auch bemannte Reisen zum Mond für Science Fiction. Heute sind Mondexpeditionen ein Thema für *Historiker* und bemannte Marsforschungsmissionen das Aufgabengebiet von Ingenieuren. Die meisten Menschen *glauben*, die Aussichten auf eine drastische Veränderung der Temperatur und Atmosphäre des Roten Planeten zur Schaffung erdähnlicher Bedingungen – Terraformen – wären entweder reine Phantasie oder bestenfalls eine technologische Herausforderung für die fernere Zukunft. Doch im Gegensatz zu anderen extremen technischen Konzepten wie Reisen mit einer höheren Geschwindigkeit als der des Lichts oder Nanotechnologie kann die Urbarmachung des Mars auf eine Geschichte von etwa 4 Milliarden Jahren zurückgreifen.

Die Geschichte des Lebens auf der Erde ist eine Geschichte der Urbarmachung – das ist der Grund, warum unser wunderschöner Blauer Planet in der heutigen Form existiert. Als die Erde entstand, gab es nur Kohlendioxid und Stickstoff, aber keinen Sauerstoff in der Atmosphäre, und das Land bestand aus unfruchtbarem Fels.

Glücklicherweise schien die Sonne damals nur mit etwa 70 % ihrer jetzigen Kraft, denn andernfalls hätte die dicke Kohlendioxidschicht in der Atmosphäre einen Treibhauseffekt ausgelöst und den Planeten in eine kochende, Venus-ähnliche Hölle verwandelt.

Doch die rechtzeitige Entstehung photosynthetischer Organismen ließ aus dem Kohlendioxid der Erdatmosphäre Sauerstoff entstehen und veränderte im Zuge dieses Prozesses die Oberflächenchemie des Planeten vollständig. Dadurch wurde nicht nur ein galoppierender Treibhauseffekt auf der Erde verhindert. Auch die Evolution aerober Organismen (also solcher Organismen, deren Atmung auf Sauerstoff basiert) begann. Diese Tiere und Pflanzen veränderten ihrerseits die Erde weiter, kolonisierten das Land, schufen Böden und bewirkten einen drastischen Wandel des globalen Klimas.

Leben ist selbstsüchtig. So verwundert es nicht, daß jene Veränderungen, die das Leben der Erde gebracht hat, dazu beitrugen, seine Überlebensaussichten zu verbessern, die Biosphäre auszuweiten und seine Entwicklung neuer Fähigkeiten voranzutreiben, um die Erde in einen noch fruchtbareren Ort umzugestalten.

Der Mensch ist nur der letzte, der sich diese Kunst zu eigen gemacht hat. Bereits unsere frühesten Zivilisationen widmeten sich der Bewässerung, dem Getreideanbau, dem Unkrautjäten, der Zähmung von Tieren und dem Schutz ihrer Herden, um die Aktivität in jenen Teilen der Erde zu steigern, die dem menschlichen Leben die größte Unterstützung boten. Dadurch erweiterten wir die biosphärische Basis der menschlichen Bevölkerung und steigerten unsere Zahl und unsere Kraft, die Umgebung so umzugestalten, daß sie einem ständigen Zyklus exponentiellen Wachstums diente. Als Ergebnis haben wir die Erde zu einem Ort gemacht, der Milliarden von Menschen ernährt, von denen wir einen Teil so weit aus dem täglichen Überlebenskampf ausgegliedert haben, daß einige davon heute auf der Suche nach neu zu erobernden Welten in den Nachthimmel emporblicken können.

Manchen mag die Idee eines Terraformens des Mars häretisch erscheinen – der Mensch will Gott spielen. Andere wiederum sehen in dieser Leistung den stärksten Beweis der göttlichen Natur des menschlichen Geistes, der sich in seiner edelsten Form äußert, indem er einer toten Welt Leben bringt. Meine Sympathien gelten dieser zweiten Haltung. Tatsächlich würde ich sogar noch einen Schritt weitergehen: Meiner Ansicht nach bedeutet die Unterlassung der Urbarmachung des Mars, daß wir unserer menschlichen Natur nicht gerecht werden und an unserer Verantwortung als Mitglieder der Gemeinschaft des Lebens an sich Verrat begehen.

Heute besitzt die lebende Biosphäre die Fähigkeit, ihre Reichweite so zu vergrößern, daß sie eine neue Welt umfaßt. Der Mensch mit seiner Intelligenz und seinen Technologien ist das einzige von der Biosphäre hervorgebrachte Wesen, dem sie es gestattet, nach diesem Land zu greifen – und es wird nur eines unter vielen sein. Zahllose Geschöpfe lebten und starben, um die Erde in einen Ort zu verwandeln, der menschliche Existenz hervorbrachte und zuließ. Nun ist es an uns, einen Beitrag zum Leben zu leisten.

Darum wollen wir die Frage erneut stellen: Können wir den Mars so weit umgestalten, daß er vollkommen bewohnbar wird? Lassen Sie uns das Problem näher betrachten. Abgesehen von der Tatsache, daß der Mars heute ein kalter, trockener und wahrscheinlich lebloser Planet ist, besitzt er sämtliche Elemente, die für Leben notwendig sind: Wasserstoff, Kohlenstoff und Sauerstoff (in Form von Kohlendioxid) sowie Stickstoff. Die physikalischen Gegebenheiten des Mars, seine Gravitation, seine Rotationsdauer, die Neigung seiner Achse und die Entfernung von der Sonne sind denen der Erde ähnlich. Doch in einem Bereich weist der Mars ein Defizit auf – er hat keine besonders dichte Atmosphäre.

Der Luftdruck auf der Erde beträgt auf Meeresniveau ungefähr 1 bar. (Bar ist eine Einheit zur Druckmessung. Bar und Millibar – ein Tausendstel eines Bar – werden in der Meteorologie allgemein benutzt* und deshalb auch in unserem Abschnitt über das Terraformen.) Die derzeitige Kohlendioxidatmosphäre des Mars ist geringer als 1 % der Erdatmosphäre auf Meeresniveau und

---

* 1 Millibar (mbar) entspricht 1 Hektopascal (hPa);
  1 Pascal = 1 Newton$/$m^2 = 1 Tausendstel Hektopascal;
  1 Newton ist die Kraft, mit der die Erdatmosphäre in Meereshöhe auf einer Fläche von 1 m^2 einwirkt.

schwankt zwischen 6 und 10 mbar (oder mb). Doch wir wissen, daß die Marsatmosphäre einst weit dichter war als heute. Die Rinnen, die sich über die Marsoberfläche schlängeln, beweisen, daß es flüssiges Wasser gab, das sich seinen Lauf über den Planeten bahnte. Flüssiges Wasser kann aber nur innerhalb gewisser Temperatur- und Luftdruckgrenzen vorkommen. Auf Meeresniveau liegt die Temperaturspanne zwischen 0 °C – dem Gefrierpunkt von Wasser – und 100 °C – dem Siedepunkt von Wasser. Damit Wasser an der Oberfläche des Mars fließen konnte, müssen der atmosphärische Druck und die Temperatur über den heutigen Werten gelegen haben.

Obwohl die Marsatmosphäre derzeit sehr dünn ist, glauben die meisten Forscher, daß es auf dem Planeten ausreichende Kohlendioxidreserven gibt, um eine dichtere Lufthülle zu schaffen. Ein Teil dieses Kohlendioxids kommt in gefrorener Form als »Trockeneis« vor, in der es die südliche Polkappe bedeckt. Zusätzliche Reserven finden sich eingeschlossen im Regolith, dem losen Oberflächenmaterial, das den Planeten überzieht. (»Regolith« ist, wie erwähnt, ein astrogeologischer Begriff für Boden, der auf jeden Planetenkörper angewendet werden kann. »Erde« bezieht sich auf den Regolith des Planeten Erde.) Das Freiwerden all dieses Kohlenstoffs würde die Atmosphäre möglicherweise bis zu dem Punkt verdichten, an dem sie einen Druck von etwa 30 % des Luftdrucks der Erde beziehungsweise 300 mbar (nahezu ein drittel Bar), erreicht. Die Aufheizung des Planeten würde das Freisetzen dieser enormen Vorkommen an eingeschlossenem Kohlendioxid bewirken. Das ist keineswegs ein rein theoretischer Ansatz. Wir wissen, daß sich Temperatur und atmosphärischer Druck des Mars ändern, während der Planet im Laufe eines Marsjahres zwischen seiner größten und geringsten Entfernung von der Sonne seine Bahn zieht. Tatsächlich variiert der atmosphärische Druck während der Erwärmung und Abkühlung des Mars im Laufe eines Jahres je nach Jahreszeit um plus beziehungsweise minus 20 %, verglichen mit dem Durchschnittswert.

Selbstverständlich können wir den Mars nicht auf eine wärmere Bahn bringen. Aber wir kennen eine andere Methode, einen Planeten aufzuheizen, die wir bereits seit einem Jahrhundert auf der Erde anwenden – die Freisetzung oder Produktion von Gasen, die

Infrarotstrahlung (Sonnenhitze) binden und auf diese Weise den Planeten erwärmen. Auf der Erde nennen wir diese Methode Treibhauseffekt. Sie resultiert aus dem Freiwerden von Kohlendioxid aus der Verbrennung fossiler Stoffe sowie anderer Treibhausgase, die von der Industrie hergestellt werden. Einerlei, ob wir es nun Terraformen oder Treibhauseffekt nennen – dasselbe kann auf dem Mars geschehen. Ein atmosphärischer Treibhauseffekt ließe sich dort auf drei unterschiedliche Arten erzeugen. Zum ersten gelänge er durch Erwärmung ausgewählter Gebiete, so daß an diesen Stellen große, natürliche Treibhausgasvorkommen freigesetzt werden, zum zweiten durch die Ansiedlung von Fabriken auf dem Mars, die besonders starke künstliche Treibhausgase wie etwa Halogenkohlenwasserstoffe (FCKWs) herstellen. Und drittens: Sobald durch Anwendung einer der anderen Methoden akzeptable Lebensbedingungen für Bakterien geschaffen wurden, werden Bakterien ausgesetzt, die weit stärkere natürliche Treibhausgase erzeugen als Kohlendioxid (jedoch weit schwächere als Halogenkohlenwasserstoffe), wie etwa Ammoniak oder Methan.

Auch wenn die Idee des Terraformens phantastisch erscheinen mag, sind die Konzepte zur Erreichung dieses Vorhabens doch simpel. Das wichtigste darunter ist das des positiven Feedbacks, ein Phänomen, das auftritt, sobald der Output eines Systems die Wirkung des Inputs in das System verstärkt. Ein positives Feedback-System für die Erzeugung eines Treibhauseffekts auf dem Mars ist das Verhältnis zwischen atmosphärischem Druck – seiner Dichte – und der atmosphärischen Temperatur. Die Erwärmung des Mars bewirkt eine Freisetzung des Kohlendioxids der Polkappen und des Marsbodens. Das freigewordene Kohlendioxid verdichtet die Atmosphäre und verstärkt ihre Fähigkeit, Wärme zu speichern. Die Wärmebindung erhöht die Oberflächentemperatur und somit die Menge an Kohlendioxid, die von den Eiskappen und aus dem Marsboden gelöst werden kann. Das ist der Schlüssel zum Terraformen des Mars: Je wärmer es wird, desto dichter wird die Atmosphäre, und mit der Steigerung der Dichte der Atmosphäre kommt es zu einer Erhöhung der Temperatur.

In den folgenden Abschnitten werden wir sehen, wie ein solches System aufgebaut werden kann, und die Berechnungsergebnisse dieses Modells zeigen. Diese Ergebnisse untermauern eindrucksvoll die Überzeugung, daß der Mensch im Verlauf des 21. Jahrhunderts in der Lage sein wird, radikale Verbesserungen in der Bewohnbarkeit des Mars zu bewirken. Wir können den Mars urbar machen.

Terraformungs-Berechnungen

Wie bereits angesprochen, ist Kohlendioxid, ein erstklassiges Treibhausgas, auf dem Mars in großen Mengen vorhanden. Doch ein bedeutender Anteil ist in gefrorener Form an den Polen und im Regolith des Planeten gebunden. Beide Kohlendioxidquellen werden zur Erwärmung des Mars beitragen, wenn auch das an den Polen gefrorene Kohlendioxid den Prozeß initiieren wird.

In Computerstudien bewiesen Chris McKay und ich anhand von Marsklimamodellen, daß eine kleine, aber anhaltende Temperaturänderung am Südpol des Mars um nur 4 °C einen sich rasch ausbreitenden Treibhauseffekt in der Polarregion in Gang setzt, der die Verdampfung der Polkappe bewirkt. (Für diejenigen, die sich eingehender mit dem Thema befassen wollen, habe ich am Ende des Kapitels eine technische Anmerkung eingefügt, die jenes Modell, das wir als Basis für unsere Terraformungs-Diskussion verwendeten, im Detail erläutert.) Durch die Verdampfung der Kappe werden die Temperatur und der Druck in der Atmosphäre global steigen und die Freisetzung großer Mengen an im Boden gebundenem Kohlendioxid initiieren. Ein bescheidener Temperaturanstieg um 4 °C am Südpol kann also die Temperatur global um mehrere Zehntelgrade erhöhen und eine 6-mbar-Atmosphäre in eine Atmosphäre von einigen hundert Millibar umwandeln.

Daß eine solch geringfügige Veränderung eine so große Wirkung hat, mag Ihnen unglaublich erscheinen. Aber stellen Sie sich vor, Sie entnehmen aus einer Pyramide von Äpfeln, die in einem Lebensmittelgeschäft aufgestapelt sind, den untersten. Auch wenn sich jemand viel Zeit und Mühe genommen hat, die Äpfel in diesem empfindlichen Gleichgewicht zu arrangieren, reicht doch ein winziger Eingriff, um dieses Gleichgewicht zu verändern. So ist es auch mit der südlichen Polkappe des Mars. Sie besteht aus gefrore-

340

nem Kohlendioxid, aus Trockeneis. Kohlendioxid kann mit einem Maß beschrieben werden, das als Dampfdruck bekannt ist. Es gibt die Neigung eines Substanz an, in einen gas- oder dampfförmigen Zustand überzugehen. Allein die Temperatur wirkt sich bereits auf den Dampfdruck einer Substanz aus. So läßt sich der Dampfdruck einer Substanz erhöhen, indem man die Hitzezufuhr erhöht – die Substanz wird schneller in Dampf oder Gas übergehen. Bei den derzeitigen Verhältnissen am Südpol des Mars beträgt der Dampfdruck von Kohlendioxid bei 147 Kelvin 6 mbar. (Eine eisige Temperatur. Wenn die Temperatur in Kelvin angegeben ist, müssen Sie 273 davon abziehen, um sie in Grad Celsius umzurechnen. Demnach entsprechen 273 K 0 °C oder 32 °F. Die Temperatur an der südlichen Polkappe des Mars beträgt 147 K oder –126 °C beziehungsweise –195 °F.) Dies ist der Gleichgewichtszustand der Polkappe. Solange der Pol in dieser Temperatur verharrt, ist es schwierig für den Kohlendioxiddruck, über 6 mbar hinauszukommen, da ausgetretenes Kohlendioxid einfach wieder aus der Atmosphäre kondensieren und in seine gefrorene Trockeneisform zurückkehren würde.

Was geschieht aber, wenn wir die Temperatur am Pol künstlich erhöhen? Später werde ich im Detail erklären, wie dies mit Hilfe großer orbitaler Spiegel, die Sonnenlicht auf den Pol konzentrieren, durchgeführt werden soll. Nehmen wir vorerst einfach an, daß wir mit der künstlichen Aufheizung des Pols begonnen haben. Als Folge der Temperaturerhöhung wird der Dampfdruck des Kohlendioxids steigen und somit mehr Kohlendioxid aus der Kappe in die Atmosphäre verdampfen. Dampfdruck – die Neigung einer Substanz, in einen gas- oder dampfförmigen Zustand überzugehen – und atmosphärischer Druck – das tatsächlich über einer Oberfläche lastende Gewicht einer Atmosphäre – sind zwar völlig unterschiedliche Begriffe. Aber wir können sagen, daß sich der globale atmosphärische Druck des Mars durch das bei der Verdampfung der Kappe in die Atmosphäre hineingepumpte Kohlendioxid erhöht, sobald der Kohlendioxiddampfdruck am Pol steigt. Der Dampfdruck von Kohlendioxid bei jeder beliebigen Temperatur ist eine bekannte wissenschaftliche Information, die man in jedem Chemiehandbuch nachschlagen kann, und was für das Kohlendioxid auf der Erde Gültigkeit hat, wird wohl auch für das

Kohlendioxid auf dem Mars gelten. Ebenfalls bekannt, wenn auch mit geringerer Genauigkeit, ist der Treibhauseffekt einer Kohlendioxidgasschicht in einer planetarischen Atmosphäre. Daher läßt sich mit einer ganz passablen Genauigkeit abschätzen, um wieviel sich die Temperatur auf dem Mars als Folge der Verdichtung der Atmosphäre erhöhen wird. Mit diesem Grundverständnis der Bedingungen am Pol, des Dampfdrucks und seiner Beziehung zur Temperatur dürfen wir uns an die Berechnungen wagen, die klarlegen, wie wir den eigentlichen Terraformungs-Prozeß auf dem Mars in Gang setzen können.

Betrachten wir zunächst Graphik 9.1. Darin können Sie die Ergebnisse eines von McKay und mir entwickelten Modells ablesen, das wir auf die Verhältnisse der südlichen Polkappe des Mars angewandt haben. Dort, glauben wir, gibt es ausreichend gefrorenes Kohlendioxid, um dem Mars eine Atmosphäre von 50 bis 100 mbar zu verleihen. Ich habe die Poltemperatur als Funktion des atmosphärischen Drucks und den Dampfdruck als Funktion der Poltemperatur eingetragen. Beachten Sie die zwei Punkte A und B, an denen sich die Kurven kreuzen. Sie kennzeichnen je einen Gleichgewichtspunkt, an dem der mittlere atmosphärische Druck des Mars (P, der atmosphärische Druck an einer durchschnittlichen Oberflächenerhebung des Mars in Millibar) und die Poltemperatur (T, in Kelvin) übereinstimmen, die von diesen beiden Kurven angegeben werden. Allerdings handelt es sich bei A um ein stabiles Gleichgewicht, bei B um ein labiles. Dies läßt sich durch Überprüfung der Dynamik des Systems an solchen Stellen erkennen, an denen die Kurven sich nicht schneiden. Sobald die Temperaturkurve über der Dampfdruckkurve liegt, bewegt sich das System nach rechts, das heißt in Richtung einer Erhöhung der Temperatur und des Drucks. Dies entspräche einem fortschreitenden Treibhauseffekt. Liegt die Temperaturkurve unter der Druckkurve, bewegt sich das System nach links, also in Richtung einer Verringerung von Temperatur und Druck – ein fortschreitender »Kühlschrankeffekt« entsteht. Heute befindet sich der Mars mit 6 mbar Druck und einer Poltemperatur von 147 Kelvin in Punkt A.

Überlegen wir jetzt, was passieren würde, wenn die Poltemperatur des Mars um einige Kelvin erhöht würde. Eine Steigerung der

Treibhauseffekt beim CO$_2$ der Polkappen des Mars

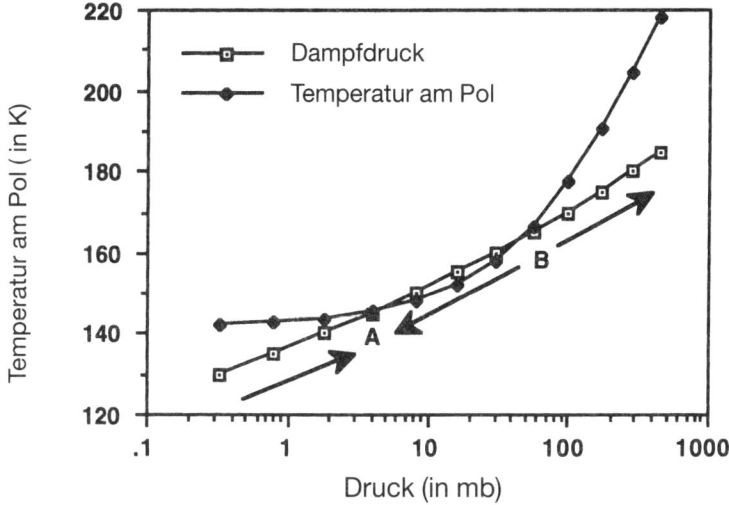

Graphik 9.1

Polkappe/Atmosphäre-Dynamik des Mars. Das derzeitige Gleichgewicht liegt in Punkt A. Eine Erhöhung der Polartemperatur um 4 K würde die Gleichgewichtspunkte A und B einander annähern und eine forschreitende Erwärmung bewirken, die zur Auflösung der Kappe führen würde.

Temperatur bewegt die gesamte Temperaturkurve aufwärts und bewirkt, daß sich die Punkte A und B einander annähern, bis sie sich treffen. Erhöht man die Temperatur um 4 K, steigt die Temperaturkurve weit genug an, um überall über der Dampfdruckkurve zu liegen. Das Ergebnis ist ein fortschreitender Treibhauseffekt, der die Verdampfung der gesamten Polkappe in weniger als einer Dekade bewirkt. Sobald Druck und Temperatur die gegenwärtige Position von Punkt B passiert haben, befindet sich der Mars auch ohne künstliche Aufheizung in einem fortschreitenden Treibhauszustand. Stellt man die künstliche Erwärmung nach diesem Punkt ein, bleibt die Atmosphäre im Gleichgewicht.

Bei zunehmender Verdampfung der Polarkappe kommt die Dynamik des Treibhauseffekts ins Spiel, die durch die im Marsregolith gebundenen Kohlendioxidreserven bewirkt wird. Diese Reserven kommen in erster Linie in den hochgelegenen Regionen vor und könnten von sich aus bereits ausreichen, um den Mars mit einer Lufthülle von 400 mbar zu umgeben. Allerdings können wir nicht den gesamten Kohlendioxidgehalt durch Erwärmung aus dem Boden lösen, da der Regolith in steigendem Maß wie ein trockener Schwamm wirkt, der das Kohlendioxid zurückhalten will. Unglücklicherweise treffen wir hier auf eine größere Unbekannte, nämlich jene Energie- oder Temperaturänderung, die für die Lösung des Kohlendioxids aus dem Marsregolith benötigt wird. Wir bezeichnen diese Unbekannte als Desorptionstemperatur (T_d) und schätzen sie auf 20 Kelvin. Im weiteren werden wir diesen Wert verändern, um zu sehen, wie das Modell darauf reagiert. Die Dynamik von Atmosphäre und Regolith wird in Graphik 9.2 dargestellt. Sie zeigt den durch den Regolith geschaffenen atmosphärischen Druck auf dem Mars (»Regolithdruck«) als Funktion der Regolithtemperatur T_{reg}. (T_{reg} entspricht dem Durchschnitt der Regolithtemperatur des Planeten, wobei verschiedene Gebiete je nach ihrem absorbierten Gasgehalt und ihrer Lokaltemperatur gewichtet wurden. Da kältere Böden mehr CO_2 enthalten, ist der T_{reg} für die Marstemperaturen in der Nähe der Arktis und Antarktis annähernd repräsentativ.) Das Diagramm zeigt auch die Regolithtemperatur als Funktion des Kohlendioxiddrucks in der Atmosphäre. Um zu diesem Diagramm zu kommen, ging ich von der Annahme aus, daß die Freisetzung der gesamten derzeit am Pol vorhandenen Kohlendioxidreserve den atmosphärischen Druck um 100 mbar steigert und die Lösung der gesamten Kohlendioxidreserven aus dem Regolith den atmosphärischen Druck um weitere 394 mbar erhöht. Ausgehend von den 6 mbar, die bereits in der Atmosphäre vorhanden waren, würde der Mars laut diesem Beispiel einen Gesamtkohlendioxidgehalt von 500 mbar erreichen.

Graphik 9.2 zeigt, daß das Atmosphäre/Regolith-System unter der gewählten Annahme, daß die Desorptionstemperatur (T_d) 20 K beträgt, nur einen stabilen Gleichgewichtspunkt aufweist (den Punkt, in dem sich die beiden Kurven schneiden). Sobald die Polkappe aufgelöst ist, werden sich Temperatur und Druck auf dem Mars global diesem Punkt annähern. Auf diese Weise kann eine Atmosphäre mit einem Gesamtdruck von etwa 300 mb hergestellt werden, nachdem der Prozeß durch die Verdampfung der Kohlen-

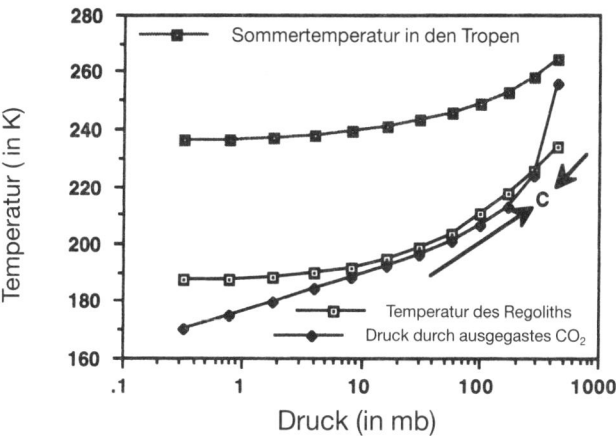

Treibhauseffekt beim Regolith des Mars

Graphik 9.2
Marsregolith/Atmosphären-Dynamik unter den Voraussetzungen, daß T_d = 20 und ein löslicher CO_2-Gehalt von 500 mb vorhanden ist.

dioxidreserven im Regolith und auf dem Pol zu einem Ende gekommen ist. Zudem ist in Graphik 9.2 die durchschnittliche Tag-Nacht-Temperatur angegeben, die sich in den tropischen Regionen des Mars während der Verdichtung der Atmosphäre im Sommer einstellen wird (T_{max}). Beachten Sie, daß sich die Kurve dem Wassergefrierpunkt bei 273 K annähert beziehungsweise – in jenen Begriffen ausgedrückt, die uns im Hinblick auf das Terraformen interessieren – dem Schmelzpunkt des Wassereises. Bei einem gemäßigt ablaufenden, künstlichen Treibhauseffekt werden Wassereis und Permafrost zu schmelzen beginnen.

Da die Position des Gleichgewichtskonvergenzpunktes (Punkt C in Graphik 9.2) sehr empfindlich auf den gewählten Desorptionstemperaturwert reagiert und die Annahme der Desorptionstemperatur (T_d) mit 20 K möglicherweise zu optimistisch ist, zeigen wir in Graphik 9.3, was passiert, wenn wir statt des bisherigen Wertes 25 K und 30 K als Temperatur für das Herauslösen des Kohlendioxids aus dem Regolith einsetzen. In diesem Fall verschiebt sich der Konvergenzpunkt ziemlich drastisch von 300 mbar bei einer Ausgangs-T_d von 20 K nach 31 mbar bei T_d = 25 K und 16 mbar bei T_d = 30 K. Eine

345

Atmosphäre/Regolith – Gleichgewicht für verschiedene Td

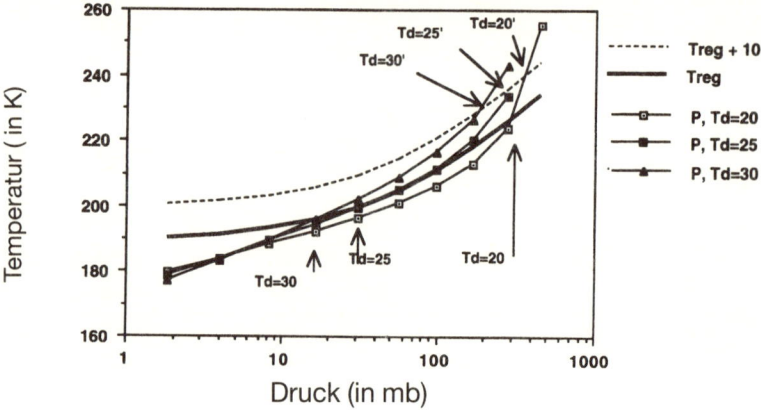

Graphik 9.3

Eine zusätzliche Steigerung der Regolithtemperatur um 10 K kann den Desorptionstemperatur (T_d)-Variationen entgegenwirken. Die angegebenen Daten setzen einen flüchtigen CO_2-Gehalt des Planeten von 500 mb voraus.

solch außerordentlich empfindliche Reaktion auf den endgültigen Zustand der Unbekannten T_d scheint auf den ersten Blick die gesamte Durchführbarkeit des Terraformungs-Konzeptes zu gefährden, doch Graphik 9.3 zeigt auch (punktierte Linie), was geschieht, wenn wir einen künstlichen Treibhauseffekt zur Beibehaltung der Regolithtemperatur (T_{reg}) von 10 Kelvin über jener Temperatur, die durch das Ausgasen des Kohlendioxids selbst entsteht, einsetzen. Wie bereits erwähnt, ist dies durch Einpumpen von in Fabriken produzierten FCKWs in die Atmosphäre möglich. Wie Sie erkennen können, steigert dies, unter der Annahme einer Desorptionstemperatur (T_d) von 25 K oder 30 K, die endgültigen globalen Temperatur- und Luftdruckwerte drastisch. Zusätzlich läßt sich ablesen, daß alle drei Fälle (T_d entspricht 20 K, 25 K oder 30 K) sich einem Endzustand annähern, bei dem der Mars eine Atmosphäre von mehreren hundert Millibar Druck besitzt.

Es gibt noch eine weitere Unbekannte in dem Modell, die wir untersuchen sollten, wenn sie auch nicht ganz so unbekannt ist wie die Desorptionstemperatur – die tatsächliche Menge von Kohlendioxidreserven auf dem Mars. Je größer die Reserven sind, desto mehr Kohlendioxid kann aus dem Regolith gelöst und desto dichter kann daher auch die von uns geschaffene Lufthülle werden. Die zu stellenden Fragen lauten demnach: Ist der Mars reich oder arm an Kohlendioxidreserven, und wie wirkt sich das in unserem Modell aus? Zum gegenwärtigen Zeitpunkt ist es das Sinnvollste, beide Voraussetzungen (arm und reich) anzunehmen, sie in unser Modell einzugeben und abzuwarten, was geschieht.

Um zu begreifen, wie sich der Kohlendioxidgehalt auf unsere Terraformungs-Bemühungen auswirkt und wie der Wert von T_d auf verschiedene vorhandene Kohlendioxidmengen reagiert, verweise ich auf die Graphiken 9.4, 9.5, 9.6 und 9.7. Darin sehen wir den endgültigen atmosphärischen Druck und die Gleichgewichtspunkte der maximalen jahreszeitlichen Durchschnittstemperatur in der Tropenregion des Mars unter der Annahme eines »armen« Mars mit einem Gesamtvorkommen von etwa 500 mbar Kohlendioxid (50 mbar Kohlendioxid in der Polkappe und 444 mbar im Regolith), und eines »reichen« Mars mit etwa 1000 mbar Kohlendioxid (100 mbar in der Polkappe und 894 mbar im Regolith). Erinnern wir uns daran, daß eine Erhöhung der Regolithtemperatur durch einen künstlichen Treibhauseffekt einen wesentlichen Unterschied im Endzustand der Atmosphäre bei verschiedenen Desorptionstemperaturen bedeutet. Das gilt auch hier. Die Diagramme zeigen verschiedene Kurven unter der Annahme, daß entweder ein künstlicher Treibhauseffekt nach der anfänglichen Auflösung der Polkappe einsetzt, oder daß fortgesetzte Bemühungen zur Beibehaltung der Planetendurchschnittstemperatur von 5 K, 10 K oder 20 K über dem Wert, der durch die Kohlendioxidatmosphäre selbst erzeugt wird, unternommen werden. Zum Beispiel ist aus Graphik 9.5 abzulesen, daß selbst unter der Annahme einer Desorptionstemperatur von 40 K eine künstlich aufrechterhaltene atmosphärische Temperatur von 20 K einen Gesamttemperaturanstieg um mehr als 40 K bewirkt. Weit wichtiger ist jedoch die Tatsache, daß mit langfristigen Bemühungen zur Beibehaltung einer Planetendurchschnittstemperatur von 20 K über der Temperatur, die durch die natürlichen Kohlendioxidreserven produziert wird, selbst bei einem so pessimistischen Desorptionstemperaturwert wie 40 K eine fühlbare Atmosphäre und annehmbare Druckverhältnisse erreicht werden können.

Gleichgewicht des CO$_2$-Drucks auf einem »armen« Mars

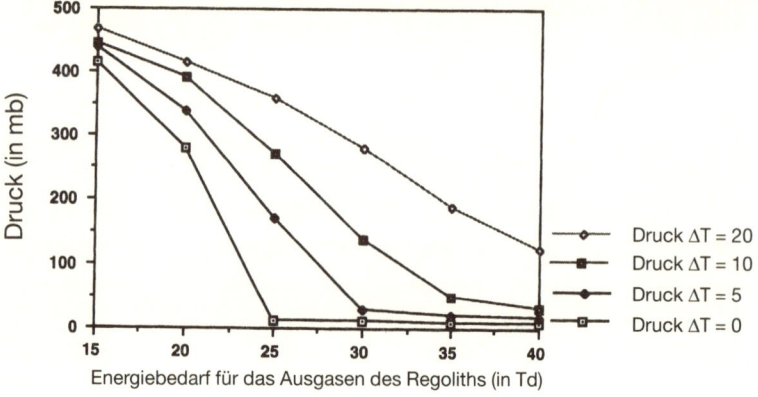

Graphik 9.4
Der auf dem Mars erreichte Gleichgewichtsdruck bei einem flüchtigen Kohlen-
dioxidgehalt des Planeten von 500 mbar nach Verdampfen der 50 mbar der Pol-
kappe. ΔT entspricht dem künstlich bewirkten ständigen Temperaturanstieg.

Temperaturmaximum in den Tropen eines »armen« Mars

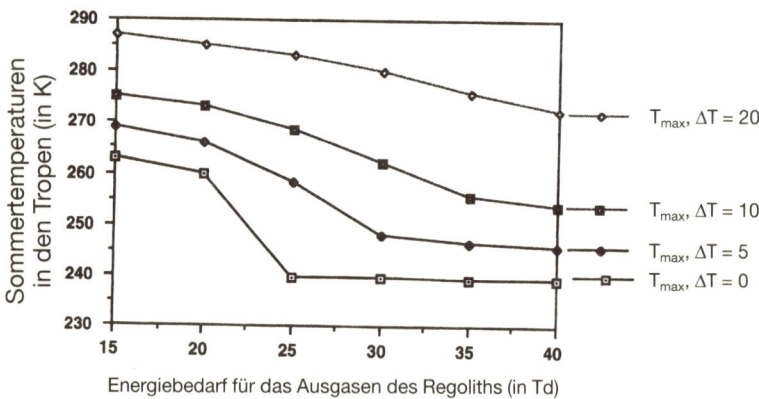

Graphik 9.5
Gleichgewicht der maximalen jahreszeitlichen (Tagesdurchschnitts-) Temperatur,
die auf dem Mars bei einem flüchtigen Kohlendioxidgehalt des Planeten von
500 mbar nach Verdampfen der 50 mbar der Polkappe erreicht wird.

Gleichgewicht des CO$_2$-Drucks auf einem »reichen« Mars

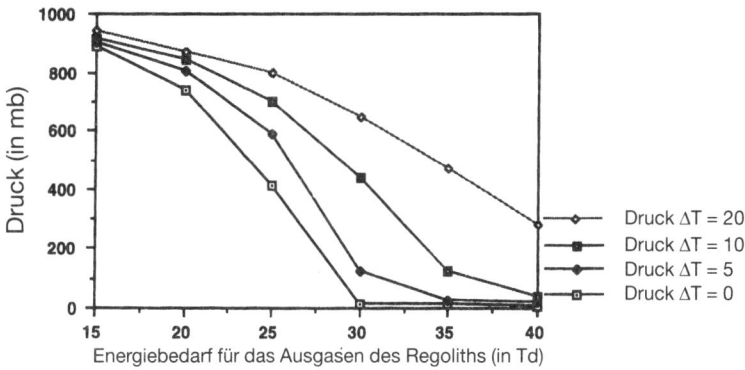

Graphik 9.6
Gleichgewichtsdruck, der auf dem Mars bei einem flüchtigen Kohlendioxidgehalt des Planeten von 1000 mbar nach Verdampfen der 100 mbar der Polkappe erreicht wird.

Temperaturmaximum in den Tropen eines »reichen« Mars

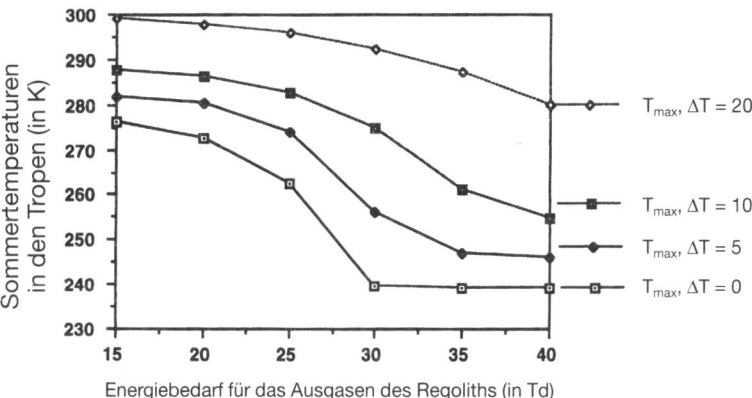

Graphik 9.7
Gleichgewicht der maximalen jahreszeitlichen (Tagesdurchschnitts-)Temperatur, die auf dem Mars bei einem flüchtigen Kohlendioxidgehalt des Planeten von 1000 mbar nach Verdampfen der 100 mbar der Polkappe erreicht wird.

Die wichtigste Schlußfolgerung, die wir aus dieser Analyse ziehen, ist, daß der endgültige Zustand eines terrageformten Mars hochempfindlich auf den derzeit unbekannten Wert der für die Freisetzung des Kohlendioxids aus dem Regolith nötigen Energie (T_d) reagiert, aber noch wesentlich stärker vom Grad des künstlich hervorgerufenen, anhaltenden Treibhauseffekts abhängt. Einfach ausgedrückt: Der Endzustand des Atmosphäre/Regolith-Systems auf einem durch Terraformen veränderten Mars ist *kontrollierbar*. Durch die Erhöhung der Durchschnittstemperatur des Planeten über den durch die Freisetzung natürlicher Kohlendioxidvorkommen erreichten Wert hinaus können auch durch extreme T_d-Werte verursachte Einschränkungen überwunden werden.

Wie rasch würde die Atmosphäre aus dem Regolith austreten?

Bisher betrachteten wir den Endzustand, nachdem das gesamte Kohlendioxid aus der Polkappe verdampft und aus dem Regolith ausgetreten ist. Das in der Kappe vorhandene Material löst sich rasch, doch die erzwungene Ausgasung des in größerer Tiefe im Regolith adsorbierten Kohlendioxids könnte einige Zeit in Anspruch nehmen. Für einen in der Praxis interessanten Terraformungs-Prozeß ist die Geschwindigkeit, mit der dies geschieht, von Bedeutung. Sollte der Austritt einer größeren Gasmenge aus dem Regolith 100 Millionen Jahre benötigen, ist die Tatsache, daß sie sich schließlich doch löst, rein akademisch. Die Geschwindigkeit, mit der das Gas aus dem Regolith austritt, wird in direktem Verhältnis zu der Geschwindigkeit stehen, mit der ein Temperaturanstieg, den wir an der Marsoberfläche verursachen, in den Boden eindringt.

Eine ganz gute Annäherung erhalten wir, wenn wir annehmen, daß der Marsregolith sich wie trockener Boden auf der Erde verhält, dem ein wenig Eis untergemischt ist. Die Geschwindigkeit, mit der sich Wärme in solch einem Medium ausbreitet, hängt von dessen Wärmeleitfähigkeit ab. Die Gleichungen für die Wärmeleitung geben an, daß sich die Zeit, die eine Temperaturerhöhung benötigt, um in einem Medium eine bestimmte Entfernung zurückzulegen, proportional zum Quadrat der Entfernung verhält. Ausgehend vom Verhalten terrestrischer Böden läge eine vernünftige Schätzung dieser Geschwindigkeit auf dem Mars bei etwa 16 m^2 pro Jahr. Wir müssen aber auch abschätzen, wieviel Gas im Regolith vorhanden ist. Setzt man Zeolithminerale den auf dem Mars herrschenden Temperaturen und Kohlendioxid aus, werden sie bis zu 20% ihres Feststoffgewichts an Kohlendioxid aufnehmen. Auch wenn der Regolith des Mars nicht aus Zeolith besteht, enthält er wahrscheinlich eine Menge tonartiger Minerale, die sich nicht allzu stark von Zeolith unterscheiden. Lassen Sie uns als grobe Schätzung annehmen, daß der Regolith des Mars mit ungefähr 5% Kohlendioxid angereichert ist und daß loses Material eine Durchschnittsdichte von 2,5 t pro Kubikmeter aufweist. Ist dies der Fall, muß man das im Regolith eingeschlossene Kohlendioxid bis in eine Tiefe von 200 m lösen – ausgasen –, um auf dem Mars einen Druck von 1000 mbar (1 bar auf der Erde auf Meeresniveau) herzustellen. Nehmen wir an, wir induzierten einen andauernden künstlichen Temperaturanstieg um 10 Kelvin an der Oberfläche, so würde dies ausreichen, um einen bedeutenden Anteil des im Regolith vorhandenen Gases freizusetzen. Dieser Temperaturanstieg würde sich dann in den Untergrund fortsetzen. Die Geschwindigkeit, mit der dies geschähe, finden Sie in Tabelle 9.1.

Wir sehen, daß ein Temperaturanstieg in geringerer Tiefe rasch durchzuführen ist, für die Erreichung bedeutender Tiefen aber viel Zeit aufgewendet werden müßte. Dies bedeutet, daß die ersten 100 mbar innerhalb weniger Jahrzehnte freigesetzt werden könnten, auch wenn es mehrere tausend Jahre dauert, den Gesamtgehalt von 1000 mbar bis in eine Tiefe von 200 m aus dem Regolith zu lösen.

Sobald die Temperatur größerer Gebiete auf dem Mars – zumindest zu bestimmten Jahreszeiten – über den Gefrierpunkt des Wassers steigt, beginnen die großen, im Regolith als Permafrost eingeschlossenen, gefrorenen Wassermengen zu schmelzen und sich eventuell in die trockenen Flußbetten des Mars zu ergießen. Wasserdampf ist ebenfalls ein effektives Treibhausgas. Da sich unter

Tabelle 9.1
Ausgasungsgeschwindigkeit der Atmosphäre aus dem Marsregolith

Zeit (Erdjahre)	Durchdrungene Tiefe (Meter)	Geschaffene Atmosphäre (Millibar)
1	4	20
4	8	40
9	12	60
16	16	80
25	20	100
36	24	120
49	28	140
64	32	160
81	36	180
100	40	200
144	48	240
196	56	280
256	64	320
324	72	360
400	80	400
900	120	600
1600	160	800
2500	200	1000

diesen Bedingungen auch der Dampfdruck des Wassers auf dem Mars enorm erhöht, verleiht das Wiederauftreten flüssigen Wassers an der Marsoberfläche den selbstbeschleunigenden Effekten, die alle zu einer raschen Erwärmung des Planeten beitragen, einen zusätzlichen Impuls. Die jahreszeitliche Verfügbarkeit flüssigen Wassers ist zudem ein Schlüsselfaktor bei der Schaffung natürlicher Ökosysteme an der Marsoberfläche.

Die Dynamik des Regolithausgasungsprozesses begreifen wir heute nur in groben Zügen. Auch die verfügbaren Gesamtreserven an Kohlendioxid werden uns erst bekannt sein, wenn menschliche Forscher zum Mars fliegen und detaillierte Untersuchungen anstellen. Daher dürfen diese Ergebnisse nur als Annäherung betrachtet werden. Dennoch ist eindeutig, daß das durch den Kohlendioxidtreibhauseffekt des Mars hervorgerufene positive Feedback den technischen Aufwand in hohem Maß reduziert, der andernfalls für die Transformation des Roten Planeten nötig wäre. Die Menge an Treibhausgas, die zur Erwärmung eines Planeten aufgebracht werden muß, ist ungefähr proportional zum Quadrat der angestrebten Temperaturänderung. Deshalb benötigt man für die Auslösung eines fortschreitenden Treibhauseffekts auf dem Mars mit einem künstlichen Temperaturanstieg um 10 K nur 4 % des technischen Aufwands, der betrieben werden müßte, wenn der gesamte Temperaturanstieg um 50 K, der zur Anhebung der Temperatur in den Tropen des Mars über den Gefrierpunkt des Wassers hinaus erforderlich ist, ausschließlich durch technischen Einsatz zu erreichen wäre.

Die nun zu untersuchende Frage lautet: Wie kann ein solcher globaler Temperaturanstieg um 10 K hervorgerufen werden?

Methoden zur globalen Erwärmung des Mars

Die drei vielversprechendsten Möglichkeiten, den benötigten Temperaturanstieg zur Erzeugung eines fortschreitenden Treibhauseffekts auf dem Mars zu erzielen, sind wohl folgende: der Einsatz orbitaler Spiegel zur Veränderung des Wärmegleichgewichts der Südpolkappe (wobei die Verdampfung ihrer Kohlendioxidvorräte initiiert wird), die Massenproduktion künstlicher Halogenkohlenwasserstoffgase in Industrieanlagen an der Marsoberfläche und die Schaffung eines weitverbreiteten bakteriellen Ökosystems, das den Planeten durch Emission enormer Mengen stark wirkender, natürlicher Teibhausgase wie Ammoniak oder Methan erwärmen kann. Wir werden alle näher betrachten. Möglicherweise liefert jedoch die synergistische Kombination verschiedener Methoden bessere Ergebnisse als eine allein.[40]

Spiegel im Orbit

Obwohl die Herstellung im Weltraum ausgesetzter Spiegel, die in der Lage sind, die gesamte Oberfläche des Mars auf terrestrische Temperaturen aufzuheizen, in der Theorie möglich ist, gehen die mit dieser Aufgabe verbundenen technischen Herausforderungen weit über den technologischen Horizont dieses Buches hinaus. Ein einfacher durchzuführendes Konzept wäre es, bescheidenere Spiegel zu bauen, die zur Aufheizung eines begrenzten Gebietes auf dem Mars um wenige Grad geeignet sind. Wie die Daten in Graphik 9.1 zeigen, sollte ein am Pol hervorgerufener Temperaturanstieg um 4 K ausreichen, um die Verdampfung der Kohlendioxidvorkommen in der Südpolkappe zu bewirken. Ausgehend von der gesamten Sonnenenergiemenge, die für den benötigten Temperaturanstieg eines bestimmten Gebietes über den Polarwert von 150 Kelvin benötigt wird, stellt sich heraus, daß ein im Weltraum plazierter Spiegel mit einem Radius von 125 km genug Sonnenlicht reflektiert, um die gesamte Region südlich von 70° südlicher Breite um 5 Kelvin zu erwärmen. Das wäre mehr als ausreichend. Wenn man einen derartigen Spiegel ähnlich einem Sonnensegel aus aluminiumbedampftem Mylar mit einer Dichte von 4 t pro Quadratkilometer (etwa 4 Mikrometer stark) herstellte, würde ein Segel eine Masse von 200 000 t erreichen. Viele Schiffe dieser Größenordnung befahren derzeit die Ozeane der Erde.

Auch wenn ein solcher Spiegel zu groß ist, als daß man ihn von der Erde aus transportieren könnte, ist seine Herstellung im Weltraum aus Asteroiden- oder Marsmondmaterial eine ernstzunehmende Option, sobald die dafür nötigen Produktionstechniken verfügbar sind. Die Gesamtenergiemenge, die zur Erzeugung des Materials für einen Reflektor dieser Größe erforderlich wäre, betrüge etwa 120-MWe-Jahre, die rasch von 5 MWe Atomreaktoren, wie sie für bemannte Raumfahrzeuge mit nuklearelektrischem Antriebssystem eingesetzt werden könnten, aufzubringen wären. Interessanterweise müßte ein solches System den Mars nicht umkreisen, wenn es in seiner Nähe stationiert wird. Statt dessen könnte Sonnenlichtdruck zum Ausgleich der Planetengravitation herangezogen werden, wodurch der Spiegel statisch über der Polregion schweben und seine Energie beständig auf diese richten würde.[41] Bei der angenommenen Segeldichte wäre die erforderliche Betriebshöhe 214 000 km. Die statische Anordnung des Reflektors und die erforderliche Spiegelgröße zur Erzeugung eines bestimmten polaren Temperaturanstiegs werden in Abbildung 9.1 und Graphik 9.8 gezeigt.

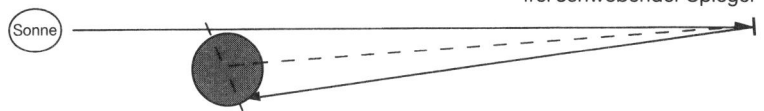

frei schwebender Spiegel

Sonne

südliche Polkappe des Mars

Abbildung 9.1
Sonnensegel mit einer Dichte von 4 t/km² können durch Lichtdruck stationär in
einer Höhe von 214 000 km über dem Mars gehalten werden. Durch eine geringe
Vergeudung von Licht lassen sich Schatten verhindern.

Liegt der Wert von T_d unter 20 Kelvin, könnte die Freisetzung
der polaren Kohlendioxidreserven an sich ausreichen, um die Ausgasung der Regolithreserven in einem fortschreitenden Treibhauseffekt auszulösen. Sollte T_d jedoch über 20 Kelvin liegen – und das
ist wahrscheinlich –, ist eine Zugabe stark wirkender Treibhausgase in die Atmosphäre notwendig, um einen globalen Temperaturanstieg zu erzwingen, der zur Schaffung eines fühlbaren atmosphärischen Drucks auf dem Mars ausreicht.

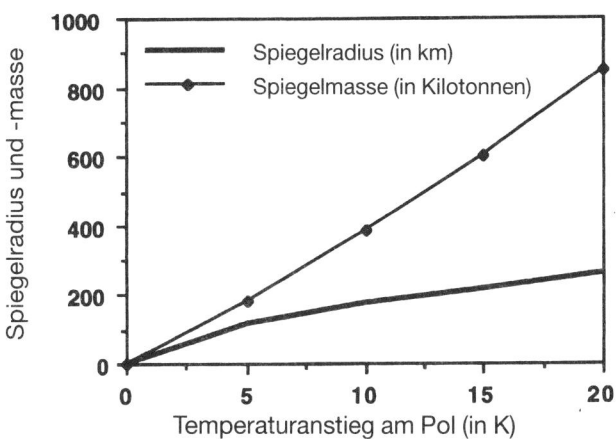

Aufheizen der Polkappe mit Spiegeln

Graphik 9.8
Sonnensegelspiegel mit Radien von 100 km und Massen von 200 000 t können
den Temperaturanstieg um 5 K bewirken, der für die Verdampfung des CO_2 in
der südlichen Polkappe des Mars erforderlich ist. Der Zusammenbau solcher
Spiegel könnte möglicherweise im Weltraum erfolgen.

Die einfachste Methode zur Erhöhung der Temperatur auf dem Mars ist die Errichtung von Fabriken, die die stärksten dem Menschen bekannten Treibhausgase herstellen und in die Atmosphäre entlassen – Halogenkohlenwasserstoffe oder FCKWs, von vielen als Bedrohung der Erde (Treibhauseffekt) angesehen. Auf der Erde werden die FCKWs auch für die Zerstörung der Ozonschicht verantwortlich gemacht. Wählen wir jedoch unsere Halogenkohlenwasserstofftreibhausgase sorgfältig aus und setzen solche ein, die kein Chlor enthalten, könnten wir tatsächlich eine die ultraviolette Strahlung abschirmende Ozonschicht in der Marsatmosphäre aufbauen. Eines der geeignetsten Gase wäre Perfluormethan, CF_4, das die angenehme Eigenschaft aufweist, in der oberen Atmosphäre langlebig zu sein (mehr als 10 000 Jahre stabil). In Tabelle 9.2 zeigen wir die Halogenkohlenwasserstoffgasmenge, die erforderlich ist, um in der Marsatmosphäre einen bestimmten Temperaturanstieg herbeizuführen, und die Energie, die zur Herstellung der benötigten FCKWs an der Marsoberfläche im Verlauf von 20 Jahren aufgewandt werden müßte. Unter der Voraussetzung, daß die Gase in der Atmosphäre eine Lebensdauer von 100 Jahren haben, würde man ungefähr ein Fünftel der in der Tabelle angegebenen Energiemenge zur Aufrechterhaltung der FCKW-Konzentration benötigen, sobald sie einmal aufgebaut ist. Der mit dieser Energiemenge verbundene industrielle Aufwand wäre beträchtlich. Täglich müßte mit Hilfe mehrerer tausend Arbeiter an der Marsoberfläche eine Zugladung raffinierten Materials hergestellt werden. Eine Energiemenge von etwa 5000 MWe wäre erforderlich, was dem Energieverbrauch einer großen amerikanischen Stadt wie Chicago entspricht. Zudem wäre ein Projektgesamtbudget von mehreren hundert Milliarden Dollar nötig. Doch unter Berücksichtigung all dieser Faktoren wäre eine solche Option kaum vor Mitte des 21. Jahrhunderts möglich.

Die biologische Lösung

Die Anforderungen an den Menschen, um einen Treibhauseffekt auf dem Mars in Gang zu bringen, könnten durch den Einsatz biologischer Helfer bedeutend verringert werden. Für diese Annäherung an ein Terraformen setzte sich Carl Sagan bereits in den 60er Jahren ein. Damals entfachte er die wissenschaftlichen Terraformungs-Spekulationen durch seinen Vorschlag, die Venus solle durch Ausbringen von Algen, die das Kohlendioxid ihrer Atmosphäre vernichten und damit den höllischen Treibhauseffekt des Planeten verringern, klimatisch erträglich gemacht werden.[42] Auch wenn diese Idee wohl niemals funktionieren wird, konnten Sagan und sein Mitarbeiter James Pollack in neueren Marsstudien darauf hinweisen, daß Bakterien existieren, die in der Lage sind, Stickstoff und Wasser in Ammoniak umzuwandeln.[43] Zusätzlich zu seinem geringen Vorkommen in der Marsatmosphäre ist Stickstoff voraussichtlich in größeren Mengen in Form von Nitratlagern im Regolith zu finden. Andere Bakterien wiederum können Wasser und Kohlendioxid zu Methan synthetisieren. Auch wenn Ammoniak und Methan nicht so gut sind wie Halogenkohlenwasserstoffe, stellen sie dennoch ausgezeichnete Treibhausgase dar, die im direkten Molekül-zu-Molekül-Vergleich tausendfach wirkungsvoller sind als Kohlendioxid. Sollte es möglich sein, durch Polarspiegel und FCKW-Produktion einen Treibhauseffekt zu initiieren, könnte dieser flüssiges Wasser in Umlauf bringen. So wäre es möglich, an der Planetenoberfläche eine bakterielle Ökologie aufzubauen, die durch die Erzeugung großer Mengen Ammoniak und Methan den eingeleiteten Prozeß beschleunigen würde. Unter der Annahme, daß 1 % der Planetenoberfläche von solchen Bakterien bedeckt wird und daß diese mit einem Wirkungsgrad von 0,1 % die Energie des Sonnenlichts in die Bildung chemischer Verbindungen umsetzen, könnte auf diese Weise eine Milliarde Tonnen Methan und Ammoniak pro Jahr produziert werden. Dies genügt, um den Planeten in etwa 30 Jahren um 10 Kelvin aufzuheizen.

Zusätzlich würden Ammoniak und Methan die Planetenoberfläche auch vor der ultravioletten Strahlung der Sonne schützen. Allerdings werden sie im Verlauf dieses Prozesses auch kontinuierlich zerstört, da ihre Moleküle in der Atmosphäre nur eine Lebensdauer von einigen Jahrzehnten besitzen. Dieser Verlust würde jedoch von den Bakterien ständig ausgeglichen werden. Durch die Erwärmung des Planeten und die Ausgasung des Kohlendioxids aus dem Regolith wird sich die Ozonschicht des Mars verdichten

Tabelle 9.2
Erzielung eines Treibhauseffekts auf dem Mars mit Hilfe von FCKWs

Induzierte Erwärmung (in K)	FCKW-Druck (in Mikrobar)	FCKW-Produktion (in Tonnen/Stunde)	Energiebedarf (in MWe)
5	0,012	260	1310
10	0,04	880	4490
20	0,11	2410	12070
30	0,22	4830	24150
40	0,80	17570	87850

und somit einen zusätzlichen UV-Schutz sowohl für die Oberfläche als auch für die Ammoniak- und Methan-Treibhausgase in der Atmosphäre bieten. (Kohlendioxid unterstützt die Ozonbildung. Derzeit verfügt der Mars über eine Ozonschicht von 1/60 der Stärke der Erdozonschicht. Dieser Wert ist ausnehmend gut, wenn man bedenkt, daß die Marsatmosphäre nur 1/120 der Dichte der Erdatmosphäre aufweist.)

Innerhalb einiger Jahrzehnte könnte unter Anwendung dieser Methoden der Mars aus seinem derzeit trockenen und gefrorenen Zustand in einen relativ warmen und leicht feuchten Planeten transformiert werden, der sich als Grundlage für Leben eignet. Auch wenn es den Menschen nicht möglich wäre, die Luft des umgewandelten Mars zu atmen, wären Raumanzüge überflüssig. Sie könnten sich frei an der Oberfläche bewegen, gewöhnliche Kleidung tragen und ein einfaches Atmungsgerät benützen, wie Taucher es verwenden. Wenn zusätzlich der Außenluftdruck auf ein für den Menschen erträgliches Maß gesteigert würde, könnten unter riesigen, kuppelförmigen, aufblasbaren Zelten ausgedehnte Wohnareale errichtet werden, die atembare Luft enthalten. (Im Gegensatz zu den unter Druck stehenden Kuppeln, die während der Errichtungsphase der Basis eingesetzt würden, könnten diese Kuppeln in jeder beliebigen Größe gebaut werden, da es zwischen dem Innenmilieu und der Außenumgebung keinen Druckunterschied gäbe.) Einfache, robuste Pflanzen gedeihen in der kohlendioxidreichen Außenumgebung und breiten sich rasch über die Planetenoberfläche aus. Im Laufe von einigen Jahrhunderten fügen diese

Pflanzen der Marsatmosphäre ausreichend Sauerstoff hinzu, so daß sie mit zunehmendem Maß atembarer wird, und erschließen die Oberfläche für Nachfolgepflanzen und eine wachsende Zahl von Tierarten. Während dieses Prozesses nimmt der Kohlendioxidgehalt der Atmosphäre ab. Dadurch erfährt der Planet eine Abkühlung, wenn man nicht Treibhausgase hinzufügt, die in der Lage sind, jene Abschnitte des Infrarotspektrums abzublocken, welche bis dahin vom Kohlendioxid geschützt wurden. Wenn man all diese Faktoren berücksichtigt, sind die Kuppelzelte vielleicht eines Tages nicht mehr nötig.

Die Aktivierung der Hydrosphäre

Die ersten beiden für das Terraformen des Mars erforderlichen Schritte – die Erwärmung des Planeten und die Verdichtung seiner Atmosphäre – lassen sich mit überraschend bescheidenen Mitteln durch *In-situ*-Produktion von Halogenkohlenwasserstoffgasen und unterstützt von nützlichen Bakterien erreichen. Dennoch wären der Sauerstoff- und Stickstoffgehalt in der Atmosphäre für viele Pflanzen zu niedrig. Beliße man diesen Zustand, bliebe der Planet relativ trocken, da die wärmeren Temperaturen Jahrhunderte benötigten, um das Marseis und den in der Tiefe verborgenen Permafrost zu schmelzen. Gerade in dieser zweiten Terraformungs-Phase, in der die Hydrosphäre aktiviert sowie eine Atmosphäre erzielt wird, die für Nachfolgepflanzen und primitive Tiere zur Atmung geeignet ist, und die Temperatur weiter steigt, wird wahrscheinlich der im Weltraum stationierten Herstellung großer, das Sonnenlicht bündelnder Konstruktionen eine immer bedeutendere Rolle zukommen.

Spiegel, die in einer Umlaufbahn kreisen, aktivieren die Hydrosphäre rasch. Konzentriert man beispielsweise die Energie des bisher im Zusammenhang mit der Verdampfung der Polkappen erwähnten Reflektors mit einem Radius von 125 km auf ein kleineres Gebiet, stünden 27 Terrawatt zum Schmelzen von Eis zur Verfügung (ein Terrawatt, TW, entspricht 1 Million MW). Dies reicht aus, um 3 Millionen t Wasser pro Jahr zu schmelzen (ein quadratischer

See von 200 km Seitenlänge und 75 m Tiefe). Ein einziger Spiegel könnte auch sehr rasch große Wassermengen aus dem Permafrost lösen und in das entstehende Ökosystem des Mars einbringen. Je schneller der Wasserkreislauf aktiviert wird, desto stärker wird die Tätigkeit der denitrierenden Bakterien angeregt, die die Nitratvorkommen aufbrechen und die Stickstoffzufuhr in die Atmosphäre steigern. Damit wird die Verbreitung von Pflanzen, die Sauerstoff produzieren, beschleunigt. Die Aktivierung der Hydrosphäre wird aber auch der Zerstörung oxidierender Chemikalien im Marsregolith dienen (die den Ergebnissen von *Viking* zufolge im Beisein von Wasser instabil sind) und durch diesen Prozeß zusätzlichen Sauerstoff in die Atmosphäre einspeisen. Auch wenn die Entwicklung solcher Spiegel etwas bombastisch wirkt – die Möglichkeit, einige zig Terrawatt Energie auf kontrollierte Weise einzusetzen, bietet zahlreiche Vorteile für das Terraformen.

Die Sauerstoffanreicherung auf dem Planeten

Die schwierigste technologische Herausforderung beim Terraformen des Mars wird die Schaffung von ausreichenden Sauerstoffmengen in der Planetenatmosphäre sein, die das Leben von Tieren sichern. Während Bakterien und primitive Pflanzen in einer Atmosphäre ohne Sauerstoff gedeihen können, benötigen höhere Pflanzen zum Überleben zumindest 1 mbar und der Mensch 120 mbar Sauerstoffanteil. Auch wenn der Regolith oder die Nitrate auf dem Mars Peroxide enthalten sollten, die durch Erwärmung Sauerstoff- und Stickstoffgas freisetzen, wären für diesen Prozeß enorme Energiemengen in der Größenordnung von 2200-TW-Jahr für jedes produzierte Millibar nötig. Ähnliche Energiemengen müßten auch von Pflanzen aufgewendet werden, um Sauerstoff aus dem Kohlendioxid zu lösen. Doch Pflanzen bieten den Vorteil, daß sie sich selbständig vermehren, sobald sie sich angesiedelt haben. So unterteilt sich die Schaffung einer Sauerstoffatmosphäre auf dem Mars in zwei Phasen.

In der ersten Phase werden rigorose Techniken eingesetzt, unterstützt von Pionieren wie Cyanbakterien und niedrigen Pflanzen, um ausreichende Sauerstoffmengen (etwa 1 mbar) für die Verbreitung höherer Pflanzen über den Mars herzustellen. Unter der Annahme, daß dieses Programm von drei Weltraumspiegeln mit einem Radius von 125 km und ausreichenden Vorkommen geeigneten Ausgangsmaterials an der Oberfläche aktiv gefördert würde, ließe sich solch ein Ziel in etwa 25 Jahren erreichen. Als Alternative dazu könnte der Atmosphäre in etwa einem Jahrhundert durch die Tätigkeit photosynthetischer Bakterien 1 mbar Sauerstoffgehalt beigefügt werden. Bald steht auf die eine oder andere Weise eine Anfangsversorgung von Sauerstoff zur Verfügung, herrscht ein gemäßigtes Klima. Die Kohlendioxidatmosphäre ist so weit verdichtet, daß sie ausreichenden Druck liefert und die Dosis an kosmischer Strahlung stark verringert; eine ausreichende Wassermenge befindet sich im Umlauf. Jetzt ist es möglich, Pflanzen, die genetisch so entwickelt sind, daß sie auf den Marsböden wachsen können und einen hohen Wirkungsgrad in der Photosynthese aufweisen, gemeinsam mit ihren bakteriellen Symbionten freizusetzen. Wenn wir annehmen, daß eine globale Bedeckung in ein paar Jahrzehnten erzielbar ist und die Pflanzen so entwickelt werden können, daß sie einen Wirkungsgrad von 1% erreichen (obwohl dieser Wert hoch ist, ist er auch bei terrestrischen Pflanzen anzutreffen), entsprächen sie einer sauerstoffproduzierenden Energiequelle von etwa 200 TW. Kombiniert man den Einsatz solcher biologischer Systeme mit im Weltraum stationierten Reflektoren von ungefähr 90 TW und den 10 TW Energie, die an der Oberfläche produziert werden könnten (die terrestrische Zivilisation verbraucht heutzutage 13 TW), ließen sich die 120 mbar Sauerstoff, die für das Überleben des Menschen und anderer höherentwickelter Tiere im Freien erforderlich wären, in etwa 900 Jahren herstellen. Sollte es möglich sein, stärkere künstliche Energiequellen oder leistungsfähigere Pflanzen (oder vielleicht vollkommen künstliche, selbstreplizierende Photosynthesemaschinen) zu entwickeln, könnte dieser Zeitplan entsprechend beschleunigt werden. Dieser Gedanke bildet vielleicht einen Anreiz für die Erarbeitung neuer Technologien. Anzumerken wäre, daß thermonukleare Fusionsenergie, wie sie zur Beschleunigung des Terraformungs-Prozesses benötigt wird, auch die Schlüsseltechnologie für die Verwirklichung bemannter interstellarer Flüge ist. Sollte beim Terraformen des Mars diese Technologie als Nebenprodukt entwickelt werden, würden der Menschheit als Endergebnis dieses Projekts nicht nur *eine* neue Welt zur Besiedlung erschlossen werden, sondern Myriaden.

Ein Geschenk für die Zukunft

>*»Lege Zeugnis ab von dieser neugeschaffenen Welt,*
>*Ein weiterer Himmel nicht fern dem Himmelstor,*
>*Entdeckt in der reinen Klarheit, dem gläsernen Meer;*
>*Von nahezu grenzenloser Ausdehnung, geschmückt*
>*Mit zahllosen Sternen, und jeder Stern vielleicht eine Welt*
>*Uns als Wohnstätte bestimmt ...«*
>
> John Milton, *Das verlorene Paradies*

Die Aussage der Berechnungen ist eindeutig: Der rote Planet kann für Menschen bewohnbar gemacht werden. Doch nur menschliche Forscher, die auf dem Mars selbst operieren, werden genug über den Planeten und die Nutzungsmethoden seiner Ressourcen herausfinden, um diesen Traum Wirklichkeit werden zu lassen. Der Einsatz lohnt sich, denn als Gewinn lockt eine ganze Welt.

In gewissem Sinn bringt uns die Diskussion über die Möglichkeiten der Menschheit, den Mars urbar zu machen, wieder an den Ausgangspunkt zurück. Sind wir die am höchsten entwickelten Bewohner des Kosmos oder nur untergeordnete Wesen? Kepler bewies, daß die Gesetze des Himmels für den menschlichen Geist *begreifbar* sind. Die ersten Astronauten, die auf dem Mars eintreffen, werden beweisen, daß die Welten des Himmels für das menschliche Leben *erreichbar* sind. Doch wenn es uns gelingt, den Mars urbar zu machen, wird der Beweis erbracht, daß sich selbst die Welten des Himmels dem Willen einer intelligenten Menschheit unterordnen müssen.

Der Mars könnte eine zweite Heimat für jede Art von Leben werden, nicht nur für den Menschen und nicht nur für den »Fisch des Meeres ... den Vogel der Lüfte und jedes Lebewesen, das die Erde bevölkert«, sondern auch für eine Vielzahl heute noch ungeborener Spezies. Neue Welten eröffnen neue Formen, und in dem jungen

Lebensraum eines urbar gemachten Mars könnte sich das von der Erde mitgebrachte Leben fortentwickeln und sich in einer noch nie gekannten Verschiedenheit vervielfältigen.

Das ist das wundervolle Erbe, das wir für zukünftige Generationen zu sammeln beginnen könnten – nicht allein eine neue Welt für Leben und Zivilisation, sondern ein Beispiel dafür, was intelligente, kühne und visionäre Männer und Frauen zu erreichen imstande sind, wenn sie ihren höchsten Idealen entsprechend handeln. Götter werden wir niemals werden. Doch die Menschheit, die den Mars bewohnbar macht, wird beweisen, daß der Mensch mehr als nur ein Tier ist, daß wir tatsächlich Lebewesen sind, die über einen einzigartigen Verstand verfügen, der Respekt verdient. Niemand wird den neuen Mars betrachten, ohne sich unendlich stolz zu fühlen, ein Mensch zu sein. Niemand wird seine Geschichte hören, ohne sich inspiriert zu fühlen, die Aufgaben in Angriff zu nehmen, die in den Sternen auf uns warten.

Gleichungen für ein Modell des Marssystems

Wir können die Durchschnittstemperatur des Mars als Funktion des atmosphärischen CO_2-Drucks und der Solarkonstante nach folgender Gleichung annehmen:

$$T_m = 213,5 \ (S^{0,25} + 20(1 + S) \ P^{0,5} \tag{1}$$

Dabei entspricht T_m der mittleren Planetentemperatur in Kelvin, S der Menge der Solarleistung (wobei die Solarleistung eines heutigen Tages gleich 1 ist) und P dem atmosphärischen Druck auf dem Mars, gemessen bei einer durchschnittlichen Oberflächenerhebung und angegeben in Bar. (1 bar wird zumeist als normaler Luftdruck angesehen; es entspricht 10 Newton je Quadratzentimeter, also auf der Erde $1 \frac{g}{m \cdot s^2}$.

Die Atmosphäre ist ein bedeutendes Mittel für den Wärmetransport vom Äquator zum Pol. Deshalb nahmen Chris McKay und ich folgendes an:

$$T_{Pol} = T_m \text{-} 75 \ (S^{0,25}) : (1 + 5P) \tag{2}$$

Auf Basis einer groben Annäherung an beobachtete Daten ist es sinnvoll, die folgende Annahme zu treffen:

$$T_{max} = T_{Äquator} = 1{,}1T_m \qquad (3)$$

Die globale Temperaturverteilung verhält sich demzufolge wahrscheinlich wie folgt:

$$T(\theta) = T_{max} - (T_{max} - T_{Pol}) \sin^{1,5}\theta \qquad (4)$$

wobei θ die (nördliche oder südliche) Breite ist.

Die Gleichungen (1) bis (4) geben die Temperatur des Mars als Funktion des Kohlendioxiddrucks an. Doch wie bereits weiter oben angeführt, ist der Kohlendioxiddruck seinerseits eine Funktion der Temperatur. Auf dem Mars gibt es drei Kohlendioxidreservoirs: die Atmosphäre, das Trockeneis in den Polkappen und das adsorbierte Gas im Regolith. Die Wechselwirkung zwischen den Polkappenreserven und der Atmosphäre ist bekannt und wird durch die Beziehung zwischen dem Dampfdruck des Kohlendioxids und der Temperatur der Pole vorgegeben. Sie basiert auf der Dampfdruckkurve des Kohlendioxids, die in einer Annäherung wie folgt beschrieben werden kann:

$$P = 1{,}23 \times 10^7 \{\exp(-3170 / T_{pol})\} \qquad (5)$$

Solange sowohl in der Atmosphäre als auch in der Kappe Kohlendioxid vorhanden ist, liefert die Gleichung (5) eine präzise Antwort auf die Frage, welcher atmosphärische Kohlendioxiddruck sich als Funktion der Poltemperatur ergibt. Steigt jedoch die Poltemperatur auf einen Punkt an, bei dem der Dampfdruck weit größer ist, als er durch die Masse der Kappe (zwischen 50 und 100 mbar) erzeugt werden kann, löst sich die Kappe auf, und die Atmosphäre wird von den Vorkommen im Regolith geregelt.

Die Beziehung zwischen dem Regolithvorkommen, der Atmosphäre und der Temperatur ist nicht exakt bekannt. Eine von McKay[44] entwickelte, vernünftige Schätzung lautet:

$$P = \{C M_a \exp (T / T_d)\}^{3,64} \qquad (6)$$

wobei M_a der Menge an adsorbiertem Gas im Regolith in bar entspricht, C eine angemessene Konstante zur Wiedergabe bekannter Marszustände in Gleichung (6) und T_d die zur Lösung des Gases aus dem Regolith charakteristische Energie (»Desorptionstemperatur«) ist. Da Gleichung (6) einem bekannten Gesetz zur Veränderung eines chemischen Gleichgewichts in Abhängigkeit von der Temperatur folgt, kann ihre allgemeine Form mit einiger Gewißheit als korrekt angenommen werden. Dennoch ist uns der Wert von T_d unbekannt und wird es wohl bis nach der ersten bemannten Marsmission auch bleiben. Da wir den wahren Wert von T_d nicht kennen, können wir an das Problem herangehen, indem wir T_d von 15 K bis 40 K variieren (je geringer der Wert von T_d ist, desto einfacher gestaltet sich die Aufgabe zukünftiger Terraformer). Danach verwenden wir die globale Temperaturverteilung aus Gleichung (4), um Gleichung (6) auf die gesamte Planetenoberfläche anzuwenden und somit den globalen »Regolithdruck« zu bekommen. So erhalten wir eine ziemlich genaue, gewissermaßen zweidimensionale Ansicht des zwischen Atmosphäre und Regolith herrschenden Gleichgewichts, bei dem der Großteil des adsorbierten Kohlendioxids auf die kälteren Planetenregionen verteilt ist. Anhand unseres Modells zeigt sich also, daß regionale Temperaturänderungen (im Sinne der geographischen Breite), besonders in polnahen Regionen, einen ebenso wichtigen Einfluß auf die Wechselwirkungen zwischen Atmosphäre und Regolith haben können wie Veränderungen in der Durchschnittstemperatur des Planeten.

Die Ergebnisse dieses Modells, die im Verlauf des Kapitels grafisch dargestellt wurden, bieten eine ausreichende Begründung anzunehmen, daß der Mars urbar gemacht werden kann.

10
Der Blick von der Erde

»No bucks, no Buck Rogers.«
Anonym

In den neun vorangegangenen Kapiteln habe ich die technischen Möglichkeiten und die Vision, was wir mit dem Start eines Programms zur Entsendung von Menschen zum Mars erreichen könnten, dargelegt. Nun ist es an der Zeit, wieder auf die Erde zurückzukehren. Das größte Hindernis dabei, auf dem Mars Fuß zu fassen, findet sich nicht bei den technischen Details einer bemannten Marsmission und ebensowenig in der hohen Belastung, die die Reise zum Mars darstellt oder in den langen Tagen der Erforschung einer neuen Welt. Das größte Hindernis stellen die Politiker unseres Heimatplaneten dar. Wie kann es uns gelingen, die benötigten Geldmittel zu bekommen, um das Programm in Gang zu bringen?

Einige halten dies für unmöglich. Sie verweisen auf das Scheitern der Weltraumforschungsinitiative (SEI) von Präsident Bush und nehmen das als Beweis dafür, daß die amerikanische Politik kein Programm zur Entsendung von Menschen auf den Mars unterstützen wird. Doch die hinter diesem »Beweis« steckende Logik leidet an einem wesentlichen Schönheitsfehler. Sie beruht auf der Annahme, daß eine Gesetzmäßigkeit bestehe. Es heißt, Bush habe John F. Kennedys erfolgreiches *Apollo*-Programm zu wiederholen versucht, doch im Umfeld der 90er seien seine Bemühungen aussichtslos gewesen. Daraus zog man den Schluß, es sei unausweichlich gewesen, daß die SEI gescheitert sei, und alle zukünftigen SEIs müßten ebenso scheitern.

Auch wenn alles gut zusammenzupassen scheint, stimmt das nicht. Bush hat sich für die SEI nicht in dem Maß eingesetzt, wie Kennedy es für das *Apollo*-Programm tat. Bush hat sich im Fall SEI so verhalten wie im Falle der Kurden: Er hat angekündigt, daß »die Stunde« gekommen sei, den Ball in die Luft geworfen und das Spielfeld verlassen. Wie Dwayne Day vom Space Policy Institute erklärte, trat Bush für die Weltraumforschung genauso ein, wie er »Umweltpräsident« oder »Ausbildungspräsident« gewesen sei – mit geringem Einsatz und rein formell. Natürlich ist der 90-Tage-Report mit seinen veranschlagten Kosten von 450 Milliarden Dollar und einer Laufzeit von 30 Jahren der Situation nicht gerade förderlich gewesen. Doch das eigentliche Problem war nicht der 90-Tage-Report, sondern eine Führung, die die Fehler dieses Reports nicht zu korrigieren bereit war.

Lassen Sie mich verdeutlichen, was ich damit meine: Als sich die SEI im Juni 1990 noch in der Anfangsphase ihres Sturzfluges befand, nahm ich an einer großzügig von der NASA geförderten SEI-Konferenz an der Pennsylvania State University teil. Dabei erklärte der republikanische Kongreßabgeordnete Robert Walker während der Plenarsitzung den Repräsentanten der Luft- und Raumfahrtindustrie und der Presse offen, der Grund für die Ablehnung der Finanzierung des SEI-Programms durch den Kongreß liege in der Aussage eines hohen NASA-Funktionärs – deren damaligem Leiter Richard Truly. Er habe dem Kongreß mitgeteilt, daß der nach Lust und Laune über die Geldmittel für SEI abstimmen könne, sobald die NASA bekommen habe, was sie für die Space Shuttle- und Space Station-Programme wolle. Mit anderen Worten: Die Führung der NASA weigerte sich, das Programm, für das Präsident Bush nationale Priorität erklärt hatte, zu unterstützen. Viele sahen in diesem Vorgehen Sabotage und vertraten die Ansicht, daß man Truly hätte absetzen müssen. Die damaligen Führer des National Space Council, Mark Albrecht und Pete Worden, versuchten, mit der Situation fertigzuwerden, doch aufgrund der Tatenlosigkeit des Präsidenten vergingen zwei weitere Jahre, bis Truly ersetzt wurde. Zu diesem Zeitpunkt war die SEI so gut wie gestorben.

Durch Bushs mangelndes Engagement und den Widerstand der NASA-Führung blieb das SEI-Programm verwaist zurück und wurde nur noch von einigen Mitgliedern des Space Council und wenigen aufgeschlossenen Kongreßabgeordneten unterstützt. Ohne Lobby waren sie gezwungen zu versuchen, die Finanzierung der SEI durch einige wenige geringfügige Geldmittelzugeständnisse des Kongresses zustande zu bringen. Als die politischen Gegner der Regierung diese Schwäche erkannten, nahmen sie die Gelegenheit wahr, Bush und den Chef des Space Council, Dan Quayle, zu demütigen. Kevin Kelly, ein Berater der Senatorin Barbara Mikulski, führte das Massaker an. Er machte jede für die NASA bestimmte und womöglich mit dem SEI-Programm verbundene Geldzuweisung ausfindig und eliminierte sie systematisch, egal wie klein sie auch war. Als Dan Goldin 1992 Chef der NASA wurde, blieb ihm als einzige Möglichkeit, die Reste jener Technologieprogramme, die für ein Marsprojekt benötigt wurden, aus ihrer unseligen Verbindung mit der SEI zu lösen, indem er diese Initiative für beendet erklärte. Das war schlußendlich genau der Weg, den er nach einem etwa einjährigen Rettungsversuch zugunsten der SEI auch beschritt.

Karl Marx verglich einmal den brillanten militärischen und politischen Strategen Napoleon Bonaparte mit folgenden Worten mit dessen zügellosem Großneffen Napoleon III.: »Alle historischen Ereignisse geschehen zweimal, das erste Mal als Tragödie und das zweite Mal als Farce«. Dieser Vergleich gilt auch für Kennedy und Bush. Es heißt, Napoleon III. habe sich die Zeit mit Billard vertrieben, während seine Armee bei Sedan vernichtend geschlagen worden sei. Von Bush könnte man sagen, er hat den Mars auf seinen Segelausflügen bei Kennebunkport verloren. Das Scheitern der SEI beweist, daß Armeen keine Schlachten gewinnen, wenn ihre Generäle sich dem Billardspiel widmen.

Doch latent ist in den USA eine kräftige politische Unterstützung für die Entsendung von Menschen auf den Mars vorhanden. Das wurde mir zunehmend klar, während ich vor zahlreichen Gruppen des öffentlichen Lebens über dieses Thema sprach. Das Spektrum reichte von Rotary Clubs bis zu Installateurversammlungen. Die Zuhörer hatten allesamt kein persönliches Interesse an einem Marsprogramm. Die zentrale, immer wieder gestellte Frage lautete: »Wie kommt es, daß wir das nicht tun?« »Ich erinnere mich an das *Apollo*-Programm«, erzählten mir Leute aus dem Publikum, »hätten wir nicht danach den Mars in Angriff nehmen müssen? Wie kommt es, daß es keine Fortsetzung gab? Gerade hier müßte sich unser Land doch engagieren!«

Solche Meinungen hörte ich immer wieder. Die öffentlichen Vorwürfe im Zusammenhang mit dem Raumfahrtprogramm richten sich nicht gegen zu hohe Kosten, sondern dagegen, daß das Programm kein definiertes Ziel hat. Die Menschen fühlen sich betrogen – nicht von der NASA, sondern von den Politikern. Die Zukunft, die man ihnen in den 60ern visionär gezeigt hatte, hat ein abruptes Ende gefunden. Was ist geschehen? Weshalb haben wir in der Bewegung innegehalten? Die politischen Mitarbeiter aus den einzelnen Staaten mögen den Bundespolitikern erzählen, daß die Leute auf dem flachen Lande kein Interesse an der Raumfahrt hätten – doch alles, was ich selbst erlebe, zeigt mir, daß dies eine massive Fehleinschätzung ist.

Einige Leser werden das als unbestätigte Anekdoten kritisieren, doch wenn Sie statistische Umfragen benötigen, sind auch diese reichlich vorhanden. Eine von *Newsweek* im Zusammenhang mit einem Artikel über das Mars Direct-Programm in Auftrag gegebene Umfrage ergab, daß mehr als die Hälfte der Befragten eine bemannte Mission zum Mars unterstützte. Eine von CBS News etwa zur gleichen Zeit (Sommer 1994) durchgeführte Umfrage ermittelte eine Mehrheit von Befürwortern eines Programms zur Entsendung von Menschen zum Mars. Eine Meinungsfrage von ABC News und *Washington Post* vom Frühjahr 1996 zeigte: Die Mehrheit der Amerikaner ist der Ansicht, daß die Vorteile, die das Raumfahrtprogramm dem Land bringt, seine Kosten ausreichend rechtfertigen.

Doch auch andere statistische Daten wurden gesammelt. Vor einigen Jahren veröffentlichte John D. Miller von der Chicago Academy of Sciences einen Bericht über das öffentliche Verständnis für Wissenschaft und Technologie in den Vereinigten Staaten.[45] Sein Report umfaßte auch Untersuchungen jenes Bevölkerungsteils, den man als wissenschaftlichen und technologischen Themen gegenüber »engagierte Öffentlichkeit« bezeichnet. Bei dieser engagierten Öffentlichkeit handelt es sich um Menschen, die an einem spezifischen Thema interessiert sind, glauben, darüber gut informiert zu sein, und sich durch die regelmäßige Lektüre von Zeitungen und Zeitschriften auf dem laufenden halten. Sie sind ausreichend informiert, um sich in dieser Angelegenheit womöglich auch an einen Politiker zu wenden. Anders ausgedrückt: Eine bezüglich eines bestimmten Themas engagierte Öffentlichkeit ist jener Teil der Bevölkerung, der am ehesten bereit ist, Aktionen zur Unterstützung oder auch Ablehnung zu unternehmen. Jene Menschen, die sich zwar für ein Thema interessieren, sich aber nicht für besonders gut informiert halten, klassifiziert Miller als »interessierte Öffentlichkeit«. Aufgrund seiner 1992 gesammelten Daten schloß er, daß 6 % der amerikanischen Öffentlichkeit das Weltraumforschungsprogramm engagiert verfolgen und weitere 16 % sich dafür interessieren. Nach Miller ist die Mehrheit dieser 22 % der Ansicht, daß die Vorteile aus der Weltraumforschung die Kosten überwiegen. 22 % stellen noch immer eine Minderheit dar, doch Miller fand heraus, daß seine »engagierte« Gruppe den höchsten Anteil wissenschaftlich gebildeter Personen unter ihren Mitgliedern aufweist und in seinen Studien über die US-Bevölkerung insgesamt eine der bestausgebildeten Gruppen ist.

Das heißt, Millers »engagierte« Gruppe spiegelt im großen und ganzen den wissenschaftlichen Geist des Landes wider – und dafür ist es keine kleine Gruppe. Diese 6 % ergeben umgerechnet etwa elf Millionen erwachsene Bürger, und dazu kommen annähernd 30 Millionen »Interessierte«. Zusammen ergibt das mehr als 40 Millionen potentielle, erwachsene Wähler.

Ein amerikanischer Politiker, der den Weg für ein Programm zur Entsendung von Menschen zum Mars freimacht, ausdauernd für dieses Programm kämpft und eine Lobby aufbaut, findet sich – davon bin ich aus guten Gründen überzeugt – bald als Anführer einer wachsenden politischen Bewegung wieder, wie es auch bei Kennedy in den frühen 60er Jahren der Fall war. Das Marsprogramm müßte natürlich technisch und politisch einwandfrei sein – ein finanzieller Aufwand von 450 Milliarden Dollar und ein Zeitplan von 30 Jahren ruinieren jede Idee. Doch wie wir gesehen haben, kommen wir mit einer Initiative wie dem Mars Direct-Plan weit kostengünstiger und rascher auf den Roten Planeten.

Es gibt mindestens drei unterschiedliche Modelle, wie eine solche bemannte Marsmission durchgeführt werden könnte. Ich nenne sie »Kennedy-Modell«, »Sagan-Modell« und »Gingrich-Modell«. Jedes von ihnen weist Stärken und Schwächen auf. Lassen Sie sie uns eingehender betrachten.

Das Kennedy-Modell

Der erste und bekannteste der drei Ansätze für ein bemanntes Raumfahrtprogramm ist das Kennedy-Modell, das einzige Modell, das bisher in die Tat umgesetzt wurde – wir erreichten damit den Mond.

Bei diesem Modell ruft der amerikanische Präsident die Nation auf, die Herausforderungen der Zukunft anzunehmen. Wenn ich Kennedys *Apollo*-Reden nachlese, dringt etwas von seiner Größe durch, ein visionäres Charisma, das sich bei keinem Redner des 20. Jahrhunderts – mit Ausnahme vielleicht von Winston Churchill – findet. »Wir haben uns dazu entschlossen, zum Mond aufzubrechen!« sagt Kennedy mit einer Stimme, in der das Schicksal mitklingt. »Wir haben uns dazu entschlossen, in diesem Jahrzehnt zum Mond aufzubrechen und andere Aufgaben zu erledigen, und zwar nicht etwa, weil sie einfach sind, sondern weil sie *schwierig* sind ... Dieses Ziel ermöglicht es uns, unsere herausragenden Energien und Fähigkeiten zu mobilisieren und zu messen, weil wir bereit sind, diese Herausforderung anzunehmen, und sie nicht aufschieben wollen. Wir wollen sie bestehen!« John F. Kennedy war ein Visionär. Auch wenn das Mondprojekt neue Technologien hervorbrachte, neue Jobs und neues Wissen schuf, betrachtete er es grundsätzlich als »einen Akt der Überzeugung und der Vision, weil wir nicht wissen, welche Vorteile uns erwarten.« Nahezu jeder, der diese Reden hörte, spürte, daß er einen Augenblick miterlebte, in dem Geschichte geschrieben wurde.

Kennedys *Apollo*-Programm ging weit über die Landung von Menschen auf dem Mond hinaus – es setzte sowohl politisch als auch technisch ein Beispiel, wie Raumfahrtprogramme durchgeführt werden sollen. Vor allem anderen brachte die intensive, eindeutige und visionäre Unterstützung durch den Präsidenten den Erfolg. Kennedy versuchte nicht, sein Programm durch den politischen Prozeß hindurchzuschmuggeln, sondern trat im Repräsentantenhaus ans Rednerpult und verkündete vor einer Sondersitzung des Kongresses seine Absichten. Außerdem war es ein amerikanisches Projekt. Da das *Apollo*-Programm auf dem Höhepunkt des Kalten Krieges gestartet wurde, bot es Amerika eine großartige Möglichkeit, politisch, sozial und wissenschaftlich auf der Weltbühne Muskeln zu zeigen. Zum Mond zu fliegen, dort Menschen zu landen und sie wieder zurückzuholen, war vergleichbar mit der Besteigung des Olymp, um mit den Göttern den Nektar zu teilen. Dann erklärte Kennedy offen, welchen Betrag das Unternehmen kosten werde, und unternahm gemeinsam mit Lyndon B. Johnson alles, was zur Finanzierung notwendig war.

Können wir uns bei der Marsmission an Kennedys Vorgehen orientieren? Auch wenn die außenpolitischen Notwendigkeiten des Kalten Krieges nur noch eine Erinnerung sind, hätte ein erfolgreiches amerikanisches Marserforschungsprogramm weltweit eine enorme Wirkung. Die Nation, die als erste ihren Fuß auf den Mars setzt, wird zweifellos als jene in die Geschichte eingehen, die das Tor zum nächsten großen Schritt der Menschheit in die Zukunft aufgestoßen hat. Wir würden der Welt und – was vielleicht noch wichtiger ist – uns selbst, jedem einzelnen Bürger der Vereinigten Staaten, zeigen, daß wir noch immer aus dem richtigen Stoff gemacht sind, daß wir noch immer eine Nation sind, die keine Grenzen akzeptiert. Ist das nicht 50 Milliarden Dollar wert? Auch mehr, finde ich.

Wenn man manchen Rednern zuhört, bekommt man den Eindruck, ein 50-Milliarden-Dollar-Raumfahrtprogramm münde letztlich in eine Rakete, die vollgestopft mit 50 Milliarden Dollar in großen Scheinen zur Sonne geschossen würde – viel Geld, das irgendwo verschwindet. Tatsache ist, daß die Geldmittel, die uns zum Mars bringen, an die irdische Gesellschaft gebunden bleiben. Es sind der Gehaltsscheck des Ingenieurs, der Lohn des Schweißers, der Forschungsetat eines Wissenschaftlers, die Entlohnung eines Hochschulabsolventen. Sie werden für Innovationen und Erfindungen aufgewandt, die Teil des intellektuellen Kapitals der Nation bleiben und zu neuen Geschäftszweigen oder Produkten für den Gebrauch auf der Erde führen. Sie werden für die gesamte Ausrüstung der Mission, von der kleinsten Niete bis zur modernsten High-Tech-Elektronik, eingesetzt. Darüber hinaus bedeuteten die für das Programm zur Entsendung von Menschen auf den Mars aufgebrachten Geldbeträge auch eine Einladung an die Jugend der Nation, durch die Weiterentwicklung ihres Verstandes – der wahren Quelle unseres zukünftigen Reichtums – an einem einzigartigen Abenteuer teilzunehmen.

Die Einstellung der Finanzierung der Weltraumforschung am Ende des *Apollo*-Programms ging mit einem Niedergang der amerikanischen Wirtschaft einher, die sich seitdem verhältnismäßig schleppend entwickelte. Während der 60er Jahre wandte die NASA durchschnittlich etwas mehr als 2,25 % des Bundesbudgets auf (der Höhepunkt lag bei knapp 4 % des Bundesbudgets im Jahr 1964). Im Verlauf dieser Jahre wuchs das BIP der US-Wirtschaft durchschnittlich um etwa 4,6 % pro Jahr. Während der frühen 70er Jahre fiel der Anteil der NASA am Bundesbudget auf unter 1 %, wo er bis heute blieb. Gleichzeitig sank die BIP-Wachstumsrate auf unter 2 %.

Das Kennedy-Modell ist erwiesenermaßen erfolgreich, weil es sowohl den Traum, Menschen auf den Mond zu bringen, als auch das größte ökonomische Wachstum in der Wirtschaftsgeschichte der Vereinigten Staaten nach dem Krieg ermöglichte. Doch wir müssen uns fragen, ob die nationale Grundlage, die das *Apollo*-Programm unterstützte, heute noch existiert. Wäre es im Rahmen eines Programms zur Entsendung von Menschen auf den Mars nicht besser, die internationale Kooperation zu fördern, anstatt die Überlegenheit Amerikas zu demonstrieren?

Dieser Gedanke bringt uns zu einem alternativen Zugang zu bemannten Marsmissionen, den ich, nach seinem beständigsten, eloquentesten und lautstärksten Befürworter, das»Sagan-Modell« getauft habe.

Das Sagan-Modell

Carl Sagans Stimme war möglicherweise eine der lautesten in der Öffentlichkeit, die sich für eine internationale Zusammenarbeit bei der Marserforschung einsetzten. Sein ursprünglicher Aufruf zu einer internationalen Marserforschung konzentrierte sich auf eine Zusammenarbeit zwischen den Vereinigten Staaten und der Sowjetunion. Er betrachtete ein amerikanisch-sowjetisches Marsprogramm als Gelegenheit, zwei gegnerische Nationen in einem gemeinsamen historischen Unternehmen zu verbinden. Das Knowhow der besten Ingenieure und Wissenschaftler beider Nationen stünde der Entwicklung der Raumfahrt, der Elektronik und jener Raketenantriebstechnologien zur Verfügung, die für eine Expedition zum Mars erforderlich sind. Dabei widmeten sich die wissenschaftlichen Talente beider Nationen Zielen, die nicht in der Vergrößerung des jeweiligen atomaren Waffenarsenals lägen. Eine gemischte Mannschaft auf dem Weg zum Mars wurde als Mikrokosmos des Heimatplaneten betrachtet, eine kleine Welt, auf der die beiden Großmächte der Erde zusammenarbeiten.

Sagan stand in seinen Bemühungen um eine internationale Partnerschaft in der Weltraumforschung nicht allein da. Nahezu jeder von der NASA oder dem Präsidenten in den letzten 20 Jahren mit dem Blauen Band Ausgezeichnete (und das waren viele) sprach sich für gemeinsame Projekte im Weltraum aus. Auch wenn diese Absichten von den politischen Ereignissen überholt worden sind, bietet eine Zusammenarbeit klare wirtschaftliche Vorteile: Mehr Partner bedeuten mehr Geld. Wozu eine Nation allein vielleicht nicht in der Lage ist, das können zwei oder mehr Partner zusammen erreichen.

Die Bemühungen der Europäischen Raumfahrtbehörde haben nicht nur ein solides europäisches Weltraumprogramm hervorgebracht, sondern mit der *Ariane* auch eine der erfolgreichsten derzeit in Verwendung stehenden Trägerraketen. Sowohl Technologien als auch Kosten können mit großen Vorteilen für alle geteilt werden. Derzeit mangelt es den Vereinigten Staaten an einer Schwerlastträgerrakete, deren Schubkraft ausreicht, um ein Raumfahrzeug vom bei der Mars-Direct-Mission benötigten Typ in den Weltraum zu befördern. Rußland hingegen verfügt mit der *Energia* über eine solche Rakete – mit einer Kapazität von 100 t in den LEO ist sie die stärkste des Planeten. Da es an Missionen mangelte, wurde *Energia* erst zweimal eingesetzt. Ein bemanntes Marsprogramm käme da gerade recht. Außerdem verwendet der derzeitige (und angeblich letzte) Entwurf für eine internationale Raumstation verschiedene russische Module als Kernstücke des orbitalen Laboratoriums.

Obwohl die Durchführung einer Marsinitiative auf internationaler Basis eindeutig Vorteile hat, können dabei erhebliche Kosten entstehen. Sobald eine Nation einem gemeinsamen Programm beitritt, entbehrt sie zwangsläufig einen Teil der Kontrolle darüber. Sie hat zwar eine partielle Kontrolle, ist Stimme unter Gleichberechtigten, doch wenn wirkliche Zusammenarbeit geleistet werden soll, kann man nicht einfach bestimmen, was zu geschehen hat und was nicht. Die europäischen und japanischen Partner der Vereinigten Staaten beim gemeinsamen Projekt Weltraumstation mußten eine Reihe von Neuentwürfen hinnehmen, die auf Anordnung des US-Kongresses angefertigt wurden. Keiner der Partner konnte viel dagegen ausrichten, als der Kongreß die Reduzierung des Projekts vorantrieb. Ebenso erging es jüngst der NASA mit unserem größten Partner beim Projekt der Weltraumstation, als Rußland Schwierigkeiten bei der Erfüllung seiner Verpflichtungen hatte. Ende 1995 schlug Rußland vor, Teile seiner Raumstation *Mir* als Kernstücke der Weltraumstation zu verwenden, weil es Probleme bei der Finanzierung neuer Module gebe. Da sich der Beschlußfassungsprozeß bei internationalen Programmen oft verlangsamt, steigen die Kosten womöglich schnell.

Abgesehen von politischen Hindernissen kann bei einem größeren gemeinsamen Projekt auch eine Reihe technischer Schwierigkeiten auftauchen. Was geschieht, wenn sich ein Partner zur Entwicklung einer Technologie verpflichtet und – aus welchen Gründen auch immer – seiner Aufgabe dann nicht nachkommt? Was geschieht, wenn einer der wichtigsten Partner vollkommen ausfällt? Und was, wenn sich die internationalen Beziehungen verändern und aus einem Partner ein Feind wird? Derartige Ereignisse können den Zeitplan eines Programms vollkommen destabilisieren. Verzögerungen bei Projekten in der Größenordnung des *Apollo*-Programms, der Weltraumstation und der Marsmission bringen zum Teil erhebliche Konsequenzen mit sich.

Als ich in den 80er Jahren erstmals von Sagans Plan einer gemeinsamen amerikanisch-sowjetischen Marsmission hörte, hielt ich ihn nicht für durchführbar. Die Vereinigten Staaten befanden sich mitten in ihrem »Krieg der Sterne«-Programm und der Entwicklung der *Pershing*-Rakete, die Sowjets standen im Afghanistankrieg, und beide führten ferngelenkte militärische Auseinandersetzungen in El Salvador, Nicaragua und anderswo. 1980 war es den Vereinigten Staaten und der Sowjetunion nicht einmal möglich gewesen, gemeinsam an den Olympischen Spielen teilzunehmen. Der Gedanke, über Jahre hinweg ein gemeinsames Marsprogramm zu entwickeln, schien in höchstem Maße unrealistisch. Darüber hinaus gibt es im Hinblick auf die Zusammenstellung einer gemischten Mannschaft aus US-Astronauten und sowjetischen Kosmonauten kaum eine schlechtere Wahl als Sagans Vorschlag – zwei Gruppen ehemaliger Kampfpiloten, die jahrelang in Methoden, einander zu töten, trainiert und mit Gründen für ein solches Vorgehen indoktriniert worden sind. Im Gegensatz zu Sagan, der der Ansicht war, der Prozeß der Zusammenarbeit führe zu einer Annäherung zwischen den gegnerischen Nationen, hielt ich es für wahrscheinlicher, daß Konflikte zwischen den Nationen der Kooperation ein Ende setzen würden.

Heute allerdings gibt es eine neue Grundlage für eine amerikanisch-russische Zusammenarbeit im Weltraum. Statt daß sie zum Friedensschluß mit einem Feind verwendet wird, könnte sie zur Stabilisierung einer Nation beitragen, die versucht, ein Freund zu sein. Rußland ist heute eine geschlagene Supermacht mit einer instabilen Wirtschaft, und die revanchistischen Bewegungen finden starken Zulauf – in einer Nation, die über 10 000 Atomsprengköpfe verfügt. Falls nationalistische oder extremistische Kräfte an die Macht kommen, besteht die Gefahr, daß diese Sprengköpfe mißbraucht werden. Es liegt somit im Interesse der Vereinigten Staaten, Rußland sowohl bei der politischen als auch der wirtschaftlichen Stabilisierung zu unterstützen. Eine Förderung der russischen Wirtschaft durch Barzahlungen für Raumfahrthardware wäre eine Möglichkeit, bei der allerdings die »Kostenteilung« als Rechtfertigung für die Zusammenarbeit größtenteils wegfiele. Zur Beruhigung des amerikanischen Steuerzahlers würden dennoch Geldmittel eingespart, da die russische Raumfahrthardware wesentlich günstiger ist als westliches Material.

Es gibt allerdings auch die Meinung, daß eine solche Hilfe für die russische Raumfahrtinfrastruktur ein Fehler wäre, da die gemeinsamen Entwicklungen im Fall des Zusammenbruchs der jungen Demokratie gegen uns verwendet werden könnten. Bei diesem Argument wird die Tatsache außer acht gelassen, daß die von einem gemeinsamen Marsprogramm unterstützte Raumfahrtindustrie hauptsächlich Hardware wie Flüssigtreibstoffantriebssysteme, Schwerlastträgerraketen und Lebenserhaltungsysteme für den Weltraum entwickelt, die für den militärischen Einsatz von geringer Bedeutung sind. So gesehen, weist Sagans Vorschlag im heutigen internationalen politischen Kontext einige Vorzüge auf. Doch das Grundproblem mit seinem programmatischen Risiko bleibt – das Marsprogramm wäre eine Geisel der russischen oder einer anderen Stabilität. Aber vielleicht ist die Chance auf Frieden und Stabilität das wert.

Das Gingrich-Modell

Es gibt einen dritten Ansatz, Menschen auf den Mars zu entsenden, der bisher noch nicht allzu viele Diskussionen ausgelöst hat, da er neu ist. Ich nenne ihn Gingrich-Modell, weil ich ihn auf Anregung des Sprechers des Repräsentantenhauses Newt Gingrich präsentierte und er mit den Prinzipien, die Gingrich seit geraumer Zeit vertritt, auf einer Linie liegt.

Hier die Entstehungsgeschichte dieser Idee. Im Sommer 1994 wurde ich zu einem Dinner mit dem republikanischen Kongreßabgeordneten Newt Gingrich und einigen Mitgliedern seines Stabs eingeladen, um ihnen meine Ideen über eine Erforschung des Mars vorzutragen. Ich erläuterte den Mars Direct-Plan als kurzfristig realisierbares, kostengünstiges Programm zur Entsendung von Menschen auf den Mars. Gingrich war von den Möglichkeiten begeistert. »Ich würde dieses Projekt gern durch Gesetze unterstützen«, erklärte er, doch er wollte es auf eine »etwas freiere, unternehmerische Basis stellen, statt einfach das NASA-Budget für das Marsprojekt anzuheben.« Er lud mich zu einer Fernsehsendung ein, um darüber zu sprechen, was ich auch tat, und brachte mich dann mit Jeff Eisenach, dem Präsidenten der Progress and Freedom Foundation, Gingrichs Denkfabrik in Columbia, zusammen. Ich traf mich mehrmals mit Eisenach. Ergebnis dieser Gespräche war die Idee eines Gesetzesantrags für einen Mars-Preis. Wir stellten uns das so vor: Die US-Regierung setzt einen Preis von 20 Milliarden Dollar für die erste *Privatorganisation* aus, der es gelingt, eine Besatzung auf den Mars zu fliegen und wieder zur Erde zurückzubringen, sowie verschiedene Preise in Höhe von einigen Milliarden Dollar für diverse technische Entwicklungen, die einen Meilenstein auf dem Weg zur Durchführung dieses Progamms darstellen. Ein völlig neuer Ansatz in der bemannten Raumforschung, die bisher vollständig in den Händen der Regierung lag ...

Aber er bietet eine Anzahl bemerkenswerter Vorteile. Erstens macht dieses Modell Kostenüberziehungen unmöglich, da der Staat keinen einzigen Penny aufwendet, bevor nicht das gewünschte Ergebnis erzielt ist, und kein Penny über die zu Beginn vereinbarte Summe hinaus bezahlt wird. Erfolg oder Mißerfolg dieser Methode hängen ausschließlich vom Einfallsreichtum des amerikanischen Volkes und der Arbeit des freien Unternehmertums ab und werden in keiner Weise durch politische Unstimmigkeiten beeinflußt. Diese Taktik garantiert nicht nur wirtschaftliche, sondern vor allem rasche und einfallsreiche Ergebnisse. Sobald das eigene Geld auf dem Spiel steht, ist es einfacher, praktische und realisierbare Lösungen für technische Probleme zu finden, als das bei komplizierten und endlosen Verhandlungen innerhalb der Regierungsbürokratie der Fall ist. Ich darf Sie daran erinnern, daß Charles Lindbergh seinen Atlantikflug nicht im Rahmen eines von der Regierung finanzierten Programms unternahm, sondern einen privat ausgesetzten Preis zu erringen versuchte. In der Frühzeit der Luftfahrt waren mehrere derartige Preise für technische Leistungen ausgeschrieben, die insgesamt eine wichtige Rolle bei der Entwicklung der Fliegerei von ihren Anfängen bis zu einem weltumspannenden Transportnetz spielten.

Doch der Vorschlag bietet auch noch andere Vorteile. Ohne Aufwendung von Regierungsgeldern wird das Wirtschaftswachstum angekurbelt. Darüber hinaus wird die Aussetzung von weiteren Preisen in Höhe von vielen Milliarden Dollar für Errungenschaften auf dem Gebiet der Raumfahrt nicht nur ein privates Weltraumwettrennen ins Leben rufen, sondern auch eine neue Art der Raumfahrtindustrie hervorbringen, die auf kostengünstigen Produktionsmethoden basiert.

Die derzeitige Raumfahrtindustrie arbeitet nicht auf dieser Grundlage. Große Raumfahrtunternehmen treffen mit der Regierung Vereinbarungen, Aufträge auf einer »Preizuschlagsbasis« zu erledigen. Dies bedeutet nichts anderes, als daß sie, unabhängig davon, was der Auftrag tatsächlich gekostet hat, der Regierung einen zusätzlichen Betrag von üblicherweise 10 bis 15 % in Rechnung stellen. Auf diese Weise verdienen größere Raumfahrtunternehmen daran, wenn sie die Kosten für einen bestimmten Regierungsauftrag in die Höhe treiben. Deshalb finden sich in den Unternehmen zahlreiche nutzlose, überbezahlte »Matrix-Manager« (die nichts managen), »Marketingfachleute« (die keinerlei Marketing betreiben) und »Planer« (deren Pläne niemals umgesetzt werden). Ihre einzige Funktion besteht offenbar darin, die Kosten des Unternehmens zu erhöhen. Da die Regierung selbstverständlich den Nachweis benötigt, daß die von den Raumfahrtunternehmen geforderten Beträge tatsächlich aufgewendet wurden, wird eine große Zahl von Buchhaltungsmitarbeitern eingestellt, die über die für jeden einzelnen Auftrag geleisteten Arbeitsstunden Aufzeichnungen führen. Ein Beispiel: Im Hauptwerk von Lockheed Martin in Denver, wo ich früher arbeitete und wo die *Titan-* und *Atlas*-Trägerraketen produziert werden, arbeitet nur ein kleiner Teil des Personals in der Fabrik. Die Tatsache, daß Lockheed Martin in bezug auf die Kosten mit anderen großen Raumfahrtunternehmen konkurrieren kann, deutet darauf hin, daß auch die übrigen mit ähnlich hohen Allgemeinkosten arbeiten.

Das System der Zuerkennung von Preisen würde diese Situation ändern, denn der Unternehmensgewinn wäre der Betrag der Auszeichnung abzüglich der aufgewendeten Kosten. Dadurch ist kein Anreiz gegeben, die Kosten zu steigern. Ganz im Gegenteil – es bestünden triftige Gründe, die eigenen Aufwendungen zu senken. Darüber hinaus wären auch die tatsächlichen Kosten geringer, da sich der Aufwand für Buchführung und Dokumentation jedes Auftrags erheblich verringert. Durch die Entstehung neuer, auf diesen

Grundsätzen basierender Raumfahrtunternehmen würde die Aussetzung solcher Mars-Preise der Regierung und der kommerziellen Satellitenindustrie eine Ersparnis von mehreren Milliarden Dollar bringen. Sie könnten nämlich die für Raumfahrtprogramme und Startraketen benötigte Hardware um einiges günstiger beziehen.

Aber weshalb, mögen Sie nun fragen, beträgt der Mars-Preis nur 20 Milliarden Dollar, wo das Mars Direct-Programm die Regierung doch wahrscheinlich über 30 Milliarden Dollar kosten würde? Kann dieses Geschäft – selbst wenn man zusätzliche Preise im Wert von 10 und 20 Milliarden Dollar aussetzt – für ein Privatunternehmen attraktiv sein?

Meine Schätzung von 30 Milliarden Dollar für den Mars Direct-Plan basiert auf einem Programm nach dem Kennedy-Modell – die NASA vergibt Aufträge an größere Raumfahrtunternehmen mit ihren derzeitigen Gemeinkostenstrukturen und wendet im Zuge dieser Auftragserteilung selbst einen beträchtlichen Geldbetrag für das Programm-Management auf. Sollten die Mars Direct- oder Mars-Semi-Direct-Missionen tatsächlich durch und durch auf privater Basis in Angriff genommen werden und die ausführenden Personen sich frei entschließen können, bei wem sie ihre Käufe tätigen, um das Projekt ihrer Wahl zu entwickeln, würden sich die Kosten der Forschungen im Bereich von 4 bis 6 Milliarden Dollar bewegen.

Das klingt im Vergleich zu den für das Mars Direct-Programm veranschlagten 30 Milliarden Dollar unglaublich, ganz zu schweigen von den 450 Milliarden Dollar des 90-Tage-Reports. Doch wenn man betrachtet, was für die Durchführung der Mission tatsächlich benötigt wird, und sich zum Beispiel günstiger russischer Trägerraketen und anderer kostensparender Alternativen bedient, läßt sich nicht einsehen, warum das Programm mehr als etwa 4 Milliarden Dollar kosten sollte. In der wirklichen Welt kann man für 4 Milliarden Dollar eine ganze Menge kaufen.

Betrachten wir die folgende Situation: Ein Raumfahrtingenieur berechnet für einen neuen Hochleistungsdüsenjäger üblicherweise Entwicklungskosten von 10 000 Dollar pro Kilo. Demnach belaufen sich die Kosten für die Entwicklung von 1 t Hardware für solche Luftfahrtsysteme, die ebenso komplex sind, wie Wohnmodule, Mars-Aufstiegsstufen, Eintrittskapseln und andere Konstruktionsteile für die Mars Direct-Mission, auf etwa 10 Millionen Dollar pro Tonne. (Das *DC-X*-Einstufentesttriebwerk für einen Aufstieg in den LEO von McDonnell Douglas kam auf Entwicklungskosten von 6 Millionen Dollar pro Tonne.) Die gesamte Trockenhardwaremasse, die für eine Mars Direct- oder Semi Direct-Mission benötigt wird, beläuft sich ohne Trägerraketen auf weniger als 100 t. Stellen wir dafür also 1 Milliarde Dollar in Rechnung. Summiert man alles, was auf den Mars befördert werden soll, kommt man auf eine Startmasse von 300 t. (In dieser Zahl ist auch eine große Menge Treibstoff für die Trans-Mars-Injection enthalten. Dieser ist billig und kostet weniger als 1000 Dollar pro Tonne.) 300 t können von drei russischen *Energias*, von denen jede etwa 300 Millionen Dollar kostet[46], in den LEO gehoben werden. So kommen wir auf Startkosten von 900 Millionen Dollar plus 500 Millionen, die möglicherweise für die Wiederinbetriebnahme der *Energia*-Fertigungsstraße aufgewendet werden. Die Gesamtkosten für die Hardwareentwicklung und den Start belaufen sich also auf etwa 2,4 Milliarden Dollar.

Fügt man den Betrag von 600 Millionen Dollar für den Missionsbetrieb, das Programm-Management, Genehmigungsverfahren und andere Kleinigkeiten hinzu, erhält man ein Marsprogramm für 3 Milliarden Dollar. Selbst wenn *Energia* oder andere russische Startraketen (wie *Proton*, die zur Zeit in Produktion ist und deren Startkosten bei etwa 4 Millionen Dollar pro Tonne in den LEO liegen) nicht verfügbar oder zulässig sind, muß die Mission dennoch nicht viel mehr kosten. Die derzeitigen Startkosten existierender Raketen wie *Titan, Atlas* oder *Delta* in den LEO betragen pro Kilogramm ungefähr 10000 Dollar beziehungsweise 10 Millionen Dollar pro Tonne. (Diese Preise stellen eine sehr vorsichtige Schätzung dar, weil Schwerlastträgerraketen wie eine *Shuttle C* oder eine *Ares* einen wesentlich höheren Wirtschaftlichkeitsgrad gegenüber den angegebenen Trägerraketen mittlerer Größe aufweisen.) So wäre es möglich, die benötigten 300 t für 3 Milliarden Dollar ins All zu befördern. Fügen wir noch 1 Milliarde Dollar für die Hardwareentwicklung hinzu, erhalten wir Gesamtprogrammkosten von weniger als 5 Milliarden Dollar.

Wenn die tatsächlichen Kosten der Mission zwischen 4 und 6 Milliarden Dollar betragen, sollte ein Preis von 20 Milliarden als

Anreiz für die Mobilisierung des erforderlichen Kapitals aus dem privaten Sektor ausreichen. Bestimmt gibt es jede Menge Menschen, die bezweifeln, daß eine bemannte Marsmission für 5 Milliarden Dollar durchgeführt werden kann – doch das ist einerlei. Wird das Gesetz für einen Mars-Preis verabschiedet, zählt nur noch, ob die potentiellen Investoren es für möglich halten. Wir müßten den Kongreß nicht davon überzeugen, daß eine bemannte Marsmission kostengünstig durchführbar ist, sondern nur einen Bill Gates. Ein wichtiger Aspekt dabei ist die Tatsache, daß der private Sektor oft weit innovativer ist als die Regierung, da für den Beginn einer neuen Entwicklung kein Konsens notwendig ist. Man braucht einzig einen Neuerer und Investor, der bereit ist, eine Chance zu nutzen.

Was aber, wenn niemand die Herausforderung annimmt? – In diesem Fall hätte die ganze Angelegenheit den Steuerzahler absolut nichts gekostet.

Würde die Ausschreibung eines Mars-Preises die NASA schädigen? Das glaube ich nicht. Er würde sich vielmehr als Kapitalspritze für die besten Teams der verschiedenen NASA-Zentren auswirken, da private Konsortien, die den Preis für sich gewinnen wollen, in gewissen Bereichen mit Sicherheit Fachleute unter Vertrag nehmen wollen. Daraus ergäbe sich ein heilender Einfluß auf die NASA-Techniker. Sie wären herausgefordert, endlich jene Technologien zu entwickeln, die für eine Marsmission tatsächlich gebraucht werden, statt sich der Erforschung irrelevanter Aspekte zu widmen.

Hier eine Liste der von mir für Newt Gingrich erarbeiteten Preise, die die Entwicklung einer bemannten Marsmission vorantreiben sollen. Anzumerken ist, daß nicht eine einzige Organisation alle diese Aufgaben übernehmen muß, obwohl die Preise eine Reihe von Stufen zu einem endgültigen Ziel darstellen. Ein Bewerber könnte sich entschließen, nur eine Aufgabe anzugehen und es dabei zu belassen. Es ist auch möglich, sich der einzelnen Aufgaben anzunehmen, oder einfachere Aufgaben ganz wegzulassen und alle Bemühungen darauf zu konzentrieren, als erstes Unternehmen eine Mannschaft auf dem Mars zu landen und den großen Preis zu erringen.

AUFGABE 1: Fotografische Kartierung des Mars im Rahmen *einer Mars-Orbiter*-Mission.

Preis: 500 Millionen Dollar

Bedingungen: Die Mission muß zumindest 10 % der Planetenoberfläche mit einer Auflösung von 20 cm pro Pixel (oder einer besseren Auflösung) erfolgreich abbilden. Sämtliche Bilder müssen der US-Regierung zur Verfügung gestellt werden, die sie veröffentlichen wird.

Bonus: Jeweils eine weitere Million Dollar wird für die Abbildung jeder der 200 von der Mars Science Working Group der NASA ausgewählten interessanten Stellen ausgesetzt. Die Abbildung muß mit einer zumindest 90prozentigen Abdeckung erfolgen.

AUFGABE 2: Entnahme einer Bodenprobe des Mars mit Hilfe eines Roboterlandegerätes und Transport der Probe zur Erde unter Einsatz von Treibstoff für den Rückflug, der auf dem Mars hergestellt wurde.

Preis: 1 Milliarde Dollar

Bedingungen: Die Bodenprobe muß zumindest eine Masse von 3 kg aufweisen. Zumindest 70 (Gewichts-)Prozent der für den Hinflug zum Mars und Rückflug zur Erde eingesetzten Treibstoffmischung müssen auf dem Mars auf Basis vor Ort vorkommender Ressourcen hergestellt werden.

Bonus: 10 Millionen Dollar für jeden zurückgebrachten eindeutig identifizierbaren Gesteinstyp bis zu einem Maximum von 300 Millionen Dollar.

AUFGABE 3: Demonstration eines Langzeitlebenserhaltungssystems im Weltraum.

Preis: 1 Milliarde Dollar

Bedingungen: Eine Mannschaft von drei oder mehr Personen muß ohne Zwischenversorgung von der Erde zumindest zwei Jahre im Weltraum verbringen.

AUFGABE 4: Transport eines Druckrovers auf den Mars.

Preis: 1 Milliarde Dollar

Bedingungen: In einem einwöchigen, auf der Erde durchgeführten Test, bei dem das Fahrzeug über 1000 km unerschlossenes Gelände fährt, muß der Nachweis erbracht werden, daß es in der Lage ist, zwei Personen auf dem Mars zu transportieren. Dieses Fahrzeug muß zumindest 100 km auf dem Mars zurücklegen. Während der Marsexkursion wird ein Kabinendruck zwischen 3 und 15 psi verlangt. Die Kabinentemperatur ist auf 10 °C bis 30 °C zu halten.

AUFGABE 5: Demonstration des ersten Systems, das aus Marsrohstoffen hergestellten Treibstoff für die Beförderung einer Nutzlast von 5 t von der Marsoberfläche in einen Marsorbit verwendet.

Preis: 1 Milliarde Dollar

Bedingungen: Zumindest 70 (Gewichts-)Prozent des Treibstoffgemischs müssen auf dem Mars aus Marsrohstoffen hergestellt werden.

AUFGABE 6: Demonstration des ersten Systems, das innerhalb eines 500tägigen Aufenthalts an der Oberfläche des Mars mehr als 20 t Treibstoff herstellen kann.

Preis: 1 Milliarde Dollar

Bedingungen: Zumindest 70 (Gewichts-)Prozent des Treibstoffgemischs müssen auf dem Mars aus Marsrohstoffen hergestellt werden.

AUFGABE 7: Demonstration des ersten Systems, das über 500 Tage hinweg auf dem Mars zumindest 15 kW Energie (Tag/Nacht-Durchschnitt) erzeugen kann.

Preis: 1 Milliarde Dollar

Bedingungen: Ein Minimum von 2 kWe muß jederzeit vorhanden sein.

384

AUFGABE 8: Demonstration des ersten Systems, das eine Nutzlast von 10 t auf die Oberfläche des Mars transportieren kann.

Preis: 2 Milliarden Dollar

Bedingungen: Der Demonstrator muß für eine sanfte Landung sorgen, wobei während der gesamten Reise nicht mehr als 8 Ge auf die Nutzlast einwirken dürfen.

AUFGABE 9: Demonstration des ersten Systems, das zumindest 120 t in den LEO transportieren kann.

Preis: 2 Milliarden Dollar

Bedingungen: Die Trägerrakete muß vom Gebiet der Vereinigten Staaten starten. Ein altes *Saturn V*-Modell ist nicht zulässig. Ein neugebautes *Saturn V*-System ist zulässig.

AUFGABE 10: Demonstration des ersten Systems, das 50 t auf eine Trans-Mars-Route befördern kann.

Preis: 3 Milliarden Dollar

Bedingungen: Die hyperbolische Geschwindigkeit beim Verlassen der Erde muß zumindest 4 km/s betragen. Das System muß von einer oder mehreren Trägerraketen mit einer Leistung von zumindest 120 t pro Start bis in den LEO befördert werden. Die Trägerraketen müssen vom Gebiet der Vereinigten Staaten starten.

AUFGABE 11: Demonstration des ersten Systems, das eine 30-Tonnen-Nutzlast auf die Marsoberfläche befördern kann.

Preis: 5 Milliarden Dollar

Bedingungen: Der Demonstrator muß für eine sanfte Landung sorgen, wobei während der gesamten Reise nicht mehr als 8 Ge auf die Nutzlast einwirken dürfen.

AUFGABE 12: Erste Entsendung einer Besatzung zum Mars und sichere Rückkehr der Mannschaftsmitglieder zur Erde.

Preis: 20 Milliarden Dollar

Bedingungen: Die Besatzung muß mehrheitlich aus Amerikanern bestehen. Zumindest drei Besatzungsmitglieder müssen die Marsoberfläche erreichen und einen Aufenthalt von wenigstens 100 Tagen auf dem Planeten absolvieren. Ein oder mehrere Besatzungsmitglieder müssen mindestens drei Ausflüge an der Oberfläche durchführen, bei denen sie sich zumindest 50 km von ihrem Landeplatz entfernen.

Bonus: Zusätzlich zu den 20 Milliarden Dollar erhält jedes Besatzungsmitglied 1 Million Dollar für jeden an der Marsoberfläche verbrachten Tag bis zu einem Maximumbonus von 5 Milliarden Dollar.

Einige allgemeine Bedingungen hätten für alle Preise Gültigkeit, da verschiedene Aufgaben Leistungen umfassen, die auch unter anderen Punkten aufgelistet sind. Zum Beispiel kann jedes System, das in der Lage ist, eine Nutzlast von 30 t auf die Marsoberfläche zu befördern, auch 10 t befördern. Wird die schwierigere Aufgabe erfüllt, ehe die einfachere gelöst ist, werden der durchführenden Organisation beide Preise zuerkannt. Um zu garantieren, daß »selbstgezogene« Flugsysteme entwickelt werden, wird gefordert, daß zumindest 51 % des Kaufwertes der gesamten für die Zuerkennung eines Preises verwendeten Hardware in den Vereinigten Staaten hergestellt werden muß. Das bedeutet nicht, daß jedes Subsystem zu 51 % in den Vereinigten Staaten erzeugt worden sein muß. Zum Beispiel kann eine erfolgreiche Marsmission, bei der eine russische Schwerlastträgerrakete eingesetzt wird, Anspruch auf den 20-Milliarden-Dollar-Preis erheben, sofern 51 % der gesamten Missionshardware in den Vereinigten Staaten produziert wurden. Doch diese Mission wird nicht für den Preis, der für ein Schwerlastträgerraketensystem ausgeschrieben ist, zugelassen.

Schließlich ist der Gewinner jedes Preises verpflichtet, drei Exemplare des mit dem Preis ausgezeichneten Flugsystems an die US-Regierung zu verkaufen, falls die Regierung dies wünscht, und zwar zu Kosten, die pro Exemplar 20 % des Preises nicht überschreiten. Die US-Regierung ihrerseits unterstützt sämtliche im Wettbewerb um die Preise stehenden Missionen, indem sie gegen

Bezahlung den Kommunikationsdienst des Deep Space Tracking Network (das eine Parabolantenne mit einem Durchmesser von 34 m verwendet) sowie für alle Starts die Bodenanlage und das Beobachtungssystem des Kennedy Space Center sowie anderer möglicher Startorte zur Verfügung stellt und auf ihrem Besitz an diesen Standorten die Errichtung von Abschußrampen gegen einen vernünftigen Preis gestattet.

Falls das Mars-Preis-Gesetz verabschiedet wird, würde die Praxis, nicht die Beurteilung durch ein Komitee entscheiden, welche Bauweisen und Technologien die besten sind. Das Preissystem wäre nicht nur ein Ansporn, Menschen zum Mars zu entsenden, sondern auch eine finanzielle »Startbahn«, die es Privatorganisationen erlaubt, das für die Finanzierung eines solchen Unternehmens benötigte Kapital anzusammeln. Zum Beispiel kann sich eine Organisation auf den Gewinn des Preises Nummer 9 konzentrieren, die Entwicklung der Schwerlastträgerrakete. Der Preis von 2 Milliarden Dollar liegt nicht weit über dem Kostendeckungssatz, bietet aber eine ausgezeichnete Startposition für den Gewinn des Preises 10 (3 Milliarden Dollar für das Katapultieren einer 50-Tonnen-Last auf eine Trans-Mars-Injection). Dieser zweite Preis bringt das Unternehmen kräftig in die schwarzen Zahlen und schafft eine günstige Ausgangsposition für Aufgabe 11, die 5 Milliarden Dollar für die erste weiche Landung von 30 t auf dem Mars. Sobald dieses Ziel erreicht ist, verfügt die Organisation über ein primäres Erde-Mars-Transportsystem sowie ausreichendes Arbeitskapital und kann den Preis von 20 Milliarden Dollar für die bemannte Mission anstreben. Gruppen mit geringerem Anfangskapital können sich auf die niedrigeren Preise für Pioniermissionen konzentrieren und auf diese Weise sozusagen durch die Hintertür ins Spiel kommen. Die Teilnahme an diesem Wettbewerb über verschiedene Wege würde es den Firmen ermöglichen, sowohl Kapital als auch Erfahrung zu sammeln. Denn sie können verschiedene Preise anstreben und gewinnen, die an die Demonstration kritischer Techniken und die Durchführung wichtiger, für die Erfüllung übergeordneter Programmaufgaben erforderlicher Pioniermissionen gebunden sind. Das Preissystem schreibt jedoch keine Missionsabfolge vor – niemand ist dazu verpflichtet, sich erst einmal auf einen oder mehrere niedrigere Preise zu konzentrieren, bevor er die letzte Aufgabe angehen kann.

Das Modell erlaubt verschiedene Arten des Herangehens. Jeder Wettbewerbsteilnehmer wird seine eigene Kreativität einsetzen, um den effizientesten Weg zum Mars zu bestimmen. In diesem Prozeß wird eine Reihe kostengünstiger Transportsysteme entwickelt, die nicht nur Missionen jenes Typs ermöglichen, bei dem eine Flagge gehißt und ein paar Fußspuren zurückgelassen werden, sondern die eine systematische Erforschung und Besiedlung des Roten Planeten unterstützen.

Seit seiner Wahl zum Sprecher des Repräsentantenhauses wird Newt Gingrich von den Forderungen von Steueraktivisten, Abtreibungsgegnern, Befürwortern ausgeglichener Ernährung und einer Reihe anderer Interessengruppen überschwemmt. Auch wenn er die Erarbeitung des Mars-Preissystems initiierte und, wie ich von Eisenach erfahren konnte, davon begeistert war, bezweifle ich, daß er dieses Vorhaben vorantreibt, solange er keine politische Unterstützung erhält. Dasselbe gilt für Vizepräsident Al Gore, der bis zu seiner Wahl oft sein Engagement für den Sagan-Plan und die amerikanisch-russische Marsmission beteuerte. Seitdem ließ er kein Wort mehr verlauten. Wollen wir diese Personen jemals zum Handeln bewegen, müssen wir Stärke zeigen. Das bringt mich zum nächsten Punkt.

Was Sie tun können

Wenn Sie wollen, daß Menschen auf den Mars entsandt werden, müssen Sie Raumfahrtaktivist werden.

Wie Sie sich erinnern, ergab Millers Studie, daß sich nahezu 40 Millionen Amerikaner für die Raumfahrt interessieren (auf der ganzen Welt werden es noch einmal etliche mehr sein). Doch die zwei größten Raumfahrtaktivistenorganisationen der USA, die National Space Society und die Planetary Society, haben insgesamt nur etwa 100 000 Mitglieder. In den USA gibt es eine enorme Unterstützung für die Weltraumforschung, aber nur ein kleiner Teil der Amerikaner ist organisiert. Dabei sind Organisationen mit großen

Mitgliederzahlen erforderlich, um den nötigen politischen Druck zu erzeugen. Kurz gesagt: Der Mars braucht *Sie* (natürlich gilt das nicht nur für meine amerikanischen Leser!). Es genügt nicht, dem Weltraumprogramm alles Gute zu wünschen. Wenn Sie an eine Zukunft glauben, die nicht vom Horizont der Erde begrenzt wird, sollten Sie sich mit Gleichgesinnten zusammenschließen und Ihrer Stimme Gehör verschaffen.

In Amerika gibt es drei Organisationen von Raumfahrtaktivisten. Ich bin hier nicht ganz unparteiisch, da ich mit einer von ihnen, der National Space Society, verbunden bin, doch werde ich mich bemühen, Ihnen von allen ein so genaues Bild wie möglich zu geben.

Die *Planetary Society* ist mit etwa 75000 Mitgliedern die größte der drei. Gegründet wurde sie von Carl Sagan. Sagan, der geschäftsführende Direktor Louis Friedman und der ehemalige Direktor des Jet Propulsion Laboratory, Bruce Murray, leiten sie. Wie Sie sich wahrscheinlich schon dachten, tendiert die Planetary Society stark zu Sagans Modell einer amerikanisch-russischen Zusammenarbeit als Basis eines bemannten Marsprogramms. Da ein solches im Moment keine politische Mehrheit zu finden scheint, konzentriert sich das Hauptinteresse der Planetary Society auf die Förderung roboterunterstützter Planetenerforschung im Rahmen einer internationalen Zusammenarbeit. Sie gibt alle zwei Monate ein Hochglanzmagazin heraus sowie zahlreiche Bulletins über internationale Zusammenarbeit und Themen im Bereich der Planetenerforschung. *Informationen: Planetary Society, 65 North Catalina Avenue, Pasadena, Kalifornien 91106, USA.*

Die *National Space Society (NSS)* ist mit 25000 Mitgliedern die zweitgrößte Organisation. Gegründet von Wernher von Braun und dem Weltraumvisionär von Princeton, Professor Gerard O'Neill, wird sie heute von dem *Apollo 11*-Astronauten Buzz Aldrin, dem Shuttle-Astronauten Charles Walker, dem geschäftsführenden Direktor Lori Garver und mir (als Vorstandsvorsitzendem) geleitet. Das vorrangige Interesse der NSS gilt der menschlichen Besiedlung des Weltraums, einschließlich Mond und Mars. Auch wenn wir eine internationale Zusammenarbeit nicht ablehnen, ist sie doch kein Prüfstein der NSS. Die Gesellschaft würde sich gleichermaßen freuen, ein Marsprogramm auf Basis des Kennedy-, des Sagan-, oder des Gingrich-Modells unterstützen zu können. In Ermangelung derzeitiger menschlicher Siedlungen im Weltraum konzentriert sich die NSS hauptsächlich auf die Förderung der Entwicklung jener Techniken, die der Menschheit die Grenzen des Weltraums erschließen, wie etwa wiederverwendbare Starttriebwerke, die einen kostengünstigeren Zugang gewähren. Die Gesellschaft verfügt über etwa 100 lokale, über das ganze Land verstreute Sektionen, die regionale Ereignisse sowie einmal jährlich eine nationale Konferenz organisieren, und gibt alle zwei Monate ein Hochglanzmagazin heraus sowie zahlreiche Bulletins über Raumfahrtprogramme. *Informationen: National Space Society, 922 Pennsylvania Avenue S. E., Washington, D. C. 20003, USA.*

Die *Space Frontier Foundation* ist mit 500 Mitgliedern um einiges kleiner als die beiden anderen Organisationen. Rick Tumlinson und Jim Muncy leiten sie. Sie ist zweifellos im direkten Mitgliederkontakt weit aktiver als jede andere Weltraumorganisation. Die Foundation hat eine starke Neigung zum freien Unternehmertum. Von den drei in diesem Kapitel beschriebenen Annäherungen an ein Marsprogramm würde sie lediglich das Gingrich-Modell gutheißen. Die Space Frontier Foundation finanziert eine nationale Konferenz pro Jahr und gibt alle zwei Monate ein Rundschreiben heraus.

Informationen: Space Frontier Foundation, 16 First Avenue, Nyack, New York 10960, USA.

Wenn Sie auf die Mars Underground-Adressenliste wollen, senden Sie mir eine Postkarte. Sofern vorhanden, vergessen Sie nicht, Ihre E Mail-Adresse anzugeben. Sie erreichen mich auf dem Postweg unter *Postfach 273, Indian Hills, Colorado 80454, USA.* Sollten Sie Zugang zum Internet haben, hier meine Website: *http://www.magick.net/mars.* Dort erhalten Sie eine große Anzahl meiner technischen Dokumentationen.

Auch in Deutschland beziehungsweise Europa gibt es zahlreiche Raumfahrtorganisationen. Eine kleine Auswahl:

In Hamburg sitzt die *Astronomische Gesellschaft*, eine wissenschaftliche Vereinigung europäischer Astronomen. Eine der NASA vergleichbare Organisation ist die 1989 gegründete *DARA*, die

Deutsche Agentur für Raumfahrtangelegenheiten. Außerdem gibt es die *DGLR,* die *Deutsche Gesellschaft für Luft- und Raumfahrt,* die mehrere Publikationen herausbringt. In Darmstadt sitzt das *ESOC,* das *European Space Operation Centre.* Ebenfalls eine europäische Organisation ist die *ESA,* die *European Space Agency.* Die *International Astronautical* führt Kongresse durch. Gleiches gilt für die *International Astronomical Union* (IAU), die übrigens die Namengebung neuentdeckter Kometen, Kleinplaneten, Planetenoberflächengebiete und dergleichen verwaltet.

Geschichte zu machen, ist kein Sport für Zuseher. Nun sind Sie an der Reihe.

Eine Frage der Geschichte

Die Errichtung des ersten menschlichen Vorpostens auf dem Mars wäre die größte historische Tat unserer Zeit. Menschen auf der ganzen Welt erinnern sich nur deshalb an Ferdinand von Kastilien und Isabella von Aragon, weil sie mit den Reisen von Christoph Kolumbus in Verbindung standen. Die Anzahl jener, die die Namen der Vorgänger und Nachfolger von Ferdinand und Isabella nennen können, ist dagegen verschwindend klein. Kriege, Greueltaten, Palastrevolten, Skandale, Unruhen und Bankrotte, die den Menschen der damaligen Zeit so wichtig erschienen sein müssen, sind heutzutage nahezu vergessen. Ebenso wird in 500 Jahren niemand mehr etwas von der Operation Desert Storm oder gar vom Whitewater-Skandal wissen. Niemand wird je von den Kriegen in Kuwait oder Nicaragua gehört haben, niemand sich daran erinnern oder dafür interessieren, ob der Präsident der Vereinigten Staaten sich für das nationale Gesundheitswesen oder eine ausgewogene Ernährung eingesetzt hat. Doch man wird sich der Menschen erinnern, die als erste den Mars erreichten und besiedelten, und der Nation, die dies ermöglichte.

Als ich ein Junge war, las ich viele Bücher der klassischen Literatur. Ich erinnere mich noch gut an eine Rede, die einer der Herrscher von Athen, Perikles, über die Gefallenen Athens im zweiten Jahr des verzweifelten Kampfes gegen Sparta hielt. Er sprach zu den versammelten Verwandten: »Diese Männer, eure Söhne und Ehemänner, sind tot – und ich verstehe, daß ihr trauert. Doch seht, wofür sie starben. Sie starben für Athen. Aber was ist das anderes als eine Stadt, die ihre Einwohner Bürger und nicht Untertanen nennt, in der Philosophie, Wissenschaft und Vernunft gepflegt werden, in der Menschen leben dürfen, indem sie die Pflicht, aber auch das Recht des wahren Menschseins erfahren.« Und dann sagte Perikles: »Zukünftige Zeitalter werden uns bewundern, wie wir auch heute bereits bewundert werden.« Obwohl Athen von einer Übermacht zerstört wurde, behielt Perikles recht: Auch nach 2000 Jahren und all den technologischen und literarischen Leistungen der Jahrhunderte dazwischen wird es noch immer bewundert.

Wenn wir unsere Aufgabe erfüllen und der Menschheit die erste neue Welt auf dem Mars erschließen, werden in 2000 Jahren vielleicht nicht nur auf der Erde und auf dem Mars Menschen wohnen, sondern auch auf zahlreichen Planeten unserer Galaxie. Diese Menschen werden über Technologien und Fähigkeiten verfügen, die uns heute ebenso magisch erscheinen, wie unsere Welt den Einwohnern von Perikles' Athen erschienen wäre. Doch da wir all das ermöglicht haben, werden jene Milliarden fortschrittlicher Menschen, die auf den Welten einer Vielzahl von Sternsystemen leben, trotz ihrer großartigen Fähigkeiten auf unsere Zeit zurückblicken und uns bewundern.

Epilog
Die Bedeutung der Marspioniere

Vor etwas mehr als 100 Jahren erhob sich ein junger Professor für Geschichte der damals noch recht unbekannten University of Wisconsin, um bei der jährlichen Konferenz der American Historical Association zu sprechen. Frederick Jackson Turners Rede war als letzte der Abendsitzung angesetzt. Eine lange Reihe schwer verständlicher Vorträge war dem seinen vorangegangen, doch die Mehrheit der Konferenzteilnehmer hatte ausgeharrt, um ihn zu hören. Vielleicht hatte sich herumgesprochen, daß er etwas Wichtiges sagen werde. Wenn dem so gewesen war, behielt das Gerücht recht. Turner präsentierte mit kühnem Schwung einen brillanten Einblick in die Grundlage der amerikanischen Gesellschaft und deren Charakter. Die Quelle der egalitären Demokratie, des Individualismus und des Innovationsgeistes Amerikas seien weder das Rechtssystem noch Präzedenzfälle, Traditionen, nationale oder rassische Abstammung, erklärte er, sondern das Pionierwesen.

»Den Pionieren verdankt der amerikanische Verstand seine bemerkenswerten Eigenschaften«, sagte Turner. »Kraft, verbunden mit Scharfsinn und Wißbegier; der praktische, erfinderische Geist, der rasch das geeignete Mittel findet; der meisterhafte Griff nach Materiellem, dem es zuweilen an der künstlerischen Freiheit, niemals aber an der nötigen Kraft fehlt, um große Ziele zu erreichen; die ruhelose, angespannte Energie; ein alles dominierender Individualismus und schließlich jener Elan und jene Lebendigkeit, die aus der Freiheit entspringen – das sind die Eigenschaften der Pioniere, die Tugenden, die sich überall mit den Pionieren verbreiteten.«

Turner sagte weiter: »Einen Augenblick lang zerbrechen für den Pionier die Grenzen der Gewohnheit, und das Unkontrollierte triumphiert. Doch es gibt keine Klarheit. Die rauhe amerikanische Natur konfrontiert ihn mit ihren Zwängen und verlangt von ihm, ihre Bedingungen zu akzeptieren. Auch die überlieferten Gewohnheiten, die Dinge auf eine ganz bestimmte Weise zu tun, wirken auf ihn ein. Doch der Natur und der Tradition zum Trotz eröffneten sich die Pioniere neue Möglichkeiten, Fluchtwege aus den Fesseln der Vergangenheit. Originalität und Selbstvertrauen, die Ablehnung herkömmlicher Strukturen und die Ungeduld gesellschaftlichen Beschränkungen und Vorstellungen gegenüber sowie die Gleichgültigkeit wider ihre Lehren begleiteten die Pioniere. Was das Mittelmeer den Griechen war, der Bruch mit dem Band der Tradition, die Eröffnung neuer Erfahrungen, die Ausrufung neuer Institutionen und Aktivitäten, das und mehr war der ständig vorwärtsdrängende Pionier für die Vereinigten Staaten ...«[47]

Turners These war eine intellektuelle Sensation. Wenige Jahre später begründete sie eine Historikerschule, die aufzeigte, daß nicht nur die amerikanische Kultur, sondern auch die fortschreitende menschliche Zivilisation, die Amerika allgemein repräsentiert, grundsätzlich aus der großen Pionierleistung der globalen Besiedlung resultierte, die Europa im Zeitalter der Entdeckungen ermöglicht wurde.

Turner präsentierte seine Schrift im Jahr 1893. Nur drei Jahre zuvor, 1890, war die amerikanische Pionierlinie für geschlossen erklärt worden. Die Siedlungsgrenze, die immer die entlegenste westliche Ausdehnung markiert hatte, war auf die aus Kalifornien vordringende Ostgrenze getroffen. Heute, ein Jahrhundert später, stehen wir wieder vor der Frage, die Turner sich gestellt hatte – was, wenn der Pioniergeist tatsächlich verlorengegangen ist? Was geschieht mit Amerika und seinen Werten? Kann eine freie, gleichberechtigte, innovative Gesellschaft überleben, wenn sie keinen Raum zum Wachsen findet?

Vielleicht war es zu früh, diese Frage in Turners Zeiten zu stellen, doch heute ist es das gewiß nicht mehr. Heute finden wir überall in unserer unmittelbaren Umgebung einen deutlichen Mangel an gesellschaftlicher Vitalität. Die Verfestigung der Machtstrukturen und die Bürokratisierung sämtlicher Lebensbereiche nehmen zu, ebenso wie das Unvermögen politischer Institutionen, große Projekte in die Praxis umzusetzen. Die Unmenge an Vorschriften beeinträchtigt alle Sparten des öffentlichen, privaten und wirtschaftlichen Lebens. Wir erleben eine Ausweitung des Irrationalismus, eine Banalisierung der Volkskultur. Dem einzelnen mangelt es an der Bereitschaft, Risiken auf sich zu nehmen, für sich selbst zu sorgen und selbständig zu denken. Wirtschaftliche Stagnation und Rückgang, die Verlangsamung in der Entwicklung innovativer Technologien – wohin wir auch sehen, finden wir die Zeichen an der Wand.

Ohne Pioniere, die uns neues Leben einhauchen, verblaßt der Geist, der der progressiven humanistischen Kultur zum Aufstieg verhalf, welche Amerika in den letzten zwei Jahrhunderten repräsentierte. Doch hier geht es nicht nur um einen nationalen Verlust – der Fortschritt benötigt Vorreiter. Doch dafür ist weit und breit niemand in Sicht.

Die Schaffung eines neuen Pioniergeistes stellt somit eine der größten sozialen Notwendigkeiten Amerikas und der Menschheit dar. Nichts ist vordringlicher. Wieviel Linderungsmittel wir auch verabreichen – wenn daraus kein Pioniergeist erwächst, wird nicht nur die amerikanische Gesellschaft, sondern die gesamte, auf Werten wie Humanismus, Wissenschaft und Fortschritt basierende globale Zivilisation zugrunde gehen.

Ich glaube, daß die neue *frontier* der Menschheit nur auf dem Mars zu finden ist.

Aber warum nicht auf der Erde, unter den Ozeanen oder in weit entfernten Regionen wie der Antarktis? Es ist wahr, daß Siedlungen auf und unter dem Meer sowie in der Antarktis absolut möglich sind, und ihre Errichtung und der Zugang zu ihnen wäre auch weit einfacher als bei einer Marskolonie. Doch an diesem Punkt der Geschichte können solche terrestrischen Entwicklungen nicht die grundlegenden Voraussetzungen für Pioniergeist erfüllen – denn sie sind nicht so entlegen, daß sie die freie Entfaltung einer neuen Gesellschaft zuließen. In unserer Zeit und mit unseren modernen terrestrischen Kommunikations- und Transportsystemen kann ein Ort nicht so entfernt liegen oder so unwirtlich sein, daß die Polizei nicht zu nahe wäre. Wollen Menschen jene Würde erlangen, die aus der Schaffung ihrer eigenen Welt hervorgeht, müssen sie sich von der alten Gesellschaft befreien.

Der Mars bietet, was wir brauchen. Er ist weit genug entfernt, um die Kolonisten aus der intellektuellen und kulturellen Vorherrschaft der alten Welt zu lösen, und im Gegensatz zum Mond an Ressourcen reich genug, um einen neuen Zweig menschlicher Zivilisation hervorzubringen. Wie wir gesehen haben, mag der Rote Planet zwar auf den ersten Blick wie eine gefrorene Wüste erscheinen, aber er birgt reiche Rohstoffvorkommen, die die Schaffung einer fortschrittlichen, technologischen Zivilisation ermöglichen. Der Mars ist fern und kann besiedelt werden. Die Tatsache, daß er sich kolonialisieren läßt, definiert ihn als jene Neue Welt, die allein den Grundstein für eine positive Zukunft der terrestrischen Menschheit legen kann.

Warum die Menschheit den Mars braucht

>»Alles neigte dazu, sie zu erneuern: neue Gesetze, eine neue Lebensart, ein neues Sozialsystem; hier sind sie Männer geworden.«
> Jean de Crèvecœur,
> *Letters from an American Farmer*, 1782

Es ist das Wesen der humanistischen Gesellschaft, den Menschen zu schätzen – das menschliche Leben und die Menschenrechte sind die höchsten Güter. Diese Einstellung bildet seit mehreren tausend Jahren das Kernstück philosophischer Werte der westlichen Zivilisation. Sie stammt aus der Zeit der Griechen und gründet sich auf das jüdisch-christliche Bild der göttlichen Natur des menschlichen Geistes. Und doch gelang es nicht, diese Werte als praktische Basis der Organisation einer Gesellschaft umzusetzen, bis die großen Forscher des Zeitalters der Entdeckungen eine neue Welt eröffneten, in der der im mittelalterlichen Christentum verborgen schlummernde Samen des Humanismus sich frei entfalten und erblühen konnte.

Das Problem des Christentums lag darin, daß alles bereits festgelegt war – es war ein Stück, in dem das Drehbuch geschrieben und die führenden Rollen sowohl ausgewählt als auch besetzt waren. Die Schwierigkeit war nicht, daß es nicht ausreichende Naturflächen gegeben hätte, in denen man sich hätte bewegen können – das Europa des Mittelalters war nicht besonders dicht bevölkert und verfügte über ausgedehnte Wälder und andere wilde Gebiete. Doch all diese Flächen waren jemandes Eigentum. Eine regierende Klasse war etabliert und mit ihr eine Reihe regierender Institutionen, Ideen und Bräuche, und nach dem Gesetz des »Überlebens der Höchsten« konnten sie nicht ersetzt werden. Nicht nur die führenden Rollen waren vergeben worden, sondern auch die der Statisten und des Chors. Wollte man seine Rolle behalten, mußte man an seinem Platz bleiben. Für jemanden ohne Rolle gab es keine Verwendung.

Die Neue Welt veränderte das. In ihr existierten keine etablierten Institutionen. Auf einer solch improvisierten Bühne werden die Beteiligten nicht auf ihre konventionelle Rolle als Schauspieler festgenagelt, sondern agieren auch als Stückeschreiber und Regisseure. Die Entfesselung kreativen Talents, die eine solche neuartige Situation bietet, ist nicht nur für jene ein Abenteuer, die das Glück haben, daran teilnehmen zu dürfen, sondern verändert auch die Meinung der Zuschauer in bezug auf die Fähigkeiten des Schauspielers im allgemeinen. Wer in der alten Gesellschaft keine Rolle hatte, konnte sich in der neuen eine definieren. Wer nicht in die Alte Welt »gepaßt« hatte, konnte entdecken und beweisen, daß er keineswegs nutzlos war. Für die Neue Welt besaßen solche Menschen unschätzbaren Wert.

Die Neue Welt zerstörte die Grundlage der Aristokratie und schuf die Basis für die Demokratie. Sie ermöglichte die Entwicklung der Vielfalt. Mit ihrer Hilfe konnte man jenen Institutionen entfliehen, die dem Menschen Uniformität auferlegten. Sie zerschlug eine in sich geschlossene intellektuelle Welt durch die Einbringung bislang brachliegenden Wissens und ungenutzter Erfahrung. Sie förderte den Fortschritt, indem sie die Menschen aus der Umklammerung einer institutionalisierten Welt herausholte, deren System beständige Stagnation verlangte. Weil sie eine Situation schuf, in der unkonventionelles Denken für die Maximierung der Fähigkeiten einer nur in begrenzter Anzahl vorhandenen Bevölkerung dringend notwendig war, trieb sie den Fortschritt voran. Sie steigerte die Würde des Arbeiters, indem sie den Preis der Arbeitskraft erhöhte und für alle sichtbar bewies, daß der Mensch der Schöpfer seiner Welt sein kann. Von der Kolonialzeit bis ins 19. Jahrhundert, als die Städte in einem atemberaubenden Tempo wuchsen, war den Amerikanern bewußt, daß Amerika nicht einfach nur ein Ort war, an dem sie lebten, sondern daß sie an seinem Aufbau teilnahmen. Sie waren nicht nur die Bewohner ihrer Welt – sie waren ihre Gründer.

Eine Geschichte zweier Welten

Versuchen wir, uns das mögliche Schicksal der Menschheit im 21. Jahrhundert unter zwei Bedingungen vorzustellen: mit und ohne Mars.

Es besteht kein Zweifel daran, daß die kulturelle Vielfalt im 21. Jahrhundert ohne die Vision der Marsbesiedlung eingeschränkt wird. Bereits Ende des 20. Jahrhunderts unterminierten die modernen Kommunikations- und Transporttechniken die gesunde Vielfalt der menschlichen Kulturen auf der Erde. Da es uns die Technik ermöglicht, einander näher zu kommen, gleichen wir uns mehr und mehr an. Wir haben uns an McDonald's-Restaurants in Peking, an Country-und-Western-Musik in Tokio und an das Konterfei von Basketballstar Michael Jordan auf dem T-Shirt eines Indios des Amazonasgebietes gewöhnt.

Die Verschmelzung unterschiedlicher Kulturen kann gesund sein und führt in der Kunst und anderen Bereichen manchmal zu einer vorübergehenden Blüte. Sie kann jedoch auch eine ausgesprochen unwillkommene Steigerung ethnischer Spannungen mit sich bringen. Die in der kulturellen Vereinigung freigewordene Energie verbraucht sich in kürzester Zeit, und auf längere Sicht bleibt als Konsequenz nur, daß sie sich erschöpft hat. Eine Analogie zur kulturellen Homogenisierung ist die Verbindung der beiden Pole einer Batterie mittels eines Drahtes. Eine Zeitlang wird eine große Hitze erzeugt – doch sind die Potentiale erst einmal ausgeglichen, wird ein Zustand maximaler Entropie erreicht, und die

Batterie ist tot. Das klassische Beispiel eines solchen Phänomens in der Menschheitsgeschichte ist das Römische Reich.[48] Auf ein durch Vereinheitlichung hervorgerufenes Goldenes Zeitalter folgen in der Regel Stagnation und Abstieg.

Die Tendenz zur kulturellen Homogenisierung auf der Erde kann sich im 21. Jahrhundert nur beschleunigen. Zudem werden durch die raschen Kommunikations- und Transporttechniken interkulturelle Barrieren ausgeschaltet. Es wird in steigendem Maß schwieriger, jenen Grad der Trennung zu erzielen, der für die Entwicklung neuer und unterschiedlicher Kulturen auf der Erde notwendig ist. Erschließt sich uns die Marsgrenze, wird es uns derselbe Prozeß technologischen Fortschritts ermöglichen, einen neuen, anders gearteten und dynamischen Zweig der menschlichen Kultur auf dem Mars und eventuell auch auf anderen Welten zu etablieren. Die wertvolle Vielfalt der Menschheit kann auf diese Weise auf einer breiteren Basis bewahrt werden. Eine Welt ist ein zu kleiner Bereich, um jene Vielfalt zu sichern und laufend neu zu erschaffen, die nicht nur nötig ist, um das Leben interessant zu erhalten, sondern zugleich das Überleben der Menschheit garantiert.

Ohne eine neue *frontier* für Pioniere, ohne den Mars ist die fortschreitende westliche Zivilisation dem Risiko der technologischen Stagnation ausgesetzt. Einigen mag diese Behauptung seltsam erscheinen, da unser Zeitalter das der technologischen Wunder genannt wird. Doch die Geschwindigkeit des Fortschritts ist alarmierend gesunken. Um dies zu erkennen, muß man nur zurücksehen und die in den letzten 30 Jahren aufgetretenen Veränderungen mit denen der davorliegenden 30 Jahre vergleichen und die wiederum mit denen der vorangegangenen 30 Jahre.

Zwischen 1906 und 1936 wurde die Welt revolutioniert: Elektrizität in den Städten, Telefone, Radioübertragungen, der Tonfilm; das Automobil eroberte die Welt, die Luftfahrt entwickelte sich vom Flugzeug der Gebrüder Wright zur *DC-3* und zum *Hawker Hurricane*. Zwischen 1936 und 1966 veränderte sich die Welt erneut: Kommunikationssatelliten und interplanetarische Raumfahrzeuge, Computer, Fernsehen, Antibiotika, Atomkraft, die *Atlas-*, *Titan-* und *Saturn*-Raketen, die *Boeing 727* und die *SR-71*. Verglichen mit diesen Veränderungen erscheinen die technologischen Innovationen von 1966 bis heute unbedeutend. Ein gigantischer Wandel hätte sich in dieser Periode vollziehen sollen, doch er blieb aus. Wären wir auf dem technologischen Weg der vergangenen 60 Jahre weitergegangen, verfügten wir heute über Videotelefone, Solarautos, Magnetschwebebahnen, Fusionsreaktoren, Interkontinentalflüge mit Überschallgeschwindigkeit, zuverlässige und kostengünstige Transportmöglichkeiten in den Erdorbit, unter dem Meer liegende Städte, marine Aquakulturen im offenen Ozean und menschliche Siedlungen auf Mond und Mars. Statt dessen erleben wir, daß wichtige technologische Entwicklungen wie Atomkraft und Biotechnologie blockiert oder in Kontroversen verstrickt werden. Wir werden immer langsamer.

Stellen wir uns nun eine aufkeimende Marszivilisation vor. Ihre Zukunft wird entscheidend vom wissenschaftlichen und technologischen Fortschritt abhängen. Die aus den Notwendigkeiten der amerikanischen Pionierzeit mit ihrer *frontier* »Westen« erwachsenen Erfindungen bedeuteten einen kraftvollen Antrieb für den weltweiten menschlichen Fortschritt im 19. Jahrhundert. Mit der *frontier* Mars verhält es sich nicht anders. Die neue »Marskultur« legt höchsten Wert auf Intelligenz, praktische Ausbildung und jene Entschlossenheit, die für das Erbringen einer echten Leistung erforderlich ist. Damit trägt sie mehr als nur ihren Anteil zu jenen wissenschaftlichen und technologischen Durchbrüchen bei, die die Menschheit im 21. Jahrhundert bedeutend voranbringen werden.

Ein hervorragendes Beispiel für die treibende Kraft der Vision Mars bei der Entwicklung neuer Techniken ist die Energieproduktion. Wie auf der Erde wird die ausreichende Energieversorgung auch für den Erfolg von Marssiedlungen von entscheidender Bedeutung sein. Wir wissen, daß der Rote Planet in Deuterium über einen wichtigen Energierohstoff verfügt. Es kann als Treibstoff in nahezu rückstandslosen, thermonuklearen Fusionsreaktoren verwendet werden. Auch die Erde besitzt große Deuteriumvorkommen, doch da sämtliche derzeitigen Investitionen in Energieproduktionsformen fließen, die die Umwelt in weit stärkerem Maß verunreinigen, läßt man die Forschung, die Fusionsreaktoren zur Energiegewinnung ermöglichen würde, stagnieren. Die Marskolonisten werden gewiß größere Entschlossenheit an den Tag legen und die Kernfusion vorantreiben; davon wird auch der Mutterplanet profitieren.

Die Parallele zwischen der *frontier* Mars und dem amerikanischen Grenzland des 19. Jahrhunderts im Hinblick auf die technologische Entwicklung wird – wenn man sie überhaupt wahrnimmt – stark heruntergespielt. Die Ausweitung der amerikanischen Westgrenze und der daraus resultierende ständige Arbeitskräftemangel im Osten trieben den technologischen Fortschritt Amerikas im letzten Jahrhundert ungeheuer voran. Arbeitssparende Maschinen wurden entwickelt, und man verbesserte die öffentliche Ausbildung, um so die Fähigkeiten der begrenzten Arbeitskraftkapazitäten zu maximieren. Diese Voraussetzungen treffen heute in Amerika nicht mehr zu. Anstatt jeden neuen Einwohner zu schätzen, steigt die Zahl derer, die Einwanderern ablehnend gegenüberstehen. Man schafft einen ausgedehnten »Dienstleistungssektor« von Bürokraten und Befehlsempfängern, um die Energien jener Bevölkerungsteile aufzufangen, deren Teilnahme in den produktiven Bereichen der Wirtschaft nicht mehr benötigt wird. So wird am Ende des 20. Jahrhunderts und noch mehr im 21. Jahrhundert jeder zusätzliche Einwohner als Last empfunden.

Auf dem Mars dagegen wird im 21. Jahrhundert ein gewaltiger Arbeitskräftemangel herrschen. Wir können mit Gewißheit behaupten, daß keine Ware im 21. Jahrhundert auf dem Mars wertvoller sein wird als die menschliche Arbeitszeit. Arbeiter werden auf dem Mars weit besser bezahlt und behandelt werden als ihre Kollegen auf der Erde, und die Ausbildung wird auf einen so hohen Standard gebracht, wie man ihn auf dem Heimatplaneten noch nie gesehen hat. Wie das Amerika des 19. Jahrhunderts die Haltung Europas einem einfachen Arbeiter gegenüber veränderte, so werden die fortschrittlichen sozialen Gegebenheiten auf dem Mars der Erde und dem Mars gleichermaßen zugute kommen. Ein neuer Standard für eine höhere Form menschlicher Zivilisation könnte auf dem Mars gesetzt werden, und die Bewohner der Erde, die dies aus der Ferne betrachten, werden mit Recht dasselbe für sich verlangen.

Die *frontier* förderte die Entwicklung der Demokratie in den USA, denn sie brachte eine selbstbewußte Bevölkerung hervor, die auf ihrem Recht zur Selbstverwaltung bestand. Es ist zu bezweifeln, daß Demokratien ohne solche Menschen überleben können. Natürlich ist die Demokratie in Amerika überall sichtbar und präsent. Doch die Teilnahme der Öffentlichkeit an dieser Demokratie ist nach wie vor unerläßlich. Bedenken Sie nun, daß seit 1860 kein Vertreter einer neuen politischen Partei mehr zum Präsidenten der Vereinigten Staaten gewählt wurde. Lokale politische Clubs und Wahlbezirksstrukturen verschwanden, die es den Bürgern einst ermöglichten, an Parteiberatungen teilzunehmen. Und bei einer Wiederwahlrate von 95 % ist der US-Kongreß kaum ein Barometer für den Willen des Volkes. Die eigentlichen Gesetze, die immer weitere Bereiche des wirtschaftlichen und sozialen Lebens abdecken, werden ohne Rücksicht auf den Willen des Kongresses in zunehmendem Maße von einer Vielzahl von Aufsichtsbehörden gemacht, deren Beamte nicht einmal vorgeben, von irgend jemandem gewählt worden zu sein.

Die Demokratie in Amerika und anderen westlichen Zivilisationen braucht einen neuen Impuls. Dieser Anstoß kann nur von Pionieren ausgehen, deren Zivilisation die Gesinnung in sich birgt, die der amerikanischen Demokratie Leben einhauchte. Wie die Amerikaner Europa im letzten Jahrhundert den Weg aus Oligarchie und Stagnation wiesen, wird die Bevölkerung des Mars im kommenden Jahrhundert *uns* den Weg zeigen.

Doch drohen der menschlichen Gesellschaft größere Gefahren als die Wiederkehr der Oligarchie. Wir werden unausweichlich mit ihnen konfrontiert werden, wenn die Grenze geschlossen bleibt – das Zusammenspiel inhumaner Ideologien und politischer Institutionen, die deren Gedankengut als Grundlage ihres Handelns annehmen. An oberster Stelle solch zerstörerischer Ideen, die sich naturgemäß in geschlossenen Gesellschaften verbreiten, steht die Malthus-Theorie, die darauf basiert, daß aufgrund der begrenzten Weltressourcen das Bevölkerungswachstum und der Lebensstandard eingeschränkt werden müssen, da wir ansonsten alle in unendlichem Elend versinken.

Die Malthus-Theorie (nach dem englischen Geistlichen und Nationalökonomen Thomas Robert Malthus, 1766-1834) ist wissenschaftlich nicht haltbar – sämtliche darauf fußenden Vorhersagen sind falsch. Der Mensch ist nicht nur ein Rohstoffkonsument, sondern schafft durch die Entwicklung neuer Technologien Rohstoffe. Je mehr Menschen an diesem Prozeß beteiligt sind, desto rascher verläuft die Innovation. Das ist der Grund, weshalb sich (im Widerspruch zum Malthusianismus) bei steigender Weltbevölkerung auch der Lebensstandard immer rascher erhöht hat. Die Gefahr, die diese These darstellt, liegt darin, daß sie sich in einer geschlossenen Gesellschaft selbst bestätigt. Es genügt nicht, in der Theorie gegen sie zu argumentieren – solche Auseinandersetzungen lassen sich nicht in akademischen Fachzeitschriften regeln. Solange der Mensch keine riesigen Vorkommen ungenützter Rohstoffe sieht, neigt er dazu, der Behauptung von beschränkten Rohstoffreserven Glauben zu schenken. Akzeptiert man die Ansicht, daß die Weltressourcen begrenzt sind, ist jeder Mensch letztendlich der Feind des anderen und jede Rasse oder Nation der Feind jeder anderen Rasse oder Nation. Die extremen Konsequenzen wären Tyrannei, Krieg und sogar Völkermord. Nur in einem Universum unbegrenzter Ressourcen können alle Menschen Brüder sein.

Der Mars ruft

»Wir erfreuen uns seit einiger Zeit einer blühenden globalen Wirtschaft, ohne an ihre Auswirkungen zu denken oder daran, wie sehr wir eigentlich zu bedauern sind, daß wir sie erreicht haben. Es sollte uns fröhlicher stimmen, erführen wir die Neuigkeit, daß irgendein Verrückter aus dem Sonnensystem eine andere Welt sanft in unseren Orbit gelenkt und sie so nahe herangebracht hätte, daß es möglich wäre, eine Brücke zu bauen, über die die Menschen zu neuen, unbewohnten Kontinenten und neuen, unerforschten Ozeanen aufbrechen könnten. Würden diese erwartungsvollen Einwanderer den Prozeß wiederholen, dem sie folgten, als sie einst die Gelegenheit dazu hatten, oder würden sie die Mißstände der alten Welt durch eine neue Bill of Rights beseitigen? Ein solcher neuer Planet würde zumindest eine auf Dynamik gegründete Zivilisation verlängern, wenn schon nicht retten, und der einzelne dürfte in dieser Verlängerung wieder eine Zeitlang die Freiheit genießen...
Es wäre sehr interessant, darüber zu spekulieren, was die menschliche Phantasie in einer grenzenlosen Welt anfinge, in der sie ihre

Inspiration in der Einheitlichkeit statt in der Vielfalt, in der Gleich-
heit statt im Kontrast, in der Sicherheit statt in der Gefahr, in der
Erforschung harmloser Nuancen des Bekannten statt in den gewal-
tigen Ungewißheiten unbekannter Ozeane und Kontinente suchen
müßte. Träumer, Poeten und Philosophen sind schlußendlich nur
Instrumente, die den Hoffnungen, Bestrebungen und Ängsten der
Menschen Stimmen verleihen und sie zum Ausdruck bringen.
Die Menschen werden die frontier *stärker vermissen, als sich*
dies durch Worte ausdrücken läßt. Vier Jahrhunderte lang hörten
sie ihren Ruf, lauschten ihrem Versprechen und vertrauten ihr ihr
Leben und ihre Zukunft an. Nun ist dieser Ruf verstummt ...«

Walter Prescott Webb,
The Great Frontier, 1951

Die westliche Zivilisation, wie wir sie heute kennen und schätzen,
wurde in der Expansion geboren. Sie wuchs in der Expansion und
kann ausschließlich in einem expandierenden Zustand existieren.
Einige menschliche Gesellschaftsformen mögen auf einer nichtex-
pandierenden Welt beharren, doch sie werden nicht zu Freiheit,
Kreativität, Individualität oder Fortschritt beitragen. Eine solche
düstere Zukunft mag als übertriebene Vorhersage erscheinen. Die
Menschheit war während nahezu ihrer gesamten Geschichte gezwungen, solche statischen sozialen Organisationsformen zu ertragen, und das war keine glückliche Erfahrung. Freie Gesellschaften sind in der Menschheitsgeschichte die Ausnahme – abgesehen
von vereinzelten Perioden, existierten sie nur während der vier
Jahrhunderte der Verlagerung der amerikanischen Grenze nach
Westen. Diese Geschichte hat ein Ende gefunden. Die Grenze, die
mit der Reise von Christoph Kolumbus eröffnet wurde, ist geschlossen. Wenn die Ära der westlichen Gesellschaft von den
Historikern der Zukunft nicht als eine Art vorübergehendes Goldenes Zeitalter betrachtet werden soll, als ein glänzender Augenblick inmitten einer endlosen Chronik menschlichen Elends, muß
eine neue Grenze eröffnet werden. Der Mars ruft.
Doch der Mars ist nur *ein* Planet. Wachsen die Fähigkeiten der
Menschheit mit der Erforschung des Mars, wird die Transformation und Besiedlung unsere Tatkraft kaum mehr als drei oder vier
Jahrhunderte in Anspruch nehmen. Ist die Besiedlung des Mars

nur eine Gelegenheit, eine auf Dynamik basierende Zivilisation für ein paar Jahre zu verlängern, nicht aber, sie zu retten? Ist die menschliche Zivilisation letztlich doch zum Untergang verurteilt? Das glaube ich nicht. Das Universum ist gewaltig. Sollten wir Zugang zu seinen Ressourcen finden, ist es wahrlich unendlich. Während der vier Jahrhunderte, in denen auf der Erde die *frontier* existierte, haben sich Wissenschaft und Technologie mit erstaunlicher Geschwindigkeit entwickelt. Die im 20. Jahrhundert erreichten technologischen Fähigkeiten würden die Erwartungen jedes Beobachters des 19. Jahrhunderts in den Schatten stellen, die Träume eines Menschen aus dem 18. Jahrhndert weit übersteigen und für jemanden aus dem 17. Jahrhundert geradezu magisch wirken. Die nächstgelegenen Sterne sind unglaublich fern, etwa 100000mal so fern wie der Mars. Andererseits beträgt die Distanz zwischen Erde und Mars ungefähr das 100000fache der Strecke Europa-Amerika. Wenn die vergangenen vier Jahrhunderte des Fortschritts unsere Reichweite in diesem Ausmaß erhöht haben, könnte dies dann nicht auch in vier weiteren Jahrhunderten der Freiheit wieder geschehen? Es gibt genügend Gründe, daran zu glauben.

Die Besiedlung des Roten Planeten wird die Entwicklung immer schnellerer Raumfahrttransportsysteme vorantreiben und das Terraformen des Mars die Entwicklung neuer und kraftvollerer Energiequellen fördern. Die Verbindung dieser beiden Techniken wird uns neue *frontiers* immer weiter in das äußere Sonnensystem hinaus eröffnen. Die schwierigen Herausforderungen dieser neuen Welten werden auf die beiden Schlüsseltechnologien Energiegewinnung und Antriebstechnik einen noch kräftigeren Impuls ausüben. Das Wichtigste ist, den Prozeß in Gang zu halten. Läßt man zu, daß er für eine beliebige Zeit zum Stillstand kommt, wird die Gesellschaft in einer statischen Form kristallisieren, die der Fortführung des Prozesses schadet. Das ist auch der Grund, weshalb man unser Zeitalter in der Krise wähnt. Unsere alte Grenze ist geschlossen. Die ersten Anzeichen sozialer Stagnation sind deutlich sichtbar. Doch auch wenn sich der Prozeß verlangsamt hat, ist er noch immer am Laufen. Die Menschen unserer Zeit glauben an ihn, und die herrschenden Institutionen sind mit ihm noch nicht unvereinbar.

Noch halten wir das größte Geschenk des Erbes einer vierhundert Jahre dauernden Renaissance in Händen – die Fähigkeit, durch die Erschließung des Mars erneut einen Prozeß in Gang zu setzen. Tun wir es nicht, wird unsere Zivilisation nicht mehr lange über diese Fähigkeit verfügen. Der Mars ist ein rauher Ort. Seine Siedler werden nicht nur Technologien benötigen, sondern auch die wissenschaftliche Einsicht, Kreativität und freidenkerische Erfindungsgabe, die dahinterstecken. Der Mars läßt es nicht zu, daß ihn Menschen einer statischen Gesellschaft besiedeln – diese Menschen verfügen nicht über die nötigen Eigenschaften.

Noch besitzen wir diese Eigenschaft. Der Mars wartet auf die Kinder der alten Pioniere – doch er wird nicht ewig warten.

Nachtrag
Die Marsmeteoriten des Jahres 1996

ALH84001

Am 6. August 1996 veröffentlichte NASA-Chef Dan Goldin eine Presseerklärung, die sich auszugsweise folgendermaßen las:»Die NASA hat eine erstaunliche Entdeckung gemacht, die darauf hindeutet, daß vor mehr als drei Milliarden Jahren eine primitive Form mikroskopischen Lebens auf dem Mars existierte...« Am nächsten Tag herrschte knisternde Spannung. Schlagzeilen verkündeten, daß die NASA einen möglichen Beweis für früheres Leben auf dem Mars gefunden habe und daß auf einer Pressekonferenz am Nachmittag Näheres zu erfahren sei. Vor diesem Ereignis trat Präsident Bill Clinton auf den südlichen Rasen des Weißen Hauses und verlieh seiner Begeisterung über die NASA-Entdeckungen Ausdruck. Sollten sich die Vermutungen bestätigen, werde diese Entdeckung»einen der sensationellsten Einblicke in unser Universum bieten, den die Wissenschaft jemals enthüllte«. Er versprach, daß die USA»ihre gesamten intellektuellen Fähigkeiten und technologischen Kenntnisse der Suche nach weiteren Beweisen für Leben auf dem Mars widmen« werden.

Kurz darauf präsentierte die NASA der Welt ein nichtbeschriftetes Stück Stein. Auf einem blauen Samtkissen und von den Wänden einer Plexiglasvitrine geschützt, lag ein kartoffelgroßer Stein namens»ALH84001«. Man stellte ihn als eine seltene Meteoritenart vor, die vom Mars stamme. Noch seltener war die Fracht, die der Gesteinsbrocken trug. Im Verlauf der vorangegangenen zweieinhalb Jahre hatte ein Team von NASA-Forschern und freien Mitarbeitern, die den Meteoriten untersucht hatten, mineralogische, chemische und strukturelle Eigentümlichkeiten daran entdeckt, die auf biologische Aktivität in einer fernen Vergangenheit des Mars deuteten.

Das Forscherteam – bestehend aus David McKay, Everett Gibson, Kathie Thomas-Keprta und Richard Zare – trat im vollbesetzten Auditorium des NASA-Hauptquartiers in Washington, D.C., vor die Öffentlichkeit. Ein Wissenschaftler nach dem anderen ergriff das Wort und erläuterte seinen Anteil an der Geschichte des Fundes. Sie stellten fünf verschiedene Beweiskomplexe vor, die ihre Ergebnisse untermauern sollten – die Abstammung des Steins, das Vorhandensein von Karbonaten (das auf eine Unterwasservergangenheit des Meteoriten hindeutet), die Existenz mineralischer Einschlüsse (wie sie für biologischen Ursprung typisch sind), die Anwesenheit organischer Verbindungen im Stein und das Auftreten winziger, bakterienähnlicher Strukturen (die das Team als Mikrofossilien von Marsleben erkannt zu haben glaubt). Vom Mars zur Erde und ins Weiße Haus – ALH84001 hat eine lange, seltsame Reise hinter sich, wie uns von den NASA-Forschern beschrieben wird.

Der Irrweg des Steins begann vor etwa 16 Millionen Jahren, als ein Asteroid auf dem Mars einschlug und Gesteinsbrocken des Planeten ins All schleuderte. Ungefähr vor 13000 Jahren stürzte wenigstens einer dieser Brocken auf die Eisfläche der Antarktis. Im Laufe der Zeit wurde er unter Schnee begraben und im Eis eingeschlossen. Das hätte schon die ganze Geschichte sein können – begraben unter dem Eis und später mit ihm an die Grenzen des Kontinents verschoben, wäre ALH84001 schließlich im Meer versunken. Doch das Eis trug den Stein auf die Allan Hills zu. Statt daß er ins Meer hinausbefördert wurde, brachte ihn das sich auftürmende Eis an die Oberfläche. Der Wind strich über die Hänge hinab und scheuerte die Eisoberfläche glatt, bis der alte Marsstein freigelegt wurde.

Dort, inmitten der eisigblauen Fläche des westlichen Eisfeldes der Allan Hills, in einer Gegend, die aufgrund ihrer von Wind geformten, surrealistisch anmutenden Eisblöcke *Pinnacles* (dt.»Zinnen«) genannt wird, entdeckte die Wissenschaftlerin Roberta Score einen Gesteinsbrocken, der sie zur bekanntesten antarktischen Steinsucherin der Geschichte machte. Score, die zu dieser Zeit für Northrup Aviation arbeitete und Direktorin des Antarctic Meteorite Lab des Johnson Space Center war, befand sich auf einer siebenwöchigen Expedition, die der Suche von antarktischen Meteoriten gewidmet war. In den späten 70er Jahren hatte die Wissenschaft die einzigartigen antarktischen Gebiete als ein wahres El Dorado für Meteoritensucher entdeckt. Die Bodenmechanik, die ALH84001 hatte stranden lassen, hatte auch auf Tausende anderer Steine eingewirkt. Sobald man mit jährlichen Expeditionen begonnen hatte, stieg die Anzahl der Meteoriten, die der Wissenschaft zugänglich wurden, von einigen hundert auf Tausende.

Doch an jenem 27. Dezember 1984 dachte Score weniger an die Mechanismen des Meteoritentransports als an den Wind, der die erstaunlichen Eisskulpturen der *Pinnacles* modelliert hatte. Ihr Team hatte das westliche Eisfeld untersucht, eine unebene Fläche von nahezu 100 km^2 freigelegtem bläulichem Eis. Um ein derart großes Gelände erforschen zu können, bewegten sich Score und ihre Kollegen langsam auf einer Linie mit einem Abstand von 30 Metern zueinander in Schneemobilen vorwärts; so suchten sie das Eis nach Meteoriten ab. Wenn das ein wenig langweilig klingt, täuscht dieser Eindruck nicht. Später erinnerte sich Score daran, daß sie sich inmitten des Eises wie auf einem »gefrorenen Ozean ohne jegliche Landschaft« gefühlt habe. Daher war es eine willkommene Abwechslung, als das Team das Gebiet der Eisskulpturen erreichte. Endlich gab es etwas zu sehen.

Die Forscher lösten die Formation auf und durchquerten das Gelände, die Augen noch immer auf das Eis gerichtet, aber mehr im Sinne von Sightseeing. Während Score die Landschaft betrachtete, entdeckte sie einen tennisballgroßen grünlichen Stein im Eis. Das Team hatte bereits etwa 100 Exemplare gesammelt (und würde noch weitere 200 anhäufen), und an diesem war, abgesehen von seiner grünlichen Farbe, nichts Besonderes. Er habe nicht, wie Score später berichtete, »vor Leben gesprüht«. Sie hob ihn auf und verpackte ihn wie gewöhnlich vorsichtig und in möglichst keimfreier Umgebung. In ihrem Tagebuch notierte sie an diesem Abend, daß sie einen ungewöhnlichen Achondriten gefunden habe.

Das von Score entdeckte Exemplar wurde gemeinsam mit den übrigen Fundstücken der Saison in Trockeneis gelegt und in der amerikanischen McMurdo-Antarktisstation an Bord eines Schiffes gebracht. Das beförderte die extraterrestrische Ladung nach Port Hueneme, einem Marinestützpunkt nördlich von Los Angeles. Von Hueneme wurden die Gesteinsbrocken nach Houston geflogen und in das Antarctic Meteorite Lab transportiert, wo man sie in jenen Schränken aufbewahrte, in denen einst auch das Mondgestein der *Apollo*-Missionen gelagert worden war. Um die Proben zu trocknen und jede Verwitterung, der die Steine eventuell unterworfen sein konnten, zu vermeiden, wurden die Vitrinen mit Stickstoffgas gefüllt. Sobald sie trocken waren, wollten die Forscher die Meteoriten aus den Schränken nehmen, sie mit Nummern versehen, beschriften und im Labor fotografieren. Dann würden sie kleine Splitter entnehmen und sie zur Klassifikation jedes Steins an das Smithonian Institute senden. Nachdem sie einmal klassifiziert wären, würde das laboreigene Rundschreiben *Antarctic Meteorite Newsletter* die Verfügbarkeit von Proben zu Studienzwecken verkünden…

Vielleicht war es Weitblick, vielleicht auch nur Glück – nachdem Score nach Houston zurückgekehrt war, ging ihr der Stein aus dem Gebiet der Eisskulpturen nicht mehr aus dem Sinn. Sie beschrieb ihren Kollegen den Anblick des Steins im Eis, seinen Grünton, und erklärte: »Wartet, bis ihr den erst gesehen habt.« Als der Stein deshalb aus dem Schrank entnommen wurde, stellte er sich allerdings als ziemlich unauffällig grau heraus. (Die Verbindung von strahlendem Sonnenlicht, dunklen Brillengläsern und blauem Eis hatte womöglich zu jener grünen Färbung geführt, die Score gesehen hatte.) Immerhin war er groß und interessant genug, um die Bezeichnung ALH84001 zu erhalten – Allan Hills, 1984, Nr. 1. Das Fundstück debütierte in der zweiten Ausgabe des *Antarctic Meteorite Newsletter* aus dem Jahr 1985, klassifiziert als Diogenit, einer Untergruppe der Achondriten, steinartiger Meteoriten, die terrestrischen Magmagesteinen (wie etwa Basalten) ähneln.

Bis zum Frühjahr 1993 verlief das Leben von ALH84001 ziemlich ereignislos. Dann jedoch entdeckte der Forscher David Mittlefehldt bei der Untersuchung der chemischen Zusammensetzung von Chromiten – Oxidmineralen aus Chrom und Eisen – innerhalb des Diogenits etwas Seltsames. Er hatte kurz davor eine Probe von ALH84001 wegen dessen loser chemischer Zusammensetzung untersucht und etwas später einen »Probenhügel« aus übriggebliebenen Gesteinssplittern angesammelt. Bei seinen Vergleichen verschiedener Diogenite bemerkte Mittlefehldt, daß das Eisen in den ALH-Chromiten stärker oxidiert war als in den anderen Proben. Er vermutete, einen SNC-Meteoriten – ein Fundstück vom Mars – in Händen zu haben. Doch er brauchte mehr als eine Vermutung – er brauchte weitere Proben.

Niemand, auch Mittlefehldt nicht, wußte, daß dünne Gesteinsschichten von Allan Hill 84001 irrtümlicherweise als Proben eines anderen Diogenit-Gesteins (Elephant-Moräne 79002) gekennzeichnet worden waren – und umgekehrt. Beide Meteoriten gehörten zu den von Mittlefehldt untersuchten. Während er auf die angeforderte Probe von Allan Hills gewartet hatte, hatte er eine neue, dünne Elephant-Moränen-Gesteinsprobe erhalten.

Normalerweise verschaffte sich Mittlefehldt bei der Untersuchung einer Probe erst einen allgemeinen Eindruck von der Außenseite, um etwas über die Gesteinslage zu erfahren. Bei der Elephant-Probe wich er jedoch von diesem Vorgehen ab. Da er eine spezifische Information über Sulfide – Verbindungen von Eisen und Schwefel – suchte, legte er sie unter ein Elektronenmikroskop, um die Sulfide leichter aufzuspüren. Die Analyse brachte, wie er sich später erinnerte, merkwürdige Ergebnisse. In Diogeniten bestehen Sulfide aus einem Atom Schwefel pro Atom Eisen. Doch in dieser Probe fand er zwei Schwefelatome pro Eisenatom, Eisendisulfid, eine Verbindung, die gewöhnlich in Marsgestein vorkommt, nicht aber in Diogeniten. Jetzt untersuchte Mittlefehldt die Außenseite und fand die Disulfide und Karbonateinschlüsse, die den Stein Jahre später berühmt machen sollten. Er wiederholte die Analyse und kam zu demselben Ergebnis. Da derartige Substanzen nicht in einen gewöhnlichen Meteoriten gehörten, bestand für ihn kein Zweifel: Die Probe stammte nicht von der Elephant-Moräne, sondern von Allan Hills. Und war ein Fundstück vom Mars.

Mittlefehldt wandte sich an Marilyn Lindstrom, Leiterin der Meteorite Working Group, und berichtete ihr von seiner Entdeckung. Daraufhin wurde eine Probe von ALH84001 zur Sauer-stoffisotopenanalyse an die University of Chicago geschickt. Obwohl sich Mittlefehldt sicher war, daß der Stein vom Mars stammte, sollte diese Analyse seine Vermutung untermauern. Und das tat sie.

Im Dezember 1993 veröffentlichte die Meteorite Working Group eine Spezialausgabe ihres *Antarctic Meteorite Newsletter* und ver-kündete die Neuklassifizierung und Verfügbarkeit eines neuen SNC-Meteoriten. Wie zu erwarten, verursachte die Entdeckung eines bis dahin unbekannten Marsgesteins einige Aufregung unter den Wissenschaftlern. Binnen kürzester Zeit fanden Proben von ALH84001 ihren Weg zu neugierigen Forschern. Darunter waren auch Everett Gibson, ein Planetenwissenschaftler vom Johnson Space Center, und Chris Romanek vom National Research Council, der eben promoviert hatte und in Gibsons Labor arbeitete.

Gibson und Romanek erhielten die Gesteinsproben Anfang 1994 und begannen sofort mit der Untersuchung der Karbonate, die Mittlefehldt in ALH84001 identifiziert hatte. Die Karbonate er-schienen als kleine orangebraune Flecken, umgeben von einem dünnen, schwarz-weiß-schwarzen Band, das die Forscher »Oreo-Keksrand« nannten. Obwohl die Körnchen nur einen Durchmesser von 250 Mikrometern aufwiesen, was etwa einem Fünftel des Durchmessers eines menschlichen Haars entspricht, stellten sie sich als ausgesprochen interessant heraus. Nach wenigen Monaten hatten die beiden die Kohlenstoff- und Sauerstoffisotope in den Karbonaten gemessen. Mittlefehldt hatte sich bereits dahingehend geäußert, daß sich die Karbonate offenbar tief in der Marskruste bei Temperaturen von ungefähr 700 °C gebildet hatten. Gibson und Romanek kamen aufgrund der Isotopenzusammensetzung der Karbonate zu einer vollkommen anderen Schlußfolgerung. Ihre Untersuchungen ergaben, daß die Karbonate von einer Flüssigkeit, bei der es sich höchstwahrscheinlich um Wasser handelte und die die Marskruste mit 0° bis 80 °C durchdrungen habe, abgelagert worden seien. Zusätzlich zur Analyse der Karbonate untersuchten sie verschiedene andere, an Karbonate gebundene Mineralien. Wieder bot ALH84001 einige Überraschungen. Sie entdeckten einige ungewöhnliche Verbindungen in der Mineralzusammensetzung – Verbindungen, die in terrestrischem Gestein »biogenetischen« Prozessen zugeschrieben werden (also Minerale, die nicht auf chemischem, sondern auf biologischem Weg entstanden sind). Auch David McKay vom JSC vertiefte sich in die Analyse von ALH84001. Er untersuchte dessen Inneres mit einem Elektronenmikroskopscanner, der die betrachtete Oberfläche auf das 30000fache vergrößerte. So fand er winzige, röhrenförmige Strukturen, die teilweise gehäuft auftraten. Dabei konnte es sich schlicht um seltsame geologische Teilchen oder Lehmflecke handeln, aber auch um Mikrofossilien. Gibson und Romanek hatten diese faszinierenden Formen ebenfalls entdeckt und sie eingehender untersuchen wollen, sich dann aber eingestanden, keine besonders erfahrenen Mikroskopiker zu sein. McKay war auf diesem Gebiet Spezialist, und so entschlossen sie sich im Laufe des Sommers, ihre Untersuchungen gemeinsam mit ihm weiterzuführen. Die Analyse mit dem Elektronenmikroskopscanner enthüllte Stoffe, die sie als Beweis für den biogenetischen Ursprung der vor ihnen liegenden Minerale deuteten. Aber sie wußten, daß sie ausgereiftere Geräte benötigten, um ihre Interpretationen tatsächlich beweisen zu können. Also wandten sie sich – es war gegen Ende des Sommers – an Kathie Thomas-Keprta, eine Planetenwissenschaftlerin. Sie war für Lockheed Martin tätig und für die Arbeit an einem Transmissions-Elektronenmikroskop ausgebildet, das über eine 5- bis 10fach höhere Auflösung verfügte als das Instrument, das McKay und Gibson verwendet hatten.

Sie schloß sich dem Team als im wahrsten Sinne des Wortes »ungläubiger Thomas« an. Die beiden Forscher hatten ihr mitgeteilt, wonach sie suchten – nach Mikrofossilien, dem Beweis vergangenen Lebens. Thomas-Keprta stand der Vermutung, daß dieser Gesteinsbrocken die Handschrift solchen Lebens berge, skeptisch gegenüber. Wenn sie zu Beginn ihrer Untersuchungen des Gesteins und der Mineralogie der »Oreo-Ränder« eine bestimmte Absicht verfolgte, dann die, ihren Kollegen zu beweisen, daß sie unrecht hatten. Zwei Jahre später sollte sie vor einer Reporterschar folgendes sagen: Obwohl es einige überaus komplizierte anorganische Erklärungen für das Vorhandensein dieser Mineralkörnchen gebe, sei die schlüssigste Erklärung doch die, daß es sich um Produkte von Mikroorganismen handle, die auf dem Mars entstanden seien.

Etwa zu der Zeit, als sich Thomas-Keprta Gibson und McKay anschloß, kamen die zu dem Schluß, daß sich die Mühe lohne, das Gestein auf Spuren organischer Verbindungen zu überprüfen. Wenn das, was sie gefunden hatten, tatsächlich das Ergebnis biologischer Prozesse war, konnten organische Substanzen – in welch geringen Mengen auch immer – in ALH84001 vorhanden sein. Die JSC-Forscher schickten Proben ihres Marsgesteins an Richard Zare, einen Chemieprofessor der Stanford University, in dessen Labor sich eines der sensibelsten Instrumente der Welt zur Entdeckung geringster Spuren organischer Verbindungen befand. Die Proben wurden »blind« versandt – Zare wußte nicht, daß er ein Fundstück vom Mars erhielt, welches möglicherweise den Beweis für biologische Aktivität in der fernen Vergangenheit des Planeten enthielt. Im Spätherbst bestätigte sein Team die Existenz organischer Moleküle, die PCAs – polyzyklische aromatische Kohlenwasserstoffe – genannt werden. Die Proben, die Zare erhalten hatte, enthielten nicht nur organische Substanzen, sondern diese waren auch mit den Karbonaten verbunden, die Gibson und seine Kollegen fasziniert hatten.

Nun stand fest, daß die Gesteinsbestandteile den Meteoriten zum Fundstück des Jahrhunderts machen konnten. Doch erst mußte die Möglichkeit einer terrestrischen Kontamination von ALH84001 am Fundort, im Meteoritenlabor und in den entsprechenden Forschungslabors ausgeschlossen werden. Zu diesem Zweck wurde die Abteilungsleitung über die Daten informiert, die das Team erarbeitet hatte, und ersucht, strenge Sicherheitsmaßnahmen gegen Kontamination zu ergreifen, solange die Forscher sich der mühevollen Aufgabe widmeten, eventuelle Kontaminationsmöglichkeiten aufzuspüren und zu eliminieren. Gibson sollte später erklären, daß die Forscher die »Story« bereits nach einem Jahr Arbeit mit dem Meteoriten gehabt hätten, aber noch anderthalb Jahre lang weitere Untersuchungen anstellten, um beweisen zu können, daß das, »was wir hatten, echt und keineswegs eine Folge von Kontamination war«.

In der Zwischenzeit wurden auch die Untersuchungen bezüglich der mineralischen Chemie und Zusammensetzung des Steins fortgesetzt. Gibson, McKay und Thomas-Keprta forschten während des Sommers und Herbstes 1995 mit Hilfe des Elektronenmikroskopscanners und des Transmissions-Elektronenmikroskops weiter. An einem Sommerabend stolperten Gibson und McKay über eine Entdeckung, die sie später trocken als »röhrenförmige segmentierte Struktur« von 0,4 Mikrometer Länge bezeichneten. Diese Worte werden dem Gebilde nicht wirklich gerecht, das verdächtig wurmförmig aussieht. Man kann sich anhand der Abbildung ein Kopf- und Fußende der »Struktur« sowie einen Mittelteil vorstellen, sogar, wie sie sich vorwärtsschlängelt. Chemische Hinweise auf Leben waren eine Sache – doch dieses unendlich winzige, wurmförmige Ding erschütterte die beiden Forscher bis ins Mark. In dieser Nacht fiel es beiden schwer, Schlaf zu finden.

Weitere Entdeckungen folgten. Im Verlauf des Herbstes 1995 identifizierte das Team mit Hilfe eines neuen Mitglieds, Hojatollah Vali, Mineralien innerhalb solcher Karbonate, wie sie zumindest auf der Erde häufig von Bakterien erzeugt werden. Größe, Form und chemische Beschaffenheit der Mineralkörner waren mit der Zusammensetzung von Substanzen identisch, wie sie von anaeroben Bakterien und anderen terrestrischen mikroskopischen Organismen hergestellt werden. Weitere hochauflösende Abbildungen »ungewöhnlicher Merkmale« und »interessanter Morphologien« wurden erstellt. Thomas-Keprtas Zweifel schwanden, als sie winzigste Körnchen mineralischer Greigite identifizierte, die in der vorliegenden Größe zumindest auf der Erde hauptsächlich von Bakterien erzeugt werden.

Im Februar 1996 verfaßte Gibson den ersten Entwurf einer Dokumentation, die für *Science* bestimmt war, eines der angesehensten Magazine in der Welt der Wissenschaft. Sie wurde *Science* schließlich im April vorgelegt; David McKay wurde als Hauptautor genannt, weitere acht Wissenschaftler als Co-Autoren – Gibson, Thomas-Keprta, Romanek, Vali, Zare, zwei von Zares Assistenten (Simon Clemett und Claude Maechling) sowie Xavier Chillier, der im Anschluß an seine Promotion in Stanford forschte.

Beinahe vier Monate und diverse Änderungen später hatte die Dokumentation ihren Weg durch Begutachtung und Redaktion gefunden. Am 16. Juli akzeptierte *Science* den mit dem Titel »Suche

nach vergangenem Leben auf dem Mars: Mögliche Reste biogene-
tischer Aktivität in Marsmeteorit ALH84001« versehenen For-
schungsbericht.

Die Nachricht, daß er angenommen worden war, drang rasch
zu den NASA-Oberen. NASA-Chef Dan Golding hatte sicher viel
Freude dabei, sich zu überlegen, ob er den Präsidenten davon
informieren sollte, daß Wissenschaftler seiner Organisation möglicherweise den Beweis für früheres Leben auf dem Mars entdeckt
hätten. Nach einer Nacht der Überlegung rief er im Weißen Haus
an und bat um ein Treffen mit dem Stabschef des Präsidenten, Leon
Panetta. Am darauffolgenden Tag erstattete Goldin nicht nur
Panetta Bericht, sondern auch Präsident Bill Clinton und Vizepräsident Al Gore. Unbewußt stellte er damit die Weichen für eines der
bizarrsten Nachrichtenlecks der jüngeren Geschichte.

Die NASA hatte die Forschungsergebnisse monatelang unter
Verschluß gehalten, unter anderem aus Respekt gegenüber dem
Wissenschaftsmagazin *Science*, das in bezug auf Vorabveröffentli-
chungen oder Vorankündigungen von Forschungsdokumentatio-
nen eine strenge Politik betrieb. Sie waren, anders ausgedrückt,
nicht erwünscht. Die NASA plante für Mitte August eine Pressekonferenz, also unmittelbar im Anschluß an die Veröffentlichung.
Dennoch drangen vorab Informationen über die Entdeckungen an
die Öffentlichkeit. Das erste Mal wurden sie in einem kurzen Artikel von Leonard David in *Space News* erwähnt. Darin fanden sich
die grundsätzlichen Details aus dem NASA-Wochenreport wieder:
Wissenschaftler der NASA hätten bei der Untersuchung eines
Marsmeteoriten etwas entdeckt, das sie für den Beweis ehemaligen
Lebens auf dem Mars hielten. Später verbreitete sich die Nachricht,
daß Druckfahnen des *Science*-Artikels kurz nach Goldins Treffen
im Weißen Haus aus einer ungewöhnlichen Quelle in Umlauf
gebracht worden seien – von der Geliebten von Richard Morris,
einem engen politischen Berater Präsident Clintons. Ob es sich nun
um das Werk eines Journalisten oder einer Geliebten gehandelt
hat – die Neuigkeit war in die Öffentlichkeit gelangt und der Rest,
wie man zu sagen pflegt, Geschichte.

Carl Sagan wird folgende Bemerkung zugeschrieben: »Außergewöhnliche Behauptungen erfordern außergewöhnliche Beweise.«

Dieses Zitat wurde in den Tagen nach der Veröffentlichung häufig wiederholt, und man sollte es angesichts der Vielzahl von Wissenschaftlern in Erinnerung behalten, die die Arbeit von McKay, Gibson und ihren Kollegen unter die Lupe nehmen. Der von den NASA-Wissenschaftlern vorgelegte Beweis wird unzähligen Herausforderungen standhalten müssen. Manchmal ist es in einer wissenschaftlichen Auseinandersetzung einfacher, einen Gegenbeweis anzutreten als den Beweis selbst. Einen endgültigen Beweis zu finden, ist äußerst mühsam, vor allem dann, wenn es sich um fossilisiertes Leben auf dem Mars handelt. Der Gegenbeweis benötigt lediglich eine kleine Lücke in der Argumentation und kann somit wesentlich leichter erbracht werden.

Wird die Behauptung, daß es Leben auf dem Mars gab, aufrechtzuerhalten sein? Lassen Sie uns die Ausführungen der NASA mit ihren Stärken und potentiellen Schwächen genauer betrachten. McKay, Gibson und ihre Kollegen stützen ihre Behauptungen auf fünf Beweiskomplexe. Ihrer Ansicht nach gibt es auch alternative Erklärungen für die in jedem Komplex auftretenden Phänomene. Doch sie kommen zu dem Schluß, daß bei der Gesamtbetrachtung die Existenz von Leben auf dem Mars die schlüssigste Erklärung sei.

Auf folgenden fünf zentralen Überlegungen basiert ihre Beweisführung:

1. ALH84001 ist ein uraltes Fundstück vom Mars.

Es besteht wenig Zweifel daran, daß ALH84001 vom Mars stammt. Während der 70er Jahre vermuteten Forscher, daß eine kleine Meteoritenklasse, SNC-Meteoriten genannt (nach drei Probentypen aus Shergotty/Indien, Nakhia/Ägypten und Chassigny/Frankreich), auf dem Mars entstanden ist. Bei allen handelte es sich um Eruptivgestein, das im Zuge der Kristallisation von Lava entstanden war, und alle waren im Vergleich mit dem bekannten Alter anderer Meteoriteneruptivgesteine relativ jung (nämlich etwa 1,3 Milliarden Jahre).

Der Mars ist einer der wenigen Planeten im Sonnensystem, von denen man annimmt, daß er in jüngerer Zeit (nach den Begriffen des Sonnensystems) vulkanisch aktiv war. Die Einschlüsse wasserführender Minerale in den SNCs sind ein Hinweis darauf, daß der Mars der Ursprungsplanet dieser seltsamen Gesteine ist. 1983 entdeckten Wissenschaftler erstmals atmosphärische Gase des Mars in einem SNC und seit damals in nahezu allen SNCs, einschließlich ALH84001. Obwohl ALH84001 weit älter ist als andere SNCs, gibt es wenige, die den Mars als seinen Ursprung anfechten würden.

ALH84001 entstand vor mehr als vier Milliarden Jahren, wurde vor etwa 16 Millionen Jahren von der Marsoberfläche weggeschleudert und stürzte ungefähr um 11 000 v. Chr. auf die Erde. Sein Alter wurde mit einer Technik bestimmt, die als »Mutter-Tochter-Isotopenmessung« bekannt ist. Man mißt dabei die relative Menge spezifischer radioaktiver chemischer Isotope und die Elemente, in die sie zerfallen. Zwei Isotopenreihen wurden in ALH84001 gemessen: Samarium-Neodym und Rubidium-Strontium. Beide ergaben ein Alter von ungefähr 4,5 Milliarden Jahren seit der Kristallisation des Steins.

Einige Zeit nach seiner Entstehung wurde er offenbar unter Druck gesetzt und erneut erhitzt. Dies geschah höchstwahrscheinlich durch den Aufprall eines Meteoriten auf die Marsoberfläche. Dieses Ereignis zersplitterte den Stein und verursachte laut McKay und seinen Kollegen jene Rißlinie, die später mit Karbonaten gefüllt wurde. Die Forscher glauben, daß dieses »Schockereignis« vor 1,39 bis 4 Milliarden Jahren geschehen ist. Auch diese Annahme basiert auf Mutter-Tochter-Isotopenmessungen. Im NASA-Team vertritt man die Ansicht, daß das Schockereignis vor etwa 3,6 Milliarden Jahren eintrat und danach die Bildung der Karbonatkügelchen erfolgte. Ein späterer Einschlag auf dem Mars schleuderte den Stein in den Weltraum hinaus, wo er Millionen von Jahren umherirrte, bevor er die Erde erreichte. Während dieser Zeit wirkten hochenergetische Teilchen auf ihn ein – kosmische Strahlung –, die die chemischen Elemente in neue Isotope umwandelten. Die Helium-, Neon- und Argon-Isotopenmessungen wiesen darauf hin, daß ALH84001 ungefähr 16 bis 17 Millionen Jahre durch das All reiste. Das »terrestrische Alter« des Meteoriten, also der Zeitpunkt, zu dem er auf die Erde stürzte, wurde mit der Kohlenstoff 14-Methode bestimmt, einer Technik, die vor allem Archäologen bestens bekannt ist.

2. *Die Karbonatkügelchen entstanden bei niedrigen Temperaturen.*

Die Chronologie der Ereignisse von der Entstehung von ALH84001 bis zu seinem Aufprall auf der Erde sind ziemlich genau nachgewiesen. Bei den Geschehnissen, die zur Bildung der Karbonatkügelchen führten, ist dies nicht der Fall. McKay und seine Kollegen nehmen an, daß die Ritzen des Marssteins von mit Kohlendioxid angereichertem Wasser aufgefüllt wurden und daß die Karbonate bei Temperaturen unter 80 °C entstanden. Andere Forscher hingegen vertreten die Ansicht, die Karbonate hätten sich gebildet, indem kohlendioxidreiche Flüssigkeiten möglicherweise während des Schockereignisses bei Temperaturen um 450 °C in die Risse eingesickert seien. Selbstverständlich stellen 450 °C keineswegs angenehme Bedingungen für das Leben dar, doch meiner Meinung nach konnten die NASA-Forscher diese Argumente erfolgreich widerlegen. Sie konterten mit Beweisen, die die Bildung der Karbonate bei niedrigen Temperaturen untermauerten und auf Daten über das Sauerstoffisotopenverhältnis, das Vorhandensein von Greigit in den Karbonaten und die Existenz organischer Moleküle beruhten, die alle bei einer Erhitzung auf 450 °C zerstört oder abgebaut würden.

3. *Die chemische und die mineralogische Zusammensetzung innerhalb der Karbonatkügelchen weisen auf biologische Aktivität hin.*

Auf extrem hohen Vergrößerungen zeigten sich in den Karbonateinschlüssen vereinzelt mineralische Kristalle, die zumindest auf der Erde im allgemeinen von Bakterien erzeugt werden. (Die NASA-Forscher wählten ein Kügelchen mit einem Durchmesser von 50 Mikrometern und schnitten es in etwa 50 dünne Scheiben). Diese mineralischen Kristalle wurden als Magnetit, Pyrrothin und Greigit identifiziert. All diese Mineralien können allerdings auf der Erde sowohl durch nichtbiologische als auch durch biologische

Prozesse gebildet werden. Doch das Team verglich die in den Karbonaten gefundenen Kristalle mit bekannten Proben biologischen Ursprungs und entdeckte, daß sie ihren terrestrischen Gegenstücken in Größe, Form und Struktur stark ähnelten. Darüber hinaus schienen die Mineralien extrem rein und frei von verunreinigenden Substanzen. Aufgrund der Übereinstimmung und der Reinheit der Kristalle glauben Gibson, McKay und Kollegen, die von ihnen entdeckten Kristalle seien »biogenetischen« Ursprungs – also Produkt biologischer Aktivität.

Sie stützten diese Behauptung mit einer Interpretation der Gesamtmineralogie der Körnchen, die teilweise auf der Textur der Karbonate basierte. So wiesen sie darauf hin, daß ein Bereich ihrer Probe poröser war als andere; die Karbonate seien dort teilweise durch saure Flüssigkeiten zersetzt worden. Die anorganische Bildung von Magnetit und Pyrrothin erfordert gegensätzliche Bedingungen, nämlich einen hohen pH-Wert statt niedriger (saurer) pH-Bedingungen. Wären die beiden Mineralien auf diese Weise geformt worden, müßten die Teilchen Hinweise auf Korrosion oder Zersetzung aufweisen, fügten die Forscher hinzu. Grundsätzlich halten sie deshalb an der Ansicht fest, daß die Kombination aus Magnetit, Pyrrothin und Karbonat nicht auf nichtbiologische Weise gebildet worden sein kann. Diese Argumentation ist kaum zu widerlegen.

4. ALH84001 enthält organische Moleküle – PCAs –,
   die an die Karbonateinschlüsse gebunden sind.

Polyzyklische aromatische Kohlenwasserstoffe (PCAs) sind organische Verbindungen, die aus Kohlenstoff und Wasserstoff (also Kohlenwasserstoff) gebildet werden und spezifische Atom- und Molekülanordnungen aufweisen (aromatische und polyzyklische; ursprünglich verwendete man den Ausdruck »aromatisch«, weil die Verbindungen tatsächlich stanken). Wer an Mottenkugeln riecht, bekommt einen Eindruck polyzyklischer aromatischer Kohlenwasserstoffe (Naphthalin). PCAs sind auf der Erde allgegenwärtig und entstehen auf verschiedene Weise, zum Beispiel bei der Verbrennung von fossilen Brennstoffen und Fleisch sowie beim Zersetzungsprozeß einst lebender Materie.

Zare und seine Mitarbeiter aus Stanford entdeckten winzige Mengen von an Karbonatkügelchen gebundenen PCAs in ALH84001, und zwar mit Hilfe eines Zweistufenlasermikroskops und einer speziellen Methode. Diese Messung ist außergewöhnlich empfindlich, stellt organische Verbindungen in geringsten Mengen fest und bietet eine so feine räumliche Auflösung, daß PCAs bis in eine Größenordnung von 0,04 Mikrometer aufgespürt werden. Bei diesem Vorgang trifft ein starker, aber kurzzeitiger Laserstrahl (1 zehnmillionstel Sekunde) auf die Probe und bewirkt, daß sich organische Moleküle von der Oberfläche lösen. Ein stärkerer Laserstrahl sprengt diese Molekülwolke mit einem noch kürzeren Impuls (1 milliardstel Sekunde), wobei bestimmte Molekültypen angeregt werden und ein Elektron aus dem Molekül herausgeschlagen und dieses dadurch ionisiert wird. All dies läuft in einer elektrisch geladenen Hochvakuumkammer ab. Das ionisierte Molekül löst sich aus der Dampfwolke und bewegt sich auf ein Flugzeit-Massespektrometer zu. Dieses Gerät bestimmt die Masse des Moleküls. Der zweite Laser des zweistufigen Instruments kann so eingestellt werden, daß er eine bestimmte Familie organischer Moleküle auswählt, in diesem Fall PCAs. Er kann jedoch auch so eingestellt werden, daß er Aminosäuren – proteinbildende Reihen – sowie DNS-Stämme erkennt.

Die Entdeckung von PCAs in ALH84001 war bemerkenswert, da bis dato keinerlei organische Verbindungen auf dem Mars oder in den SNC-Meteoriten gefunden worden waren. Doch daß man bei Meteoriten auf PCAs stoßen kann, ist eine bekannte Tatsache. Eine Meteoritenklasse – die kohlenstoffhaltigen Chondriten – enthalten zahlreiche PCAs, und dennoch wurde selten die Behauptung aufgestellt, daß diese PCAs das Ergebnis biologischer Aktivität seien. Da PCAs so häufig vorkommen, mußten die NASA-Wissenschaftler nicht nur andere Forscher, sondern auch sich selbst davon überzeugen, daß die gemessenen PCAs nicht von Verunreinigungen im Labor oder terrestrischen PCAs stammten, mit denen ALH84001 während seines Aufenthalts in der Antarktis in Kontakt gekommen sein konnte.

Eine der längsten Fußnoten zu der *Science*-Dokumentation beschreibt detailliert die außergewöhnlichen Vorsichtsmaßnahmen und Tests, die zur Kontaminationsverhinderung eingesetzt worden waren. Nach Ansicht des Forscherteams »gibt es keinen Hinweis, daß im Labor eine Kontamination stattgefunden hat«. Auch die Kontaminationsüberprüfungen und Kontrollexperimente ließen laut NASA den Schluß zu, daß die gemessenen PCAs tatsächlich von ALH84001 stammen. Sie verwies darauf, daß die PCA-Mengen auf dem Grönlandeis von 10 Teilen pro Billion aus vorindustrieller Zeit bis 1 Teil pro Milliarde in der heutigen Zeit reichten. Die in ALH84001 entdeckten PCAs träten in einer Größenordnung von mehreren Teilen pro Million auf, was tausendfach über dem Wert liege, der durch rein terrestrische Kontamination zu erzielen sei. Zudem hätten Untersuchungen an zwei anderen Antarktismeteoriten keinerlei Hinweise auf einheimische PCAs erbracht. Die Wissenschaftler bezeichnen diese Vergleichsproben als »gleichwertige Desorptionsgesteinsblindproben«, die in ihrer Aufnahmefähigkeit grundsätzlich mit ALH84001 übereinstimmten. Wenn ALH84001 tatsächlich die PCAs in der Antarktis aufgenommen hätte, so hätte das bei diesen Proben ebenfalls geschehen müssen.

Der vielleicht stärkste Beweis gegen eine Kontamination mit terrestrischen PCAs stammt aus der Untersuchung der PCA-Konzentration. Im wesentlichen befanden sich mehr PCAs im Inneren des Steins als an seiner Außenseite. Dies entspricht genau dem Gegenteil dessen, was bei terrestrischer Kontamination zu erwarten ist (starke Konzentrationen an der Außenseite, die mit zunehmender Tiefe beständig abnehmen). Also scheint die Vermutung, daß es sich um Mars-PCAs handelt, ausreichend belegt zu sein. Aber welchen Beweis hat das NASA-Team, daß sie das Ergebnis biologischer Aktivität sind? Immerhin sind auch in anderen Meteoriten PCAs entdeckt worden, ohne daß ihre Entstehung biologischen Prozessen zugeschrieben worden wäre.

Das Team begegnet diesem Einwand mit dem Hinweis, daß jedes Material durch verschiedene PCA-Verteilungen charakterisiert sei. (Ich erinnere daran, daß PCAs nur eine Klasse von organischen Verbindungen sind. Es gibt Hunderte andere.) Das bedeutet, in kohlenstoffhaltigen Chondriten gefundene PCAs unterscheiden sich zu einem bestimmten Grad von jenen, die in interplanetarischen Staubpartikeln oder einem verbrannten Cheeseburger vorkommen.

Die PCAs von ALH84001 unterscheiden sich tatsächlich sowohl von den in anderen extraterrestrischen Materialien als auch in alten terrestrischen Proben gefundenen PCAs. Die Forscher weisen darauf hin, daß die PCA-Verteilung innerhalb des Marsmeteoriten relativ einförmig sei und nur einige wenige der zufälligen PCA-Mischungen, wie sie in anderen Proben auftreten, enthalte. Eine derartige Auswahl sei für auf Leben basierende organische Prozesse weit typischer als für leblose organische Chemie.

5. *Strukturen, bei denen es sich um Mikrofossilien handeln könnte, sind an Karbonatkügelchen gebunden.*

Das vom NASA-Team vorgelegte Bildmaterial stellt vielleicht den strittigsten Beweis dar. Die Forscher wiesen mit Nachdruck darauf hin, daß es sich bei den abgebildeten Strukturen nicht um Täuschungen durch die Abbildungstechnik handle. Ein Elektronenmikroskopscanner verwendet einen Elektronenstrahl, der die Oberfläche einer Probe abtastet, wodurch es zum Austritt von Elektronen aus der Probenoberfläche kommt. Diese werden gesammelt und dazu verwendet, sich ein Bild von der Materialoberfläche zu verschaffen. Um eine scharfe Abbildung zu erhalten, empfiehlt es sich, die Probenoberfläche elektrisch leitend zu machen. Dies erreicht man, indem man einen dünnen Metallfilm auf die Oberfläche aufdampft, auch wenn dies nicht unbedingt notwendig ist. McKay und seine Kollegen bereiteten dünne Schichten ihrer Probe von ALH84001 vor, auf die sie einen Gold-Palladium-Film von 2 Nanometern Stärke legten. Um Täuschungen zu vermeiden, bereiteten sie auf dieselbe Weise Referenzproben vor und bildeten die Oberflächenproben von ALH84001 frisch und ohne überdeckende Schicht ab. Die einzige in ihrem Bericht vermerkte Täuschung war eine leichte, rißförmige Textur, die sich bei Proben mit einer dicken Deckschicht bei besonders starken Vergrößerungen zeigte. Ihren Worten zufolge handelte es sich bei den Texturen, die in den Bildern des Elektronenmikroskopscanners sichtbar sind, »nicht um Täuschungen aufgrund des Überzugs, sondern um die tatsächliche Textur der Probe«.

Obwohl das Team Vorsicht walten ließ, besteht immer noch die Möglichkeit, daß nicht alle Täuschungen im Abbildungsprozeß ausgeschaltet worden sind. Deutlicher ausgedrückt: Die schlichte Tatsache, daß etwas wie eine Bakterie aussieht, macht es noch lange nicht zu einer. Die von den NASA-Forschern abgebildeten länglichen Strukturen könnten auch seltsame Gebilde mikroskopisch kleiner geologischer Beschaffenheit sein. Es muß sich nicht um biologische Substanz handeln. Die sogenannten Mikrofossilien sind mit 0,4 Mikrometern zudem außergewöhnlich klein, nur ein Zehntel so groß wie die kleinsten auf der Erde gefundenen Mikrofossilien. (Darüber hinaus wurden allerdings *mögliche* Fossilien von »Nanobakterien« einer Größe gefunden, die jener der von McKay entdeckten Objekte gleicht.)

Unglücklicherweise sind sie so klein, daß es keinerlei Möglichkeit gibt, sie chemisch zu analysieren. Somit kann nicht festgestellt werden, woraus sie tatsächlich bestehen. Damit ist der photographische Beweis, so faszinierend er auch sein mag, der schwächste, der vorgelegt wurde. Zumindest müssen die NASA-Wissenschaftler erst noch versuchen, eine dieser Strukturen im Querschnitt abzubilden, um zu bestimmen, was sich in diesen winzigen Gebilden befindet (wenn überhaupt etwas darin ist). Die Entdeckung einer Zellwand, die Photographie einer Zellkolonie oder ein klares Bild eines dieser rätselhaften Objekte bei der Teilung oder beim Keimen würden die Mikrofossilieninterpretation zweifellos unterstützen.

Bei der Pressekonferenz am 7. August sagte Dan Goldin: »Wir müssen diese Entdeckung untersuchen, bewerten und beweisen.« Er kündigte an, die NASA werde »ernstzunehmenden Forschungsprojekten« zu diesem Zweck Proben zur Verfügung stellen. Bestimmt gibt es eine enorme Nachfrage von Forschern, die darauf brennen, einen zusätzlichen Beweis für die Mikrofossilientheorie zu erbringen oder sie zu kippen. McKay, Gibson und ihre Kollegen sind bereits an der Arbeit und versuchen, ihre Argumente und Beweise zu festigen, indem sie in dem Meteoriten nach Aminosäuren suchen und mit der Abbildung der Proben fortfahren, in der Hoffnung, eine Zellwand oder eine Zellkolonie zu finden. Die Untersuchung von ALH84001 im Hinblick auf Beweise für vergangenes Leben hat eben erst begonnen.

Noch während ich dies zu Papier brachte (Ende 1996), lieferten britische Forscher einen zusätzlichen Beweis. Sie hatten ein Indiz für biogenetische Gase in einem anderen SNC-Meteoriten gefunden, EETA79001, der weniger als 200 Millionen Jahre alt ist. Das britische Team (Ian Wright und Colin Pillinger von der Open University in Milton Keynes, Monica Grady von der Open University und dem Natural History Museum in London) entdeckte in seinem Gestein organische Verbindungen, die gemeinhin aus von Mikroben gebildetem Methan entstehen. Darüber hinaus gelang es ihnen, das Verhältnis der Kohlenstoffisotope in diesen Verbindungen zu messen. Sie fanden heraus, daß es mit jenem übereinstimmte, das für Leben typisch und für leblose Substanzen atypisch ist. Dabei lieferten sie einen überzeugenden Beweis. Sollte er haltbar sein, besteht die Möglichkeit, daß Leben auf dem Mars nicht nur in einer fernen Vergangenheit existierte, sondern nach wie vor existiert.

Eine Änderung im Zeitplan

Obwohl die Entdeckungen in ALH84001 und EETA79001 nicht den endgültigen Beweis liefern, sind sie doch so glaubwürdig, daß sie den Kurs der NASA und der Welt im Hinblick auf Marserforschungsprogramme zwangsläufig verändern. Soweit die Öffentlichkeit betroffen war, stand die Frage, ob es auf dem Mars Leben gibt, zu Recht im Mittelpunkt wissenschaftlicher Überlegungen. Doch innerhalb der Forschungsgemeinde professioneller Planetenwissenschaftler zweifelte man stets daran. Bei Zusammenkünften der Mars Science Working Group der NASA in den letzten zehn Jahren hatte man die anwesenden Exobiologen pauschal als Universitätsabsolventen betrachtet, die niemals erwachsen würden. Die tonangebenden Gruppen innerhalb der Mars-SWG hatten die bezüglich des Mars wirklich wichtigen Fragen immer in den Bereichen Seismologie, Meteorologie und Geochemie gesehen.

Die Entdeckungen in den Marsgesteinen haben das verändert. Exobiologie und Paläontologie sind in den Vordergrund gerückt. Während scismologische und meteorologische Untersuchungen mit roboterunterstützten Sonden gut durchzuführen sind und geochemische bis zu einem gewissen Grad, sind exobiologische und paläontologische Analysen ohne menschliche Forscher auf der Marsoberfläche unmöglich. Die Suche nach Fossilien erfordert die Fähigkeit, kilometerweit über unerschlossenes Gelände zu wandern, Felsfelder emporzuklettern, sowohl körperliche als auch intellektuelle Arbeit zu verrichten und subtile Wahrnehmungen und Intuition einzubringen. Das übersteigt die Fähigkeit eines roboterunterstützten Erkundungsfahrzeugs bei weitem. Die Suche nach Fossilienlagerstätten, die die ehemalige Marsbiosphäre in ihrer wahren Pracht und Herrlichkeit enthüllen, ist eine Aufgabe für menschliche Forscher, echte, lebende Gesteinssucher – vor Ort. Die Durchführung von Tiefbohrungen auf dem Mars zur Förderung unterirdischen Wassers, in dem noch immer Leben vorhanden sein könnte, erfordert menschliche Prospektoren und Teams, die von ständigen Marsbasen aus arbeiten.

Präsident Clinton hat die USA dazu aufgerufen, »die gesamten intellektuellen Fähigkeiten und technologischen Kenntnisse der Suche nach weiteren Beweisen für Leben auf dem Mars« zu widmen. Will man dem gerecht werden, müssen die Vereinigten Staaten menschliche Forscher auf den Mars entsenden. NASA-Leiter Goldin steht zumindest in der Öffentlichkeit dem baldigen Start von Marsmissionen, speziell bemannten Missionen, die aufgrund der Erkenntnisse des NASA-Teams losgeschickt werden, skeptisch gegenüber. Da er seit vielen Jahren Budgetkürzungen über sich hat ergehen lassen müssen und ein gewisses Mißtrauen gegen neue, umfangreiche Regierungsprogramme entwickelt hat, hielt er sich vorsichtig zurück. »Unsere Missionen sollten von wissenschaftlichen und ökonomischen Überlegungen getragen werden«, sagte er. Egal, ob wir nun Roboter oder bemannte Missionen zum Mars entsenden würden – wir sollten wissen, »warum wir das tun«. Er sprach sich dafür aus, Missionen auf »wissenschaftlicher Grundlage« und nicht als Ergebnis »emotionaler« Reaktionen zu planen.

Seine Worte gelten einem Publikum, dem nicht nur der Präsident und der Kongreß angehören, sondern auch der wissenschaftliche Berater des Weißen Hauses, Jack Gibbons, ein Langzeitskeptiker der bemannten Raumerforschung. Unter diesem Aspekt erscheint es weise, daß Goldin seine Ausführungen zufrieden, aber zurückhaltend formulierte.

Eine etwas andere Zukunftsaussicht bot Richard Zare auf der Pressekonferenz vom 7. August: »Es ist für dieses Land überaus wichtig, sich seinen Sinn für die Forschung zu erhalten, jenen Pioniergeist, der unsere Vorfahren in die Neue Welt gebracht hat«, erklärte er. »Ich glaube, daß es im All und anderswo neue Welten zu entdecken gilt, doch wir müssen bereit sein, in sie zu investieren. Eine Nation, die sich abwendet und vergißt, diesen Einsatz zu erbringen, eine Nation, die diesen Willen verliert, wird untergehen.«

Ich hätte es nicht besser ausdrücken können.

Glossar

Aeroshell: Hitzeschild (s. Aerobraking / Aerobrake).

Aerobraking/Aerobrake: Manöver eines Raumfahrzeugs, bei dem die Reibung in der hohen Atmosphäre eines Planeten zur Verlangsamung verwendet wird, um von einer interplanetarischen Transferbahn in eine Umlaufbahn um einen Planeten einzuschwenken.

AMHFS: Advanced Miniature High Frequency System = Moderne Miniaturhochfrequenzsysteme.

Apogäum: Der höchste Punkt einer Umlaufbahn um die Erde (oder auch einen anderen Himmelskörper).

Areothermische (Mars), geothermische (Erde) Energie: Energie, die aus natürlich vorkommenden, heißen Untergrundmaterialien gewonnen und zur Erwärmung einer Flüssigkeit eingesetzt wird, mittels derer in einem Turbinengenerator Elektrizität hergestellt wird.

Atmosphärischer Druck: Druck, den das Gewicht einer Atmosphäre ausübt. Auf der Erde beträgt der atmosphärische Druck (Luftdruck) auf Meeresniveau 1 Atmosphäre beziehungsweise 1 bar (heute vereinbarungsgemäß in Hektopascal gemessen, wobei 1 Hektopascal [100 Pascal] einem Millibar [$^1/_{1000}$ Bar] entspricht).

Ausströmgeschwindigkeit: Die Geschwindigkeit, mit der Gase aus der Raketendüse ausgestoßen werden.

BEIR: Biological Effects of Ionizing Radiation = Biologische Effekte ionisierender Strahlung

Booster: Hilfsraketen für den Start (meist Feststoffraketen), die nach dem Feuern abgeworfen werden.

Cycler: Ein auf einer elliptischen Bahn pendelndes Raumschiff (Auswandererschiff) zwischen Erd- und Marsorbit.

Dampfdruck: Entspricht dem Druck, den ein von einer Substanz freigesetztes Gas bei einer bestimmten Temperatur ausübt. Bei 100 °C ist der Dampfdruck des Wassers höher als der atmosphärische Luftdruck der Erde. Deshalb kocht Wasser bei dieser Temperatur.

Delta 2: Eine Einstufen-Trägerrakete von McDonell Douglas, die 1000 kg auf eine Direktroute von der Erde zum Mars befördern kann.

Delta-V: Geschwindigkeitsänderung, die für das Einschwenken eines Raumfahrzeugs von einer Umlaufbahn in eine andere benötigt wird. Eine typische Delta-V (ΔV) für den Wechsel von der niedrigen Erdumlaufbahn (LEO) auf eine Trans-Mars-Route wäre etwa 4 km/s.

Direkteintritt: Ein Manöver, bei dem ein Raumfahrzeug in die Atmosphäre eines Planeten eintritt, diese zur Abbremsung benützt und ohne Aufenthalt in einer Umlaufbahn landet.

Direktflug: Ein Manöver, bei dem ein Raumfahrzeug direkt von einem Planeten zu einem anderen fliegt, ohne erst mit einem anderen Raumflugkörper auf einer Umlaufbahn ein Rendezvous durchzuführen.

Elektrolyse: Die Verwendung von Elektrizität zur Aufspaltung einer chemischen Verbindung in ihre Komponenten. Bei der Elektrolyse von Wasser wird dieses in Wasserstoff und Sauerstoff aufgespalten.

Elektronendichte: Anzahl von Elektronen pro Kubikzentimeter. Je höher die Elektronendichte einer Ionensphäre ist, desto besser werden Radiowellen reflektiert.

Endotherm: Eigenschaft einer chemischen Reaktion, zu deren Durchführung zusätzliche Energie benötigt wird.

Epizyklen: Konzept mittelalterlicher Astronomie, bei dem sich Planeten auf Epizyklen beziehungsweise konzentrischen, immer größer werdenden Kreisbahnen um die Erde bewegen.

ERV: Earth **R**eturn **V**ehicle = Rückkehreinheit zur Erde.

Exotherm: Eigenschaft chemischer Reaktionen, die unter Freisetzung von Energie ablaufen.

EVA: Extra **V**ehicular **A**ctivities = Arbeiten außerhalb des Raumfahrzeugs.

Ferngesteuerte Roboteroperation (auch **Tele Presence**): Fernsteuerung von Geräten wie etwa kleinen, mit Fernsehkameras ausgestatteten Marserkundungsfahrzeugen, die von einem menschlichen Operator über große Entfernungen hinweg bedient werden.

Fluchtgeschwindigkeit: Geschwindigkeit eines Raumfahrzeugs in bezug auf einen Planeten, mit der es dessen Schwerefeld verlassen kann. Auch hyperbolische Geschwindigkeit genannt.

Flyby → **Swingby**

Freie Rückkehrbahn: Eine Bahnkurve, auf der ein Raumfahrzeug nach Abflug von der Erde ohne zusätzliche Antriebsmanöver wieder zur Erde zurückkehren kann.

GCMS: Gaschromatograph-Massespektrometer

Gleichgewichtskonstante: Diese Zahl gibt an, bis zu welchem Grad eine chemische Reaktion bereits erfolgt ist. Eine hohe Gleichgewichtskonstante deutet darauf hin, daß sich eine Reaktion bereits ihrer Vollendung nähert.

Hab: Habitat = Wohnmodul für die Besatzung

Heliozentrisch: Auf die Sonne bezogen. Eine heliozentrische Umlaufbahn durchschneidet den interplanetarischen Raum, ohne an die Erde oder einen anderen Planeten gebunden zu sein.

Hitzeschild: Ein Hitzeschild dient zum Schutz eines Raumfahrzeugs gegen atmosphärische Hitze während einer Widerstandsabbremsung (Aerobrake/Aerobraking)

Hohmann-Transferorbit: Eine elliptische Umlaufbahn, die an einem Ende eine Tangente zur Umlaufbahn des Abflugplaneten bildet und in ihrem anderen Ende eine Tangente zur Umlaufbahn des Zielplaneten. Der Hohmann-Transferorbit ist die reinste Verkörperung einer Konjunktionsroute und bildet somit jene Bahn zwischen zwei Planeten, bei der der geringste Energieaufwand benötigt wird.

Hydrazin: Ein Raketentreibstoff mit der Formel N_2H_4. Hydrazin ist ein Einfachtreibstoff, dessen Energie durch Zerfall freigesetzt wird, ohne daß dabei ein zusätzliches Oxidationsmittel für die Verbrennung benötigt wird.

Hyperbolische Geschwindigkeit: Die Geschwindigkeit eines Raumfahrzeugs in bezug auf einen Planeten vor Eintritt beziehungsweise Verlassen des Planetenschwerkraftfelds. Wird auch Annäherungs- beziehungsweise Fluchtgeschwindigkeit genannt.

Hypersonisch: Ein Mehrfaches der Schallgeschwindigkeit, üblicherweise Mach 5 oder mehr.

Ionosphäre: Die oberste Schicht einer Planetenatmosphäre, in der sich ein bedeutender Anteil von Gasatomen in freie, positiv geladene Ionen und negativ geladene Elektronen aufgespalten hat. Durch das Vorhandensein frei beweglicher, geladener Teilchen ist eine Ionosphäre in der Lage, Radiowellen zu reflektieren.

Isp: Allgemein verwendete Abkürzung für spezifischen Impuls (siehe dort).

ISPP: In-**S**itu **P**ropellant **P**roduction = Treibstoffproduktion vor Ort.

JSC: Johnson Space Center der NASA in Houston, Texas.

kbit/s: Kilobits pro Sekunde

Kelvin: Die Kelvinskala beziehungsweise absolute Skala ist eine Temperaturmeßmethode, deren Nullpunkt im absoluten Nullpunkt liegt, bei dem ein Körper keinerlei Wärme mehr besitzt. 273 Kelvin entspricht 0 °C, dem Gefrierpunkt von Wasser. Jedes zusätzliche Kelvin entspricht einem zusätzlichen Grad Celsius und so weiter.

khz: Kilohertz, eine in der Fernmeldetechnik verwendete Frequenzeinheit. Ein khz entspricht 1000 Schwingungen pro Sekunde.

Konjunktion: Zwei Himmelskörper am Punkt ihrer größten Entfernung. Befinden sich Erde und Mars in Konjunktion, steht zwischen ihnen die Sonne.

Konjunktionsmission: Eine Mission, deren Flugroute etwa die halbe Strecke rund um die Sonne zurücklegt, um von einem Planeten zu einem anderen zu gelangen. Konjunktionsmissionen haben den geringsten Treibstoffverbrauch.

Kosmische Strahlung: Einem Atomkern ähnliche Teilchen, die sich mit hoher Geschwindigkeit durch den Weltraum bewegen. Kosmische Strahlung entsteht außerhalb unseres Sonnensystems. Sie weist eine Energie von einigen Milliarden Volt auf. Um sie abzuhalten, benötigt man einen Schutzschild von mehreren Metern Dicke.

Kryogen: Zustand bei Tiefsttemperatur. Flüssiger Sauerstoff und Wasserstoff sind kryogene Flüssigkeiten, da sie Temperaturen von –180 beziehungsweise –250 °C zu ihrer Lagerung benötigen.

kW: Kilowatt

kWe: Kilowatt Elektrizität

kWe-h: Die Gesamtenergiemenge, die bei der Verwendung von einem Kilowatt an Elektrizität in einer Stunde verbraucht wird.

kWh: Die Gesamtenergiemenge, die bei der Verwendung von einem Kilowatt in einer Stunde verbraucht wird.

LEO: Low Earth Orbit = Niedere Erdumlaufbahn knapp oberhalb der Atmosphäre.

LOX: Flüssigsauerstoff

MAV: Mars Ascent Vehicle = Mars-Aufstiegseinheit

Methanationsreaktion: Eine chemische Reaktion, bei der Methan gebildet wird. Bei der Mars-Direct-Mission ist die Methanationsreaktion eine Sabatier-Reaktion, bei der aus einer Wasserstoff / Kohlendioxid-Kombination Methan und Wasser hergestellt wird.

MHz: Megahertz, ein in der Fernmeldetechnik verwendetes Frequenzmaß. Ein MHz entspricht 1 000 000 Schwingungen pro Sekunde.

Millirem: 1 / 1000 eines rem (siehe Rem).

MOR: Marsorbit-Rendezvous.

MSR: Mars Sample Return = Rückkehr mit Bodenproben vom Mars.

MSR-ISPP: Mars Sample Return mit In-Situ Propellant Production = Rückkehr mit Bodenproben vom Mars mit Treibstoffproduktion vor Ort.

MWe: Megawatt an Elektrizität.

MWt: Megawatt an Hitze. Ein Megawatt entspricht 1000 Kilowatt.

NEP: Nuclear Electric Propulsion = Nuklearer Elektroantrieb.

NIMF: Nuclear Rocket Using Indigenous Martian Fuel = Nuklearrakete, die auf dem Mars vorkommenden Treibstoff verwendet.

NTR: Nuclear Thermal Rocket = Thermonuklearrakete.

Opposition: Zwei Himmelskörper am Punkt ihrer größten Annäherung. Wenn Erde und Mars in Opposition zueinander stehen, befinden sie sich auf derselben Seite der Sonne.

Oppositionsmission: Eine Mission, bei der das Raumfahrzeug beinahe die Sonne umrundet (~360°), um von einem Planeten zu einem anderen zu gelangen. Dabei nähert es sich dem inneren Sonnensystem, um seine Geschwindigkeit zu erhöhen. Oppositionsmissionen haben den höchsten Treibstoffbedarf.

Perigäum: Tiefster Punkt einer Umlaufbahn um die Erde (oder auch um einen anderen Himmelskörper).

Puffergas: Ein träges Gas, das zur Verdünnung des Sauerstoffs dient, der für Atmung beziehungsweise Verbrennung verwendet wird. Auf der Erde dient der 80prozentige Anteil an Stickstoff in der Luft als Puffergas.

Pyrolyse: Die Verwendung von Hitze zur Spaltung einer Verbindung in ihre Bestandteile.

Regolith: Astrogeologischer Begriff für Bodenmaterial (d. i., was auf der Erde als »Erde« bezeichnet wird).

Rem: Ein vor allem in der USA verwendetes Maß für die Strahlungsdosis. 100 rem entsprechen 1 Sievert, der europäischen Einheit. Man nimmt an, daß eine Strahlungsdosis von etwa 60 bis 80 rem ausreicht, um die Wahrscheinlichkeit, daß ein Mensch zu einem späteren Zeitpunkt an einem tödlichen Krebsleiden erkrankt, um 1 % zu erhöhen. Die typische natürliche Erdstrahlung beträgt etwa 0,2 rem / Jahr.

Route mit minimalem Energieaufwand: Diese Route zwischen zwei Planeten benötigt die geringste Menge an Raketentreibstoff (siehe Hohmann-Transfer).

Sabatier-Reaktion: Eine Reaktion, bei der eine Wasserstoff / Kohlendioxid-Kombination zur Herstellung von Methan und Wasser verwendet wird. Die Sabatier-Reaktion läuft exotherm mit einer hohen Gleichgewichtskonstante ab.

Saturn V: Die Schwerlastträgerrakete, mit der die Astronauten der *Apollo*-Missionen zum Mond flogen. Die *Saturn* V-Rakete konnte etwa 140 t bis in den LEO heben.

Schnelle Konjunktionsmission: Eine Konjunktionsmission (siehe oben), bei der zusätzlicher Treibstoff eingesetzt wird, um die Flugzeit zu verkürzen.

Schub: Die Kraft, die von einem Raketenantrieb zur Beschleunigung eines Raumfahrzeugs aufgebracht wird.

SEI: Space Exploration Initiative = Weltraumerforschungsinitiative, von George Bush 1989 postuliertes Raumfahrtprogramm der USA.

SNC-Meteoriten: Nach den Fundstellen der ersten drei Marsmeteoriten benannt (Shergotty, Nakhla, Chassigny). Aufgrund fundierter chemischer, geologischer und isotopischer Hinweise hält man die SNC-Meteoriten für Trümmer, die von Meteoriten, die auf dem Mars eingeschlagen sind, in den Weltraum geschleudert wurden.

Sol: Ein Marstag

Sonneneruption: Eine plötzlich an der Sonnenoberfläche auftretende Eruption, bei der ungeheure Strahlungsmengen weit in den Weltraum hinausgeschleudert werden können.

SPE: Solid Polymer Electrolyte = Trockenpolymerelektrolyt.

Spezifischer Impuls Isp: Der spezifische Impuls eines Raketenantriebs entspricht der Anzahl von Sekunden, in denen ein Pfund Treibstoff ein Pfund an Schubkraft liefert. Multipliziert man den in Sekunden angegebenen spezifischen Impuls eines Raketenantriebs mit 9,8, erhält man die Ausströmungsgeschwindigkeit der Rakete in Metern pro Sekunde. Der spezifische Impuls wird allgemein als wichtigster Faktor für die Bewertung der Leistung eines Raketenantriebs herangezogen.

SSME: Space Shuttle Main Engine = Space Shuttle-Haupttriebwerk.

Stabiles Gleichgewicht: Im stabilen Gleichgewicht wird ein von einer äußeren Kraft aus der Ruhe gebrachter Körper stets von selbst wieder in seine Ausgangsposition zurückkehren. Ein Ball auf der glatten Oberfläche einer Hügelspitze befindet sich in labilem Gleichgewicht, da er, sobald er angestoßen wird, aus seiner Ausgangsposition wegrollt. Ein Ball auf dem glatten Boden einer Schale befindet sich in stabilem Gleichgewicht, da er, sooft man ihn anstößt, wieder in seine Ausgangsposition zurückrollt.

STR: Solar Thermal Rocket = Thermosolarrakete

Subsonic: Unter der Schallgeschwindigkeit.

Swingby auch **Flyby:** Knapper Vorbeiflug an einem Himmelskörper, um dessen Schwerkraft zur Beschleunigung bzw. Kursänderung zu benutzen.

Terraformen: Einen Planeten im Sinne menschlicher Erfordernisse urbar machen. Terraformen des Mars bedeutet, den Mars so zu verändern, daß seine Bedingungen denen der Erde ähneln.

Titan IV: Eine von der Lockheed Martin Corporation hergestellte Einmal-Trägerrakete, die 20 000 kg Last bis in den LEO beziehungsweise 5000 kg auf eine Trans-Mars-Bahn mit minimalem Energieaufwand transportieren kann.

TMI: Trans-Mars-Injection: Ein Manöver, bei dem ein Frachtbehälter beziehungsweise ein Raumfahrzeug auf eine Transfer-Bahn zum Mars gebracht wird.

TW: Terrawatt. Ein Terrawatt entspricht 1 000 000 Megawatt. Die menschliche Zivilisation verbraucht etwa 13 TW.

TW-Jahr: Die Gesamtenergiemenge, die bei der Verwendung von einem Terrawatt verbraucht wird.

W/kg: Watt pro Kilogramm.

Zweifachtreibstoff: Eine Raketentreibstoffkombination, die aus einem Brennstoff und einem Oxidationsmittel besteht. Beispiele dafür sind Methan / Sauerstoff, Wasserstoff / Sauerstoff, Kerosin / Wasserstoffperoxid und andere mehr.

Anmerkungen

1 P. Berton, *The Arctic Grail*, Penguin Books, 1989.

2 G. Levin, »A Reappraisal of Life on Mars«, in D. B. Reiber, *The NASA Mars Conference*, Band 71, Science and Technology Series of the American Astronautical Society, Univelt, San Diego, Kalifornien, USA, 1988.

3 N. Horowitz, »The Biological Question of Mars«, in D. B. Reiber, *The NASA Mars Conference*, Band 71, Science and Technology Series of the American Astronautical Society, Univelt, San Diego, Kalifornien, USA, 1988.

4 J. Postgate, *The Outer Reaches of Life*, Cambridge University Press, Cambridge, Großbritannien, 1994.

5 A. Cohen et al., »The 90 Day Study on the Human Exploration of the Moon and Mars«, U. S. Government Printing Office, Washington, D. C., USA, 1989.

6 R. Zubrin, D. Baker und O. Gwynne, »Mars Direct: A Simple, Robust, and Cost-Effective Architecture for the Space Exploration Initiative«, AIAA 91-0326, 29th Aerospace Science Conference, Reno, Nevada, USA, Januar 1991.

7 T. Stafford et al., »America at the Threshold: Report of the Synthesis Group on Americas Space Exploration Initiative«, U. S. Government Printing Office, Washington, D. C., USA, Mai 1991.

8 R. Zubrin und D. Weaver, »Practical Methods for Near-Term Piloted Mars Missions«, AIAA 93-2089, 29th AIAA / ASME Joint Propulsion Conference, Monterey, Kalifornien, USA, 28.-30. Juni 1993. Wiederveröffentlicht im *Journal of the British Interplanetary Society*, Juli 1995.

9 M. Goldmann, »Cancer Risk of Low Level Exposure«, *Science*, 29. März 1996.

10 S. Kondo, *Health Effects of Low Level Radiation*, Kinki University Press, Osaka, Japan, 1993.

11 C. Comar et al., »The Effects on Populations of Exposure to Low Levels of Ionizing Radiation: Report of the Advisory Committee on the Biological Effects of Ionizing Radiations (BEIR)«, Division of Medical Sciences, National Academy of Sciences and National Research Council, Washington, D. C., USA, 1972.

12 B. Clark und L. Mason, »The Radiation Show Stopper to Mars Missions: A Solution«, präsentiert bei der AIAA Space Programs and Technologies Conference, Huntsville, Alabama, USA, September 1990.

13 L. Simonson, J. Nealy, L. Townsend und J. Wilson, »Radiation Exposure for Manned Mars Surface Missions«, NASA Technical Publication-2979, Washington, D. C., USA, 1990.

14 J. Letaw, R. Silverberg und C. Tsao, »Radiation Hazards of Space Missions«, *Nature*, 330, Nr. 24 (1987): 709-710.

15 A. Thompson, »Artificial Gravity for Long Duration Space missions«, präsentiert vor dem Scenario Development Team von Martin, Februar 1990.

16 M. Carr, *Water on Mars*, Oxford University Press, New York, USA, 1996, S. 24-29.

17 J. Gooding, »2005 Sample Return: Martian Meteorites and Curatorial Plans«, präsentiert vor der Mars Exploration Long-Term Strategy Working Group, Johnson Space Center, Houston, Texas, USA, 20. September 1995.

18 R. Zubrin, S. Price, L. Mason und L. Clark, »Report on the Construction and Operation of a Mars In-Situ Propellant Production Plant«, AIAA-94-2844, 30th AIAA Joint Propulsion Conference, Indianapolis, USA, Juni 1994. Wiederveröffentlicht im *Journal of the British Interplanetary Society*, August 1995.

19 R. Zubrin, S. Price, L. Mason und L. Clark, »An End to End Demonstration of Mars In-Situ Propellant Production«, AIAA-95-2798, 31st AIAA / ASME Joint Propulsion Conference, San Diego, Kalifornien, USA, 10.-22. Juli 1995.

20 B. Clark »A Day in the Life of Mars Base 1«, *Journal of the British Interplanetary Society*, November 1990.

21 B. Mackenzie, »Metric Time for Mars«, AAS 87-269, in C. Stocker, »The Case for Mars III«, Band 75, Science and Technology Series of the American Astronautical Society, Univelt, San Diego, Kalifornien, USA, 1989.

22 B. Mackenzie, »Building Mars Habitats Using Local Materials«, AAS 87-216, in C. Stocker, »The Case for Mars III«, Band 74, Science and Technology Series of the American Astronautical Society, Univelt, San Diego, Kalifornien, USA, 1989.

23 R. Boyd, P. Thompson und B. Clark, »Duricrete and Composites Construction on Mars«, AAS 87-213, in C. Stoker, »The Case for Mars III«, Band 74, Science and Technology Series of the American Astronautical Society, Univelt, San Diego, Kalifornien, USA, 1989.

24 B. Jakowsky und A. Zent, »Water on Mars: Its History and Availability as a Resource«, in J. Lewis, M. Mathews und M. Guerreri, *Resources of Near-Earth Space*, University of Arizona Press, Tucson, Arizona, USA, 1993.

25 C. Stoker et al., »The Physical and chemical Properties and Resource Potentials of Martian Surface Soils«, in J. Lewis, M. Mathews und M. Guerreri, *Resources of Near-Earth Space*, University of Arizona Press, Tucson, Arizona, USA, 1993.

26 T. Meyer und C. McKay, »The Atmosphere of Mars – Resources for the Exploration and Settlement of Mars«, AAS 81-244, in P. Boston, »The Case for Mars«, Band 57, Science and Technology Series of the American Astronautical Society, Univelt, San Diego, Kalifornien, USA, 1984.

27 J. Williams, S. Coons und A. Bruckner, »Design of a Water Vapor Adsorption Reactor for Martian in situ Resource Utilization«, *Journal of the British Interplanetary Society*, August 1995.

28 G. O'Neill, *The High Frontier*, William Morrow, New York, USA, 1977.

29 J. Lewis und R. Lewis, *Space Resources: Breaking the Bonds of Earth*, Kapitel 9, Columbia University Press, New York, USA, 1989.

30 R. Zubrin, »Diborane/CO_2 Engines for Mars Ascent Vehicles«, AIAA 95-2640, 31st AIAA Joint Propulsion Conference, San Diego, Kalifornien, USA, 10. Juli 1995. Wiederveröffentlicht im *Journal of the British Interplanetary Society*, September 1995.

31 S. Geels, J. Miller und B. Clark, »Feasibility of Using Solar Power on Mars: Effects of Dust Storms on Incident Solar Radiation«, AAS-87-266, in C. Stoker, »The Case for Mars III«, Band 75, Science and Technology Series of the American Astronautical Society, Univelt, San Diego, Kalifornien, USA, 1989.

32 R. Haberle et al., »Atmospheric Effects on the Utility of Solar Power on Mars«, in J. Lewis, M. Mathews und M. Guerreri, *Resources of Near-Earth Space*, University of Arizona Press, Tucson, Arizona, USA, 1993.

33 M. Fogg, »Geothermal Power on Mars«, für die Publikation im *Journal of the British Interplanetary Society* angenommen.

34 R. Zubrin, »Nuclear Thermal Rockets Using Indigenous Martian Propellants«, AIAA-89-2768, AIAA/ASME 25th Joint Propulsion Conference, Monterey, Kalifornien, USA, Juli 1989.

35 R. Zubrin, »Long Range Mobility on Mars«, *Journal of the British Interplanetary Society*, 45 (Mai 1992), S. 203-210.

36 B. Cordell, »A Preliminary Assessment of Martian Natural Resource Potential«, AAS 84-185, in C. McKay, »The Case for Mars II«, Band 62, Science and Technology Series of the American Astronautical Society, Univelt, San Diego, Kalifornien, USA, 1985.

37 R. Zubrin und D. Baker, »Mars Direct, Humans to the Red Planet by 1999«, IAF-90-672, 41st Congress of the International Astronautical Federation, Dresden, Oktober 1990. Wiederveröffentlicht in *Acta Astronautica*, 26, Nr. 12 (1992), S. 899-912.

38 R. Zubrin und D. Andrews, »Magnetic Sails and Interplanetary Travel«, AIAA-89-2441, AIAA/ASME, 25th Joint Propulsion Conference, Monterey, Kalifornien, USA, Juli 1989. Veröffentlicht in *Journal of Spacecraft and Rockets*, April 1991.

39 A. Clarke, *The Snows of Olympus: A Garden on Mars*, W. W. Norton, New York, 1995.

40 M. Fogg, *Terraforming: Engineering Planetary Environments*, Warrendale, PA, 1995.

41 R. Forward, »The Statite: A Non-Orbiting Spacecraft«, AIAA 89-2546, AIAA/ASME, Propulsion Conference, Monterey, Kalifornien, USA, Juli 1989.

42 C. Sagan, »The Planet Venus«, *Science*, 133 (1961): 849-858.

43 J. Pollack und C. Sagan, »Planetary Engineering«, in J. Lewis, M. Mathews und M. Guerreri, *Resources of Near-Earth Space*, University of Arizona Press, Tucson, Arizona, USA, 1993.

44 C. McKay, J. Kastings und O. Toon, »Making Mars Habitable«, *Nature* 352 (1991): 489-496.

45 J. Miller, »The Information Needs of the Public Concerning Space Exploration«, Spezialbericht für die National Aeronautics and Space Administration, 1994.

46 B. Lusignan et al., »The Stanford US-USSR Mars Exploration Initiative, Final Report«, Stanford University School of Engineering, Stanford, Kalifornien, USA, Juli 1992.

47 F. J. Turner, *The Frontier in American History*, H. Holt & Co., New York, USA, 1920.

48 C. Quigley, *The Evolution of Civilizations*, Liberty Fund, Indianapolis, USA, 1961.

Literatur

Über den Planeten Mars

M. Carr, *The Surface of Mars*, Yale University Press, New Haven, 1981. Die bisher beste Einführung zum Mars.

H. Kieffer, B. Jakowsky, C. Snyder und M. Mathews, *Mars*, University of Arizona Press, Tucson, 1992. Eine Sammlung von 114 Dokumentationen praktisch der gesamten Gemeinschaft von Marswissenschaftlern. Sehr fachspezifisch, aber auch umfassend.

M. Carr, *Water on Mars*, Oxford University Press, New York, 1996. Ein angenehm zu lesendes Buch, das auf den jüngsten Daten basiert und sich auf das zentrale Thema Wasser auf dem Mars in Vergangenheit und Gegenwart konzentriert.

Über Marsmissionen

P. Boston, »The Case for Mars«, Band 57, Science and Technology Series of the American Astronautical Society, Univelt, San Diego, Kalifornien, USA, 1984.

C. McKay, »The Case for Mars II«, Band 62, Science and Technology Series of the American Astronautical Society, Univelt, San Diego, Kalifornien, USA, 1985.

C. Stocker, »The Case for Mars III«, Band 74 und 75, Science and Technology Series of the American Astronautical Society, Univelt, San Diego, Kalifornien, USA, 1989.

Diese drei Publikationen sind die Protokolle der ersten drei Case-for-Mars-Konferenzen. Die Protokolle Case for Mars IV und V, in T. Meyer beziehungsweise P. Boston, wurden im Sommer 1996 beziehungsweise 1996/1997 veröffentlicht. Univelt plant zudem in Kürze die Veröffentlichung einer Sammlung von Artikeln, die R. Zubrin über neue Marserforschungskonzepte verfaßte und die im *Journal of the British Interplanetary Society* erschienen sind. Nützliche Informationen finden sich überdies bei:

C. Stocker und C. Emmett, »Strategies for Mars: A Guide to Human Exploration«, Band 86, Science and Technology Series of the American Astronautical Society, Univelt, San Diego, Kalifornien, USA, 1996.

D. Reiber, »The NASA Mars Conference«, Band 71, Science and Technology Series of the American Astronautical Society, Univelt, San Diego, Kalifornien, USA, 1988.
Wo Sie diese Dokumentationen erhalten können, erfahren Sie bei Univelt, Inc., P. O. Box 28130, San Diego, Kalifornien 92198, USA.

Über die Geschichte des Mars

J. Wilford, *Mars Beckons*, Alfred Knopf, New York, 1990.

Register